环 境 科 学 与 工 程 丛 书

环境工程土建施工

HUANJING GONGCHENG
TUJIAN SHIGONG

闫 波 姜 蔚 主编

化学工业出版社

·北京·

本书为《环境科学与工程丛书》之一。环境工程土建施工具有技术性强、涉及专业面广、施工难度大的特点，与其他专业有着密切联系。本书详细介绍了环境工程土建施工前的准备、土石方工程施工与地基处理、钢筋混凝土施工、环境工程构筑物如贮水池、泵房、烟囱和城市生活垃圾填埋场土建施工；还介绍了管道施工、设备安装及配套工程施工；最后介绍了环境工程土建施工组织和造价管理。

　　本书可作环境科学与工程专业及相关专业师生教学用书，也可供环境工程及相关领域工程技术人员、科研人员参考使用。

图书在版编目（CIP）数据

　　环境工程土建施工/闫波，姜蔚主编 . —北京：化学工业出版社，2010.1（2022.1 重印）
　　（环境科学与工程丛书）
　　ISBN 978-7-122-06949-8

　　Ⅰ . 环…　　Ⅱ . ①闫…②姜…　　Ⅲ . 环境工程-土木工程-工程施工　　Ⅳ . TU29

　　中国版本图书馆 CIP 数据核字（2009）第 195098 号

责任编辑：刘兴春　刘砚哲　　　　　　　　装帧设计：杨　北
责任校对：吴　静

出版发行：化学工业出版社（北京市东城区青年湖南街 13 号　邮政编码 100011）
印　　装：北京科印技术咨询服务有限公司数码印刷分部
787mm×1092mm　1/16　印张 16¾　字数 443 千字　　2022 年 1 月北京第 1 版第 4 次印刷

购书咨询：010-64518888　　　　　　　　售后服务：010-64518899
网　　址：http://www.cip.com.cn
凡购买本书，如有缺损质量问题，本社销售中心负责调换。

定　　价：68.00 元

前　　言

　　《环境土建工程》一书于 2003 年出版至今已六年有余，在这六年多时间里，我国环境污染治理力度随着国民经济快速发展和人们环境意识的大幅增强而迅速提高。环境污染治理的新方法、新技术不断涌现，旧的法规不断更新，新的法规不断制定。为适应新形势下环境污染治理工程，对原版《环境土建工程》进行适当的修改和增补是必要的。主要修改和增补的内容为：增补了基础理论知识，增补了垃圾填埋场的施工等；删减了图表，也适当增补了一些必要的图表；更新了旧法规，也增补了一些新法规；增加了"附录"部分，有些引用的标准和法规移入附录中。本书经修改和增补后更名为《环境工程土建施工》。

　　《环境工程土建施工》是一门应用性很强的课程，具有涉及面广、实践性强、发展迅速的特点。因此本书兼顾了多学科基本理论和工程实际，以工程实际为背景，又以工程施工技术为主线，并把工程施工组织和造价管理两方面出现的新方法 、新经验吸纳其中。

　　修改后的《环境工程土建施工》主要包括下述内容：

　　(1) 绪论，主要叙述"环境工程土建施工"的任务和内容；

　　(2) 环境工程土建施工前的准备，主要包括施工计划、组织及进度安排，基础理论和基本知识的掌握，材料、施工工具、机械设备等的准备；

　　(3) 土石方工程施工与地基处理，主要包括沟槽及基坑工程施工，土石方爆破方法和地基处理技术；

　　(4) 钢筋混凝土施工，主要包括模板制备，钢筋和钢筋混凝土工程施工；

　　(5) 环境工程构筑物土建施工，具体包括贮水池土建施工、泵房土建施工、烟囱和城市生活垃圾填埋场土建施工；

　　(6) 管道施工、设备安装及配套工程施工；

　　(7) 环境工程土建施工组织和造价管理，主要包括环境工程施工组织与管理、工程造价和概预算。

　　全书由闫波、姜蔚主持修改编写，并由王幼青教授主审。参加本书修订编写的人员有闫波、姜蔚、李丽、王绍君、李芬、姜洪力、徐滨、于清江、姜安玺等。由于编者水平所限，疏漏之处在所难免，敬请读者批评指正。

编　者

2009 年 12 月

目　　录

1 绪 论

1.1 环境污染与环境工程

1.1.1 环境污染现状

环境是极其复杂的综合体，是人类赖以生存和发展的基础。环境可分为社会环境和自然环境，社会环境是人类在进行物质资料生产过程中，为共同进行生产而组织起来的生产关系的总和。自然环境则是人类赖以生存和发展的物质基础，是人类周围各种自然因素的总和，即客观物质世界。本书所涉及的环境为自然环境。

自有人类以来就存在环境问题，且随着人类生产的发展和生活水平的提高逐渐加重。人类毁坏自己赖以生存环境的历史与人类的文明史一样悠久。在封建社会以前经历的漫长岁月，由于生产力低下，尽管人类的生产和生活活动也产生了水、气和垃圾的污染，但整体来看对自然的作用还远没有达到全球范围污染问题。进入18世纪，工业革命的出现，机器延伸了人的器官，化石能源取代了畜力，社会大生产取代了手工业，人类的足迹遍布全球。生产力的高速、快速发展，科技的进步，自然资源被大量无节制地开发利用，于是产生了大量的废水、废气、废渣，对环境造成了前所未有的危害。这种无计划的、无约束的向大自然索取，破坏了人类和环境之间存在着的协同发展。直到20世纪威胁人类生存和发展的环境问题在全球范围内出现，世界有名的八大公害教育了人们，迫使人类开始控制和治理污染，保护环境。进入21世纪人们的环境意识空前增强，发展经济与保护环境协调进行已成大家的共识。中国科学院生态环境研究中心城市与区域生态国家重点实验室傅伯杰研究员在2008年8月1日出版的《科学》（Science）杂志上发表了题为"Blue Skies for China"的文章，讨论中国的环境挑战与战略，指出目前由于我国人口众多，自然资源有限，随着经济的快速发展，呈现出一系列环境问题，并已成为社会经济可持续发展的制约因素。其主要环境挑战包括水污染、大气污染、噪声污染、固体废物污染和土地退化等。我国主要环境污染的现状如下。

(1) 水污染现状

没有水就没有生命，水是人类生产、生存、生命的必需物质。水资源是发展国民经济的基础。一方面人类对水的用量迅速增加，另一方面水资源在遭受严重的污染，废弃的污水能够使超过其8～10倍的干净水遭到污染。城市排放的生活污水和工业废水即使处理已经达标排放，仍然污染天然水体。直至2007年，我国40%的城市生活污水仍未经处理直接排放，50%的河流处于重污染，60%的湖泊富营养化。全国很多城市的地下水也都受到不同程度的污染。

目前水体污染的主要污染物是有机污染物、有机有毒污染物和重金属污染物等。其中许多有机污染物并无毒性，但进入水体可使水体中的微生物大量繁殖而消耗溶解氧，从而影响水中动植物的生存，使水体发臭，严重破坏水资源，恶化环境。重金属进入水体通过迁移转化、富集，由食物链进入人体，危害人体健康。有毒有机物如多环芳烃等，对人体可致癌、致畸和致突变。

（2）大气污染现状

2007 年我国在监测的 287 个大中城市中，只有 60％的城市空气质量达标。大气污染可分为全球性的和局部或地方性的污染。由燃煤、石油、天然气等引起的酸雨、二氧化碳污染以及由氯氟烃引起的臭氧层破坏都是由世界各国造成的，污染影响全球，均为全球性污染。其中由于化石燃料的大量使用而产生的 CO_2 在大气中增加，产生的温室效应，造成全球变暖，影响全球生态。在化石燃料（尤其是含硫量高的煤）的燃烧过程中，还排放大量的 SO_2，以及 NO_x 随风飘荡，越过国界和地区，形成酸雨，危害人类、动植物、土壤和建筑物等。人类大量使用氟里昂作为制冷剂等，进入大气，扩散到臭氧层，使臭氧层遭到破坏变薄，甚至出现臭氧层空洞，使太阳紫外线长驱直入，危害人类、动植物和生态环境。

局部或地方性的污染主要是对局部大气产生的严重影响。如随着汽车工业的高速发展，汽车尾气的污染已越来越引起人们的关注。在城市，汽车尾气污染的贡献率已占城市大气污染的 40％～60％，有的城市甚至更高。汽车尾气主要含 CO、NO_x、烃类化合物等氧化还原物质和颗粒物，氧化还原性物质在太阳的照射下可形成蓝色的光化学烟雾，毒害巨大。又如随着人们生活水平的提高和建筑装饰的发展，室内空气如甲醛等污染和室内空气质量的恶化也引起了人们的关注。近年来，各种恶臭等工业废气的污染越来越严重，对人类的健康甚至生命都构成了严重的威胁。这些都是局部污染的重要方面。

（3）噪声污染现状

噪声是感觉公害，是一种重要的环境污染。噪声在 45dB 时会影响睡眠，在 65dB 时干扰人们工作和学习，在 165dB 时动物就会死亡，在 175dB 时人类就会丧命。噪声直接危害百姓，它主要来自于工厂、农业、交通和施工等。社会噪声对人们生活也有不可忽视的影响。

（4）固体废弃物和土地污染现状

随着国民经济的发展，固体废弃物量越来越大，成分越来越复杂。固体废弃物主要包括城市垃圾、工矿企业废渣，这些物质随意堆放，不仅占地，还造成二次污染，污染了水、空气和土壤。

土地是人类赖以生存的物质基础，土地资源利用涉及的环境问题甚多，人口增加和耕地扩大引起了水土流失和植被破坏，造成草原退化、土地沙漠化、盐碱化等环境问题，农业中施肥、农药、污水灌溉、污水厂污泥农田施肥等都造成土壤污染。目前最重要的土壤污染物是重金属和难降解有毒有机污染物、病原微生物。另外大气中的一些污染物如 SO、NO_x 以及含重金属颗粒物等随大气沉降和随水进入土壤，也是土壤污染的重要途径。

由于人类社会的发展，资源的不合理开发利用，造成环境的严重污染，我国在 20 世纪末和 21 世纪初发生了震撼国人的四件大事：① 1997 年创纪录的黄河断流（226d）；② 1998 年的长江大水灾；③ 2000 年及以后波及北京等地的频繁沙尘暴；④ 2008 年初我国南方发生的严重冻雨灾害。这几件重大事件表明中国环境史上一个新时期的来临，它标志着在长期环境污染和生态破坏所积累的后果终于以一种危机降临全国。大规模的严重污染报复提示人们：环境与经济是一个整体，经济发展与环境保护应协调进行，保护和治理环境已成为中国环境的首要任务，环境保护是我国的基本国策，必须落到实处。

1.1.2 环境工程

从 20 世纪末至 21 世纪初，人们逐渐认识到了决不能以牺牲环境生态、决不能以环境严重污染来换取国民经济的高速发展，也就是说国民经济的发展要与环境保护要协调一致。这就要求环境污染一方面靠自净得以消除，另一方面要靠环境工程治理使其恢复原来的生态。环境工程即环境污染治理工程，包括了单项治理和区域性综合污染防治。环境污染治理工程就是在环境污染不断加重，控制污染日益迫切的情况下发展起来的。就其工程本身而言，自有人类以来他们要生活，衣食住行等很多方面需要改善，人类为自己生存和发展，要改造环境，便有了工程。早到西安半坡村遗址，近到上海、北京等地的高楼大厦，都是工程建设的结果，但就其环境工程而言还是在20世纪以来，尤其是第二次世界大战以后的事情。随着工农业、交通运输业和城市建设的迅猛发展，排入环境中的废水、废气、废渣越来越多，对环境造成严重的污染，有些地区出现了公害，严重威胁人们的身体健康乃至生命安全，从而促进了人们运用工程措施治理环境污染。一开始以单项治理为主，逐渐发展到区域性综合污染防治。它的任务就是利用人类所掌握的一切科学知识，通过工程技术措施，控制环境污染，改善环境质量，保护和合理利用自然资源，保持良好的生态平衡，以保障人类的生存。因此环境工程实际上是对污染进行监测、控制和治理的工程，具体包括水污染治理工程、大气污染治理工程、固体废弃物处理、处置和资源化、噪声污染控制工程、电磁辐射污染控制工程、放射性和热污染控制工程，还包括环境监测和环境评价等。

1.2 环境工程土建施工

1.2.1 环境工程与土建施工

　　环境工程设计实际上是依据环境污染物控制标准，根据某种污染物的处理原理而进行设计的工艺流程及相应的单元操作，使该污染物通过单元操作和工艺流程处理后达到排放标准。经过工艺设计之后，土建施工设计则依据环境工程工艺设计时对土建工程的要求进行，也就是建设构筑物（如池、塔、沟、槽、炉等）及工艺流程而进行结构设计和施工图设计。工程施工是运用施工图实现环境工程的单元操作和工艺流程的建设过程。整个工程能保证环境工程所设计的单元和工艺流程完成所处理的污染物达到排放要求，所以环境工程设计和环境工程土建施工设计分别完成工艺设计和施工图设计，而工程施工是将图纸变成实际工程，因此环境工程、环境工程土建及环境工程土建施工既是一个统一的整体，又有明确分工。工程施工是环境工程实施不可或缺的工程手段。这里需要指出的是环境工程土建施工主要针对与土建相关的施工，至于所用的机械设备等按相关厂家提供的尺寸预留安装位置即可。

1.2.2 土建施工的沿革

　　如果说环境工程是一个新兴领域，环境工程土建施工同样也是个新兴领域。它是在土木工程施工的基础上发展起来的，也就是说它利用土木工程施工的原理、技术和方法解决环境工程土建施工的问题，对环境工程的特种结构则又出现一些特殊的工程施工技术和方法。因此谈到环境工程土建施工离不开土木工程施工，环境工程土建施工的发展过程也离不开土木工程施工的发展过程。

（1）古代我国施工的发展史

　　土木工程及其施工的发展史与人类文明史一样古老，人类要改天换地改造大自然过程中离不开工程及其施工。在战天斗地的过程中，推动了社会的进步和各行各业的发展。

　　我国是一个有着悠久历史和文化的国家。在世界科技发展史的长河中有过巨大的功绩。早在夏商时代，我国已开始用夯实的土地做地基，并开始墙壁的涂饰。战国和秦汉时代砌筑技术有了很大发展，已有尺寸不同的方砖、空心砖和装饰性条砖，秦始皇修筑的万里长城标志着早在公元前10世纪左右，我国的建筑砌砖及其材料和施工技术已发展到相当水平。在南北朝时期木塔建造已很普遍，标志木结构施工技术已有很大进步。云冈石窟的开凿标志着石工技术的进步，砖石结构已大量应用于宫殿、房屋及塔寺等建筑。隋唐五代，土、石、砖、瓦、石灰、钢铁、矿物颜料和油漆等的应用技术已趋成熟。盛唐时期，大规模的城市建设表明施工技术已相当发达。现留存的唐城墙、大雁塔等就是佐证。宋辽时期已开始在地基下打桩，砖石结构施工和金属铸造技术也达到了相当水平，著名的卢沟桥的拱形建筑，和河北正定的兴隆寺内存宋代一尊22m高铜铸大佛都是高超技艺的结晶。那时的室内装饰已相当讲究，绚丽多彩。到元明清时期，夯土墙内加竹筋可建造三四层楼房，砖圈结构的出现都说明工程技术的高超。另外，木结构的整体性和复杂性也达到了很高水平。由造型、设计、土建到施工最能代表中国建筑特色和水平的是北京的故宫，它是明清两代的皇宫，是目前国内外现存最大、最完整的帝王宫殿群，占地72万平方米，有屋9000余间，宫墙长约为3km，四角矗立风格绚丽的角楼，墙外有护城河与北海相连，形成一个森严壁垒的城堡。故宫分外朝和内廷，外朝主要建筑有太和、中和、保三大殿和文华、武英、两翼配殿，内廷主要有乾清宫、交泰殿、坤宁宫及御花园、东六宫、西六宫等建筑。它集城墙、人工河流、房屋建筑于一体，包括了建筑材料（锚金、砖、瓦、石灰、木、琉璃等）、砖石结构、木结构等，使整体建筑气势雄伟，豪华壮丽。因此，故宫建筑是中国建筑包括造型、设计、施工技术水平的标志，它表明中国古代建筑发展到相当高的水平。

（2）近代我国建筑及施工状况

鸦片战争前后，资本主义迅速发展，与之相适应的建筑业也迅速发展，在国外如美国在19世纪后期及20世纪上半叶一些大城市如芝加哥、纽约和洛杉矶相继建成许多高楼大厦，在我国这期间一方面创建高校，并设置建筑、土木类学科，另一方面派出留学生去欧美学习。如建筑大师梁思成和桥梁专家茅以升等都曾经留美后回国，为祖国的建筑业贡献毕生精力。这期间在东南沿海的一些大城市也出现了用钢筋混凝土建造的建筑工程，也相继出现了近现代建筑，但总体发展缓慢，技术也比较落后，施工和组织管理水平也较低。

（3）现代我国建筑及施工状况

1949年新中国成立之后，百废待兴，我国的建筑业发生了根本的变化。为了我国工业化，当时苏联援助我国156项工程，因此以工业建筑为主的工厂建设带动以城市建筑为附的建设蓬勃发展。其代表工程为北京天安门广场和东西长安街的大力扩展；1959年十年大庆时北京建起人民大会堂、历史博物馆等十大建筑。期间施工力量和技术水平也得到了很大提高。

改革开放以后，我国的基本建设规模迅速扩大。1981～1990年十年的全社会固定资产投资超过前三十年总和。尤其进入20世纪末、21世纪初，由于改革开放的深入，基本建设投资进一步扩大，为建筑业发展带来勃勃生机，建筑业已成为我国的支柱产业，全国各大城市高楼林立，道路四通八达，桥梁隧道随处可见。具有代表性的建筑工程有上海东方明珠电视塔、长江三峡水利工程、黄河小浪底工程、秦岭终南山公路隧道工程和通过常年冻土层的青藏铁路工程，这些工程规模之宏伟、技术难度之复杂堪称世界之最。这些工程的完成使我国不仅掌握施工大型工程项目的成套技术，而且在地基处理和基础工程方面推广了大直径钻孔灌注桩、深基础支护、人工地基等新技术。在现浇混凝土工程中应用的滑升模板、爬升模板、大模板等工业化模板体系，以及组合钢模板、模板早拆技术等。在预送混凝土、预拌混凝土、大体积混凝土浇筑技术等方面都已达到国际水平。另外，在预应力混凝土技术、大跨结构、钢结构等方面都掌握了许多新的施工技术。近期完成并已使用的第29届奥运会主会场"鸟巢"和游泳中心"水立方"建筑，无论从建筑造型、结构设计，还是从施工技术上来讲，都可谓当今建筑的国际领先水平。

1.2.3 环境工程土建施工现状

环境工程施工在我国则是近三十年的事情。尤其在新旧世纪交替的 2000 年前后，国家对环境治理要求越来越严格，促使环境污染治理工程及其施工技术的高速发展。环境工程施工基本上还是应用土建工程施工的原理、技术和方法去进行和解决环境工程中的问题，甚至环境工程中一些施工规范、规程及规定都是沿用土建工程施工的内容。

不过环境工程在许多情况下含有特种土建结构工程，因此环境工程施工的特点是为许多特殊结构工程施工，其结构造型复杂（如双曲线型冷却塔、倒锥壳水塔、高排气筒等），施工难度大；质量要求严格（如给水和污水池要求防渗、防腐等），为保证整体性，避免施工缝，需要连续作业，施工周期短；安全要求高（高空作业、空间狭小），需要各工种配合和专门机具设备；由于上述特点，环境工程施工需要具有一定技术和管理素质的人才才能胜任组织领导，具有一定专业技术的工人，才能进行施工。

近年来，全国已建成大量污水处理厂、大型除尘脱硫装置和垃圾填埋场等环境工程，尽管时间不长，却积累了丰富的施工经验，掌握了许多在特殊情况下的高难施工技术，具体环境工程实例不胜枚举。

施工组织计划及管理是工程施工中重要一环，建国后多年来在不断提高。尤其近年来随着网络计划和计算机等技术的广泛应用，更进一步提高了环境工程施工、组织与管理的水平，加之改革开放，不断学习国外施工管理的先进经验，如在我国已实施的工程总承包和项目管理法、工程项目招投标和工程监理等制度，这一系列国际通用的管理模式的应用，标志着我国在工程施工组织和管理方面，已逐步与国际接轨，逐步走上现代化。

1.3 环境工程土建施工的任务和内容

随着社会的发展，人们环境意识的增强，对环境污染的控制要求强烈，环境工程项目越来越多。为适应环境治理工程的需要，为环境工作者提供实施其环境工程的手段，特将近年来国内外环境工程土建施工的原理、技术、方法整理编辑而成本书。

环境工程土建施工的任务就是将设计者的思想、意图及构思转化为现实工程。一个高大的烟囱，一项庞大的污水处理系统，一座很大的垃圾填埋场，从构思、设计转变为现实工程构筑物，必须由土建施工来实现。

工程施工，包括多种工程的施工如土方工程、桩基工程、混凝土结构工程、钢结构工程、防水工程、防腐工程等的施工，由于各种工程施工都各自有各自的特点和规律，因此，要根据各施工对象及自然和环境条件，采取相应的施工技术和机械来完成，可以说环境工程施工既要按各自规律进行，又要相互协调，是一个系统工程，同时还要水、暖、电、风等专业的密切配合，形成一个统一整体。各工种之间合作组织与协调，做好计划和材料、机械、劳动力的调配，以便保质、按期完成工程建设，更好地发挥投资效益。因此环境工程施工包括各工种的工程施工技术和各工种工程施工之间的组织和管理。

环境工程土建施工是一门应用性很强的学科，具有涉及面广、实践性强、发展迅速的特点。需应用多学科基本理论和知识，但内容均与工程有直接关系，因此又要以工程实际为背景。还要把工程施工和组织管理两方面出现的新技术、新经验、新工艺、新材料和新设备吸纳其中。

根据目前环境工程土建施工技术发展现状，本书主要讲述下述内容。

① 环境污染与环境工程，环境土建施工及其沿革和现状，编写本书的目的、任务和内容；

② 环境工程土建施工前的准备，主要包括图纸的审阅，施工计划、组织及进度安排，施工常用资料、基础知识的掌握，材料的准备，施工现场的踏勘和备齐施工工具、机械设备；

③ 土石方工程施工与地基处理，主要包括了解工程地质情况，进行沟槽及基坑工程施工，土石方爆破方法和地基处理技术；

④ 钢筋混凝土施工，主要包括钢筋工程施工和模板制备，混凝土工程施工，前者讲述钢筋的加工和连接，以及模板形式和设计、制备、拆除，后者讲述混凝土的制备、运输、浇捣和养护，另外还讲述钢筋混凝土的施工方法；

⑤ 环境工程构筑物土建施工，包括现浇钢筋混凝土施工、装配式构筑物施工和沉井施工，具体有贮水池土建施工、泵房土建施工、烟囱和城市生活垃圾填埋场土建施工；

⑥ 管道施工、设备安装及配套工程施工，主要包括管道施工及特殊问题的解决（如防水、防腐、防震等），设备的安装和水、暖、电、风等配套工程施工；

⑦ 环境工程土建施工组织和造价管理，主要包括环境工程施工组织与管理、工程造价和概预算，所有设计、施工、监理和管理人员在工程施工和验收时必须遵照的相关法规和依据。

2 环境工程土建施工的准备

2.1 工程施工中常用的资料

2.1.1 常用计量单位及其换算

在工程施工中经常遇到各种计量单位，为与国际接轨和人们使用方便，国务院早在 1984 年 2 月 27 日就发布了《关于在我国统一实行法定计量单位的命令》，并规定在"七五"期间要普及使用法定计量单位，时至今日，非法定计量单位的使用仍很普遍，为此有必要提醒工程技术人员要熟悉常用法定计量单位、非法定计量单位及非法定计量单位与法定计量单位之间的换算（见附录）。

法定计量单位使用方法如下。

① 我国法定计量单位（简称法定单位）是以国际单位制单位为基础，同时选用了一些非国际单位制的单位构成的。

② 国际单位制是在米制基础上发展起来的单位制。其国际简称为 SI。国际单位制包括 SI 单位、SI 词头和 SI 单位的十进倍数与分数单位三部分。

按国际上的规定，国际单位制的基本单位、辅助单位、具有专门名称的导出单位以及直接由以上单位构成的组合形式的单位都称之为 SI 单位。

③ 国际上规定的表示倍数和分数单位的 16 个词头，称为 SI 词头。它们用于构成 SI 单位的十进倍数和分数单位，但不得单独使用。质量的十进倍数和分数单位由 SI 词头加在"克"前构成。

④ 单位与词头的名称，一般只宜在叙述性文字中使用。单位和词头的符号，在公式、数据表、曲线图、刻度盘和产品铭牌等需要简单明了表示的地方使用，也可用于叙述性文字中。

⑤ 书写单位名称时不加任何表示乘或除的符号或其他符号。

⑥ 法定单位和词头的符号，不论拉丁字母或希腊字母，一律用正体，不附省略点，且无复数形式。

⑦ 单位符号的字母一般用小写体，若单位名称来源于人名，则其符号的第一个字母用大写体。

例如：时间单位"秒"的符号是 s；压力、压强的单位"帕斯卡"的符号是 Pa。

⑧ 词头符号的字母当其所表示的因数小于 10^6 时，一律用小写体，大于或等于 10^6 时用大写体。

⑨ 由两个以上单位相乘构成的组合单位，其符号有下列两种形式：

$$N \cdot m \qquad\qquad N\,m$$

⑩ 由两个以上单位相除所构成的组合单位，其符号可用下列三种形式之一；

$$kg/m^3 \qquad kg \cdot m^{-3} \qquad kg\,m^{-3}$$

当可能发生误解时，应尽量用居中圆点或斜线（/）的形式。

⑪ 在进行运算时，组合单位中的除号可用水平横线表示。

例如：速度单位可以写成$\dfrac{m}{s}$或$\dfrac{米}{秒}$。

⑫ 分子无量纲而分母有量纲的组合单位即分子为1的组合单位的符号，一般不用分式而用负数幂的形式。

例如：波数单位的符号是m^{-1}，一般不用$1/m$。

⑬ 在用斜线表示相除时，单位符号的分子和分母都与斜线处于同一行内。当分母中包含两个以上单位符号时，整个分母一般应加圆括号。在一个组合单位的符号中，除加括号避免混淆外，斜线不得多于一条。

⑭ 非物理量的单位（如件、台、人、圆等）可用汉字与符号构成组合形式的单位。

⑮ 选用 SI 单位的倍数单位或分数单位，一般应使量的数值处于 0.1～1000 范围内。

例如：$1.2 \times 10^4 N$ 可以写成 12kN；0.00394m 可以写成 3.94mm。

11401Pa 可以写成 11.401kPa。

$3.1 \times 10^{-8}s$ 可以写成 31ns。

某些场合习惯使用的单位可以不受上述限制。

⑯ 不得使用重叠的词头。

例如：应该用 nm，不应该用 $m \mu m$；应该用 pm，不应该用 $\mu \mu m$。

⑰ 只是通过相乘构成的组合单位在加词头时，词头通常加在组合单位中的第一个单位之前。

例如：力矩的单位 kN·m，不宜写成 N·km。

⑱ 一般不在组合单位的分子分母中同时采用词头，但质量单位 kg 这里不作为有词头对待。

例如：电场强度的单位不宜用 kV/mm；而用 MV/m；质量摩尔浓度可以用 mmol/kg。

2.1.2 工程施工中常用材料、构件符号、代码

在环境工程施工中，经常与各种材料、构件等打交道，为了省时、省力、一目了然，经常用一些图形、符号替代文字描述，这些图形和符号均可在相关手册中查到。如表 2-1 则列出了常用塑料代号。

表 2-1 常用塑料代号

塑 料 名 称	代号(缩写)	塑 料 名 称	代号(缩写)
聚氯乙烯	PVC	聚酰胺(尼龙)	PA
硬聚氯乙烯	UPVC	聚甲基丙烯酸甲酯(有机玻璃)	PMMA
聚乙烯	PE	丙烯腈-丁二烯-苯乙烯共聚物	ABS
聚丙烯	PP	聚四氟乙烯	PTFE
聚苯乙烯	PS		

2.1.3 图纸及现场地质状况资料

(1) 图纸

设计图纸是工程施工的基础，可分为初步设计图纸和施工图设计图纸。

施工图主要是在已被上级批准的初步工程设计基础上进行的图纸。它是将初步设计阶段所确定的内容更进一步具体化，为满足设备材料的安排、施工图预算的编制、施工技术要求、保证施工质量等提供了必要条件。施工图的内容包括了该工程所涉及的各专业、各工种

的施工图、详图与总说明等，其数量多达百张，甚至几百张。

为了查阅图纸方便起见，一项工程的施工图纸（包括必要的详图）通常总是按下列顺序编排的，即：工程总平面图、工程建设施工图（简称"建施"）、结构施工图（简称"结施"）、采暖通风施工图（简称"暖施"）、给水排水施工图（简称"水施"）、电器照明施工图（简称"电施"）等。各专业的施工图纸编排顺序则是全局性图纸在前，说明局部的图纸在后，各专业施工图纸前面还需编有本专业图纸的目录和说明。在全套施工图纸前面要编有一个图纸总目录和该工程的总说明。

工程施工图包括有设计说明、总平面图、平面图、立面图、剖面图及详图。为了简化作图，施工图采用了各种专业的图例，在一些比例较小的图形中，房屋的某些细部构造无法按它的真实形状画出，而只能用示意性的符号来表达，这些都可在相关手册中查到。

① 总平面图　总平面图是新建（构）筑物定位与施工现场布置的依据，从总平面图中可以看出它应包括的内容有：该建设场地所处的位置与大小；新建（构）筑物在场地内的位置及其与邻近建（构）筑物的距离；新建（构）筑物朝向；新建（构）筑物地坪及道路的绝对标高；场地内的道路布置与绿化安排；扩建（构）筑物的预留地等。

② 建筑施工平面图　建筑施工平面图在施工过程中将作为放线、砌墙、安装等的技术依据，施工平面图应包括的内容主要有：a. 表明建（构）筑物形状、内部的布置、朝向及相互关系等，一般在平面图中应注明建（构）筑物名称或编号；b. 表明建（构）筑物的结构形式与材料；c. 表明有关设备等；d. 表明建（构）筑物的尺寸，用定位轴线和尺寸线表明各部分的长宽与位置；e. 表明不同高度处的地面标高，对房屋建筑物首层室内地面的相对标高为±0.000；f. 表明剖面图的剖切位置及详图索引编号。

③ 建（构）筑物施工立面图　立面图表示建（构）筑物的外貌，对房屋建筑主要为室外装修用。

④ 建（构）筑物施工剖面图　在看施工剖面图时，首先要根据剖面图下方所注明的剖面编号，在平面图上查明其剖切的位置与剖视方向。剖面图简要地表明建（构）筑物的结构形式、高度及内部情况。

⑤ 详图　在施工图中，由于平、立、剖面图的比例较小，某些构件、配件和细部的做法表达不清楚，为了便于施工与制作，有必要将这部分用大比例尺详细画出，这些图称为详图。对于套用标准图或通用详图的建筑构件、配件和剖面节点，只要注明所套用图集的名称、编号或页码数即可。详图所画的节点部位，除了要在平、立、剖面图中的有关部位画出索引符号外，还应在所画详图上画出详图符号和写明详图名称，同时，还要在详图中注写必要的文字，以便说明该细部的用料、做法和尺寸。

⑥ 施工总说明　在一般施工图中，有些建筑材料以及具体施工做法等要求设计者可通过具体的文字在施工总说明中叙述即可。一般中小型建筑的施工总说明可放在建筑施工图纸内。

(2) 现场地质资料

施工现场平面图及有关的工程地质资料由厂家（甲方）提供。

2.2　环境施工中常用材料

2.2.1　黏土砖瓦

砖瓦是土建工程墙体屋面的常用传统建筑材料，其原料可以就地取材，生产方便，价格低廉，使用灵活，并具有强度较高、耐久性及防火性能较好的特点。但烧制砖瓦需要耗用大量黏土，毁占农田，消耗能量。

（1）普通黏土砖

它是以砂质黏土为原料或掺有外掺料，经烧结而成的实心砖，是当前土建工程使用最普遍、用量最大的墙体材料之一。其技术性能有国家统一标准 GB 5101—93。

砖的强度等级：砖在砌体中主要起承受和传递荷载的作用，其强度等级按抗压强度划分。砖的强度等级有 MU30、MU25、MU20、MU15、MU10、MU7.5 六个强度等级。常用的是 MU7.5 和 MU10。

砖的耐久性：普通黏土砖的耐久性能包括风化性能、抗冻性、泛霜、石灰爆裂、吸水率和饱和系数等。

（2）黏土空心砖和黏土多孔砖

砌墙砖除黏土实心砖外，按孔洞类型还有空心砖（孔的尺寸大而数量少）、多孔砖（孔的尺寸小而数量多）两类。前者常用于非承重部位，后者则常用于承重部位，多系烧结而成，故又称烧结多孔砖。

黏土多孔砖的外形呈直角六面体，是以黏土、页岩、煤矸石为主要原料，经焙烧而成。另外，还有烧结页岩砖、烧结粉煤灰砖，蒸养（压）砖、免烧砖等，可根据强度及经济等方面要求选用。

（3）瓦

① 黏土瓦　黏土瓦是以黏土为主要原料，经制坯、干燥、焙烧而成的。因为它的主要功能是屋面防水和排水，所以要求质轻密实，吸水率低。黏土瓦的技术标准见《黏土瓦》（GB 11710—89）。

② 小青瓦　在我国农村的土窑中还经常生产弧形薄片状的小青瓦，这种瓦无一定规格，强度低，易破碎，但生产简单，故在南方农村及一些古建筑修复中仍普遍采用。

③ 混凝土平瓦　混凝土平瓦是用水泥、砂或无机硬质细骨料为主要原料，经配料、混合、加水搅拌、成型、养护而成。混凝土瓦分平瓦和脊瓦两种，技术标准按《混凝土平瓦》（JC 746—1999）规定。

④ 石棉水泥瓦　石棉水泥瓦是用水泥和温石棉纤维为原料，经加水搅拌、压滤成型、养护而成的波形瓦，按《石棉水泥波瓦及其脊瓦》（GB/T 9772—1996）标准，分为大波瓦、中波瓦、小波瓦及脊瓦 4 种。石棉水泥瓦属轻型屋面材料，具有较好的防火、防腐、耐热、耐寒、绝缘等性能，大量用于工业性建筑的屋面。这种瓦在受潮或遇水后，强度有所下降，且石棉纤维对人体有害，故使用和堆放保管时应予以注意。

⑤ 钢丝网石棉水泥中波瓦　钢丝网石棉水泥中波瓦是用水泥和温石棉为基本原料，经制坯、夹一层钢丝网、加压等工艺而成的，其标准为《钢丝网石棉水泥中波瓦》（JC 447—91）。此瓦适用于工业厂房的散热车间、仓库及临时性建筑的屋面。

⑥ 玻璃钢波形瓦　按照《普通玻璃钢波形瓦》（JC 316—82）标准，玻璃钢波形瓦是用不饱和聚酯树脂和玻璃纤维布为原料，经手工糊制而成的波形瓦。这种波形瓦质轻，强度较大，耐冲击，耐高温性较好，透光，有色泽。

2.2.2　胶凝材料

工程中用来将砂子、石子等散粒材料或砖、板等块片状材料胶结成整体的材料称为胶凝材料。胶凝材料按材料的组成，分为两大类：有机胶凝材料（如沥青、树脂等）与无机胶凝材料（如石灰、水泥等）。无机胶凝材料则按照硬化条件分为气硬性胶凝材料和水硬性胶凝材料。气硬性胶凝材料只能在空气中硬化，也只能在空气中保持或继续发展强度；水硬性胶凝材料则不仅能在空气中，而且能更好地在水中硬化，保持并发展其强度。石膏、石灰、水玻璃和菱苦土都是建筑上常用的气硬性无机胶凝材料；水硬性胶凝材料则包括各种水泥。

石膏的主要原料为 $CaSO_4 \cdot 2H_2O$、$CaSO_4$ 和含 $CaSO_4$ 的工业废料等，可分为建筑石膏、横型石膏、高强石膏和硬石膏等。

石灰是将石灰煅烧，放出 CO_2，得到白色以 CaO 为主体的生石灰，使用时加水消解，根据用水量不同，而得不同用途熟石灰。

水玻璃是以不同比例碱金属氧化物和二氧化硅组成的气硬胶凝性材料，工业上最常使用的是硅酸钠水玻璃（$Na_2O \cdot nSiO_2$）和硅酸钾水玻璃（$K_2O \cdot nSiO_2$）。

水玻璃不燃烧，在高温下硅酸凝胶干燥得更加猛烈，形成二氧化硅空间网状骨架，强度并不降低，甚至有所提高。具有良好的耐热性能。

水玻璃具有高度的耐酸性能。硬化后的水玻璃，其主要成分为 SiO_2，在强氧化性酸中具有较高的化学稳定性，它能抵抗大多数无机酸和有机酸的作用。因此，水玻璃在土木建筑工程中主要用于涂刷建筑材料表面浸渍多孔性材料，但不能用水玻璃涂刷或浸渍石膏制品，因硅酸钠与硫酸钙反应生成体积膨胀的硫酸钠，会产生膨胀应力导致石膏制品破坏，用水玻璃配制耐酸混凝土可应用耐酸工程中；用水玻璃配制成的耐热砂浆或耐热混凝土能长期在高温条件下保持结构的强度。

水泥是土木工程中重要的建筑材料之一。水泥与适量的水拌和后，经过物理化学过程能由具有可塑性的浆体逐渐凝结硬化，变成坚硬的石状体，并能将散粒或块状材料黏结成整体，不但能在空气中硬化，保持和发展强度，而且能更好地在水中硬化，保持和发展其强度。水泥不仅可拌制混凝土和砂浆，还可制作各种混凝土的预制构件及水泥制品，因此水泥被广泛地应用工业与民用建筑、农业、交通、海港、国防、水利及海洋开发等国民经济各部门的基本建设中。目前我国生产的水泥品种有 70 余种，它们各有特点，但是在常用水泥中，硅酸盐水泥是最基本的水泥。

硅酸盐水泥是以石灰质原料（如石灰岩）和黏土质原料（如黏土、页岩等）为主，经磨细，按一定比例配成生料，在窑中经 1450℃ 左右的高温煅烧后，生成以硅酸钙为主要成分的硅酸盐水泥熟料，再与适量石膏共同磨细而制得硅酸盐水泥制品。根据不同需要可选用不同强度、不同耐腐和抗冻等性能的水泥。

2.2.3 混凝土和砂浆

（1）混凝土

混凝土是胶凝材料（水泥）、细骨料（砂子）、粗骨料（石子）和水按一定比例配合，经搅拌、浇筑、养护，然后凝结硬化而成的坚硬固体。混凝土原材料的选用很大程度上决定了混凝土质量的好坏和混凝土的技术性能。混凝土的主要技术性质有：

① 与施工条件相适应的和易性　混凝土在未凝结之前称为混凝土拌和物，拌和物的和易性直接影响着混凝土的搅拌、运输、浇筑、捣实等施工操作及混凝土的质量均匀、成型密实性能；

② 混凝土的力学性质　混凝土拌和物凝结硬化后，用力学性质来判断混凝土的质量，即应满足混凝土设计强度的要求和混凝土体积变形的要求；

③ 混凝土的耐久性　混凝土除了在强度上保证建筑物（构筑物）安全地承受荷载外，还应满足在各种环境介质中具有经久耐用的性能。

混凝土按照用途可分为：普通混凝土、道路混凝土、防水混凝土（亦称抗渗透混凝土，即靠材料本身的憎水性与密实度来提高混凝土自身的抗渗性能）、耐热混凝土（能长期承受 200℃ 以上高温的作用）、耐酸混凝土（以水玻璃为胶凝材料，氟硅酸钠作为促硬剂，掺入磨细的耐酸掺合料以及耐酸的粗细骨料，使其具有抵抗酸性介质腐蚀的能力）、纤维增强混凝土（以混凝土为基材，靠外掺纤维材料来提高混凝土的抗拉强度与冲击韧性等力学性能）、水下混凝土（在地面拌和而成，在水下环境中灌筑和硬化）、轻骨料混凝土（用轻粗骨料、轻细骨料、水泥和水配制，具有自重轻、保温隔热、隔声性能好等优点）、加气混凝土、大体积混凝土以及聚合物混凝土等。按照生产与施工方法混凝土可分为：泵送混凝土、喷射混凝土、预应力混凝土、压力灌浆混凝土等。

（2）建筑砂浆

砂浆是由胶凝材料（水泥、石灰等）、细骨料（砂）和水拌和而成。由水泥、砂、水拌和而成的称为水泥砂浆。由石灰、砂、水拌和而成的称为石灰砂浆。由水泥、石灰、砂、水一起拌和而成的称为混合砂浆。其性能为和易性好，并具有一定强度。可根据用途选用不同砂浆。

2.2.4 钢材和钢筋混凝土

在金属材料中，用于土建工程方面的以黑色金属——钢、铁及其合金为最多。土木工程中用钢多以钢筋混凝土结构为主，如各类型的钢筋混凝土贮水池，尽管自重大，但可节省大量钢材，并克服钢结构易锈蚀和维护费用大的缺点。

（1）建筑用钢材

土建工程中多用普通碳素钢或低合金钢制作钢筋、型钢、钢板和钢管。

普通钢筋是把钢锭加热后，用轧钢机轧成。钢筋的外观形状分为光圆钢筋和螺纹钢筋两类。

型钢根据截面形状分为工字钢、槽钢和角钢几种形式，多用作承重构件，如屋架、梁、柱等。

钢板根据其厚度分为薄钢板（厚度小于 4mm）、中厚钢板（厚度 4～25mm）和厚钢板（厚度 26～60mm）。钢板多用作结构构件、建筑配件及建筑设备（如贮水箱）等。

钢管分为无缝钢管和焊接钢管，根据管径大小的不同，又可分若干种，可用作钢结构的构件或水管道、煤气管道和供热管道等。

（2）钢筋混凝土和预应力混凝土

① 普通钢筋混凝土 在混凝土构件中的受拉部分，放入钢筋，称为钢筋混凝土构件。由钢筋承担拉力，混凝土承担压力，二者分工负责。钢筋混凝土的优点很多，坚固、耐久、耐火、抗震能力强，在土建工程上用途甚广，常用它制作基础、柱、梁、屋架、层面板、楼板、楼梯等。

② 预应力混凝土 预应力混凝土是由高强钢筋与强度等级在 C30 以上的混凝土做成的。预应力就是在混凝土构件制作时，预先给混凝土施加的一种压力，使混凝土产生预压应力。这个混凝土的预压应力实际上是由给钢筋施加拉力时所产生的。当制作受弯构件时，先在模板内放好钢筋，张拉钢筋，使钢筋伸长产生拉应力，然后浇筑混凝土，使钢筋在受拉状态下与混凝土浇筑在一起，振捣密实，待养护至混凝土达到设计强度时，再去掉钢筋拉力，此时，钢筋由于被放松而回缩，于是混凝土便相应地产生了预压应力。

2.2.5 木材

木材用于土木工程已有悠久历史，是人类使用最早的建筑材料之一，目前仍是重要的土建材料。工程中，无论是承重构件的屋架、梁，建筑配件的门窗、墙裙、暖气罩，以及施工时使用的脚手架、模板等，都可以用木材制作。木材与水泥、钢材并列称为建筑三大材料。

由针叶树加工而成的木材为软木料，由阔叶树加工而成的木材为硬木。另外还有用多层薄木片热压胶溶而成的胶合板，把木材碎料刨成木丝与水泥或水玻璃等搅合成木丝板，把板皮、木块、树皮等破碎，浸泡，经处理成纤维，施胶热压、干燥成纤维板等。

2.2.6 建筑塑料

建筑塑料是钢材、木材、水泥之后又一大类新兴建筑材料。由于它具有易加工性、耐酸碱性、防水隔音和质轻等优点，并有良好的柔韧等特性而被土建领域广泛应用。

2.2.7 沥青防水材料

沥青是多种碳氢化合物与氧、硫、氮等元素衍生物的混合物，在常温下呈固体、半固体或黏性液体，沥青材料具有良好的防水性能和黏结力，故在屋顶和地下室都常用它作为防水材料。常用的沥青有石油沥青和煤沥青。此外还有沥青与适量的粉状或纤维状矿物质填充料的混合物形成的沥青玛瑞脂，以及用树脂等进行沥青改性的改性沥青和由沥青浸渍纸板而成的油毡等。

2.2.8 保温材料

保温材料是指对热流具有显著阻抗性的材料或材料复合体。材料的保温性能是以它的导热系数来衡量的，导热系数越小，则通过材料传送的热量越少，保温隔热性能就越好。保温材料以质轻、多孔、吸湿性小、不易腐烂的无机物为最佳。

保温材料主要有纤维状的矿渣棉和岩棉、粒状的膨胀珍珠岩和膨胀蛭石、多孔状的泡沫混凝土和加气混凝土，此外还有炉渣等，近年来有机保温材料发展很快，如泡沫塑料、苯板等都是良好的保温材料。

2.2.9 建筑材料图例

土建工程中所用的种类繁多，通过前面的学习，掌握了大多数材料的基本特性，为今后在设计中合理地选材打下了基础。为了使建筑材料制图统一，图面清晰简明，提高制图效率，满足设计、施工及图纸存档等要求，并为识图创造条件，国家制定了《房屋建筑制图统一标准》（GBJ 1—86）。因此在实际设计中，图纸上的建筑材料必须按照《房屋建筑制图统一标准》规定的符号来表示各种建筑材料，这些符号就叫做图例。需要时可查阅相关标准。

2.3 工程施工中常用的机械和设备

环境工程土建施工中常用的工具主要有套丝切管机、液压弯复机、电动自爬割管机、风动轻型厚壁切管机、电动冲切机、钢筋调直切断机、钢筋切断机、钢筋弯曲机、电焊机（交流、直流）、电钻等，关于它们的型号、性能、适用范围等，可查有关手册。

工程施工中常用的施工机械有：起重设备及机具（卷扬机、升降机械、快速安装塔式起重机、轮胎起重机、手拉葫芦等）、土方施工机械（轮胎式液压挖掘机、履带式液压挖掘机、装载机、挖沟机、履带式推土机、铲运机、重力卸料翻斗车等）、混凝土施工机械（常用混凝土搅拌机、混凝土输送泵、混凝土振动器、混凝土搅拌输送车等）、施工用机泵（离心泵、HB 型混流泵、潜水泵、深井水泵、泥浆泵、潜污泵等），以及其他常用机械（打桩锤、振动冲击夯、钻孔机、空压机等），关于它们的型号、性能、适用范围等，可查阅有关手册。

2.4 土建施工前的准备

在资料、建筑材料及设备和机械准备就绪的前提下，在开工前尚要进行下述工作。

2.4.1 组织图纸学习和技术交底

组织施工人员进行图纸学习、审查、熟悉图纸内容，领会工程各部分构造。然后再组织各专业进行图纸综合会审，核对图纸尺寸、研究各工种的施工配合，同时由设计者交底，交待设计意图和质量要求。由现场主管工程师向施工人员进行层层施工技术交底，使人人熟悉施工对象、施工方案和所采取的技术措施、施工程序、方法要点，各工种间的配合关系，施工进度要求，安全技术和质量标准。

2.4.2 工程施工前施工现场的调查

（1）施工现场自然条件

为防暑降温、冬季施工等工作的确定，应了解气温情况，即年平均气温、最高气温、最低气温、最冷、最热月平均气温。

为雨季施工方便，应掌握降雨情况。

为基础施工和障碍物清除，以提高工程的安全性和寿命，应了解施工场地工程地质剖面图，各层土质类别和土层厚度，最大冰冻深度，以及防空洞、空穴、古墓等。

为布置总平面和施工测量，应掌握工程地形图和桩与水准点的位置。

另外要掌握地下水位、水质、水量，以便确定基础施工方案。还应掌握地面水情况，以便为施工提供方便。

（2）社会劳动力和生活供应条件

了解社会劳动力数量、技术水平和来源及其工资价格，以便为施工提供工人。了解房屋设施，以便为工地提供用房。还应了解其他服务条件如生活品、食品和蔬菜来源，邻近医疗情况等。

（3）道路、用水、用电等条件

为保证用料等的运输，应调查公路、航运等的方便程度及运费等。还应了解用水、用电情况。

2.4.3 施工组织计划

合理组织劳动力是施工的重要环节，施工中各工种之间必须统一指挥，互相协作，才能发挥每个操作人员的积极性和创造性，使施工有节奏进行，提高工效，加速工程进度。除此之外，施工中还应建立严格的岗位责任制，使操作人员各负其责，它也是施工组织的核心。应该指出，随着施工工艺方法的改进，自动化程度的提高，必然会引起劳动组织的改变，因此，施工中应根据具体情况，不断进行调整和完善。

2.4.4 施工进度计划

许多工程施工，工序繁多，配合复杂，为配合施工有节奏进行，需要制订周密的互相交错、衔接非常好的施工进度计划，或指示图表，以指导施工，使整个施工活动在总工期控制下围绕主导工序进行，穿插作业，密切协作，确保计划按期完成。

2.4.5 确定施工方案和程序

根据施工对象的特征，工程现场情况及机具能力，进度和安全要求，经济效益和施工单位的技术水平，尽可能做到技术先进，经济合理，施工简单，并能保证安全、质量和进度的施工方案。由于施工方法施工工艺多种多样，因此要选用一种切实可行，综合效益显著，保质、安全的施工方法，并根据施工对象，确定先做什么再做什么，编制出施工程序。现以冷却塔筒体为例，编制施工程序。

按照冷却塔筒体施工与淋水构件安装两者的先后顺序不同，其施工方法可以分为两种：一是先施工筒体再安装塔芯构件，二是先安装塔芯构件再施工筒体。

二者的施工程序分别如下所述。

① 先筒体后塔芯

基坑挖土→贮水池及塔筒基础→人字柱→环梁→筒壁→刚性环→塔芯淋水构件安装→淋水填料安装

塔芯竖井 ——　　构件预制 ——　　填料加工 ——

② 先塔芯后筒体

基坑挖土→贮水池及塔筒基础、塔芯竖井→淋水构件安装→人字柱→筒壁→刚性环→淋水填料安装

淋水构件预制 ——　　　　　　填料加工 ——

比较上述两种方法，先安装塔芯构件再施工筒体具有以下几个特点：有效利用场地与时间，组织分区流水作业，可以充分发挥起重机械能力，加快施工进度；所有塔芯构件可以一次安装完成，而采用先筒体后塔芯的施工程序时，靠近筒壁的部分构件无法用起重机械直接就位吊装，构件安装比较困难；避免交叉作业，有利于保证工程质量与施工安全；在安装塔芯构件的同时，可以进行人字柱预制，以及环梁、筒壁的施工准备，便于组织均衡施工；施工筒壁时应在塔芯构件顶部设置防护措施，以防止安装好的淋水构件受到损坏，淋水填料宜安排最后安装。

按此比较似乎先安装塔芯构件更为合理。但要具体对象具体处理。

2.4.6　现场钻探和场地平整

在适当调查掌握工程及现场的有关资料基础上，按设计地面标高进行场地平整，将工程范围内多余土方挖除，拆迁施工区域内所有地上、地下障碍物，如房屋、电杆、动力照明、通信线路、地下管道、电缆、坟墓、树木等，可利用的建筑物尽量利用，做好场地周围排水，布置好安全警戒区及设置安全设施。

如果地质资料不全，可进行钻探，了解工程场地地下情况，如地下是否有防空洞、暗穴、墓通道及其他空洞等。

2.4.7　修建临时设施

修建临时设施，如办公室、材料库、工人临时宿舍及餐厅等。铺设临时供电、供水线路，筑临时道路等。

2.4.8　准备工程施工用料

根据施工预算和材料、半成品供应计划要求时间，组织订货、催运，按平面图位置堆放；对半成品、钢结构构件及预埋铁件制作委托加工，已制作好运进现场堆放或入库备用。

2.4.9　准备施工机具和设备

按确定的施工工艺方案备齐机具、设备。清点已有机具，进行检修、维护，缺少的机具进行加工制作或购置；井架、操作台、提升设备进行设计、加工、制作或改装；千斤顶及液压油管系统用 1.5 倍工作压力进行试压、测定、校正。最后再进行配套、组装、试运转，直至全部配齐，符合要求。

液压系统的零部件安装前应进行单体试验合格方可进行安装。

2.4.10　做好测量控制

根据设计的标高和中心点（或中心线）进行测量、定位、放线，并埋设沉降观测点。

2.4.11　组织劳动力进行技术培训

配齐施工各专业工种和劳动力数量，组织进场，并进行必要的短期培训，使其熟悉各专业施工技术操作，明确岗位责任制和各专业相互配合关系及安全技术要点。

2.4.12　试验

① 按照规定对工程拟采用的各种原材料（如水泥、骨料、混凝土外加剂、防水材料、防腐涂料）进行检验。

② 设计混凝土配合比，进行试配。

③ 通过试验，检验混凝土的抗压强度，抗渗性能，抗冻性能，其试验结果应符合设计要求的性能指标。

2.4.13　编制施工预算

施工预算是施工企业确定单位工程、分项工程、人工、材料、施工机械台班消耗数量和直接费用标准的条件，是施工单位基层成本计划文件，是施工企业有计划控制工程成本的一项重要措施和制度。

施工预算是在施工之前，根据会审后图纸、施工定额、施工及验收规范、施工组织设计和方案、当时预算价格等进行编制。应该说施工预算是施工准备阶段不可缺少的程序，具体施工预算，请见第 7 章。

2.5　土建施工的基础

环境土建工程主要包括房屋建筑结构、各种水池、水塔构筑物，以及沟、渠、坝、挡土结构物等土工构筑物工程。这些建构筑物由各种构件组成。为了保证这些结构与构筑物的正常工作和具有足够的耐久性，构件及材料需具有一定的力学和物理、化学性能。作为施工工程技术人员应该掌握所用构件和材料的物理化学和力学基础理论知识。

2.5.1　建筑力学基础

2.5.1.1　结构与构件

建构筑物中承受荷载而起骨架作用的部分称为结构。图 2-1 中所示的即为单层厂房结构。结构受荷载作用时，如不考虑建筑材料的变形，其几何形状和位置不发生改变。

组成结构的各单独部分称为构件。图 2-1 中的基础、柱、吊车梁、屋架、屋面板等均为构件。结构一般可按其几何特征分为三种类型。

① 杆系结构　组成杆系结构的构件是杆件。杆件的几何特征是其长度远远大于横截面的宽度和高度。

② 薄壁结构　组成薄壁结构的构件是薄板或薄壳。薄板、薄壳的几何特征是其厚度远

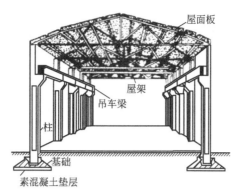

图 2-1 单层厂房结构示意

远小于它的另两个方向的尺寸。

③ 实体结构 实体结构是三个方向的尺寸基本为同量级的结构。

建筑力学以杆系结构作为研究对象。

2.5.1.2 刚体和变形固体及其基本假设

结构和构件可统称为物体。在建筑力学中将物体抽象化为两种计算模型：刚体模型和理想变形固体模型。

刚体是受力作用而不变形的物体。实际上，任何物体受力都发生或大或小的变形，但在一些力学问题中，物体变形这一因素与所研究的问题无关，或对所研究的问题影响甚微，这时就可以不考虑物体的变形，将物体视为刚体，从而使所研究的问题得到简化。

在另一些力学问题中，物体变形是不可忽略的主要因素，如不予考虑就得不到问题的正确答案。但平时，人们将物体视为理想变形固体。所谓理想变形固体，是将一般变形固体的材料加以理想化，做出以下假设：

① 连续性假设 认为物体的材料结构是密实的，物体内材料是无空隙的连续分布；

② 均匀性假设 认为材料的力学性质是均匀的，从物体上任取或大或小的一部分，材料的力学性质均相同；

③ 各向同性假设 认为材料的力学性质是各向同性的，材料沿不同的方向具有相同的力学性质（有些材料沿不同方向的力学性质是不同的，称为各向异性材料，本书中仅研究各向同性材料）。

按照连续、均匀、各向同性假设而理想化了的一般变形固体称为理想变形固体。采用理想变形固体模型不但使理论分析和计算得到简化，而且所得结果的精度也能满足工程要求。

无论是刚体还是理想变形固体，都是针对所研究的问题性质，略去一些次要因素，保留对问题起决定性作用的主要因素，而抽象化形成的理想物体，它们在生活和生产实践中并不存在，但在解决力学问题时，它们是必不可少的理想化的力学模型。变形固体受荷载作用时将产生变形。当荷载值不超过一定范围时，荷载撤去后变形随之消失，物体恢复原有形状。撤去荷载可消失的变形称为弹性变形。当荷载值超过一定范围时，荷载撤去后，一部分变形随之消失，另一部分变形仍残留下来，物体不能恢复原有形状。撤去荷载仍残留的变形称为塑性变形。在多数工程问题中，要求构件只发生弹性变形。也有些工程问题允许构件发生塑性变形。本书中只研究弹性变形范围内的问题。

2.5.1.3 杆件变形的基本形式

杆系结构中的杆件其轴线多为直线，也有轴线为曲线和折线的杆件。它们分别称为直杆、曲杆和折杆。

横截面相同的杆件称为等截面杆；横截面不同的杆件称为变截面杆。

杆件受外力作用将产生变形。变形形式是复杂多样的，它与外力施加的方式有关。无论何种形式的变形，都可归结为四种基本变形形式之一，或者是基本变形形式的组合。直杆的四种基本变形形式：

① 轴向拉伸或压缩　对方向相反或相对的外力沿轴线作用于杆件，杆件的变形主要表现为长度发生伸长或缩短的改变，这种变形形式称为轴向拉伸或轴向压缩；

② 剪切　对相距很近的方向相反的平行力沿横向（垂直于轴线）作用于杆件，杆件的变形主要表现为横截面沿力作用方向发生错动，这种变形形式称为剪切；

③ 扭转　对方向相反的力偶作用于杆件的两个横截面，杆件的相邻横截面绕轴线发生相对转动，这种变形形式称为扭转；

④ 弯曲　对方向相反的力偶作用于杆件的纵向平面（通过杆件轴线的平面）内，杆件的轴线由直线变为曲线，这种变形形式称为弯曲。

各种基本变形形式都是在特定的受力状态下发生的，杆件正常工作时的实际受力状态往往不同于上述特定的受力状态，所以，杆件的变形多为各种基本变形形式的组合。当某一种基本变形形式起主要作用时，可按这种基本变形形式计算，否则，则属于组合变形的问题。

2.5.1.4　结构计算简图

（1）自由度和约束及约束反力

按此物体可分为两类：一类是自由体，自由体可以自由位移，不受任何其他物体的限制；一类是非自由体，非自由体不能自由位移，其某些位移受其他物体的限制而不能发生。物体在某方向上能够发生位移，则在该方向上具有一个自由度。结构和结构的各构件是非自由体。限制非自由体位移的其他物体称作非自由体的约束。约束的功能是限制非自由体的某些位移，使其在位移方向上没有自由度。例如，桌子放在地面上，地面具有限制桌子向下位移的功能，桌子是非自由体，地面是桌子的约束。约束对非自由体的作用力称为约束反力。显然，约束反力的方向总是与它所限制的位移方向相反。地面限制桌子向下位移，地面作用给桌子的约束反力指向上方。

工程中物体之间的约束形式是复杂多样的，为了便于理论分析和计算，只考虑其主要的约束功能，忽略其次要的约束功能，便可得到一些理想化的约束形式。本节中所讨论的正是这些理想化的约束，它们在力学分析和结构设计中被广泛采用。

① 光滑面约束　光滑面约束是由两个物体光滑接触所构成。两物体可以脱离开，也可以沿光滑面相对滑动，但沿接触面法线且指向接触面的位移受到限制。这是光滑面约束的约束功能。光滑面的约束反力作用于接触点，沿接触面的法线且指向物体。

② 光滑圆柱铰链约束　铰链约束是连接两个构件的常见的约束形式。铰链约束可以这样构成：在两个物体上各做一大小相同的光滑圆孔，用光滑圆柱销钉插入两物体的圆孔中，根据构造情况可知其约束功能是：两物体铰接处允许有相对转动（角位移）发生，不允许有相对移动（线位移）发生。相对线位移可分解为两个相互垂直的分量与之对应，铰链约束有两个相互垂直的约束反力，它们的指向是未知的，可假定一个物体所受约束反力的指向，另一物体所受的约束反力指向按作用反作用定律确定。

③ 铰支座　铰支座有固定铰支座和滚动铰支座两种。将构件用铰链约束与地面相连接，这样的约束称为固定铰支座。将构件用铰链约束连接在支座上，支座用滚轴支持在光滑面上，这样的约束称为滚动铰支座。固定铰支座的约束功能与铰链约束相同，所以，其约束反力也用两个垂直分力表示。滚动铰支座的约束功能与光滑面约束相同，所以，其约束反力也

是沿光滑面法线方向且指向构件。

④ 链杆约束　链杆是两端用光滑铰链与其他物体连接，不计自重且中间不受力作用的杆件。链杆只在两铰链处受力作用，因此又称二力杆。处于平衡状态时，链杆所受的两个力，应是大小相等、方向相反地作用在两个铰链中心的连线上，其指向一般不能确定。按作用以及反作用定律，链杆对它所约束的物体的约束反力必定沿着两铰链中心的连线作用在物体上。应该注意，一般情况下铰链约束的约束反力是用两个垂直分力来表示，但对连接二力杆的铰链来说，铰链约束的约束反力作用线是确定的，不用两个垂直分力表示。

⑤ 固定端约束（固定支座）　杆件两端中的一端被牢固地固定，使杆件既不能发生移动也不能发生转动，这种约束称为固定端约束或固定支座。

⑥ 定向支座　将构件用两根相邻的等长、平行链杆与地面相连接。这种支座允许杆端沿与链杆垂直的方向移动，限制了沿链杆方向的移动，也限制了转动。定向支座的约束反力是一个沿链杆方向的力和一个力偶。

（2）结构计算简图

实际结构是很复杂的，无法按照结构的真实情况进行力学计算。因此，进行力学分析时，必须选用一个能反映结构主要工作特性的简化模型来代替真实结构，这样的简化模型称作结构计算简图。结构计算简图略去了真实结构的许多次要因素，是真实结构的简化，便于分析和计算；结构计算简图保留了真实结构的主要特点，是真实结构的代表，能够给出满足精度要求的分析结果。选择结构计算简图是重要而困难的工作。对常见的工程结构，已有经过实践检验了的成熟的计算简图。下面主要介绍结构计算简图中支座的简化、结点的简化等问题。

① 支座简化示例　前面介绍的固定铰支座、滚动支座、固定支座等都是理想的支座，这些理想的支座在土建工程中几乎是见不到的。为便于计算，要分析实际结构支座的主要约束功能与哪种理想支座的约束功能相符合，将工程结构的真实支座简化为力学中的理想支座。例如将预制钢筋混凝土柱置于杯形基础中，基础下面是比较坚实的地基土壤。如果杯口四周用细石混凝土填实，柱端被相当坚实的基础固定，其约束功能基本上与固定支座相符合，则可简化为固定支座。如果杯口四周填入沥青麻丝，柱端可发生微小转动，但其约束功能基本上与固定铰支座相符合，则可简化为固定铰支座。

② 结点简化示例　结构中构件的交点称为结点。结构计算简图中的结点有铰结点、刚结点、组合结点等三种。铰结点上的各杆件用铰链相连接，杆件受荷载作用产生变形时，结点上各杆件端部的夹角发生改变；刚结点上的各杆件刚性连接，杆件受荷载作用产生变形时，结点上各杆件端部的夹角保持不变，即各杆件的刚接端都有一相同的旋转角度；如果结点上的一些杆件用铰链连接，而另一些杆件刚性连接，这种结点称为组合结点。

对实际结构中的结点，要根据结点的构造情况及结构的几何组成情况等因素简化为上述三种结点。例如屋架端部和柱顶设置有预埋钢板，将钢板焊接在一起，构成结点。由于屋架端部和柱顶之间不能发生相对移动，但可发生微小的相对转动，故可将此结点简化为铰结点。又如钢筋混凝土框架顶层的结点，梁与柱用混凝土整体浇注，因梁端与柱端之间不能发生相对移动，也不能发生相对转动，故可将此结点简化为刚结点。

③ 计算简图示例　图 2-2 所示的单层厂房结构是一个空间结构。厂房的横向是由柱子和屋架所组成的若干横向单元。沿厂房的纵向，由屋面板、吊车梁等构件将各横向单元联系起来。由于各横向单元沿厂房纵向有规律地排列，且风、雪等荷载沿纵向均匀分布，因此，可以通过纵向柱距的中线，取出图 2-2（a）中画短线部分作为一个计算单元图 2-2（b），将空间结构简化为平面结构来计算。

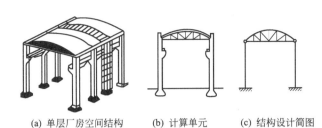

(a) 单层厂房空间结构　　(b) 计算单元　　(c) 结构设计简图

图 2-2　单层厂房计算简图示例

根据屋架和柱顶端结点的连接情况，进行结点简化；根据柱下端基础的构造情况，进行支座简化，便可得到单层厂房的结构计算简图，如图 2-2(c) 所示。

④ 平面杆系结构的分类　工程中常见的平面杆系结构有以下几种。

梁　梁由受弯杆件构成，杆件轴线一般为直线。一般有单跨梁和多跨梁之分。

拱　一般由曲杆构成。在竖向荷载作用下，支座产生水平反力。

刚架　刚架是由梁和柱组成的结构。刚架结构具有刚结点。一般可分为单层刚架、多层刚架、排架（也称铰结刚架或铰结排架）。

桁架　桁架是由若干直杆用铰链连接组成的结构。

组合结构　组合结构是桁架和梁或刚架组合在一起形成的结构，其中含有组合结点。

上述计算简图中，所有结构体系都是几何不变的。当结构体系的约束数量与其自由度数量相同时，可以根据体系的静力平衡条件求得所有的约束反力，这类结构称为静定结构。当结构体系的约束数量超过体系的自由度时，除静力平衡条件外，还需根据结构体系及其构件的刚度条件才能求得所有的约束反力，这类结构叫做超静定结构。

2.5.1.5　荷载的分类

结构工作时所承受的外力称为荷载。荷载可分为不同的类型。

① 按荷载作用的范围可分为分布荷载和集中荷载　分布作用在体积、面积和线段上的荷载分别称为体荷载、面荷载和线荷载，并统称为分布荷载。重力属于体荷载，风、雪的压力等属于面荷载，而杆件所受的分布荷载视为作用在杆件的轴线上，这样，杆件所受的分布荷载均为线荷载。如果荷载作用的范围与构件的尺寸相比十分微小，这时可认为荷载集中作用于一点，并称之为集中荷载。

当以刚体为研究对象时，作用在构件上的分布荷载可用其合力（集中荷载）来代替。例如，分布的重力荷载可用作用在重心上的集中合力代替；当以变形固体为研究对象时，作用在构件上的分布荷载则不能用其集中合力来代替。

② 按荷载作用时间的久暂可分为恒荷载和活荷载　永久作用在结构上的荷载称为恒荷载。结构的自重、固定在结构上的永久性设备等属于恒荷载。暂时作用在结构上的荷载称为活荷载。风、雪荷载等属于活荷载。

③ 按荷载作用的性质可分为静荷载和动荷载　由零逐渐增加到最后值的荷载称为静荷载。静荷载作用的基本特点：荷载施加过程中，结构上各点产生的加速度不明显；荷载达到最后值以后，结构处于静止平衡状态。大小、方向随时间而改变的荷载称为动荷载。机器设备的运动部分所产生的扰力荷载属于动荷载；地震时由于地面运动在结构上产生的惯性力荷载也属于动荷载。动荷载作用的基本特点：由于荷载的作用使结构上各点产生明显的加速度，结构的内力和变形都随时间而发生变化。

综上所述，建筑力学是研究结构的几何组成规律，以及在荷载作用下结构和构件的强度、刚度和稳定性问题。其目的是保证结构按设计要求正常工作，并充分发挥材料的性能，使设计的结构既安全可靠又经济合理。

结构是由构件所组成，起着承受荷载、支撑建筑物的作用。这就要求构件必须按一定的规律来组成结构，以确保在荷载作用下结构的几何形状不发生改变。结构正常工作必须满足强度、刚度和稳定性的要求。

所谓强度是指抵抗破坏的能力。满足强度要求就是要求结构的各构件在正常工作条件下不发生破坏。

所谓刚度是指抵抗变形的能力。满足刚度要求就是要求结构或构件在正常工作条件下所发生的变形不超过允许的范围。

稳定性是指结构或构件以原有的形状保持稳定的平衡状态。稳定性要求就是要求结构或构件在正常工作条件下不突然改变原有形状，因发生过大的变形会导致破坏。

2.5.2 物理化学基础

建构筑物最常用的原材料就是混凝土和钢材等，下面就它们的组成和作用机制进行简要叙述。

2.5.2.1 混凝土组成和物化变化

混凝土是由胶凝材料、骨料、水及某些外加剂按适当比例配合，经搅拌、浇捣和硬化过程而形成的一种人造复合材料。土建工程中使用的混凝土可按其密度、结构特征及所采用胶凝材料种类等进行分类。其中按胶凝材料种类不同可分为：水泥混凝土、石膏混凝土和水玻璃混凝土等。土建工程中，水泥混凝土（以下称混凝土）应用最广。随着时间的推移，混凝土建构筑物由于其内部因素和外部因素的共同作用，发生一系列物理化学变化，从而使其性能下降以至破坏。内部因素有：混凝土材料的自身特性，混凝土结构的设计和施工质量等。外部因素是指环境因素：环境的温度、湿度，混凝土周围的介质，如空气、地下水、土壤中含有的有害物质。要掌握混凝土复合物的性能，首先必须了解其组成该复合物原材料的性能。

（1）水泥

水泥是混凝土中的胶凝材料，水泥的组成和性质直接影响混凝土的性能。目前，世界上水泥品种已多达 200 余种，按其矿物组成可分为硅酸盐水泥、铝酸盐水泥、硫铝酸盐水泥、铁铝酸盐水泥等。在众多的水泥品种中，应用最广、用量最大的是硅酸盐水泥。

① 硅酸盐水泥熟料的矿物组成　混凝土的强度等性能主要取决于水泥中矿物成分的组成及其水化反应。水泥熟料的矿物组成见表 2-2。

表 2-2　硅酸盐水泥主要矿物成分及含量

矿物成分	简写符号	含量(质量分数)/%
硅酸三钙 $3CaO \cdot SiO_2$	C3S	40～65
硅酸二钙 $2CaO \cdot SiO_2$	C2S	15～40
铝酸三钙 $3CaO \cdot Al_2O_3$	C3A	5～15
铁铝酸四钙 $4CaO \cdot Al_2O_3 \cdot Fe_2O_3$	C4AF	10～20

除表 2-2 中所列四种主要矿物成分外，尚有总质量不超过水泥质量百分之几的氧化钙、氧化钛、氧化镁、氧化钾和氧化钠。

② 硅酸盐水泥的水化反应　水泥加水后，熟料矿物颗粒的表面立即与水发生化学反应，生成新的水化物，并放出一定热量。各矿物成分的化学反应如下。

a. 硅酸三钙：常温下其水化反应可用方程式表示为

$$2(3CaO \cdot SiO_2) + 6H_2O \longrightarrow 3CaO \cdot 2SiO_2 \cdot 3H_2O + 3Ca(OH)_2 \qquad (2\text{-}1)$$

水化硅酸钙　　　　　氢氧化钙

（C_3SH_3）　　　　（CH）

式(2-1) 反应速度很快，生成的水化硅酸钙几乎不溶于水，以胶凝微粒析出，并逐渐凝聚成凝胶。$Ca(OH)_2$ 在溶液中的浓度很快达到饱和后以晶体析出。硅酸二钙的水化反应与硅酸三钙相似，只是在常温下反应进行很慢。

b. 铝酸三钙：常温纯水中其水化反应为

$$3CaO \cdot Al_2O_3 + 6H_2O \longrightarrow 3CaO \cdot Al_2O_3 \cdot 6H_2O \qquad (2\text{-}2)$$

水化铝酸钙

（C_3AH_6）

在实际的水泥浆中，因该水化反应激烈，会导致水泥浆体瞬间凝结，所以，在水泥熟料粉磨时要加入适量石膏（$CaSO_4 \cdot 2H_2O$，简写 CAS-UH_2），以调节凝结时间，因此，铝酸三钙是处在有 $Ca(OH)_2$ 和 $CaSO_4 \cdot 2H_2O$ 的环境中水化的。铝酸三钙在饱和 $Ca(OH)_2$ 溶液中水化生成 $4CaO \cdot Al_2O_3 \cdot 13H_2O$，该产物又会与 $CaSO_4 \cdot 2H_2O$ 反应生成 $3CaO \cdot Al_2O_3 \cdot 3CaSO_4 \cdot 32H_2O$（钙矾石，简写 AFt）。实际的水化产物因 CAS-UH_2 和 C3A 的比值不同而不同，当 CAS-UH_2 与 C3A 的物质的量之比为 3.0 时，水化产物为 Aft。当其比为 1.0 时，水化产物为单硫型水化硫铝酸钙（$3CaO \cdot Al_2O_3 \cdot CaSO_4 \cdot 12H_2O$，简写 AFm）。AFm 是难溶于水的晶体，能很快包围在熟料表面，形成阻碍水进去的保护膜，使反应速度减慢。

c. 铁铝酸四钙：当没有 $Ca(OH)_2 \cdot 2H_2O$ 存在时，反应式为

$$4CaO \cdot Al_2O_3 \cdot Fe_2O_3 + 7H_2O \longrightarrow 3CaO \cdot Al_2O_3 \cdot 6H_2O + CaO \cdot Fe_2O_3 \cdot H_2O \quad (2\text{-}3)$$

水化铁酸钙

（CFH）

式(2-3) 的反应速度仅次于式(2-2)反应，因铁铝酸四钙与铝酸三钙处于同样的水环境中，所以，它们的反应也很相似，在没有 $CaSO_4 \cdot 2H_2O$ 存在的时候，其反应生成物为 $4CaO \cdot Al_2O_3 \cdot Fe_2O_3 \cdot 13H_2O$；而当有 $CaSO_4 \cdot 2H_2O$ 存在时，其反应生成 $3CaO(Al_2O_3 \cdot Fe_2O_3) \cdot 3CaSO_4 \cdot 32H_2O$。

以上讨论均是硅酸盐水泥单矿物成分的水化作用，实际上水泥颗粒是一个多矿物的聚集体，不仅含有上述主要矿物成分，还会有 Na_2O、K_2O、硫酸盐等次要成分。当水泥与水拌和后，水泥粒子立即与水反应并溶解，使拌和的水变成含有多种离子［Ca^{2+}、K^+、Na^+、OH^-、SiO_4^{4-}、$Al(OH)_4^-$、SO_4^{2-} 等］的溶液。水泥浆中的离子组成取决于水泥组分及溶解度，反之，离子组成又影响各熟料矿物的水化速率。此外，不同矿物彼此之间对水化过程也要产生影响。

③ 硅酸盐水泥的水化过程及产物　按时间顺序，硅酸盐水泥的水化过程可简化为以下三个阶段。

a. 钙矾石形成阶段：水泥遇水后立刻发生溶解，水泥中的 C3A 首先水化，在石膏存在的条件下，迅速形成钙矾石（AFt），并出现第一个放热峰。

b. C3S 的水化阶段：C3S 开始迅速水化，生成 C3SH3 和 CH。同时大量放热，形成第二个放热峰，有时会出现第三个放热峰或在第二放热峰上出现一个"峰肩"。随着 $CaSO_4 \cdot 2H_2O$ 消耗完毕，AFt 产物向 AFm 产物转化；同时 C3AF 和 C2S 也不同程度地进行水化反应。

c. 结构形成与发展阶段：此时放热速率很低且趋于稳定，随着水化产物的增多，相互

交织，使水泥浆体逐渐硬化。

水泥的主要水化产物有氢氧化钙、水化铝酸钙、水化铁酸钙、水化硫铝酸钙、水化硫铝（铁）酸钙等。

④ 硅酸盐水泥的水化速率　水化速率系指单位时间内水泥的水化程度或水化深度。影响水泥水化速率因素主要有熟料矿物组成、水灰比、细度和温度等。

（2）骨料

骨料构成混凝土的骨架，占全部混凝土的 $80\%\sim85\%$。骨料按其粒径大小分为粗骨料（粒径 $5\sim60mm$ 或更大）和细骨料（粒径 $0.16\sim5mm$ 的砂）。卵石（特别是河卵石）和天然砂是常用的粗、细骨料。骨料的强度直接影响混凝土的强度，特别是粗骨料。骨料中的化学成分和杂质都会影响混凝土的性能。骨料中的主要杂质有氯化物、硫化物、硫酸盐、淤泥黏土等。有害成分可与水泥中的组分发生化学反应，如氯化物可使混凝土结构中的钢筋腐蚀。若骨料中含有活性二氧化硅时，可与水泥中碱性氧化物（Na_2O、K_2O）发生碱-骨料反应，导致混凝土破坏。所以，对骨料的组成成分、粒度、级配和有害杂质的含量都有一定要求。

（3）水

混凝土混合料在拌和时要加入一定量的水，一是保证水泥水化过程的进行，这样才能使水泥在混凝土中发挥胶凝作用；二是使混合料具有足够的流动性，这样才便于混凝土的运输、捣固和成型。在目前的工程条件下，满足后者所需的水量，往往大于前者的最低需水量。混凝土中的水分，根据水与固相组分的相互作用，分为吸附水、结晶水、化合水、层间水和自由水等。其中吸附水包括凝胶水和毛细管水。前者是指混凝土的凝胶体中凝胶孔所含的水，由于吸附作用，凝胶水比较牢固地吸附在凝胶体的表面；后者是指凝胶体外部毛细孔内所含的水。水是混凝土的重要组成部分，但水也是混凝土发生化学侵蚀等的媒体，此外水的酸碱度和其中所含的有害物质，如氯化物、硫酸盐等都会对混凝土构筑物的性能产生影响，因此，对混凝土用水也是有一定要求的。

（4）孔隙

混凝土是一个多相多孔的体系，所以在混凝土中除了上述组成外，还存在着大小不同的孔隙。按孔径的大小不同，这些孔隙可分为：a. 凝胶孔（孔径约为 $1.2\sim3.2nm$），是指凝胶粒的内孔和凝胶粒子之间的孔；b. 过渡孔（孔径约为 $10\sim100nm$），主要是指外部水化物之间的孔；c. 毛细孔（孔径约为 $100\sim1000nm$），主要是指没有被水泥水化物所填充的原充水空间；d. 大孔（孔径大于 $1000nm$）。侵蚀性介质只有通过孔隙才能进入混凝土内部对其产生侵蚀；此外，混凝土构筑物的许多物理性能（如渗透性、抗冻性等）和力学性能都与混凝土中孔隙的数量、孔径、孔隙的分布状态等密切相关。

（5）混凝土的外加剂

为满足不同工程对混凝土的要求，就要采取不同措施提高混凝土性能，其中添加外加剂是改善混凝土性能的有效方法之一。用于混凝土的外加剂种类很多，按外加剂的作用可分为减水剂、防水剂、膨胀剂、阻锈剂、调凝剂等，其功能各异。例如，减水剂，它可保证在水泥用量和流动性不变的情况下，减少用水量，达到提高混凝土的抗渗性、强度等性能的目的。

（6）混凝土的和易性

混凝土混合料的诸性质，如搅拌是否均匀，运输过程中是否产生分层析水，浇筑时是否易于填满模型等，都以和易性相关，所以，和易性是一个综合概念，是混凝土混合料生产过程的概念总和。和易性通常以流动性、黏聚性和保水性表示，以混合料的流动性作为和易性的一个主要指标。

2.5.2.2 混凝土在环境中的物理化学变化

在环境中混凝土构筑物由于其内部的不完善性和外部不利因素综合作用，使之发生各种物理化学变化，最终造成混凝土结构性能下降，以至破坏。现将其中主要的物理化学变化列举如下。

(1) 混凝土的冻融破坏

混凝土的冻融破坏是指在冻融交替的作用下，其内部结构产生裂缝和损伤，经多次反复作用后，损伤积累到一定程度所引起的一种结构破坏。据研究结果表明：混凝土在冻融破坏过程中，其水化产物的成分基本保持不变，所以，基本可认为混凝土的冻融破坏过程是一个物理变化过程。冻融破坏不仅产生在已建成的混凝土构筑物上，也能产生在施工中，至于在结冰的路面上撒盐，就更易产生冻融破坏。近几十年来，某些发达国家提出了几种冻融破坏机理，但迄今尚无统一的结论。下面仅就冰膨胀压和渗透压理论做一简单介绍。

在混凝土浇筑时，为得到必要的和易性，往往掺和的水比水泥水化所需的水量多，这些多余的水就滞留在混凝土的孔隙中。当温度降至孔隙中水的冰点时，这些水就会结冰。在大的孔隙中一般不易充满水，所以不易受冰冻的影响，毛细孔中的水，因其孔径不是很大，最容易被水饱和发生冰冻，但因混凝土是碱性的（pH＞12.5），所以结冰的冰点要低于零度。毛细孔内水结冰后，体积约膨胀 9％，产生膨胀压力。若毛细孔中的水不超过 91.7％（含水量的极限值），毛细孔中的空气可起到调节作用，将一部分未结冰的水挤入凝胶孔，可减少膨胀压力，在和结冰毛细孔相连通的其他毛细孔或凝胶孔中的水，因水的蒸气压大于同温度下冰的蒸气压，所以会向毛细孔中冰的界面处渗透，使之在毛细孔中产生渗透压。由此可见，处于水饱和状态的混凝土在低温结冰时，毛细孔将同时受到膨胀压和渗透压的作用，当这种作用超过混凝土的强度时，将使混凝土内部结构产生裂缝和损伤。当温度升高，孔隙中的冰融化时，会使混凝土的体积缩小，但已不能恢复到原体积，会留下一个永久性的形变，这是由于内部结构破坏导致裂缝扩展的结果。

混凝土在冻融破坏过程中微孔数量逐渐增加，孔径在逐渐扩大，微裂缝增加和扩展，导致混凝土密实度降低、吸水率增加、强度下降，其中抗拉和拉弯强度的反应最为敏感。冻结的温度越低、速率越快，冻融产生的破坏力越大。冻结温度达 −10℃时是一个临界值，达到或低于这一临界值时，要保证混凝土的抗冻耐久性，就必须采取其他措施，如采用抗冻性能好的高强混凝土等。

影响混凝土抗冻性能的主要因素是混凝土内部构造、孔隙率和孔隙特征（孔径大小、是否联通、是否开口等）。密实度高、孔隙率低、孔径小的混凝土抗冻性能比较好。

(2) 混凝土的碳化

当混凝土的周围环境中含有 CO_2、SO_2、H_2S、HCl、HF 等酸性物质时，它们就会渗入混凝土表面内与其碱性物质发生化学反应，这种现象称为混凝土的中性化。其中大气中的 CO_2 渗入混凝土中引起的中性化是最常见的一种，称为混凝土的碳化。混凝土中可产生碳化的主要成分是 $Ca(OH)_2$，实际上，混凝土中的水化硅酸钙、硅酸三钙和硅酸二钙等也会与 CO_2 发生化学反应，引起混凝土的碳化。碳化虽然可使混凝土的一些孔隙被碳化产物 $CaCO_3$ 等堵塞，使其密实度和强度有所提高，但由于碳化降低了混凝土的碱度（pH 值一般为 8～9），易破坏钢筋表面的钝化膜，如在有水和氧气的条件下，引起钢筋的锈蚀。同时碳化伴随着混凝土的收缩，引起表面开裂和粉化。混凝土的碳化反应为：

$$Ca(OH)_2 + CO_2 \longrightarrow CaCO_3 + H_2O \tag{2-4}$$

$$3CaO \cdot 2SiO_2 \cdot 3H_2O + 3CO_2 \longrightarrow 3CaCO_3 + 2SiO_2 \cdot 3H_2O \tag{2-5}$$

$$3CaO \cdot SiO_2 + 3CO_2 + nH_2O \longrightarrow 3CaCO_3 + SiO_2 \cdot nH_2O \tag{2-6}$$

混凝土的碳化过程主要包括以下 5 个过程，即

$$\text{a. } CO_2(g) \Longrightarrow CO_2(aq)$$
$$\text{b. } Ca(OH)_2(s) \Longrightarrow Ca^{2+}(aq) + 2OH^-(aq)$$
$$\text{c. } CO_2(aq) + OH^-(aq) \longrightarrow HCO_3^-(aq)$$
$$\text{d. } HCO_3^-(aq) + OH^-(aq) \longrightarrow CO_3^{2-}(aq) + H_2O$$
$$\text{e. } Ca^{2+}(aq) + CO_3^{2-}(aq) \longrightarrow CaCO_3(s)$$

其中反应最慢的是 a 过程，所以大气中的 CO_2 转入水中的速度决定了混凝土碳化速度。影响混凝土碳化的因素主要有两大类：材料本身的性质和环境因素。混凝土所用水泥的种类、用量、水灰比、骨料的品种，以及施工养护质量等都对混凝土的碳化有影响。以水灰比对混凝土碳化的影响为例，水灰比是决定混凝土结构和孔隙率的主要因素，当水泥用量不变时，水灰比越大，其内部孔隙率越大，密实性越差，CO_2 就越容易渗透到混凝土内部，加快了碳化反应的速度；同时，水灰比大也使混凝土孔隙中的水量增加，有利于碳化反应的进行。作为环境影响因素，主要是空气中 CO_2 的浓度、环境的温度和湿度，当空气中 CO_2 的浓度越大时，混凝土内外 CO_2 浓度差越大，从而加快 CO_2 向混凝土内部的渗透，使碳化反应加快。有试验表明，混凝土周围介质的相对湿度在 50%～75% 时，混凝土碳化速度最快。湿度过大（如大于 80% 以上），使混凝土孔隙中的水处于饱和状态，反应式 (2-4) 产生的水分无法向外扩散，使反应难以进行；反之，相对湿度为 0～45% 时，太干燥了，空气中 CO_2 也无法渗入混凝土孔隙中或溶入极少，使碳化反应无法进行。环境温度可加快 CO_2 向混凝土内部扩散的速度并加快碳化反应的速度。实际上，处于含有 CO_2 浓度较高的水环境中，混凝土也会发生碳化反应。一般认为，当水环境中 CO_2 质量浓度达 20mg/L 时，就会对混凝土产生严重的碳化侵蚀。

（3）混凝土的其他腐蚀

① 溶出性侵蚀　当混凝土构筑物长期与水接触时，有可能发生溶出性侵蚀。与水长期接触时，首先混凝土中的 $Ca(OH)_2$ 会被溶出。当水环境的硬度大时，就会含有较多的钙、镁等重碳酸盐，它们与 $Ca(OH)_2$ 反应生成几乎不溶于水的 $CaCO_3$、$MgCO_3$，沉积在混凝土表面的微孔内，形成了密实的保护层，可防止溶出性腐蚀继续发生，否则，$Ca(OH)_2$ 就会继续溶出。在静止的水环境中，这种溶出会继续到周围水被 $Ca(OH)_2$ 饱和时停止，因溶出只限于表面，影响不大。但在流动水和压力水的作用下，$Ca(OH)_2$ 就会不断地从混凝土中流失，伴随着碱度的下降，混凝土中的水化产物也要分解溶出，其结果造成混凝土中凝胶组分变化，强度随之降低。

② 硫酸盐侵蚀　一些盐类可与混凝土中的某些成分发生化学反应，反应产物或是无胶凝性物质或是引起体积膨胀，其中硫酸盐引起的破坏是最广泛、最普遍的一种。硫酸盐沿着混凝土的孔隙渗透到混凝土内部与混凝土中某些成分发生化学反应，其浸蚀过程主要有以下两类。

a. 硫酸盐和 $Ca(OH)_2$ 及 $3CaO \cdot 2SiO_2 \cdot 3H_2O$ 反应生成石膏，引起混凝土开裂，力学性能下降。反应为：

$$Na_2SO_4 + Ca(OH)_2 + 2H_2O \longrightarrow CaSO_4 \cdot 2H_2O + 2NaOH \tag{2-7}$$
$$MgSO_4 + Ca(OH)_2 + 2H_2O \longrightarrow CaSO_4 \cdot 2H_2O + Mg(OH)_2 \tag{2-8}$$
$$3MgSO_4 + 3CaO \cdot 2SiO_2 \cdot 3H_2O + 8H_2O \longrightarrow$$
$$3(CaSO_4 \cdot 2H_2O) + 3Mg(OH)_2 + 2SiO_2 \cdot H_2O \tag{2-9}$$

在硫酸盐中，钠盐因生成的 NaOH 碱度高，基本上使水化产物稳定；镁盐因生成的 $Mg(OH)_2$ 碱度较低，使水化产物也会与硫酸盐反应，并且生成的 $Mg(OH)_2$ 变得疏松无胶凝性，所以危害比较严重。

b. 硫酸盐与 $Ca(OH)_2$ 反应生成的石膏会与混凝土中铝酸钙的水化产物反应，生成钙矾石，比原体积增大1.5倍以上。其反应为：

$$4CaO \cdot Al_2O_3 \cdot 13H_2O + 3CaSO_4 + 20H_2O \longrightarrow$$
$$3CaO \cdot Al_2O_3 \cdot 3CaSO_4 \cdot 32H_2O + Ca(OH)_2 \qquad (2\text{-}10)$$

该反应是在已固化的混凝土构筑物中发生的，所以，对混凝土起着极大的破坏作用。影响混凝土受硫酸盐侵蚀的因素颇多，如水泥的种类，混凝土本身的结构、强度，所在环境中硫酸盐的含量等等。

③ 酸侵蚀 混凝土是碱性材料，在使用期间常常受到环境中酸、酸性物质的侵蚀。酸的侵蚀往往伴随着硫酸盐侵蚀和钢筋腐蚀等。酸侵蚀分以下两种情况。

a. 在含盐酸、硝酸、硫酸、碳酸等环境中，混凝土中的 $Ca(OH)_2$ 与酸反应生成可溶性钙盐，当环境中酸的浓度高时，水化硅酸钙也会与之反应生成硅酸，使混凝土结构遭到破坏，其中盐酸中的氯离子还会腐蚀混凝土中的钢筋。混凝土中的 $Ca(OH)_2$ 与硫酸反应生成石膏的危害见硫酸盐的侵蚀。

b. 在含有磷酸、酒石酸、草酸等环境中，因酸与混凝土中 $Ca(OH)_2$ 的反应生成不溶性钙盐，一般对混凝土的危害性较小，但有时也会引起混凝土强度下降。

④ 碱骨料反应 碱骨料反应是指水泥中的碱与骨料中的活性二氧化硅发生的反应，生成碱-硅酸盐凝胶，并吸水膨胀，使体积增大约3～4倍，产生的膨胀压力可引起混凝土剥落、开裂，强度下降甚至破坏。当水泥中的含碱量（Na_2O、K_2O）大于0.6%（质量分数）时，Na_2O 等会很快溶于水中，遇到含有活性二氧化硅的骨料（如蛋白石、黑硅石、安山石等），就会发生碱骨料反应。其反应式为：

$$2NaOH + SiO_2 \longrightarrow Na_2O \cdot SiO_2 + H_2O \qquad (2\text{-}11)$$

当混凝土构筑物发生碱骨料反应时，一般不到两年就会使其结构出现明显开裂，而且反应一旦发生，比较难控制，还会加速其他侵蚀破坏。

⑤ 浓碱液侵蚀 当碱液浓度较小且温度不高时，对混凝土的侵蚀作用较小。当碱液浓度大时，对混凝土可产生化学侵蚀和结晶侵蚀两种，结果造成混凝土结构破坏。化学侵蚀是指混凝土中水泥的水化产物及未发生水化的矿物成分，与浓碱液发生化学反应，使之析出。结晶侵蚀是指碱液渗入混凝土的孔隙中，与孔隙中的 CO_2 生成 $Na_2CO_3 \cdot 10H_2O$ 析出，体积膨胀约2.5倍，产生结晶压力，造成混凝土结构破坏，这种侵蚀在氧化铝厂混凝土构筑物中尤为严重。

除上述介绍的腐蚀之外，高温、海水、盐渍土壤等环境也都会引起混凝土构筑物中的成分和结构发生各种物理化学变化。

(4) 混凝土构筑物中钢筋的腐蚀

混凝土是一种非匀质的脆性材料，抗弯和抗拉能力差，需配筋提高其力学性能，其中钢筋应用最广泛。这是因为钢筋和混凝土之间有足够的黏结力；两者温度线膨胀系数相近。混凝土中的钢筋受到腐蚀后，腐蚀产物的体积膨胀可使混凝土保护层沿纵筋出现开裂，严重时可完全脱落。随混凝土中钢筋的腐蚀程度不同，其裂缝程度及力学性能等变化如下。

① 轻度腐蚀 此时仅在钢筋表面出现小的腐蚀坑，无纵向裂缝，截面损失率为1%～3%；屈服强度、抗拉强度、延伸率、黏结力等基本不变。

② 中度腐蚀 钢筋腐蚀产生的铁锈向混凝土内迁移，产生少量的纵向裂缝，截面损失率为3%～10%；屈服强度基本不变，抗拉强度和延伸率降低，黏结力虽有下降但不明显。

③ 严重腐蚀 截面损失率大于10%。铁锈沿混凝土裂缝扩散，纵向裂缝增多，使顺筋裂缝贯通，保护层部分剥落或全部脱落；屈服强度、抗拉强度、延伸率降低，黏结力显著降

低甚至丧失。

一般情况下，混凝土对钢筋是有保护作用的。因为没有碳化的混凝土呈碱性（pH 值大于 12.5），可使钢筋表面形成一层不渗透的、牢固黏附着的钝化膜。以往认为钝化膜是由铁的氧化物构成，最新研究表明，该钝化膜中含有 Si—O 键，对钢筋有很强的保护作用，使钢筋免遭腐蚀。当钢筋表面的钝化膜受到破坏，并在其周围存在氧气和水时，钢筋就会发生电化学腐蚀。由于钢筋材质和表面的不均匀性，以及混凝土中碱度的差异、物理化学性质的不均匀性等，都造成了钢筋表面不同部位存在电位差，即在钢筋表面不同电位区形成阳极和阴极，形成许多微电池。这些电池持续作用的结果，导致钢筋表面阳极区腐蚀，其反应如下：

阳极反应 $\qquad$ $Fe \longrightarrow Fe^{2+} + 2e$ $\qquad\qquad$ (2-12)

阴极反应 $\qquad$ $2H_2O + O_2 + 4e \longrightarrow 4OH^-$ $\qquad\qquad$ (2-13)

总反应 $\qquad$ $2Fe + O_2 + 2H_2O \longrightarrow 2Fe(OH)_2$ $\qquad\qquad$ (2-14)

反应产物 $Fe(OH)_2$ 的生成代表了钢筋腐蚀的第一步，通常 $Fe(OH)_2$ 还会与水和氧气作用生成 $Fe(OH)_3$，即铁锈。其反应为：

$$4Fe(OH)_2 + O_2 + 2H_2O \longrightarrow 4Fe(OH)_3 \downarrow \qquad\qquad (2\text{-}15)$$

一旦 $Fe(OH)_3$ 生成，它下面的铁就成为阴极，促进腐蚀进一步加剧。生成的铁锈实际上具有 $Fe_2O_3 \cdot nH_2O$ 的组成，所以，体积比铁增大了数倍。铁锈是一种多孔物质，具有透气和透水性，无论多厚，都失去了对内部钢材的保护作用。从上面分析可见，混凝土中钢筋的腐蚀是一种电化学腐蚀。要造成混凝土中钢筋腐蚀，首先必须破坏钢筋表面的钝化膜。钢筋失钝与混凝土中的碱度有关，当 pH 值小于 11.5 时，钢筋表面的钝化膜就会失去稳定性，当 pH 值小于 9 时，钝化膜就会完全破坏。当混凝土被碳化时，pH 值约为 8~9，可见，混凝土碳化是使钢筋脱钝的重要原因，所以影响混凝土碳化的诸因素也同时在影响钢筋的腐蚀。

混凝土的碳化不是使钢筋脱钝的唯一原因，氯离子也能使钢筋脱钝。有微观测试试验表明，氯离子达到钢筋表面并吸附于钝化膜上时，可使该处 pH 值迅速降低，所以，氯离子也能使钢筋脱钝。但氯离子在钢筋的表面只有达到一定浓度时钢筋才会锈蚀，将此浓度称为氯离子引起钢筋锈蚀的"临界值"。研究结果表明，在混凝土液相中，当 Cl^-/OH^- 的浓度比大于 0.6 时，钢筋开始锈蚀，并以此作为"临界值"。为控制氯离子对钢筋的腐蚀，首先要控制构成混凝土的诸材料的含氯盐量。至于环境中氯离子的渗入，与环境中氯离子的含量及混凝土本身的结构、混凝土保护层的厚度等多种因素有关。

从钢筋腐蚀机理可知，无论是混凝土碳化还是氯离子渗入，所引起钢筋表面钝化膜的破坏，都只为钢筋腐蚀提供了可能，钢筋要发生电化学腐蚀，除在钢筋表面不同部位有电位差外，还必须在其周围存在氧气和水，这样才可维持阴极反应式(2-15)。可见，钢筋的钝化膜即使被破坏，若无氧气和水也不会发生腐蚀。所以，密实性好、渗透性低的混凝土，就可抑制氧气和水的进入，则可防止钢筋腐蚀。但多数情况下，混凝土的多孔结构很容易使氧气等透入，混凝土的裂缝等也为其渗入创造了条件。

3 土石方工程施工与地基处理

土石方工程是环境工程土建施工中的主要工程之一，它包括一切土石方的挖掘、运输、填筑、平整等施工过程以及施工排水、地基处理等辅助工程。工程所需的劳动量和机械动力消耗都很大，这些往往是影响施工进度、成本及工程质量的主要因素。土石方工程一般分为两大类：一是场地平整施工，即在地面上进行挖填方作业，将拟建工程的场地按照场区竖向规划设计的要求平整为符合设计标高的平面；二是沟槽、基坑的施工，在地面以下开挖各种断面形式的地下管道沟槽，当两条或多条管道共同埋设时，还需采用联合槽。

土石方工程的特点是：a. 影响因素多，施工条件复杂，土壤是天然物质，种类多，成分复杂，性质各异，又多为露天作业，施工直接受到地区的地形和水文地质以及气候等诸多条件的影响，在繁华的城市中施工，还会受到施工环境的影响；b. 工程量大，施工面积广，环境工程管道施工属于线型工程，长度常达数十公里，而某些大型污水处理工程，在场地平整和大型基坑开挖中，土石方施工工程量往往可达数十万到百万立方米。

因此，合理地选择土方机械，有组织地进行机械化施工，对于缩短工期，降低工程成本具有重要意义。为此，施工前要作好调查研究，充分掌握施工区域的地形地物、水文地质和气象资料，采用合理、有效的施工方案组织施工。本章将围绕上述特点来叙述土石的工程性质及分类、施工场地平整、沟槽与基坑开挖、施工排水、支撑设置、土石方回填与夯实、地基加固处理等内容。

3.1 工程地质情况

土是连续、坚固的岩石在风化作用下形成的大小悬殊的颗粒，经过不同的搬运方式，在各种自然环境中生成的沉积物。土的物质成分包括作为土骨架的固态矿物颗粒、孔隙中的水及其溶解物质和气体。因此，土是由颗粒（固相）、水（液相）和气（气相）所组成的三相体系。各种土的颗粒大小和矿物成分差别很大，土的固、液、气三相之间的数量比例也不相同，土颗粒与水又发生了复杂的物理化学反应。可见土的三相组成是研究土的工程性质的前提。

3.1.1 土的组成

3.1.1.1 土的固体颗粒

土中的固体颗粒（简称土粒）的大小和形状、矿物成分及其组成情况是决定土的物理力学性质的重要因素。天然土是由无数形状、大小不一的土粒所组成，而土粒的组合情况就是大大小小的土粒含量的相对数量关系。

（1）土的颗粒级配

土粒的粒径由粗到细逐渐变化时，土的性质也相应地发生变化，例如土的性质随着粒径的变细可由无黏性变化到有黏性。因而，可以将土中各种不同粒径的土粒，按适当的粒径范围，分为若干粒组，各个粒组随着分界尺寸的不同而呈现出一定质的变化。工程上常采用的粒组为表3-1所列的六大粒组：漂石（块石）颗粒，卵石（碎石）颗粒，圆砾（角砾）颗粒、砂粒、粉粒及黏粒。

表 3-1 土粒粒组的划分

粒组名称		粒径范围/mm	一般特征
漂石或块石颗粒		＞200	透水性很大,无黏性,无毛细水
卵石或碎石颗粒		200～20	
圆砾或角砾颗粒	粗	20～10	透水性大,无黏性,毛细水上升高度不超过粒径大小
	中	10～5	
	细	5～2	
砂粒	粗	2.0～0.5	易透水,当混入云母等杂质时透水性减小,而压缩性增加;无黏性,遇水不膨胀,干燥时松散;毛细水上升高度不大,随粒径变小而增大
	中	0.5～0.25	
	细	0.25～0.1	
	极细	0.1～0.05	
粉粒	细	0.05～0.01	透水性小,湿时稍有黏性,遇水膨胀小,干时稍有收缩;毛细水上升高度较大较快,极易出现冻胀现象
	粗	0.01～0.005	
黏粒		＜0.005	透水性很小;湿时有黏性、可塑性,遇水膨胀大,干时收缩显著;毛细水上升高度大,但速度慢

注:1. 漂石、卵石和圆砾颗粒均呈一定的磨圆形状(圆形或亚圆形);块石、碎石和角砾颗粒都带有棱角。

2. 黏粒又称黏土粒;粉粒又称粉土粒。

3. 黏粒的粒径上限也有采用 0.002mm 的。

4. 规范 GBJ 7—89,砂粒、粉粒的界限粒径采用 0.075mm。

土粒的大小及其组成情况,通常以土中各个粒组的相对含量(各粒组占土粒总量的百分数)来表示,称为土的颗粒级配。

土的颗粒级配可以采用筛分法和比重计法通过土的颗粒大小分析试验测定。对于粒径大于 0.1mm 的粗粒组可用筛分法测定。试验时将风干、分散的代表性土样通过一套孔径不同的标准筛(例如 20mm、2mm、0.5mm、0.25mm、0.1mm),称出留在各个筛子上的土重,即可求得各个粒组的相对含量。粒径小于 0.1mm 的粉粒和黏粒难以筛分,可以用比重计法测定。

根据颗粒大小分析试验成果,可以绘制如图 3-1 所示的颗粒级配累积曲线。其横坐标表示粒径。因为土粒粒径相差常在百倍、千倍以上,所以宜采用对数坐标表示。纵坐标则表示小于(或大于)某粒径的土重含量(或称累计百分含量)。由曲线的坡度可以大致判断土的均匀程度。如曲线较陡,则表示粒径大小相差不多,土粒较均匀;反之,曲线平缓,则表示粒径大小相差悬殊,土粒不均匀,级配良好。

利用不均匀系数 K_u 来评价土的均匀程度

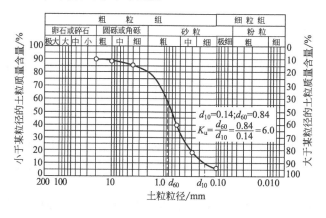

图 3-1 颗粒级配累积曲线示意

29

$$K_{u} = \frac{d_{60}}{d_{10}} \qquad (3-1)$$

式中，d_{10} 为小于某粒径的土粒质量累计百分数为 10%，相应的粒径称为有效粒径 d_{10}；d_{60} 为小于某粒径的土粒质量累计百分数为 60% 时，该粒径称为限定径 d_{60}；K_{u} 越大表示土粒大小的分布范围越大，其级配越良好，作为填方工程的土料，比较容易获得较大的密实度。

$$K_{c} = \frac{d_{30}^{2}}{d_{10} d_{60}} \qquad (3-2)$$

式中，K_{c} 为曲率系数，描写累积曲线分布范围，反映曲线整体形状。

工程上把 $K_{u} < 5$ 的土看作是均粒土，属级配不良；$K_{u} > 10$ 的土，属级配良好。实际上，单独只用一个指标 K_{u} 来确定的级配情况是不够的，要同时考虑累积曲线的整体形状，例如：砾类土或砂类土同时满足 $K_{u} \geqslant 5$ 和 $K_{c} = 1 \sim 3$ 两个条件时，则定名为良好级配砾或良好级配砂。

对于级配良好的土，较粗颗粒间的孔隙被较细的颗粒所填充，因而土的密实度较好，相应的地基土的强度和稳定性也较好，透水性和压缩性也较小，可用作堤坝或其他土建工程的填方土料。

（2）土粒的矿物成分

组成土粒的矿物有原生矿物、次生矿物和有机化合物，不同的矿物成分对土的性质有不同的影响，一般细粒组的矿物成分影响最大。

粉粒的矿物成分是多样性的，主要是石英和 $MgCO_{3}$、$CaCO_{3}$ 等难溶盐的颗粒。

黏粒的矿物成分主要有黏土矿物、氧化物、氢氧化物和各种难溶盐类（如碳酸钙等），它们都是次生矿物。黏土矿物的颗粒很微小，在电子显微镜下形状为鳞片状或片状，经 X 射线分析证明其内部具有层状晶体构造。

黏土矿物由于晶片结合情况的不同，形成了具有不同性质的各种黏土矿物，主要有蒙脱石、伊利石和高岭石三类。

蒙脱石是化学风化的初期产物，其结构单元（晶胞）是两层硅氧晶片之间夹一层铝氢氧晶片所组成的。由于晶胞的两个面都是氧原子，其间没有氢键，联结很弱。因此当土中蒙脱石含量较大时，则具有较大的吸水膨胀和脱水收缩的特性。

伊利石的结构单元类似于蒙脱石，但结晶构造没有蒙脱石那样活性，其亲水性不如蒙脱石。

高岭石的矿物就是由若干重叠的晶胞构成的。这种晶胞一面露出氢氧基，另一面则露出氧原子。晶胞之间的联结是氧原子与氢氧基之间的氢键，它具有较强的联结力，因此它的亲水性比伊利石还小。

除黏土矿物外，黏粒组中还包括有氢氧化物和腐殖质等胶态物质。如含水氧化铁，它在土层中分布很广，是地壳表层的含铁矿物质分解的最后产物，使土呈现红色或褐色。土中胶态腐殖质的颗粒更小，能吸附大量水分子（亲水性强）。由于土中胶态腐殖质的存在，使土具有高塑性、膨胀性和黏性，这对于工程建设是不利的。

3.1.1.2 土中水和气

（1）土中水

在自然条件下，土中总是含水的。土中水可以处于液态、固态或气态。土中细粒愈多，即土的分散度愈大，水对土的性质的影响也愈大。因此必须考虑水的存在状态及其与土粒的相互作用。

存在于土粒矿物的晶体格架内部或参与矿物构造中的水称为矿物内部结合水，它只有在比较高的温度下才能化为气态水而与土粒分离。从土的工程性质上分析，可以把矿物内部结合水当作矿物颗粒的一部分。

存在于土中的液态水可分为结合水和自由水两大类。

① 结合水　结合水是指受带电分子吸引力吸附于土粒表面的土中水。这种带电分子吸引力高达几千到几万个大气压，使水分子和土粒表面牢固地黏结在一起。

由于土粒（矿物颗粒）表面一般带有负电荷，围绕土粒形成电场，在土粒电场范围内的水分子和水溶液中的阳离子（如 Na^+、Ca^{2+}、Al^{3+} 等）一起吸附在土粒表面。因为水分子是极性分子（氢原子端显正电荷，氧原子端显负电荷），它被土粒表面电荷或水溶液中离子电荷的吸引而定向排列，如图 3-2 所示。

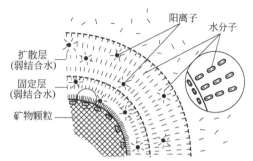

图 3-2　结合水分子定向排列简图

土粒周围水溶液中的阳离子，一方面受到土粒所形成电场的静电引力作用，另一方面又受到布朗运动（热运动）的扩散力作用。在最靠近土粒表面处，静电引力最强，把水化阳离子和极性水分子牢固地吸附在颗粒表面上形成固定层。在固定层外围，静电引力比较小，因此水化阳离子和极性水分子的活动性比在固定层中大些，形成扩散层。固定层和扩散层中所含的阳离子（反离子）与土粒表面负电荷一起构成双电层（图 3-2）。

从双电层的概念可知，反离子层中的结合水分子和水化阳离子，愈靠近土粒表面，排列得愈紧密和整齐，活动性也愈小。因而，结合水又可以分为强结合水和弱结合水两种。强结合水是相当于反离子层的内层（固定层）中的水，是指紧靠土粒表面的结合水。它的特征是：没有溶解盐类的能力，不能传递静水压力，只有吸热变成蒸汽时才能移动。这种水极其牢固地结合在土粒表面上，其性质接近于固体，密度为 $1.2\sim2.4g/cm^3$，冰点为 $-78℃$，具有极大的黏滞度、弹性和抗剪强度。如果将干燥的土移在天然湿度的空气中，则土的质量将增加，直到土中吸着的强结合水达到最大吸着度为止。土粒愈细，土的比表面愈大，则最大吸着度就愈大；而弱结合水则相当于扩散层中的水，是紧靠强结合水的外围形成的一层结合水膜。它仍然不能传递静水压力，但水膜较厚的弱结合水能向邻近的较薄的水膜缓慢转移。当土中含有较多的弱结合水时，土则具有一定的可塑性。例如，砂土比表面较小，几乎不具可塑性，而黏性土的比表面较大，其可塑性范围就大，弱结合水离土粒表面愈远，其受到的电分子吸引力愈弱小，并逐渐过渡到自由水。

② 自由水　自由水是存在于土粒表面电场影响范围以外的水。它的性质和普通水一样，能传递静水压力，冰点为 0℃，有溶解能力。

自由水按其移动所受作用力的不同，可以分为重力水和毛细水。

重力水是存在于地下水位以下的透水土层中的地下水，它是在重力或压力差作用下运动的自由水，对土粒有浮力作用。重力水对土中的应力状态和开挖基槽、基坑以及修筑地下构筑物时所应采取的排水、防水措施有重要的影响；而毛细水是受到水与空气交界面处表面张力作用的自由水。毛细水存在于地下水位以上的透水土层中。

当土孔隙中局部存在毛细水时，毛细水的弯液面和土粒接触处的表面引力反作用于土粒上，使土粒之间由于这种毛细压力而挤紧，如图 3-3 所示，土因而具有微弱的黏聚力，称为毛细黏聚力。在施工现场常常可以看到稍湿状态的砂堆，能保持垂直陡壁达几十厘米高而不坍落，就是因为砂粒间具有毛细黏聚力的缘故。在工程中，要注意毛细上升水的上升高度和速度，因为毛细水的上升对于建筑物地下部分的防潮措施和地基土的浸湿和冻胀等有重要的影响。

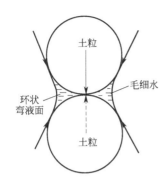

(a) 疏松　　　　　(b) 紧密

图 3-3　毛细压力示意　　　　　　　　图 3-4　土的单粒结构

地面下一定深度的土温，随大气温度而改变。当地层温度降至摄氏零度以下，土体便会因土中水冻结而形成冻土。某些细粒土在冻结时，往往发生体积膨胀，即所谓冻胀现象。土体发生冻胀的原因，主要是由于土层在冻结时，周围未冻区土中的水分向冻结区迁移、集聚所致。弱结合水的外层在−0.5℃时冻结，越靠近土粒表面，其冰点越低，大约在−20℃～−30℃以下才能全部冻结。当土层解冻时，土中积聚的冰晶体融化，土体随之下陷，即出现融陷现象。土的冻胀现象和融陷现象是季节性冻土的特性，即土的冻胀性。

（2）土中气

土中气体存在于孔隙中未被水占据的部位。它分为与大气相通的和封闭的两种类型，其中与大气相通的空气对土的力学性质影响不大，而与大气隔绝的封闭的气泡则使得土在外力作用下的弹性变形增加，透水性减小。例如，淤泥和泥炭等有机质土，在土中蓄积了某种可燃气体（硫化氢、甲烷等）使土在自重作用下长期得不到压密，形成的压缩性土层。

3.1.1.3　土的结构和构造

土的结构是指由土粒单元的大小、形状、相互排列及其联结关系等因素形成的综合特征。一般分为单粒结构、蜂窝结构和絮状结构三种基本类型。

单粒结构是由粗大土粒在水或空气中下沉而形成的。单粒结构可以是疏松的，也可以是紧密的，如图 3-4 所示。全部由砂粒及更粗土粒组成的土都具有单粒结构。

呈紧密状单粒结构的土，在动、静荷载作用下，都不会产生较大的沉降变形，强度较大，压缩性较小，这种土层是较为良好的天然地基。

具有疏松单粒结构的土，当受到振动及其他外力作用时，土粒易于移动，土中孔隙剧烈减少，引起土的很大变形，这种土层如未经处理一般不宜作为建筑物的地基。

蜂窝结构的土是由粉粒（0.005～0.05mm）组成的土的结构形式。据研究，粒径在0.005～0.05mm 的土粒在水中沉积时，基本上是以单个粒下沉，当碰上已沉积的土粒时，由于它们之间的相互引力大于其重力，因此土粒就停留在最初的接触点上不再下沉，形成具有很大孔隙的蜂窝状结构，如图 3-5 所示。

絮状结构是由黏粒（<0.005mm）集合体组成的结构形式。黏粒能够在水中长期悬浮，不因自重而下沉。当这些悬浮在水中的黏粒被带到电解质浓度较大的环境中（如海水）黏粒凝聚成絮状的集粒（黏粒集合体）而下沉，并相继和已沉积的絮状集粒接触，而形成类似蜂窝且孔隙很大的絮状结构，如图 3-6 所示。

具有蜂窝结构和絮状结构的黏性土，其土粒之间的联结强度（结构强度），往往由于长期的压密作用和胶结作用而得到加强。

在同一土层中的物质成分和颗粒大小等都相近的各部分之间的相互关系的特征为土的构

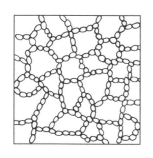

图 3-5　土的蜂窝结构　　　　　　　　　图 3-6　土的絮状结构

造。土的构造最主要特征就是成层性，即层理构造。土的构造的另一特征是土的裂隙性，如黄土的柱状裂隙。裂隙的存在大大降低土体的强度和稳定性，增大透水性，对工程不利。此外，也应注意到土中有无包裹物（如腐殖物、贝壳、结核体等）以及天然或人为的孔洞存在。这些构造特征都造成土的不均匀性。

3.1.2　土的三相比例指标

上节介绍了土的组成，为了对土的基本物理性质有更深入的了解，还需要对土的三相——土粒（固相）、土中水（液相）和土中气（气相）的组成情况进行数量上的研究。

土的三相即土粒、水和气各部分的质量和体积之间的比例关系，随着土的轻重、疏密、软硬、干湿等各种性质的变化而变化，而这些性质是可以通过相应的指标用具体的数字反映出来的。

表示土的三相组成比例关系的指标，称为土的三相比例指标，包括土粒比重（土粒相对密度）、含水量、密度、孔隙比、孔隙率和饱和度等。

3.1.2.1　指标的定义

为了便于说明和计算，用图 3-7 所示的土的三相组成示意图来表示各部分之间的数量关系，图中符号的意义如下：

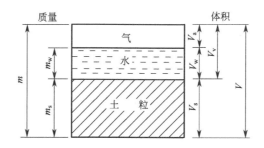

图 3-7　土的三相组成示意

m_s—土粒质量；m_w—土中水质量；m—土的总质量，$m=m_s+m_w$；
V_s—土粒体积；V_w—土中水体积；V_a—土中气体积；V_v—土中孔隙体积，
$V_v=V_w+V_a$；V—土的总体积，$V=V_s+V_w+V_a$

3.1.2.2　土粒相对密度（土粒密度）

（1）土粒相对密度

土粒质量与同体积的 4℃ 的纯水质量之比，称为土粒相对密度 d_s，即：

$$d_s=\frac{m_s}{V_s}\times\frac{1}{\rho_{w1}}=\frac{\rho_s}{\rho_{w1}} \tag{3-3}$$

33

式中 ρ_s——土粒密度，g/cm³；

ρ_{w1}——纯水在4℃的密度（单位体积的质量），1g/cm³ 或 1t/m³。

土粒密度决定于土的矿物成分，它的数值一般为2.6～2.8；有机质土为2.4～2.5；泥炭土为1.5～1.8。同一种类的土，其密度变化幅度很小。

土粒相对密度可在试验室内用比重瓶法测定。由于相对密度变化的幅度不大，通常可按经验数值选用，一般土粒相对密度参考值见表3-2。

表3-2　土粒相对密度参考值

土的名称	砂土	粉土	黏性土	
			粉质土	黏土
土粒相对密度	2.65～2.69	2.70～2.71	2.72～2.73	2.74～2.76

（2）土的含水量

土中含水的质量与土粒质量之比，称为土的含水量 w，以百分数计，即：

$$w = \frac{m_w}{m_s} \times 100\% \tag{3-4}$$

含水量 w 是标志土的湿度的一个重要物理指标。天然土层的含水量变化范围很大，它与土的种类、埋藏条件及其所处的自然地理环境等有关。一般干的粗砂土，其值接近于零，而饱和砂土，可达40%；坚硬的黏性土的含水量约小于30%，而饱和状态的软黏性土（如淤泥），则可达60%或更大。一般说来，同一类土，当其含水量增大时，则其强度就降低。土的含水量一般用"烘干法"测定。先称小块原状土样的湿土质量，然后置于烘箱内维持100～105℃烘至恒重，再称干土质量，湿、干土质量之差与干土质量的比值，就是土的含水量。

3.1.2.3　土的密度

土单位体积的质量称为土的密度（单位为 g/cm³ 或 t/m³），即：

$$\rho = \frac{m}{V} \tag{3-5}$$

天然状态下土的密度变化范围较大。一般性黏土 $\rho = 1.8 \sim 2.0$ g/cm³；砂土 $\rho = 1.6 \sim 2.0$ g/cm³；腐殖土 $\rho = 1.5 \sim 1.7$ g/cm³。

土的密度一般用"环刀法"测定，用一个圆环刀（刀刃向下）放在削平的原状土样面上，徐徐削去环刀外围的土，边削边压，使保持天然状态的土样压满环刀内，称得环刀内土样质量，求得它与环刀容积之比值即为其密度。

3.1.2.4　土的干密度、饱和密度和有效密度

土单位体积中固体颗粒部分的质量，称为土的干密度 ρ_d，即：

$$\rho_d = \frac{m_s}{V} \tag{3-6}$$

在工程上常把干密度作为评定土体紧密程度的标准，以控制填土工程的施工质量。

土孔隙中充满水时的单位体积质量，称为土的饱和密度 ρ_{sat}，即

$$\rho_{sat} = \frac{m_s + V_v \rho_w}{V} \tag{3-7}$$

式中，ρ_w 为水的密度。

在地下水位以下，单位土体积中土粒质量扣除浮力后，即为单位土体积中土粒的有效质量，称为土的浮密度 ρ'，即：

$$\rho' = \frac{m_s - V_s \rho_w}{V} \tag{3-8}$$

在计算自重应力时，采用土的重力密度，简称重度。土的湿重度 γ、干重度 γ_d、饱和重度 γ_{sat}、有效重度 γ' 分别按下列公式计算：$\gamma = \rho g$、$\gamma_d = \rho_d g$、$\gamma_{sat} = \rho_{sat} g$、$\gamma' = \rho' g$，式中 g 为重力加速度，各指标的单位为 kN/m³。

3.1.2.5 土的孔隙比和孔隙率

土的孔隙比是土中孔隙体积与土粒体积之比，即：

$$e = \frac{V_v}{V_s} \tag{3-9}$$

孔隙比用小数表示。它是一个重要的物理性能指标，可以用来评价天然土层的密实程度。一般 $e < 0.6$ 的土是密实的低压缩性土，$e > 1.0$ 的土是疏松的高压缩性土。

土的孔隙率是土中孔隙所占体积与总体积之比，用百分数表示，即：

$$n = \frac{V_v}{V} \times 100\% \tag{3-10}$$

3.1.2.6 土的饱和度

土中被水充满的孔隙体积与孔隙总体积之比，称为土的饱和度，以百分率计，即

$$S_t = \frac{V_w}{V_v} \times 100\% \tag{3-11}$$

砂土根据饱和度 S_t 的指标值分为稍湿、很湿与饱和三种湿度状态，其划分标准见表3-3。

表 3-3　砂土划分标准

砂土湿度状态	稍湿	很湿	饱和
饱和度 S_t（%）	$S_t \leqslant 50$	$50 < S_t \leqslant 80$	$S_t > 80$

3.1.3 无黏性土的密实度

无黏性土的密实度与其工程性质有着密切的关系，呈密实状态时，强度较大，可作为良好的天然地基；呈松散状态时，则是不良地基。对于同一种无黏性土，当其孔隙比小于某一限度时，处于密实状态，随着孔隙比的增大，则处于中密、稍密直到松散状态。

砂土、碎石土都属于无黏性土，对于砂土可以用天然孔隙比 e 来判别其密实度，这是一种非常简捷的方法。但是矿物成分、级配、粒度成分等各种因素对砂土的密实度的影响却不能反映出来。具体工程中，工程技术人员广泛地采用标准贯入试验、静力触探等原位测试方法来评定砂土的密实度，国内外不少单位也利用无黏性土的相对密实度 D_r 作为砂土密实度分类指标。下面介绍与无黏性土相对密实度有关的密实度指标。

无黏性土的最小孔隙比是最紧密状态的孔隙比，用符号 e_{min} 表示；其最大孔隙比是土处于最疏松状态时的孔隙比，用符号 e_{max} 表示。

无黏性土的天然孔隙比 e 如果接近 e_{max}（或 e_{min}），则该无黏性土处于天然疏松（或密实）状态，这可用无黏性土的相对密实度进行评价。

无黏性土的相对密实度以最大孔隙比 e_{max} 与天然孔隙比 e 之差和最大孔隙比 e_{max} 与最小孔隙比 e_{min} 之差的比值 D_r 表示，即：

$$D_r = \frac{e_{max} - e}{e_{max} - e_{min}} \tag{3-12}$$

从上式可知，若无黏性土的天然孔隙比 e 接近于 e_{min}，即相对密度 D_r 接近于 1 时，土

呈密实状态；当 e 接近于 e_{max} 时，即相对密度 D_r 接近于 0 时，则呈松散状态。根据 D_r 值可把砂土的密实度状态划分为下列三种：

$1 \geqslant D_r > 0.67$，密实的；$0.67 \geqslant D_r > 0.33$，中密的；$0.33 \geqslant D_r > 0$，松散的。

相对密实度试验适用于透水性良好的无黏性土，如纯砂、纯砾等。相对密实度是无黏性粗粒土密实度的指标，它对于土作为土工构筑物和地基的稳定性具有重要的意义。

用相对密实度表示砂土的密实度，规范推荐用现场标准贯入试验锤击数 N 确定砂土的土密实度，划分标准见表 3-4。

表 3-4　砂土密实度的划分

砂土密实度	松散	稍密	中密	密实
标准贯入试验锤击数 N	$N \leqslant 10$	$10 < N \leqslant 15$	$15 < N \leqslant 30$	$N > 30$

碎石土可以根据野外鉴别方法划分为密实、中密、稍密三种密实度状态。其划分标准见表 3-5。

表 3-5　碎石土密实度野外鉴别方法

密实度	骨架颗粒含量和排列	可挖性	可钻性
密实	骨架颗粒含量大于总重的 70%，呈交错排列，连续接触	锹、镐挖掘困难，用撬棍方能松动；井壁一般较稳定	钻进极困难；冲击钻探时，钻杆、吊锤跳动剧烈；孔壁较稳定
中密	骨架颗粒含量等于总重的 60%～70%，呈交错排列，大部分接触	锹、镐可挖掘；井壁有掉块现象，从井壁取出大颗粒处，能保持颗粒凹面形状	钻进较困难；冲击钻探时，钻杆、吊锤跳动不剧烈；孔壁有坍塌现象
稍密	骨架颗粒含量小于总重的 60%，排列混乱，大部分不接触	锹可以挖掘；井壁易坍塌；从井壁取出大颗粒后，填充物砂土立即坍落	钻进较容易；冲击钻探时，钻杆稍有跳动；孔壁易坍塌

注：1. 骨架颗粒系指与碎石土分类名称相对应粒径的颗粒；
　　2. 碎石土密实度的划分，应按表列各项要求综合确定。

3.1.4　黏性土的物理结构

3.1.4.1　黏性土的界限含水量

黏性土由于其含水量的不同，而分别处于固态、半固态、可塑状态及流动状态。所谓可塑状态，就是当黏性土在某含水量范围内，可用外力塑成任何形状而不发生裂纹，并当外力移去后仍能保持既得的形状，土的这种性能叫做可塑性。黏性土由一种状态转到另一种状态的分界含水量，叫做界限含水量。它对黏性土的分类及工程性质的评价有重要意义。

如图 3-8 所示，土由可塑状态转到流动状态的界限含水量叫做液限（也称塑性上限含水量或流限），用符号 W_L 表示；土由半固态转到可塑状态的界限含水量叫做塑限（也称塑性下限含水量），用符号 W_P 表示；土由半固体状态不断蒸发水分，则体积逐渐缩小，直到体积不再缩小时土的界限含水量叫缩限，用符号 W_S 表示。它们都以百分数表示。

图 3-8　黏性土的物理状态与含水量关系

3.1.4.2　黏性土的塑性指数和液性指数

塑性指数是指液限和塑限的差值（省去%），即土处在可塑状态的含水量变化范围，用符号 I_P 表示，即：

$$I_P = W_L - W_P \tag{3-13}$$

显然，液限和塑限之差（或塑性指数）愈大，土处于可塑状态的含水量范围也愈大。换句话说，塑性指数的大小与土中结合水的可能含量有关，亦即与土的颗粒组成、土粒的矿物成分以及土中水的离子成分和浓度等因素有关。从土的颗粒来说，土粒越细，且细颗粒（黏粒）的含量越高，则其比表面和可能的结合水含量越高，因而 I_P 也随之增大。

塑性指数在一定程度上综合反映了影响黏性土特征的各种重要因素，为此规范规定按塑性指数对黏性土进行分类。液性指数指黏性土的天然含水量和塑限的差值与塑性指数之比，用 I_L 表示。

$$I_L = \frac{W - W_P}{W_L - W_P} = \frac{W - W_P}{I_P} \tag{3-14}$$

当 $W < W_P$ 时，$I_L < 0$，天然土处于坚硬状态；

当 $W > W_L$ 时，$I_L > 1$，天然土处于流动状态；

当 $W_P < W < W_L$ 时，$0 < I_L < 1$，天然土处于可塑状态。

液性指数 I_L 表示黏性土所处的软硬状态，根据液性指数值可将黏性土划分为坚硬、硬塑、可塑、软塑及流塑五种状态，划分标准见表 3-6。

表 3-6　黏性土软硬状态划分阶段

状态	坚硬	硬塑	可塑	软塑	流塑
液性指数	$I_L \leqslant 0$	$0 < I_L \leqslant 0.25$	$0.25 < I_L \leqslant 0.75$	$0.75 < I_L \leqslant 1.0$	$I_L > 1.0$

3.1.4.3　黏性土的灵敏度和触变性

天然状态下的黏性土，通常都具有一定的结构性，当受到外来因素的扰动时，土粒间的胶结物质以及土粒、离子、水分子所组成的平衡体系受到破坏，土的强度降低和压缩性增大。土的结构性对强度的这种影响，一般用灵敏度来衡量。土的灵敏度是以原状土的强度与同一类土经重塑（指在含水量不变条件下使土的结构彻底破坏）后的强度之比来表示的。即

$$S_t = q_u / q'_u \tag{3-15}$$

式中　q_u——原状试样的无侧限抗压强度，kPa；

　　　q'_u——重塑试样的无侧限抗压强度，kPa。

根据灵敏度可将饱和黏性土分为：低灵敏（$1 < S_t \leqslant 2$）、中灵敏（$2 < S_t \leqslant 4$）和高灵敏（$S_t > 4$）三类。土的灵敏度愈高，其结构性愈强，受扰动后土的强度降低就愈多。所以在基础施工中应注意保护基槽，尽量减少土结构的扰动。

饱和黏性土的结构受到扰动，导致强度降低，但当扰动停止后，土的强度又随时间而逐渐增长。这主要是由于土粒、离子和水分子体系随时间而逐渐趋于新的平衡状态的缘故。黏性土的这种抗剪强度随时间恢复的胶体化学性质称为土的触变性。例如，打桩时，桩侧土的结构受到破坏强度降低，但停止打桩后，土的强度逐渐恢复，桩的承载力逐渐增加，这就是受土的触变性影响的结果。

3.1.5　土的渗透性

土的渗透性一般是指水流通过土中孔隙难易程度的性质，或称透水性。地下水的补给与排泄条件，以及在土中的渗透速度与土的渗透性有关。在计算地基沉降的速率和地下水涌水量时都需要土的渗透性指标。

地下水的运动有层流和紊流两种形式。地下水在土中孔隙或微小裂隙中以不大的速度连续渗透时属层流运动；而在岩石的裂隙或空洞中流动时，速度较大，会有紊流发生，其流线有互相交错的现象。地下水在土中的渗透速度一般可按达西（Darcy）根据实验得到的直线

渗透定律计算，其公式如下：

$$v = ki \tag{3-16}$$

式中　v——水在土中的渗透速度，cm/s，它不是地下水的实际流速，而是在一单位时间内流过一单位土截面的水量，$cm^3/(cm^2 \cdot s)$；

i——水力坡度，$i = \dfrac{H_1 - H_2}{L}$，即土中 A_1 和 A_2 两点的水头差（$H_1 - H_2$）与两点间的流线长度（L）之比；

k——土的渗透系数，cm/s，与土的渗透性质有关的特定常数。

在式(3-16)中，当 $i = 1$ 时，$k = v$，即土的渗透系数，其值等于水力坡度为1时的地下水渗透速度，k 值的大小反映了土渗透性的强弱。土的渗透系数可以通过室内渗透试验或现场抽水试验来测定。各种土的渗透系数变化范围参见表 3-7。

表 3-7　各种土的渗透系数参考值

土的名称	渗透系数/(cm/s)	土的名称	渗透系数/(cm/s)
致密黏土	$<10^{-7}$	中砂	$10^{-2} \sim 10^{-1}$
粉质黏土	$10^{-7} \sim 10^{-6}$	粗砂、砾石	$10^{-1} \sim 10^2$
粉土、裂隙黏土	$10^{-6} \sim 10^{-4}$	粉砂、细砂	$10^{-4} \sim 10^{-3}$

3.1.6　土的压实机理

有时为了提高回填土的强度，增加土的密实度，降低其透水性和压缩性，通常用分层压实的办法来处理地基。

实践经验表明，对过湿的土进行夯实或碾压时就会出现软弹现象（俗称"橡皮土"），此时土的密实度是不会增大的。对很干的土进行夯实或碾压，显然也不能把土充分压实。所以，要使土的压实效果最好，其含水量一定要适当。在一定的压实能量下使土最容易压实，并能达到最大密实度时的含水量，称为土的最优含水量（或称最佳含水量），用 w_{op} 表示。相对应的干密度叫做最大干密度，以 ρ_{dmax} 表示。

土的最优含水量可在试验室内进行击实试验测得。测定各试样击实后的含水量 w 和干密度 ρ_d 后，绘制含水量与干密度关系曲线，称为压实曲线，如图 3-9 所示。从图中可以知道，当含水量较低时，随着含水量的增大，土的干密度也逐渐增大，表明压实效果逐步提高；当含水量超过某一限值 w_{op} 时，干密度则随着含水量增大而减小，即压实效果下降。这说明土的压实效果随含水量的变化而变化。并在击实曲线上出现一个干密度峰值（即最大干密度 ρ_{dmax}），相应于这个峰值的含水量就是最优含水量。

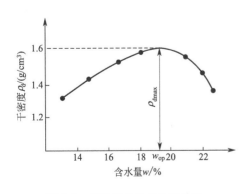

图 3-9　干密度与含水量的关系

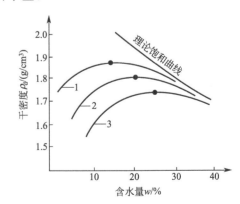

图 3-10　压实能量对压实效果的影响

最大干密度可以由击实试验测定，也可以按下式进行计算

$$\rho_{dmax} = \eta \frac{\rho_w d_s}{1 + 0.01 w_{op} d_s} \tag{3-17}$$

式中，ρ_{dmax} 为压实填土最大密度；η 为经验系数，黏土取 0.95，粉质黏土 0.96，粉土 0.97；ρ_w 为水的密度；d_s 为土的相对密度；w_{op} 为最优含水量，％，可按当地经验或取 $w_p + 2$，粉土取 14～18。

施工时，所控制的土的干密度 ρ_d 与最大干密度 ρ_{dmax} 之比称为压实系数，它反映填土压实的质量，在地基主要受力层范围内，按不同的结构类型，要求压实系数达到 0.94～0.96 以上。

试验证明，最优含水量还与压实能量有关。对同一种土，用人力夯实时，因能量小，要求土粒之间有较多的水分使其更为润滑，因此，最优含水量较大而得到的最大干密度却较小，如图 3-10 中的曲线 3。当用机械夯实时，压实能量较大，得出的曲线如图 3-10 中的曲线 1 和 2。所以当填土压实程度不足时，可以改用大的压实能量补夯，以达到所要求的密度。

在同类土中，土的颗粒级配对土的压实效果影响很大，颗粒级配不均匀的容易压实，均匀的则不易压实。

在图 3-10 中还给出了理论饱和曲线，它表示当土处在饱和状态下的干密度 ρ_d 与含水量 w 的关系。在实践中，土不可能被压实到完全饱和的程度。试验证明，黏性土在最优含水量时，压实到最大干密度 ρ_{dmax}，其饱和度一般为 80％左右。此时，因为土孔隙中的气体越来越难于和大气相通，压实时不能将其完全排出去。因此压实曲线只能趋于理论饱和曲线的左下方，而不可能与它相交。

3.1.7　土的压缩性

土在压力作用下体积缩小的特性称为土的压缩性。试验研究表明，在一般压力（100～600kPa）作用下，土粒和水的压缩与土的总压缩量之比是很微小的，因此完全可以忽略不计，所以把土的压缩看作土中孔隙体积的减小。饱和土压缩时，随着孔隙体积的减少土中孔隙水则被排出。

在荷载作用下，土的压缩随时间而增长的过程，称为土的固结。

3.1.7.1　压缩试验和压缩曲线

压缩曲线是室内土的压缩试验成果，它是土的孔隙比与所受压力的关系曲线。压缩试验时，用金属环刀切取保持天然结构的原状土样，并置于圆筒形压缩容器的刚性护环内，如图 3-11 所示，土样上下各垫有一块透水石，土样受压后土中水可以自由排出。由于金属环刀和刚性护环的限制，土样在压力作用下只可能发生竖向压缩，而无侧向变形。土样在天然状态下或经人工饱和后，进行逐级加压固结，以便测定各级压力 p 作用下土样压缩稳定后的孔隙比变化。

设土样的初始高度为 H_0，受压后土样高度为 H，则 $H = H_0 - s$，s 为外压力 p 作用下土样压缩稳定后的变形量。根据土的孔隙比的定义，假设土粒体积 $V_s = 1$（不变），则土样孔隙体积 V_v 在受压前相应于初始孔隙比 e_0，在受压后相应于孔隙比 e，如图 3-12 所示。

为求土样压缩稳定后的孔隙比 e，利用受压前后土粒体积不变和土样横截面积不变的两个条件，得出（见图 3-12）：

$$\frac{H_0}{1 + e_0} = \frac{H}{1 + e} = \frac{H_0 - s}{1 + e} \tag{3-18a}$$

或

$$e = e_0 - \frac{s}{H_0}(1 + e_0) \tag{3-18b}$$

式中，$e_0 = \dfrac{d_s(1+w_0)}{\gamma_0} - 1$，其中 d_s、w_0、γ_0 分别为土粒密度、土样的初始含水量和初始重度。这样，只要测定土样在各级压力 p 作用下的稳定压缩量 s 后，就按上式算出相应的孔隙比 e，从而绘制土的压缩曲线。

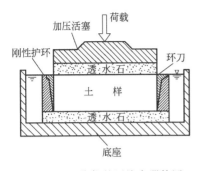

图 3-11　压缩仪的压缩容器简图

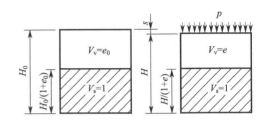

图 3-12　压缩试验中的土样孔隙比变化
（土样横截面积不变）

压缩曲线可按两种方式绘制，一种是采用普通直角坐标绘制的 e-p 曲线，如图 3-13（a）所示。

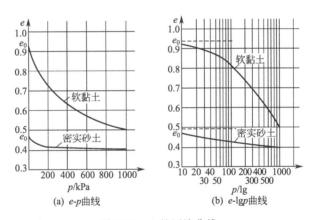

(a) e-p曲线　　　　(b) e-$\lg p$曲线

图 3-13　土的压缩曲线

在常规试验中，一般按 $p = 50\text{kPa}$、100kPa、200kPa、300kPa、400kPa 五级加荷；另一种其横坐标则取 p 的常用对数值，即采用半对数直角坐标绘制成 e-$\lg p$ 曲线，如图 3-13（b）所示。试验时以较小的压力开始，采取小增量多级加荷，并加到较大的荷载（例如 1000kPa）为止。

3.1.7.2　土的压缩系数和压缩指数

压缩性不同的土，其 e-p 曲线的形状是不一样的。曲线愈陡，说明随着压力的增加，土孔隙的减小愈显著，因而土的压缩性愈高。所以，曲线上任一点的切线斜率 a 就表示了相应于压力 p 作用下的压缩性，即

$$a = -\frac{\mathrm{d}e}{\mathrm{d}p} \tag{3-19}$$

式中负号表示随着压力 p 的增加，e 逐渐减少。一般研究土中某点由原来的自重应力 p_1 增加到外荷作用下的土中应力 p_2（自重应力与附加应力之和）这一压力间隔所表征的压缩性。如图 3-14 所示，设压力由 p_1 增至 p_2 相应的孔隙比由 e_1 减小到 e_2，则与应力增量 $\Delta p = p_2 - p_1$ 对应的孔隙比变化为 $\Delta e = e_1 - e_2$。此时，土的压缩性可用图中割线 $M_1 M_2$ 的斜

率表示。设割线与横坐标的夹角为 α，则：

$$a \approx \tan\alpha = \frac{\Delta e}{\Delta p} = \frac{e_1 - e_2}{p_2 - p_1} \tag{3-20}$$

式中，a 为土的压缩系数，kPa^{-1} 或 MPa^{-1}；p_1 一般指地基某深度处土中竖向自重力，kPa；p_2 为地基某深度处土自重应力与附加应力之和，kPa；e_1 为相应于 p_1 作用下压缩稳定后的孔隙比；e_2 为相应于 p_2 作用下压缩稳定后的孔隙比。

为了便于应用和比较，通常采用压力间隔由 $p_1 = 100kPa$ 增加到 $p_2 = 200kPa$ 时所得的压缩系数 a_{1-2} 来评定土的压缩性如下：

当 $a_{1-2} < 0.1MPa^{-1}$ 时，属低压缩性土；

$0.1 \leqslant a_{1-2} < 0.5MPa^{-1}$ 时，属中压缩性土；

$a_{1-2} \geqslant 0.5MPa^{-1}$ 时，属高压缩性土。

土的 e-p 曲线改绘成半对数压缩曲线 e-$\lg p$ 曲线时，它的后段接近直线如图 3-15 所示。其斜率 C_c 为

$$C_c = \frac{e_1 - e_2}{\lg p_2 - \lg p_1} = (e_1 - e_2) / \lg \frac{p_2}{p_1} \tag{3-21}$$

式中 C_c——土的压缩指数。

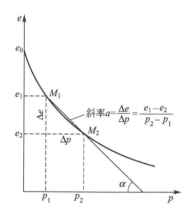

图 3-14 以 e-p 曲线确定压缩系数 a

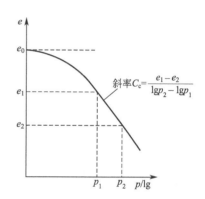

图 3-15 e-$\lg p$ 曲线中求 C_c

同压缩系数 a 一样，压缩指数 C_c 值越大，土的压缩性越高。从图 3-15 可见 C_c 与 a 不同，它在直线段范围内并不随压力而变，低压缩性土的 C_c 值一般小于 0.2，C_c 值大于 0.4 时，一般属于高压缩性土。国内外广泛采用 e-$\lg p$ 曲线来分析研究应力对土的压缩性的影响。

3.1.7.3 压缩模量（侧限压缩模量）

根据 e-p 曲线，可以求算另一个压缩性指标——压缩模量 E_s。E_s 是土在完全侧限条件下的竖向附加应力与相应的应变增量之比值。土的压缩模量 E_s 可根据下式计算：

$$E_s = \frac{1 + e_1}{a} \tag{3-22}$$

式中，E_s 为土的压缩模量，kPa 或 MPa；a 为土的压缩系数，kPa^{-1} 或 MPa^{-1}，按式 (3-20) 计算；e_1 为相应于 p_1 作用下压缩稳定后的孔隙比。

如果压缩曲线中的土样孔隙比变化（即 $\Delta e = e_1 - e_2$）为已知，则可反算相应的土样高度变化 $\Delta H = H_1 - H_2$。于是，可将图 3-12 变换为图 3-16 得出

$$\frac{H_1}{1 + e_1} = \frac{H_2}{1 + e_2} = \frac{H_1 - \Delta H}{1 + e_2} \tag{3-23a}$$

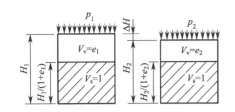

图 3-16　侧限条件下土样高度变化与孔隙比
变化的关系（土样横截面积不变）

或 $\qquad$ $\Delta H = \dfrac{e_1 - e_2}{1 + e_1} H_1 = \dfrac{\Delta e}{1 + e_1} H_1$ $\qquad$ (3-23b)

由于 $\Delta e = a \Delta p$，则

$$\Delta H = \frac{a \Delta p}{1 + e_1} H_1 \qquad (3\text{-}23c)$$

由此得侧限条件下应力应变模量：

$$E_s = \frac{\Delta p}{\Delta H / H_1} = \frac{1 + e_1}{a} \qquad (3\text{-}23d)$$

上式表示土样在侧限条件下，当土中应力变化不大时，土的压缩应变增量 $\Delta H / H_1$ 与压缩应力增量 Δp 成正比，且等于 $(1 + e_1)/a$，其中比例系数 E_s 称为土的压缩模量，也称侧限压缩模量，以便与一般材料在无侧限条件下简单拉伸或压缩时的弹性模量相区别。

土的压缩模量 E_s 是以另一种方式表示土的压缩性指标，E_s 越小表示土的压缩性越高。

3.1.8　土的工程分类

在建筑工程中，常把土作为建筑物地基，因此需要对土进行分类。

我国《建筑地基基础规范》规定：粗粒土按颗粒级配分类，细粒土按塑性指数分类。

① 碎石土　碎石土是粒径大于 2mm 的颗粒超过总重 50% 的土。碎石土根据颗粒级配及形状分为漂石或块石、卵石或碎石、圆砾或角砾，其分类标准如表 3-8 所示。

表 3-8　碎石土分类

土的名称	颗粒形状	粒组含量
漂石 块石	圆形及亚圆形为主 棱角形为主	粒径大于 200mm 的颗粒超过全重的 50%
卵石 碎石	圆形及亚圆形为主 棱角为主	粒径大于 20mm 的颗粒超过全重的 50%
圆砾 角砾	圆形及亚圆形为主 棱角形为主	粒径大于 2mm 的颗粒超过全重的 50%

② 砂土　砂土是指粒径大于 2mm 的颗粒含量不超过全重 50%、粒径大于 0.075mm 的颗粒超过全重 50% 的土。砂土按颗粒级配分砾砂、粗砂、中砂、细砂和粉砂。其分类标准见表 3-9。

表 3-9　砂土分类

土的名称	颗粒级配	土的名称	颗粒级配
砾砂	粒径大于 2mm 的颗粒占全重 25%～50%	细砂	粒径大于 0.075mm 的颗粒超过全重的 85%
粗砂	粒径大于 0.5mm 的颗粒超过全重的 50%	粉砂	粒径大于 0.075mm 的颗粒超过全重的 50%
中砂	粒径大于 0.25mm 的颗粒超过全重的 50%		

③ 粉土　粉土是指塑性指数 I_P 小于或等于 10，而粒径大于 0.075mm 的颗粒含量不超过全重 50% 的土。粉土含有较多粒径为 0.005～0.05mm 的粉粒，其工程性质介于黏性土和砂土之间。

④ 黏性土　黏性土是指塑性指数 I_P 大于 10 的土。这种土含有大量的黏粒（<0.005mm 颗粒）。其工程性质不仅与粒度成分和黏土矿物的亲水性等有关，而且与成因类型及沉积环境等因素有关。

黏性土按塑性指数 I_P 分为粉质黏土和黏土，其分类标准见表 3-10。

表 3-10　黏性土按塑性指数分类

土的名称	粉质黏土	黏土
塑性指数	$10<I_P\leqslant17$	$I_P>17$

⑤ 人工填土　人工填土是指人类活动而形成的堆积物，其物质成分较杂乱，均匀性较差。按堆积物的成分，人工填土分为素填土、杂填土和冲填土，其分类标准见表 3-11。

表 3-11　人工填土按组成物质分类

土的名称	组成物质
素填土	由碎石土、砂土、粉土、黏性土等组成的填土
杂填土	含有建筑垃圾、工业废料、生活垃圾等杂物填土
冲填土	由水力冲填泥砂形成的填土

在土方工程施工中，根据土的开挖难易程度将土分为八类，见表 3-12。

表 3-12　土的工程分类

土的分类	土的级别	土的名称	开挖方法及工具
一类土 （松软土）	I	砂；亚砂土；冲积砂土层；种植土泥炭（淤泥）	用锹、锄头挖掘
二类土 （普通土）	II	亚黏土；潮湿的黄土；夹有碎石、卵石的砂；种植土、填筑土及亚砂土	用锹、锄头挖掘；少许用镐翻松
三类土 （坚土）	III	软及中等密实黏土，重亚黏土；粗砾石；干黄土及含碎石、卵石的黄土；亚黏土；压实的填筑土	主要用镐，少许用锹、锄头挖掘，部分用撬棍
四类土 （砂砾坚土）	IV	重黏土及含砂土、卵石的黏土；粗卵石；密实的黄土；天然级配砂石；软泥炭岩及蛋白石	先用镐、撬棍，然后用锹挖掘，部分用锲子及大锤
五类土 （软石）	V—VI	硬石炭纪黏土；中等密实的页岩、泥灰岩；白垩土；胶结不紧的砾岩；软的石灰岩	用镐或撬棍、大锤挖掘，部分使用爆破方法
六类土 （次坚石）	VII—IX	泥灰岩；砂岩；砾岩；坚实的页岩、泥炭岩；密实的石灰岩；风化花岗岩、片麻岩	用爆破方法开挖，部分用风镐
七类土 （坚石）	X—XII	大理岩；辉绿岩；玢岩；粗、中粒花岗岩；坚实的白云岩、砂岩、砾岩、片麻岩、石灰岩；风化痕迹的安山岩、玄武岩	用爆破方法开挖
八类土 （特坚石）	XIV—XVI	安山岩；玄武岩；花岗片麻岩；坚实的细粒花岗岩、闪长岩、石英岩、辉长岩、辉绿岩、玢岩	用爆破方法开挖

3.2　沟槽及基坑工程施工

3.2.1　场地平整

场地平整应以建设工程的规模和性质、场地设计标高、现场地形地貌、施工期限和技术力量等条件为依据。环境工程的场地标高是场区竖向规划设计的内容，通常由设计文件规定。确定标高，应在满足建筑规划和生产工艺的要求下，尽量考虑填挖土方平衡，使总的土方工程量最小。

确定场地平整的施工顺序，应按照工程建设的部署，结合基坑、沟槽开挖的要求加以选择。一般有 3 种情况。

① 先平整后开挖　先进行整个场地的平整，然后开挖构筑物及地下管线基坑和管沟等。这种方案，可为土方机械施工提供较大的工作面，充分发挥其工作效率，但工期较长，多适

用于场区高低不平，填挖土方量较大的施工现场；

②　先开挖后平整　先开挖建筑物、构筑物等的基坑（槽），后进行场地平整，这种方案多适用于地形平坦的施工现场，可以加快土建工程的施工进度，减少重复填挖土方数量；

③　先划区段后平整开挖　划分施工区（段），平整与开挖结合，这种方案是根据工程特点和现场具体条件，将场地划分若干施工区，分别进行平整和开挖。

在场地平整施工前，先作好必要的准备工作，主要内容包括以下几点。

①　清理场地　在施工区域内，对原有地上地下房屋、构筑物、管线、河渠等进行拆除、疏通或改建，对耕植土及淤泥等进行清理；

②　排除地面积水　在排除地面积水的同时，尽量利用自然地形设置排水沟，防止雨季雨水积存，使场地保持干燥，以利于土方施工；

③　修筑临时道路　以供机械进场和土方运输等。

3.2.1.1　场地平整土方量计算

场地平整土方量的计算方法通常有两种，方格网法和断面法。方格网法适用于地势平坦，面积较大的场地；断面法适用于地形起伏变化较大的地区。

(1)　方格网法

方格网法是根据地形图（一般用 1/500）将整个场地划分成若干方格网，方格边长常采用 10～40m，将设计标高和自然地面标高分别标注在方格的角点上，如图 3-17 所示。设计标高与自然地面标高的差值，即为角点挖填土方施工高度，然后计算每个方格的土方量，并算出场地边坡土方量，即可得出整个场地挖、填土方总量。

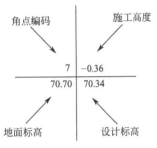

图 3-17　标高标注

这种方法计算时可使用专门的土方工程量计算表。在大规模场地土方量计算时，可应用电子计算机进行计算。

在进行方格网土方量的计算前，要如图 3-17 所示计算出各角点的施工角度，先找零点，即在相邻两角点为一挖一填的方格边线上，再将零点用光滑曲线连接起来，确定出一条零线，这条零线即为挖填土方的分界线。

在划分的方格网中，一般有四种类型，应分别进行计算。

①　方格四个角点全部为填或挖时，如图 3-18(a) 所示，其土方量计算式为：

$$V = \frac{a^2}{4}(h_1 + h_2 + h_3 + h_4) \tag{3-24}$$

式中，V 为挖或填方体积，m^3；a 为方格边长，m；h_1、h_2、h_3、h_4 分别为方格角点填挖高度，m。

②　方格的相邻两角点为挖土方，另两角点为填土方，如图 3-18(b) 所示。其挖土方部分的土方量为：

$$V_{1,2} = \frac{a^2}{4}\left(\frac{h_1^2}{h_1 + h_4} + \frac{h_2^2}{h_2 + h_3}\right) \tag{3-25}$$

填土方部分的土方量为：

$$V_{3,4} = \frac{a^2}{4}\left(\frac{h_3^2}{h_2 + h_3} + \frac{h_4^2}{h_1 + h_4}\right) \tag{3-26}$$

③　方格的三个角点为挖（填）土方，另一角点为填（挖）土方，如图 3-18(c) 所示。其填土方部分的土方量为：

$$V_4 = \frac{a^2}{6}\frac{h_4^3}{(h_1 + h_4)(h_3 + h_4)} \tag{3-27}$$

挖土方部分的土方量为：

$$V_{1,2,3} = \frac{a^2}{6}(2h_1 + h_2 + 2h_3 - h_4) + V_4 \tag{3-28}$$

④ 方格的一个角点为挖土方，相对的角点为填土方，另两个角点为零点时（零线为方格的对角线），如图 3-18(d) 所示，其挖（填）方土方量为：

$$V = \frac{a^2}{6}h \tag{3-29}$$

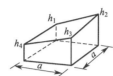

(a) 全挖或全填的方格　　(b) 部分为挖土方、部分为填土方的方格

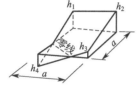

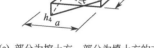

(c) 部分为挖土方、部分为填土方的方格　　(d) 一挖一填方格

图 3-18　方格网划分

（2）断面法

沿场地取若干个相互平行的断面（可利用地形图定出或实地测量定出），将所取的每个断面（包括边坡断面）划分为若干三角形和梯形，如图 3-19 所示，则面积

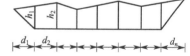

$$f_1 = \frac{h_1}{2}d_1 \qquad f_2 = \frac{h_1 + h_2}{2}d_2 \cdots$$

而某一断面面积为　$F_i = d(h_1 + h_2 + \cdots + h_{n-1})$

图 3-19　断面法示意

各断面面积求出后，即可计算土方体积。设各断面面积分别为 F_1、F_2、$\cdots$、F_m，相邻两断面间的距离依次为 l_1、l_2、$\cdots$、l_{m-1}，则所求土方体积为

$$V = \frac{F_1 + F_2}{2}l_1 + \frac{F_2 + F_3}{2}l_2 + \cdots + \frac{F_{m-1} + F_m}{2}l_{m-1} \tag{3-30}$$

（3）边坡土方量的计算

为了保持土体的稳定和施工安全，挖填土方的边沿，都应作成一定坡度的边坡。边坡坡度应根据不同的填挖高度、土的物理性质和工程的重要性由设计规定。

场地边坡的土方量，一般可根据近似的几何形体进行计算。图 3-20 为一场地边坡的平面示意图，按照其形体可先分为三角棱锥形（如体积①～③，⑤～⑩）和三角棱柱体（如体积④），再分别按下列公式计算体积。

① 三角棱锥体边坡体积，如图中①，其体积为

$$V_1 = \frac{1}{3}F_1 l_1 \tag{3-31}$$

式中，l_1 为边坡①的长度，m；F_1 为边坡①的端面积，m^2，$F_1 = \frac{h_2(mh_2)}{2} = \frac{mh_2^2}{2}$；$h_2$ 为

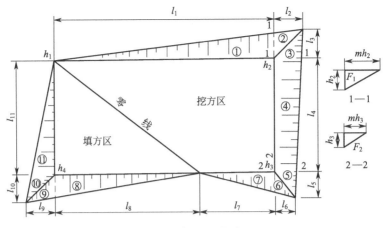

图 3-20 场地边坡平面

角点的挖土高度，m；m 为边坡的坡度系数，$m=\dfrac{B}{h}$；B 为边坡宽度，m；h 为边坡长度，m。

② 三角棱柱体边坡体积，如图中④，其体积为

$$V_4 = \frac{F_1 + F_2}{2} l_4 \tag{3-32}$$

当两端横断面面积相差很大的情况下，则：

$$V_4 = \frac{l_4}{6}(F_1 + 4F_0 + F_2) \tag{3-33}$$

式中，l_4 为边坡④的长度；F_1、F_2、F_0 分别为边坡④两端及中部的横断面面积。

土方量经计算汇总求得全部挖方量和全部填方量后，尚需考虑土壤的松散率、压缩率、沉降量等因素对土方量的影响（查手册资料）并进行调整。按照调整后的土方量，即可着手土方的综合平衡调配。

3.2.1.2 土方的平衡调配

土方的平衡调配，是对挖土、填土、堆弃或移运之间的关系进行综合协调，以确定土方的调配数量及调配方向。它的目的是使土方运输量或土方运输成本最低，又能方便施工。

土方调配包括：划分调配区；计算土方调配区之间的平均运距；确定土方的最优调配方案；绘制土方调配图表。

(1) 土方调配原则

① 力求达到挖、填平衡和运距最短的原则　因为这样做可以降低土方工程成本。但实际工程中往往难以同时满足上述两个要求，因此还需要根据场地和周围地形条件综合考虑，必要时可以在填方区周围就近取土或在挖方区周围就近弃土，这样反而更能经济合理。取土或弃土，必须本着不占或少占农田与耕地，并有利于改地造田的原则进行妥善安排。

② 土方调配应考虑近期施工与后期利用相结合的原则　当工程分批分期施工时，先期工程的土方余额应结合后期工程的需要而考虑其利用数量和堆放位置，以便就近调配。堆放位置应为后期工程创造条件，力求避免重复挖运。先期工程有土方欠额的，也可由后期工程地点挖取。

③ 土方调配应采取分区与全场相结合原则　分区土方的余额或欠额的调配，必须配合全场性的土方调配。

④ 好土要用在回填质量要求较高的地区，对有地下设施的填土，应留土后填。

⑤ 选择恰当的调配方向、运输路线，使土方机械和运输车辆的功效能得到充分发挥。

总之，进行土方调配，必须根据现场的具体情况、有关技术资料、进度要求、土方施工方法与运输方法，综合考虑上述原则，并经计算比较，选择出经济合理的调配方案。

（2）土方调配图表的编制

场地土方调配，需作成相应的土方调配图表，以便施工使用。其编制方法如下。

① 划分调配区　在场地平面图上先划出挖、填区的分界线（即零线），根据地形及地理等条件，可在挖方区和填方区适当地分别划出若干调配区（其大小应满足土方机械的操作要求），并计算出各调配区的土方量，在图上标明，如图 3-21 所示。

② 求出每对调配区之间的平均运距　平均运距即挖方区土方重心至填方区土方重心的距离。求每个调配区的重心，其方法如下。

取场地或方格网中的纵横两边为坐标轴，分别求出各区土方的重心位置，即

$$\overline{X} = \frac{\sum Vx}{\sum V} \qquad \overline{Y} = \frac{\sum Vy}{\sum V} \tag{3-34}$$

式中，$\overline{X}$、$\overline{Y}$ 为挖方调配区或填方调配区的重心坐标；V 为每个方格的土方量；x、y 为每个方格的重心坐标。

为了简化 x、y 的计算，可假定每个方格上的土方是各自均匀分布的，从而用图解法求出形心位置代替重心位置。重心求出后，标于相应的调配区图上，然后用比例尺量出每对调配区之间的平均运距。

③ 画出土方调配图　在图上标出调配方向、土方数量以及平均运距，如图 3-21 所示。

④ 列出土方量平衡表

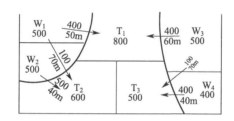

图 3-21　土方调配图（场地内挖、填方平衡调配图）

注：箭头上面的数字表示土方量，箭头下面的数字表示运距。

把土方调查计算结果列入土方量平衡表中。表 3-13 就是图 3-21 所示调配方案的土方量平衡表。

表 3-13　土方量平衡表

挖土区编号	挖方数量/m³	填方区编号、填方数量/m³			
		T₁	T₂	T₃	合计
		800	600	500	1900
W₁	500	50① / 400	70① / 100		
W₂	500		40① / 500		
W₃	500	60① / 400		70① / 100	
W₄	400			40① / 400	
合计	1900				

① 系平均运距（有时可为土方的单位运价）。

47

在规划大规模场地平整的土方调配工作时，可以运用线性规划中的运输问题，采用表上作业法求解，使总土方运输量最小（目标函数），求得土方调配的最优方案。

3.2.2 基坑（沟槽）的开挖

3.2.2.1 土方机械化施工

由于土方工程量大、劳动繁重，施工时应尽可能采用机械化、半机械化施工，以减轻繁重的体力劳动，加快施工进度，降低工程造价。土方工程机械种类很多，这里主要介绍推土机、铲运机和单斗挖土机等施工作业。

(1) 推土机施工

推土机由拖拉机和推土铲刀组成。按铲刀的操纵机构不同，推土机分为索式和液压式两种。索式推土机的铲刀借本身自重切入土中，在硬土中切土深度较小。液压式推土机由于用液压操纵，能使铲刀强制切入土中，切土深度较大。同时，液压式推土机铲刀还可以调整角度，具有更大的灵活性。

推土机能单独地进行挖土、运土和卸土工作，具有操纵灵活、运转方便、所需工作面较小、行驶速度较快等特点。此外，还可以牵引其他无动力的土方机械，如拖式铲运机、羊足碾、松土器等。推土机最为有效的运距为 30～60m。适于开挖一至三类土。推土机可用于平整场地，既可挖土也可作短距离运土，还可用于开挖深度 1.5m 内的基地（槽）和回填基坑（槽）和管沟土方，以及配合挖土机从事平整与集中土方；清理石块、树木等障碍物及修筑道路等。

推土机的生产率计算如下。

① 推土机每小时的生产率

$$P_{\mathrm{h}} = \frac{3600q}{TK_{\mathrm{p}}} \quad (\mathrm{m}^3/\mathrm{h}) \tag{3-35}$$

式中，T 为从推土到将土送至填土地点的循环延续时间，s；q 为推土机每次的推土量，m^3；K_{p} 为土的最初可松性系数（土壤松散体积与原自然体积之比值，见表 3-14）。

② 推土机台班生产率

$$P_{\mathrm{d}} = 8P_{\mathrm{h}}K_{\mathrm{B}} \quad (\mathrm{m}^3/台班) \tag{3-36}$$

式中，K_{B} 为时间利用系数，一般在 0.72～0.75。

以上公式计算的生产率为推土机水平推土时的生产率，若上坡推土时，台班产量要乘以相应的系数：上坡度为 10%～15% 时，乘以系数 0.92；上坡度为 15%～25% 时，乘以系数 0.88；上坡坡度为 25% 以上时，乘以系数 0.80。推土机用于填土作用（如填筑路基、堤坝）时，生产率亦应乘以相应的系数：填土高度在 2m 以上，宽度为 2～5m 时，台班产量乘以系数 0.90。

表 3-14 土的可松性系数

土的类别	K_{p}	K'_{p}
一类土	1.08～1.17	1.01～1.03
二类土	1.14～1.24	1.02～1.05
三类土	1.24～1.30	1.04～1.07
四类土	1.26～1.45	1.06～1.20
五类土	1.30～1.50	1.10～1.30
六类土	1.45～1.50	1.28～1.30

为了提高推土机的生产率，增大铲刀铲土的体积，减少推土过程中土散失，缩短工作循环时间，可采取以下几种作业方法。

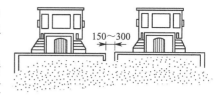

图 3-22　并列推土

① 下坡推土　推土机顺下坡方向切土及推运，借助机械自身的重力作用以增加推土能力，但坡度不宜超过 15°，以免后退时爬坡困难。

② 并列推土　采用 2～3 台推土机并列作业（如图 3-22 所示），铲刀相距 15～30cm。一般采用两机并列推土，能提高生产率 15％～30％。平均运距不宜超过 50～75m，亦不宜小于 20m。一般用于大面积场地平整。

③ 槽形推土　在挖土层较厚、推土运距较远时，采用槽形推土（如图 3-23 所示），能减少土壤散失，可增加 10％～30％推土量。槽的深度以 1m 左右为宜，两槽间的土埂宽度约 50cm。

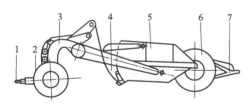

图 3-23　槽形推土

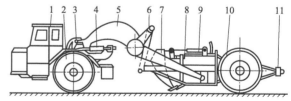

图 3-24　分批集中、一次推送

④ 分批集中、一次推送　当推土运距较远而土质比较坚硬时，因推土机的切土深度不大，可采用多次铲土，分批集中，一次推送（如图 3-24 所示）。以便在铲刀前保持满载，有效地利用推土机的功率，缩短运输时间。

⑤ 铲刀加置侧板　当推运疏松土壤而运距较远时，在铲刀两边装上侧板，以增加铲刀前的土体，减少土壤向两侧漏失。

（2）铲运机械施工

铲运机有拖式铲运机和自行式铲运机两种。如图 3-25 和图 3-26 所示。

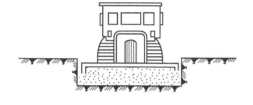

图 3-25　C_5-6 型拖式铲运机
1—拖把；2—前轮；3—辕架；4—斗门；
5—铲斗；6—后轮；7—尾架

图 3-26　C_4-7 型自行式铲运机
1—驾驶室；2—前轮；3—中央枢架；4—转向油缸；
5—辕架；6—提斗油缸；7—斗门；8—铲斗；
9—斗门油缸；10—后轮；11—尾架

铲运机操纵灵活，运转方便，对行驶道路要求较低，能综合完成铲土、运土、卸土、填筑、压实等多项工作。其斗容量一般为 2.5～9m³，切土深度 15～30cm，铺土厚度为 23～40cm。适合于开挖一～三类土。适用运距为 600～1500m，效率最高的铲运距离为 200～350m。常用于地形起伏不大，坡度在 20°以内的大面积场地平整，开挖大型基坑、沟槽，以及填筑路基、堤坝等工程。不适于砾石层和冻土地带以及土壤含水量超过 27％场地和沼泽区工作。

铲运机的工作装置是铲斗，铲斗前方有一个能开启的斗门，铲斗前没有切土刀片。切土时，铲斗门打开，铲斗下降，刀片切入土中。铲运机前进时，被切下的土挤入铲斗；铲斗装满土后，提起土斗，放下斗门，将土运至卸土地点。铲运机工作示意，如图 3-27 所示。

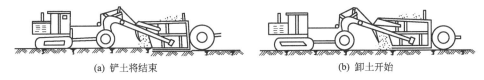

(a) 铲土将结束　　　　　　　　　　(b) 卸土开始

图 3-27　铲运机工作示意

① 铲运机生产率的计算

a. 铲运机小时生产率

$$P_h = \frac{3600qK_c}{TK_p}\ (\text{m}^3/\text{h}) \tag{3-37}$$

式中，T 为从挖土开始至卸土完毕，循环延续的时间，s；q 为铲斗容量，m^3；K_c 为铲斗装土的充盈系数（一般砂土为 0.75，其他土为 0.85～1.0，最高为 1.3）；K_p 为土的最初可松性系数，见表 3-14。

b. 铲运机台班产量

$$P_d = 8P_h K_B\ (\text{m}^3/\text{台班}) \tag{3-38}$$

式中，K_B 为时间利用系数（一般为 0.65～0.75）。

影响铲运机作业效率的因素有运土坡度、填筑高度及运行路线距离等。一般上坡运土坡度在 5%～15% 时，增加的台班系数为 1.05～1.14；填筑路基填土高度 5m 以上时，降低台班产量系数为 0.95；铲运机运行路线距离愈长则生产率愈低。

② 铲运机的开行路线

在场地平整施工中，铲运机的开行路线应根据场地挖、填方区分布的具体情况合理选择，这对提高铲运机的生产率有很大关系。铲运机的开行路线，一般有以下几种。

a. 环形路线　对于地形起伏不大，施工地段在 100m 以内和填土高度 1.5m 以内的路堤、基坑及场地平整施工常采用的开行线路，如图 3-28(a) 所示。当填、挖交替，且相互之间距离较短时，则可采用如图 3-28(b) 所示的大环形路线。每一个循环能完成多次铲土和卸土，减少了铲运机的转弯次数，相应提高了工作效率。

b. "8" 字形路线　施工地段较长或地形起伏较大时，多采用 "8" 字形开行路线，如图 3-28(c) 所示。这种开行路线，铲运机在上下坡时斜向开行，每一循环完成两次作业（两次铲土和卸土），比环形路线运行时间短，减少了转弯和空驶距离。同时，一个循环两次转弯方向不同，机械磨损较为均匀。

c. 锯齿形路线　这是 "8" 字形路线的发展，如图 3-28(d) 所示。适合工作地段很长，如堤坝、路基填筑，采用这种开行路线最为有效。

③ 提高铲运机生产率的措施

a. 下坡铲土　利用机械重力作用所产生的附加牵引力加大切土深度，坡度一般为 3°～9°，最大不得超过 20°，铲土厚度以 20cm 左右为宜，其效率可提高 25% 左右。当在平坦地形铲土时，可将取土地段的一端先铲低，并保持一定坡度向后延伸，逐步创造一个下坡铲土的地形。

b. 跨铲法　在较坚硬土层铲土时，采用预留土埂间隔铲土法，如图 3-29 所示，可使铲运机在挖土埂时增加两个自由面，阻力减小，铲土快，易于充满铲斗，约提高效率 10%。

c. 交错铲土法　在铲较坚硬土层时，为了减少铲土阻力，可采用此法，如图 3-30 所示。由于铲土阻力的大小与铲土宽度成正比，交错铲土法就是随铲土阻力的增加而适当减小铲土宽度。

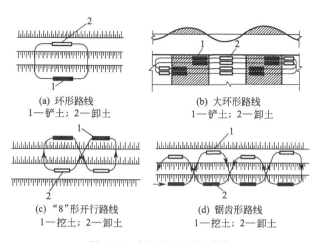

(a) 环形路线
1—铲土；2—卸土

(b) 大环形路线
1—铲土；2—卸土

(c) "8"形开行路线
1—挖土；2—卸土

(d) 锯齿形路线
1—挖土；2—卸土

图 3-28　铲运机的开行路线

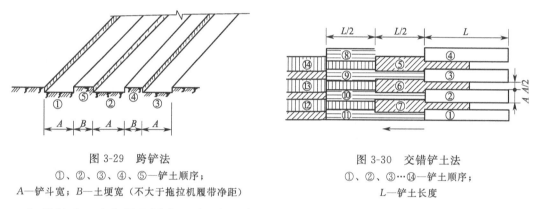

图 3-29　跨铲法
①、②、③、④、⑤—铲土顺序；
A—铲斗宽；B—土埂宽（不大于拖拉机履带净距）

图 3-30　交错铲土法
①、②、③…⑭—铲土顺序；
L—铲土长度

d. 助铲法　在坚硬土层中，采用另配推土机助铲（如图 3-31 所示），以缩短铲土时间。一般每台推土机配 3～4 台铲运机。

图 3-31　助铲法

(3) 挖土机施工

挖土机适用于开挖场地为一～四类、含水量不大于 27％的丘陵地带土壤及经爆破后的岩石和冻土。挖土高度一般在 3m 以上（使每次挖土可装满铲斗），运输距离超过 1km，且土方量大而集中的工程。一般挖土机作业时，需配合自卸汽车运土，并在卸土区配备推土机平整土堆。

① 单斗挖土机施工　单斗挖土机是基坑（槽）土方开挖常用的一种机械。按其行走装置的不同，分为履带式和轮胎式两类。根据工作的需要，其工作装置可以更换。依其工作装置的不同，分为正铲、反铲、拉铲和抓铲四种，如图 3-32 所示。按其传动方式不同有机械传动和液压传动两种。

a. 正铲挖土机　正铲挖土机的工作特点是，前进向上，强制切土开挖停机面以上的土

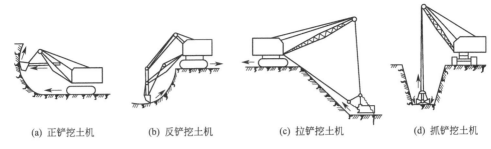

(a) 正铲挖土机　　(b) 反铲挖土机　　(c) 拉铲挖土机　　(d) 抓铲挖土机

图 3-32　挖土机的工作简图

壤，其挖掘力大，生产率高。适用于无地下水，开挖深度在 2m 以上，一～四类土的基坑，但需设置下坡道。

正铲挖土机有液压传动和机械传动两种。机身可回转 360°，动臂可升降，斗柄能伸缩，铲斗可以转动，当更换工作装置后还可进行其他施工作业。图 3-33 为正铲挖土机的简图及其主要工作状态。表 3-15 和表 3-16 为机械和液压传动正铲挖土机的主要技术性能。

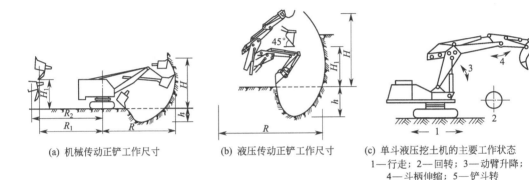

(a) 机械传动正铲工作尺寸　　(b) 液压传动正铲工作尺寸　　(c) 单斗液压挖土机的主要工作状态
1—行走；2—回转；3—动臂升降；
4—斗柄伸缩；5—铲斗转

图 3-33　正铲挖土机

表 3-15　机械传动正铲挖土机的主要技术性能

技术参数	符号	单位	W-501		W-1001	
土斗容量	Q	m³	0.5		1.0	
铲臂倾角	α	(°)	45°	60°	45°	60°
最大挖土高度	H	m	6.5	7.9	8.0	9.0
最大挖土深度	h	m	1.5	1.1	2.0	1.5
最大挖土半径	R	m	7.8	7.2	9.8	9.0
最大卸土高度	H_1	m	4.5	5.6	5.5	6.8
最大卸土高度时卸土半径	R_1	m	6.5	5.4	8.0	7.0
最大卸土半径	R_2	m	7.1	6.5	8.7	8.0
最大卸土半径时卸土高度	H_2	m	2.7	3.0	3.3	3.7

正铲挖土机的挖土和卸土方式，根据挖土机的开挖路线与运输工具的相对位置不同，可分为正向挖土、侧向卸土和正向挖土、后方卸土两种，如图 3-34 所示。其中侧向卸土，动臂回转角度小，运输工具行驶方便，生产率高，采用较广。当沟槽、基坑宽度较小，而深度较大时，才采用后方卸土方式。

表 3-16　正铲液压挖土机的主要技术性能

技术参数	符号	单位	W2-200	W4-60
铲斗容量	q	m³	2.0	0.6
最大挖土半径	R	m	11.1	6.7
最大挖土高度	H	m	11.0	5.8
最大挖土深度	h	m	2.45	3.8
最大卸土高度	H_1	m	7.0	3.4

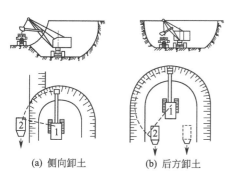

(a) 侧向卸土　　(b) 后方卸土

图 3-34　正铲挖土机开挖方式

1—正铲挖土机；2—自卸汽车

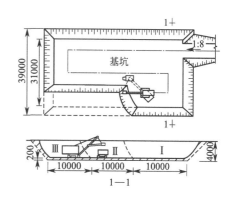

图 3-35　正铲挖土机开挖
基坑时的开行通道

在正铲挖土机开挖面积基坑时，必须对挖土机作业时的开行路线和工作面进行设计，确定出开行次序和次数，称为开行通道。当基坑开挖深度较小时，可布置一层开行通道，如图 3-35 所示，基坑开挖时，挖土机开行三次。第一次开行采用正向挖土，后方卸土的作业方式，为正工作面。挖土机进入基坑要挖坡道，坡道的坡度为 1：8 左右。第二三次开行时采用侧方卸土的平侧工作面。

当基坑宽度稍大于正工作面的宽度时，为了减少挖土机的开行次数，可采用加宽工作面的办法，挖土机按"之"字形路线开行，如图 3-36 所示。

当基坑的深度较大时，则开行通道可布置成多层，如图 3-37 所示，即为三层通道的布置。

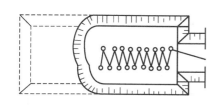

图 3-36　加宽工作面

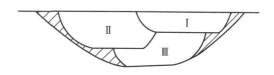

图 3-37　三层通道布置

b. 反铲挖土机施工　反铲挖土机的工作特点是后退向下，强制切土。其挖掘能力比正铲挖土机小，反铲挖土机开挖停机面以下的土壤，不需设置进出口通道。适用于开挖管沟和基槽，也可开挖小型基坑。尤其适用于开挖地下水位较高或泥泞的土壤。反铲挖土机也有液压传动和机械传动两种，图 3-38 所示为液压反铲挖土机的工作尺寸。图 3-39 为机械传动反铲挖土机的工作尺寸。常用反铲主要技术性能见表 3-17。

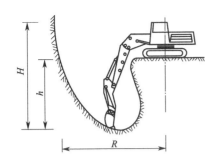

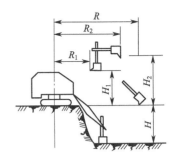

图 3-38 液压反铲挖土机工作尺寸   图 3-39 机械传动反铲挖土机工作尺寸

表 3-17 常用反铲主要技术性能

技术参数	符号	单位	数据	
土斗容量	q	m³	0.5	
支杆长度	L	m	5.5	
斗柄长度	L_1	m	2.8	
支杆倾角	α	(°)	45	60
最大挖掘深度	H	m	5.56	5.56
最大挖掘半径	R	m	9.20	9.20
卸土开始时半径	R_1	m	4.66	3.53
卸土终止时半径	R_2	m	8.10	7.00
卸土开始时高度	H_1	m	2.20	3.10
卸土终止时高度	H_2	m	5.26	6.14

反铲挖土机有沟端开挖和沟侧开挖，如图 3-40 所示。沟端开挖时挖土机停在沟槽一端，向后倒退挖土，汽车可在两旁装土，此法采用较广。优点是挖土方便，挖方深度和宽度较大，基坑较宽时，可多次开行开挖，如图 3-41 所示。沟侧开挖时挖土机沿沟槽一侧直线移动挖土。此法能将土弃于距沟边较远处，可供回填使用。由于挖土机移动方向与挖土方向相垂直，所以稳定性较差，而且开挖深度和宽度也较小，也不能很好控制边坡。一般只在无法采用沟端开挖或挖土不需运走时采用。

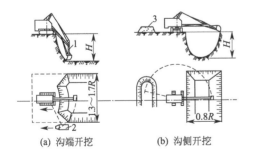

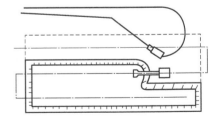

图 3-40 反铲挖土机开挖方式与工作面   图 3-41 反铲挖土机多次开行挖土
1—反铲挖土机；2—自卸汽车；3—弃土堆

c. 拉铲挖土机施工 拉铲挖土机的土斗用钢丝绳悬挂在挖土机长臂上，挖土时土斗在自重作用下落到地面切入土中，可由起重机改装。其挖土特点是后退向下，自重切土。其挖土深度和挖土半径均较大，能开挖停机面以下的Ⅰ至Ⅱ类土，但不如反铲动作灵活准确，适于开挖大型基坑及水下挖土。常用拉铲挖土机的主要工作性能见图3-42和表3-18。其作业方式与反铲挖土机相同，有沟端开行及沟侧开行两种，如图3-43所示。

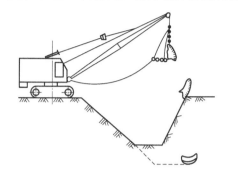

图 3-42　履带式拉铲挖土机

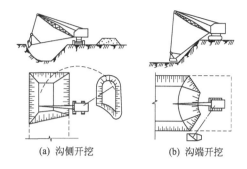

(a) 沟侧开挖　　　　(b) 沟端开挖

图 3-43　拉铲挖土机开挖方式

表 3-18　常用拉铲挖土机的主要技术性能

技术参数	符号	单位	W-501				W-1001			
铲斗容量	Q	m³	0.5				1.0			
铲臂长度	L	m	10		13		13		16	
铲臂倾斜角度	θ	(°)	30	45	30	45	30	45	30	45
最大卸土高度	C	m	3.5	5.5	5.3	8.0	4.2	6.9	5.7	9.0
最大卸土半径	D	m	10.0	8.3	12.5	10.4	12.8	10.8	15.4	12.9
最大挖掘半径	E	m	11.1	10.2	14.3	13.2	14.4	13.2	17.5	16.2
侧面挖掘深度	F	m	4.4	3.8	6.6	5.9	5.8	4.9	8.0	7.1
正面挖掘深度	G	m	7.3	5.6	10.0	7.8	8.5	7.4	12.2	9.6

d. 抓铲挖土机　抓铲挖土机一般由正、反铲液压挖土机更换铲土斗换上合瓣式抓斗而成，如图3-44(a)所示。也可由履带式起重机改装。在挖土机臂端用钢丝绳吊装一个抓斗，如图3-44(b)所示。可用以挖掘一～二类的挖掘面积较小、深度较大的沟槽沉井或独立桩基的基坑，最适宜于进行水下挖土，如放置在驳船上，开挖水下构筑物基础的土石方。

单斗挖土机生产率计算如下：

ⅰ. 单斗挖土机纯工作小时生产率 P_h 可按下式计算，即

$$P_h = 60qnK(\text{m}^3/\text{h}) \quad (3-39)$$

式中，q 为土斗容量，m³；n 为每分钟挖土次数，$n = \dfrac{60}{T_p}$；T_p 为挖土机每次循环延续时间，s；K 为系数，一般为 $0.6 \sim 0.87$。

ⅱ. 单斗挖土机台班生产率 P_d 按下式计算

$$P_d = 8P_h K_B \quad (3-40)$$

式中，K_B 为工作时间利用系数。

在向汽车装土时，K_B 为 $0.68 \sim 0.72$；在侧向堆土时，K_B 为 $0.78 \sim 0.88$；挖爆

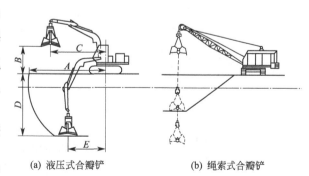

(a) 液压式合瓣铲　　　　(b) 绳索式合瓣铲

图 3-44　合瓣铲挖土机

A—最大挖土半径；B—卸土高度；C—卸土半径；
D—最大挖土深度；E—最大挖土深度时的挖土半径

破后的岩石时，K_B 为 0.60；土斗容量愈小，K_B 值愈低。

$$自卸汽车配备台数 = \frac{挖土机台班产量}{汽车台班产量} \tag{3-41}$$

② 多斗挖土机施工

a. 多斗挖土机的性能及其开挖方式　多斗挖土机又称挖沟机、纵向多斗挖土机。与单斗挖土机比较，它有下列优点：挖土作业是连续的，在同样条件下生产率较高；开挖单位土方量所需的能量消耗较低；开挖沟槽的底和壁较整齐；在连续挖土的同时，能将土自动卸在沟槽一侧。

挖沟机不宜开挖坚硬的土和含水量较大的土。它宜于开挖黄土、粉质黏土等。

挖沟机由工作装置、行走装置和动力、操纵及传动装置等部分组成。

挖沟机的类型，按工作装置分为链斗式和轮斗式两种。按卸土方法分为装有卸土皮带运输器和未装卸土皮带运输器的两种。通常挖沟机大多装有皮带运输器。行走装置有履带式、轮胎式和履带轮胎式三种。动力一般为内燃机。

链斗式多斗挖土机的构造如图 3-45 所示。

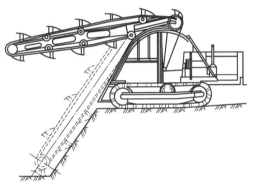

图 3-45　链斗式多斗挖土机的构造

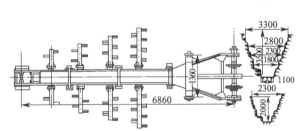

图 3-46　开挖阶梯形的斗架（单位：mm）

挖沟机土装设有围绕斗架的无级斗链上。土斗前端用铰链连接于斗链，后端自由悬挂。斗架位于机械后部，前端有钢索连接于升降斗架的卷筒，并有滚子嵌在凹槽形的导轨内。开动卷筒，通过钢索使斗架沿导轨升降，改变沟槽开挖深度。

动力装置通过传动机构使主动链轮转动，带动斗链转动，于是没入土中的土斗切土。当土斗上升至主动链轮处，其后端即与斗链分开而卸土，土沿堆土板滑下，由装设在堆土板下方的皮带运输器卸至机器一侧。皮带运输器由一马达带动，其运行的方向与挖沟机的开行方向垂直。

沟槽开挖宽度与土斗宽相同。为加大开挖宽度，可在土斗两旁各装一铸钢制的括耳，使开挖宽度由 0.8m 加大至 1.1m。如要增加挖深，可更换较长的斗架。

挖沟机开挖的沟槽面一般为直槽，但更换工作装置（图 3-46）后，也可挖成梯形槽。

轮斗式与链斗式挖沟机的主要区别在于前者的土斗是固定在圆形的斗轮上，斗轮旋转使土斗连续挖土。当土斗旋升到斗轮顶点时，土即卸至皮带运输器上被运出卸在沟槽一侧。斗轮通过钢索升降改变挖土深度。

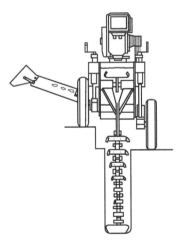

图 3-47　倾斜地面开行
的多斗挖土机

当地面具有较大的横向坡度时，采用可调节轮轴的挖沟机，如图 3-47 所示。

b. 挖沟机的生产率计算　挖沟机生产率 P_h 可按下式计算，即

$$P_h = 0.06nqK_c \frac{1}{K_p}KK_B \quad (\mathrm{m^3/h}) \tag{3-42}$$

式中，n 为土斗每分钟挖掘次数；q 为土斗容量，$\mathrm{m^3}$；K_c 为斗的充盈系数；K_p 为土的最初可松性系数；K 为土的开挖难易程度系数；K_B 为时间利用系数。

3.2.2.2　基坑（沟槽）边坡

在基坑、沟槽开挖过程中，为了保持坑壁的稳定，防止塌方，保证施工作业安全，当基坑（槽）超过一定深度时，应做成一定形式的边坡或采取可靠的支护措施。

(1) 基坑（槽）边坡的稳定性分析

基坑边坡的稳定，主要是由于土体内存在着摩擦力和黏结力；从而使土体具有一定的抗剪强度。土体抗剪强度的大小与土质有关。黏性土颗粒间除具有摩擦力外，还具有黏结力，而砂土颗粒之间无黏结力，主要依靠摩擦力维持平稳。所以，一般情况下黏性土比砂土的稳定性好。

除土质外，影响边坡稳定的还有一些因素，例如：坡顶的堆土、堆料；由于打桩、爆破等引起的振动；雨水使土体含水量增加，从而使土体自重增大；水在土中渗流，产生动水压力；裂隙中的静水压力等，会使土中剪应力增加。又如，因风化使土质变得松散；因气候变化使土干裂、冻胀；由于雨水或施工用水渗入土体，使黏性土的黏聚力减小；因振动使饱和的细砂、粉砂液化等，都会使土体抗剪强度降低。当上述原因使土体内抗剪强度降低、剪应力增加到一定程度时，土壁就会失去稳定而造成塌方。

为保证基坑（槽）边坡稳定，除按规定留设边坡外，还应使坡顶荷载（堆土、堆料、行驶车辆等）符合规定的要求。施工中要做好防排水工作，防止地面上的雨水、施工用水和生活污水渗入基坑周围土体或冲刷边坡。需要降低地下水位时，降水工作应持续到回填土完毕。

(2) 基坑（槽）边坡坡度的确定

基坑边坡坡度以其挖方深度 H 与其边坡底宽 B 之比来表示。

$$土方边坡坡度 = \frac{H}{B} = \frac{1}{B/H} = \frac{1}{m}$$

式中 $m = B/H$ 称为坡度系数，即当边坡高为 H 时，边坡宽度为 $B = mH$。

边坡可以做成直线边坡、折线边坡和带台阶的边坡，如图 3-48 所示。

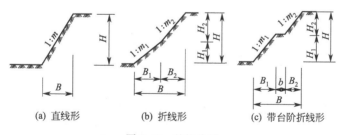

(a) 直线形　　　(b) 折线形　　　(c) 带台阶折线形

图 3-48　基坑边坡

基坑开挖时，如果边坡太陡，容易造成土体失稳，发生塌方事故；如果边坡太平缓，不仅会增加许多土方量，而且可能影响邻近建筑物使用和安全。因此，当基坑采取放坡开挖时，必须合理地确定基坑边坡的坡度，以满足安全和经济两方面的要求。

基坑边坡的坡度，一般由设计文件规定，当设计文件上未作规定时要按照《建筑地基基础工程施工质量验收规范》（GB 50202—2002）的基坑工程相关条文来确定。

土质均匀且地下水位低于基坑（槽）或管沟底面标高，其挖土深度不超过表 3-19 规定时，挖方边坡可做直壁而不加支撑。

表 3-19　直壁不加支撑挖方深度

土 的 类 别	挖方深度/m	土 的 类 别	挖方深度/m
密实、中密的砂土和轻亚黏土及亚黏土	1.00	硬塑、可塑的黏土和碎石类土(充填物为黏性土)	1.50
硬塑、可塑的轻亚黏土及亚黏土	1.25	坚硬的黏土	2.00

地质条件好、土质均匀且地下水位低于基坑（槽）或管沟底面标高，挖方深度在5m以内时，不加支撑的边坡最陡坡度应符合表3-20的规定。

表 3-20　深度在 5m 内的不加支撑基坑（槽）、管沟边坡的最陡坡度

土 的 类 别	边坡坡度(1∶m)		
	坡顶荷载	坡顶有静载	坡顶有动载
中密的砂土	1∶1.00	1∶1.25	1∶1.50
中密的碎石(充填物为砂土)	1∶0.75	1∶1.00	1∶1.25
硬塑的轻亚黏土	1∶0.67	1∶0.75	1∶1.00
中密的碎石类土(充填物为黏性土)	1∶0.50	1∶0.67	1∶0.75
硬塑的亚黏土、黏土	1∶0.33	1∶0.50	1∶0.67
老黄土	1∶0.10	1∶0.25	1∶0.33
软土(经井点降水后)	1∶1.00		

施工中，各个工程所遇到的具体条件差别很大，确定基坑边坡的坡度时，就根据现场的土质、排水情况、开挖深度、开挖方法、边坡留置时间的长短、边坡上荷载及邻近建筑物情况等综合考虑。

3.2.2.3　基坑（沟槽）断面选择与土方量计算

(1) 沟槽断面形式

在施工中常采用的沟槽断面形式有直槽、梯形槽、混合槽等。当有两条或多条管道共同埋设时，还需采用联合槽，如图3-49所示。

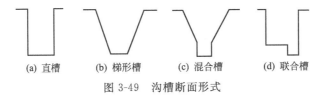

(a) 直槽　　　(b) 梯形槽　　　(c) 混合槽　　　(d) 联合槽

图 3-49　沟槽断面形式

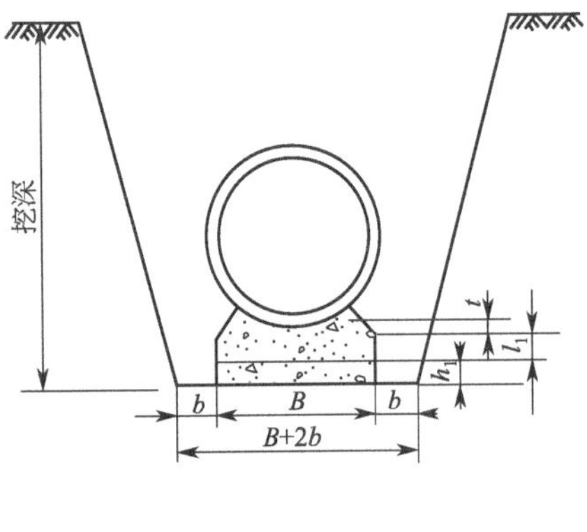

图 3-50　管沟底宽和挖深

B—管基础宽度；b—槽底工作宽度；
t—管壁厚度；l_1—管座厚度；h_1—基础厚度

选择沟槽断面通常要根据土的种类、地下水情况、现场条件及施工方法，并按照设计规定的基础、管道的断面尺寸、长度和埋置深度等进行。正确选定沟槽的开挖断面，可以为后续施工过程创造良好条件，保证工程质量和施工安全，减少开挖土方量。

图3-50为一管道工程开挖的沟槽，沟槽底宽为

$$W = B + 2b \qquad (3-43)$$

式中，B为管道基础宽，m；b为工作宽度，m。

工作宽度根据管径大小确定，一般不大于0.8m。

沟槽开挖深度按管道设计纵断面图确定。

当采用梯形槽时，其边坡的选定，应按土的类别并符合表3-21的规定。不设支撑的直槽边坡一般

采用 1∶0.05。

沟槽断面选定后，如果需要满足后续施工过程的要求时，可将沟槽断面进行调整，再根据地面平坦程度和计算精度的要求，选择两相邻断面的间距。对于排水管道的距离，通常以两相邻检查井所处沟槽断面为计算长度。

表 3-21　梯形槽的边坡

土的类别	密实度或状态	坡度允许值(高宽比)	
		深度在 5m 以内	深度 5～10m
碎石土	密实	(1∶0.35)～(1∶0.50)	(1∶0.50)～(1∶0.75)
	中密	(1∶0.50)～(1∶0.75)	(1∶0.75)～(1∶1.00)
	稍密	(1∶0.75)～(1∶1.00)	(1∶1.00)～(1∶1.25)
粉土	$S_t \leqslant 0.5$	(1∶0.75)～(1∶1.25)	(1∶1.25)～(1∶1.50)
黏性土	坚硬	(1∶0.75)～(1∶1.00)	(1∶1.00)～(1∶1.25)
	硬塑	(1∶1.00)～(1∶1.25)	(1∶1.25)～(1∶1.50)

（2）基坑土方量计算

基坑土方量的计算可近似地按拟柱体（上下底为两个平行的平面，所有的顶点都在两个平面上的多面体）体积公式计算，每侧工作宽度为 1～2m，如图 3-51(a) 所示。

$$V = \frac{1}{6}h(S + 4S_0 + S') \tag{3-44}$$

式中，h 为基坑深度，m；S、S' 分别为基坑上下两底面积，m^2；S_0 为基坑中截面 $\left(\frac{1}{2}h\right)$ 面积，m^2。

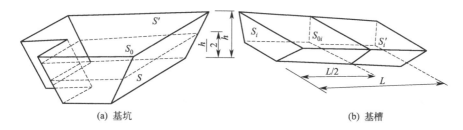

(a) 基坑　　　　　　　　　　　(b) 基槽

图 3-51　基坑、基槽土方量计算简图

（3）基槽土方量计算

基槽土方量计算可沿其长度方向分段计算。如该段内基槽横截面形状、尺寸不变，其土方量即为该段横截面的面积乘以该段基槽长度。总土方量为各段土方量之和。

如该段内横截面的形状、尺寸有变化，可近似地用拟柱体的体积公式计算，如图 3-51(b) 所示。

$$V_i = \frac{1}{6}L_i(S_i + 4S_{0i} + S'_i) \tag{3-45}$$

式中，V_i 为该段土方量，m^3；L_i 为该段长度，m；S_i、S'_i 为该段两端横截面面积，m^2；S_{0i} 为该段中截面（$0.5L_i$ 处）面积，m^2。

3.2.2.4　基坑及沟槽支撑

支撑是防止沟槽土壁坍塌的一种临时性挡土结构，支撑所受的荷载就是原土和地面荷载产生的侧土压力。在做基坑工程中，应遵循"开槽支撑，先撑后挖，分层开挖，严禁超挖"的原则。支撑应根据土质、地下水情况、槽深、槽宽、开挖方法、排水方法、地面荷载等因素确定。支设支撑可以减少挖方量和施工占地面积，但支撑会增加材料消耗，有时影响后续工序的操作。

支撑结构应满足下列要求：a. 具有足够的强度和稳定性，支撑材料要求质地和尺寸合格，保证施工安全；b. 在保证安全的前提下，节约用料；c. 便于支设和拆除及后续工序的操作；d. 支撑材料的选用、支设和使用，应严格遵守施工操作规程。

（1）支撑种类及其适用条件

沟槽支撑形式有横撑、竖撑和板桩撑，开挖较大基坑时还采用锚碇式支撑等。

横撑和竖撑由撑板（挡土板）、立柱和撑杠组成。横撑式支撑，根据挡土板放置方式的不同，可分成水平挡土板断续式和连续式两种。断续式横撑是撑板之间有间距，连续式横撑是各撑板间密接无间距，竖撑为挡土板垂直连续放置。

断续式横撑如图 3-52(a) 所示，适用于开挖湿度小的黏性土及挖土深度小于 3m 时的基坑沟槽，连续式横撑适用于较潮湿的或散粒土及挖深不大于 5m 的沟槽。竖撑如图 3-52(b) 所示，用于松散的和湿度高的土，挖土深度可以不限。

撑板（挡土板）有木制和金属制两种。木撑板不应有纹裂等缺陷，金属撑板由钢板焊接在槽钢上拼成，槽钢间用型钢连系加固，如图 3-53 所示。金属撑板每块长度有 2m、4m、6m 三种类型。立柱和横杠通常采用槽钢。

撑杠由撑头和圆套管组成，如图 3-54 所示。撑头为一丝杠，用球铰连接在撑头板上，带柄螺母套在丝杠上。将撑头丝杠插入圆套管内，旋转带柄螺母，柄把止于套管端，而丝杠伸长，撑头板就紧压立柱，撑板即被固定。丝杠在套管内的最短长度为 20cm，这种工具式撑杠的优点是支设方便，而且可更换圆套管长度，适用于各种不同宽度的基坑沟槽。

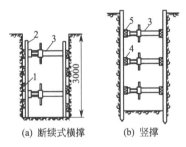

图 3-52　横撑、竖撑简图
1—水平挡土板；2—竖楞木；3—工具式撑杠；
4—竖直挡土板；5—横楞木

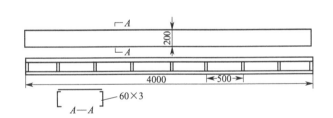

图 3-53　金属撑板（单位：mm）

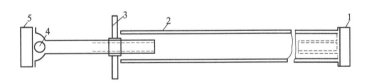

图 3-54　工具式撑杠
1—撑头板；2—圆套管；3—带柄螺母；4—球铰；5—撑头板

当开挖较大基坑或使用机械挖土不能安装撑杠时，可改用锚碇式支撑（图 3-55）。锚碇必须设置在土体破坏范围以外，挡土板水平钉在柱桩的内侧，柱桩一端打入土内，上端用拉杆与锚桩拉紧，在挡土板内侧回填土。

对于较大基坑，当有部分地段下部放坡不足时，可以采用短桩横隔板支撑或临时挡土墙支撑来加固土壁，如图 3-56 所示。

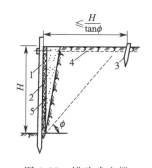

图 3-55 锚碇式支撑

1—柱桩；2—挡土板；3—锚桩；

4—拉杆；5—回填土；ϕ—土的内摩擦角

(a) 短桩横隔板支撑　(b) 临时挡土墙

图 3-56 加固土壁措施

1—短桩；2—横隔板；

3—装土草袋

在开挖深度较大的沟槽和基坑，当地下水较多且有带走土粒的危险时，如未采用井点降水法，可采用打设钢板桩撑法。使板桩打入坑底以下一定深度，以增加地下水从坑外流入坑内的渗流路线，减少水力坡度，降低动水压力，以防止流砂现象发生（图 3-57）。

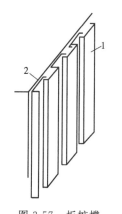

图 3-57 板桩撑

1—板桩；2—挡土板

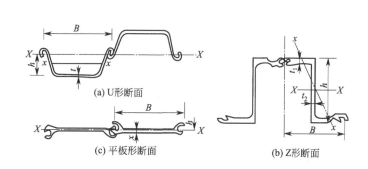

(a) U 形断面

(c) 平板形断面

(b) Z 形断面

图 3-58 常用的钢板桩断面形式

施工中常用的钢板桩多是槽钢或工字钢组成，常用断面形式如图 3-58 所示，桩板与桩板之间均采用啮口连接，以提高板桩撑的整体性，特殊断面桩板惯性矩大且桩板间啮合作用高，故常在重要工程上采用。

桩板在沟槽或基坑开挖前用打桩机打入土中，在开挖及其后续工序作业中，始终起到保证基坑沟槽土壁稳定的作用。板桩撑一般可不设横板和撑杠，但当桩板入土深度不足时，仍要支设横板与撑杠。

使用钢板桩支撑要消耗大量钢材，但是由于它的安全可靠度较高，在弱饱和土层中，仍然常被采用。

（2）支撑的计算

支撑计算主要是确定撑板、立柱（或横木）和撑杠的尺寸。实际工程中，一般支撑构件的尺寸被现场已有材料的规格所决定，支撑计算只是对已有构件进行校核，通过校核来适当调整立柱和横撑的间距，以确定支撑的形式。

根据实测资料表明，在排除地下水的情况下，作用在支撑上的土压力分布如图 3-59 所示。

土压力 p 按库伦土压力公式计算。即

主动土压

$$e_a = rh\tan^2\left(45° - \frac{\varphi}{2}\right) = rhK_a \quad (\text{kN/m}^2)$$

被动土压

$$e_p = rh\tan^2\left(45° + \frac{\varphi}{2}\right) = rhK_p \quad (\text{kN/m}^2)$$

式中，$K_a(K_p)$为主动（被动）土压力系数；φ为土的内摩擦角；h对砂取 $0.8H$。

① 撑板的计算　撑板按简支梁计算，如图 3-60 所示。

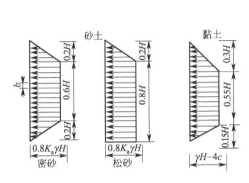

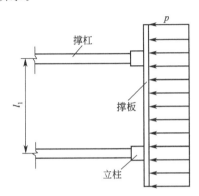

图 3-59　支撑计算的侧土压力简化计算

H—沟槽深度；K_a—主动土压力系数；

γ—土的重度；c—土的黏聚力

图 3-60　撑板的计算

l_1——撑杠间距

计算跨度等于立柱或横木的间距 l_1，撑板的宽度为 b，厚度为 d，所承受的均布荷载等于 Pb（kN/m）。

撑板的最大弯矩

$$M_{\max} = \frac{Pbl_1^2}{8} \tag{3-46}$$

撑板的抵抗矩

$$W = \frac{bd^2}{6} \tag{3-47}$$

因此，撑板的最大弯曲应力为：

$$\sigma = \frac{M_{\max}}{W} = \frac{3Pl_1^2}{4d^2} \leqslant [\sigma_w] \tag{3-48}$$

式中，$[\sigma_w]$为材料容许弯曲应力。

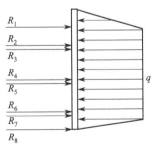

图 3-61　立柱计算

$R_1 \sim R_8$—撑杠反力；q—侧土压力

② 立柱计算　立柱所受的荷载 q 等于撑板所传递的土压力，支点反力 R，如图 3-61 所示。计算时，支座（横撑）处假设为简支梁，求出最大弯矩，校核最大弯曲力。

③ 撑杠计算　撑杠是承受支柱或横木支点反力的压杆，因此应考虑纵向弯曲，所得抗压强度乘以轴心受压构件的稳定系数 φ 值（查手册可得）。

施工现场常采用的支撑构件尺寸有：木撑板一般长 2～6m，宽 20～30cm，厚 50cm。横木的截面尺寸一般为（10cm×15cm）～（20cm×20cm）（视槽宽而定）。立柱的截面尺寸一般为（10cm×10cm）～（20cm×20cm）（视槽深而定）。

(3) 支撑的支设和拆除

当挖槽到一定深度或到地下水位以上时，开始设置支撑，逐层开挖逐层支设。支设程序一般为：首先支设撑板使其紧贴槽壁，然后支设立柱（或横木）和撑杠，竖撑支设时，先将撑板密排立贴在槽壁上，再将横木在撑板上下两端支设并加撑杠固定。随着挖土撑板底部高于槽底，撑板逐块被锤打到槽底。每次挖深 50～60cm；将撑板下锤一次，锤至槽底排水沟底为止。下锤撑板每到 1.2～1.5m，加撑杠一道。

施工过程中，当原支撑妨碍下一工序进行，原支撑不稳定或一次拆撑有危险时，应采取倒撑方式，即更换立柱和撑杠位置，称倒撑。

在施工期间，应经常检查槽壁和支撑的情况，如支撑各部件有弯曲、倾斜、松动时，应立即加固，拆换受损部件。如发现槽壁有塌方预兆，应加设支撑，而不应倒拆支撑。

沟槽内工作全部完成后，才可将支撑拆除。拆撑与沟槽回填同时进行，边填边拆。拆撑时必须注意安全，继续排除地下水，撑板和立木较长时，可在还土后或倒撑后拆除。

3.2.3 降低地下水位

当开挖基坑或沟槽至地下水位以下时，土的含水层被切断，地下水将不断渗入坑内。雨季施工时，地面水也会流入坑内。这样不仅使施工条件恶化，而且土被水浸泡后会导致地基承载能力的下降和出现边坡坍塌现象。为保证工程质量和施工安全，做好施工排水工作，是十分重要的。

3.2.3.1 地下水流的基本性质

(1) 渗透系数

水点运动的轨迹称为流线。如果流线互不相交，则水的运动称为"层流"。如果流线相交，水中发生局部旋涡，破坏了水流的规律性则称为"紊流"。水在土中的渗流属于层流，法国人达西（Darcy）根据试验得到达西线性渗透定律，如公式(3-16)，即

$$v = ki$$

当渗水通过土体的断面积（或称过水断面）为 w 时，其渗透流量为

$$Q = kiw \tag{3-49}$$

式中，k 为土的渗透系数（见表3-7）。

在施工中为了获得可靠的渗透系数值，应采取现场抽水试验。

(2) 动水压力

地下水在土中渗流过程中受到土颗粒的阻力，同时水对土产生一种反力，这种反力称为动水压力。试验证明，动水压力 G_D 的大小与水力坡度 i 成正比

$$G_D = i\rho_w = \frac{h}{L}\rho_w$$

式中，ρ_w 为水的密度。

由式中看出，水位差 h 愈大，动水压力愈大；渗流路线愈长，则动水压力愈小。在渗流过程中，如果水自上而下渗流，则动水压力的方向与重力方向一致，加大了土粒之间的压力，使土体密实；若水自下而上渗流，则动水压力的方向与重力相反，减少了土粒之间的压力。当动水压力等于或大于土的浮密度 ρ' 时，即

$$G_D = I\rho_w \geqslant \rho' = \rho - \rho_w$$

土粒间毫无压力，土粒处于悬浮状态，随地下水一起流动，当基坑开挖到地下水位以下时，土粒会随地下水涌入基坑，产生流砂现象。

开挖基坑发生流砂现象时，基底土完全丧失承载力，工人难以立足，施工条件恶化，土边挖边冒，很难挖到设计深度，严重时会引起边坡塌方，滑坡甚至危及临近建筑物。

流砂现象一般发生在细砂、粉砂及亚砂土中。在粗大砂砾中，因孔隙大，水在其间流过

时阻力小，动水压力也小，不易出现流砂。而在黏性土中，由于土粒间黏聚力较大，也不会发生流砂现象，但有时在承压水作用下会出现整体隆起现象。因此，土方施工必须消除地下水的影响，其主要途径是减小或平衡动水压力，改变动水压力的方向。具体的防治措施有以下几项。

① 水下挖土法　即不排水施工，使坑内水压与坑外地下水压相平衡，消除了动水压力。这种方法在沉井不排水下沉施工中常用。

② 用井点法降低地下水位　即改变动水压力的方向，是防止流砂的有效措施。

③ 在枯水季节开挖基坑　此时地下水位下降，动水压力减小或基坑中无地下水。

④ 地下连续墙法　沿基坑四周筑起一道连续的钢筋混凝土墙，用来截住地下水流入基坑。这种方法成本高，多用于高层建筑、工业建筑地下工程及水利工程。

⑤ 抢挖法　即组织分段抢挖，使挖土速度超过冒砂速度，挖到标高后立即铺席并抛大石块以平衡动水压力，压住流砂，此法仅能解决轻微流砂现象。

⑥ 打钢板桩法　即将板桩打入坑底面一定深度，增加地下水从坑外流入坑内的渗流长度，减小水力坡度，从而减小动水压力。

3.2.3.2　明沟排水

（1）地面截水

主要用于排除地面水（包括雨水、施工用水、生活污水等），一般采取在基坑周围设置排水沟、截水沟或筑土堤等办法。工程施工中是利用基坑（沟槽）挖出的土沿基坑（沟槽）四周或迎水一侧筑 0.5～0.8m 的土堤截水，并利用天然排水沟道，或在场地四周排水沟进行排放。这种方法要注意临时性的排水设施与永久性排水设施的结合，在挖治排水沟时还要注意与已有建筑物要保持一定距离。

（2）坑内排水

在基础不深或地下水量不大的情况下，通常采用集水坑法进行坑内排水。

集水坑降水法是在基坑开挖过程中，沿坑底周围或中央开挖有一定坡度的排水沟，在坑底每隔一定距离设一个集水坑，地下水通过排水沟流入集水坑中，然后利用水泵抽走，如图 3-62 所示。

集水坑降水是一种常用的简易的降水方法，但对软土或土层中含有细砂、粉砂或淤泥层时，不宜采用这种方法，因为在基坑中直接排水，地下水将产生自下而上或从边坡向基坑的动水压力，容易导致边坡塌方和流砂现象的发生，使基底土结构遭受到破坏。

为了防止基底土结构遭到破坏，集水坑应设置在基础范围以外，地下水走向的上游。根据基坑涌水量大小、基坑平面形状及尺寸，以及水泵的抽水能力，确定集中坑的数量及间距。一般每 20～40m 设置一个。

集水坑的直径或宽度一般为 0.6～0.8m。坑的深度要保持低于挖土工作面 0.7～1.0m。当基坑挖至设计标高后，集水坑底应低于基坑底面 1～2m，并铺设碎石滤水层，以免在抽水时间较长时将泥砂抽出，并防止坑底土被搅动。坑壁可用竹、木等材料加固。

集水坑降水抽水设备有离心泵、潜水泵、活塞泵和隔膜泵等。通过对集水坑总水量的计算（查手册），可以合理选择水泵的类型。

① 离心泵　离心泵由泵壳、泵轴、叶轮及吸水管、出水管等组成，如图 3-63 所示。其工作原理为：叶轮高速旋转，离心力将轮心部分的水甩向轮边，沿出水管压向高处，使叶轮中心形成真空，水在大气压力作用下不断地从吸水管上升进入水泵。离心泵在使用时，要先将泵体及吸水管内灌满水，排出空气，然后开泵抽水。

离心泵的主要性能包括：流量，水泵单位时间内的出水量，m^3/h；总扬程，水泵的扬水高度（包括吸水扬程与出水扬程两部分），m；吸水扬程，水泵的吸水高度（又称为允许吸上真空高度），m。

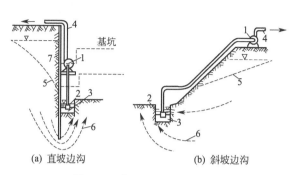

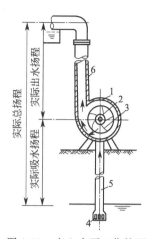

(a) 直坡边沟　　　　　(b) 斜坡边沟

图 3-62　集水坑降低地下水位
1—水泵；2—排水沟；3—集水井；4—压力水管；
5—降落曲线；6—水流曲线；7—板桩

图 3-63　离心水泵工作简图
1—泵壳；2—泵轴；3—叶轮；
4—滤网与底阀；5—吸水管；6—出水管

施工中常用的离心泵性能见表 3-22。由于水在管路中流动力有阻力而引起水头损失，所以实际扬程是总扬程扣除水头损失。实际吸水扬程可按表 3-22 中吸水扬程减去 0.6m（无底阀）～1.2m（有底阀）来估算。

表 3-22　常用离心泵性能

型号		流量 /(m³/h)	总扬程 /m	吸水扬程 /m	电动机功率 /kW
B	BA				
$1\frac{1}{2}$B17	$1\frac{1}{2}$BA-6	6～14	20.3～14	6.6～6.0	1.7
2B19	2BA-9	11～25	21～16	8.0～6.0	2.8
2B31	2BA-6	10～30	34.5～24	8.7～5.7	4.5
3B19	3BA-13	32.4～52.2	21.5～15.6	6.5～5.0	4.5
3B33	3BA-9	30～55	35.5～28.8	7.0～3.0	7.0
4B20	4BA-18	65～110	22.6～17.1	5	10.0

离心泵的选择，主要根据流量和扬程。离心泵的流量应大于基坑的涌水量；离心泵扬程，在满足总扬程的前提下，主要是使吸水扬程满足降水深度变化的要求，如不能满足要求时，可降低离心泵的安装高度或另选水泵。

离心泵的安装，要注意吸水管接头漏气及吸水口至少沉入水面以下 50cm，以免吸入空气，影响水泵的正常运行。

② 潜水泵　潜水泵是由立式水泵与电动机组合而成，电动机有密封装置，水泵在电机上端，工作时浸在水中。这种泵具有体积小、质量轻、移动方便及开泵时不需要灌水等优点，在施工中广泛使用。常用的潜水泵流量有 15m³/h、25m³/h、65m³/h、100m³/h，扬程相应为 25m、15m、7m、3.5m。

为防止电机烧坏，在使用潜水泵时不得脱水运转，或降入泥中，也不得排灌含泥量较高的水质或泥浆水，以免泵的叶轮被杂物堵塞。

3.2.3.3　井点降水法

井点降水法就是在基坑开挖之前，在基坑四周埋设一定数量的滤水管（井），利用抽水设备抽水，使地下水位降落至基坑底以下，并在基坑开挖过程中仍不断抽水，使所挖的土始终保持干燥状态。这种方法适用于基坑开挖深度较大，地下水位较高，土质较差等情况，改善了施工的工作条件，防止了流砂的发生；另外，土方的边坡也可以更陡些，减少了土方挖方量。

井点降水法所采用的井点类型有轻型井点、喷射井点、管井井点和深井井点等。施工时可根据土的渗透系数、要求降低水位深度及设备条件等，参照表 3-23 选用。

表 3-23　各类井点的适用范围

井点类别	土层渗透系数/(m/d)	降低水位深度/m
单层轻型井点	0.1～50	3～6
多层轻型井点	0.1～50	6～12(由井点层数而定)
喷射井点	0.1～2	8～20
电渗井点	<0.1	根据选用的井点确定
管井井点	20～200	3～5
深井井点	10～250	>15

(1) 轻型井点

轻型井点是沿基坑四周以一定间距埋入直径较小的井点管至地下蓄水层内，井点管上端通过弯联管与集水总管相连，利用抽水设备将地下水通过井点管不断抽出，使在原有地下水位降至基底以下，在施工土方过程中，要不间断抽水，直至基础工程施工结束回填土完成为止。轻型井点降水如图 3-64 所示。

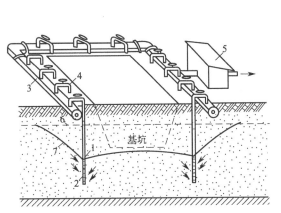

图 3-64　轻型井点降水示意
1—井点管；2—滤管；3—总管；4—弯联管；
5—水泵房；6—原地下水位线；7—降水后地下水位线

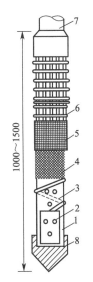

图 3-65　滤管的构造
1—钢管；2—管壁上小孔；3—缠绕的铁丝；
4—细滤网；5—粗滤网；6—粗铁丝保护网；
7—井点管；8—铸铁头

① 轻型井点设备组成

由管路系统和抽水设备等组成。

a. 管路系统　管路系统由滤管、井点管、弯联管和总管组成。

i. 滤管　滤管是井点设备的重要组成部分，对抽水效果影响较大。滤管必须深入到蓄水层中，使地下水通过滤管孔进入管内，同时要将泥砂阻隔在滤管外，以保证抽入管内的地下水的含泥砂量不超过允许值。因此，要求滤管具有较大的孔隙率和进水能力；滤水性良好，既能防止泥砂进入管内，又不能堵塞滤管孔隙；滤管结构强度要高，耐久性要好。滤管的构造如图3-65所示。

滤管为进水设备，直径为50mm，长1.0m或1.5m。滤管的管壁上钻有$\phi13\sim\phi19$的小圆孔，外包两层滤网，内层细滤网采用钢丝布或尼龙丝布，外层粗滤网采用塑料或编织纱布。为使水流畅通，管壁与滤网间用塑料细管或铁丝绕成螺旋状将其隔开，滤网外面用粗铁丝网保护，滤管上端用螺线套筒与井点管下连接，滤管下端一铸铁头。

ⅱ. 井点管　井点管直径为50mm，长5m或7m，可整根或分节组成。上端通过弯联管与总管的短接头连接，下端用螺丝套筒与滤管上端连接。

ⅲ. 弯联管　弯联管采用透明的硬塑料管或橡胶管、钢管将井点管与总管连接起来。往往装设有阀门，用以检修井点。

ⅳ. 总管　总管采用直径$100\sim127m$、每段长4m的无缝钢管。段间用橡皮管连接，并用钢筋卡紧，以防漏水。总管上每隔0.8m设一与井点管相连接的短接头。总管要设置一定的坡度，坡向泵房。

b. 抽水设备　抽水设备常用的是真空泵和射流泵设备。

ⅰ. 干式真空泵抽水设备由真空泵、离心泵和水气分离器组成，如图3-66所示。

抽水时先开动真空泵13，将水气分离器抽成一定程度的真空，使土中的水分和空气受真空吸力的作用，形成水气混合液经管路系统流到水气分离器中。然后开动离心泵，水气分离器中的水经离心泵由出水管16排出，空气则集中在水气分离器上部由真空泵排出。如水多来不及排出时，水气分离器内浮筒7上浮，阀门9将通向真空泵的通路关闭，可防止水进入真空泵的缸体中。副水气分离器仅用来滤清从空气中带来的少量水分使其落入该筒下层放出，以保证水不致吸入真空泵内。压力箱15除调节出水量外，还阻止空气由水泵部分窜入水气分离器以不致影响真空度。过滤箱4用以防止由水流带来的部分细砂磨损机械。为对真空泵进行冷却，设置冷却循环水泵17。

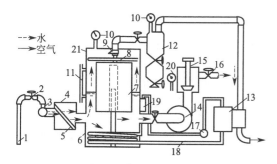

图3-66　干式真空泵井点抽水设备工作简图
1—井点管；2—弯联管；3—总管；4—过滤箱；
5—过滤网；6—水气分离器；7—浮筒；8—挡水布；
9—阀门；10—真空泵；11—水位计；12—副水气分离器；
13—真空泵；14—离心泵；15—压力箱；16—出水管；
17—冷却泵；18—冷却水管；19—冷却水箱；
20—压力表；21—真空调节阀

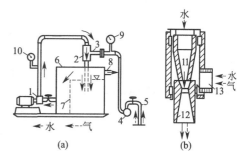

图3-67　射流泵抽水设备工作图
1—水泵；2—射流器；3—进水管；4—总管；
5—井点管；6—循环水箱；7—隔板；8—泄水口；
9—真空表；10—压力表；11—喷嘴；
12—喷管；13—接水管

ⅱ. 射流泵抽水设备由射流器、离心泵和循环水箱组成，如图3-67所示。射流泵抽水设备的工作原理是：利用离心泵将循环水箱中的水变成压力水送至射流器内，由喷嘴喷出，由于喷嘴断面收缩而使水流速度骤增，压力骤降，使射流器空腔内产生部分真空，把井点管内的气、水吸上来进入水箱。水箱的水滤清后，一部分经由离心泵参与循环，多余部分由水箱上部的泄水口排出。

射水泵井点设备的降水深度可达到6m，但其所带井点管一般只有25～40根，总管长度30～50m。若采用两台离心泵和两个射流器联合工作，能带动井点管70根，总管100m。这种设备，与原有轻型井点比较，具有结构简单、制造容易、成本低、耗电少、使用检修方便等优点，便于推广。

采用射流井点设备降低地下水位时，要特别注意管路密封，否则会影响降水效果。

射流泵井点排气量较小，真空度的波动敏感，易于下降，排水能力较低，适于在粉砂、轻亚黏土等渗透系数较小的土层中降水。

② 轻型井点布置

要根据基坑平面形状尺寸、基坑的深度、土质、地下水位高低及流向、降水深度要求等因素来确定。

a. 平面布置。当基坑的宽度小于5m，降水深度不超过5m时，采用单排井点，并将井点管布置在地下水上游一侧，两端延伸长度不小于基坑的宽度，如图3-68所示。如基坑宽度大于6m或土质排水不良时，可采用双排井点。

基坑面积较大时，采用环形井点，如图3-69所示。有时为了施工需要，可留出一段（最好在地下水下游方向）不封闭。

井点管距基坑一般不小于1m，以防局部漏气。井点管间距应根据土质、降水深度等实际情况按计算或经验确定。靠近河流处或总管四角部位，井点应适当加密。当采用多套抽水设备时，井点系统应分成长度大致相等的段，分段位置宜在基坑拐弯处，各套井点总管之间应装阀门隔开。

为了观察水位降落情况，一般在基础中心、总管末端、局部挖深处，设置观测井，观测井由井点管做成，但不与总管相连。

b. 高程布置。轻型井点的降水深度，考虑抽水设备的水头损失以后，一般不超过6m。在布置井点管时，应参考井点管的标准长度以及井点管露出地面的长度（约0.2～0.3m），滤管必须埋在透水层内。

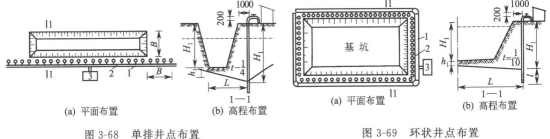

(a) 平面布置　　　　1—1 (b) 高程布置

图3-68 单排井点布置
1—总管；2—井点管；3—抽水设备

(a) 平面布置　　　　1—1 (b) 高程布置

图3-69 环状井点布置
1—总管；2—井点管；3—抽水设备

井点管的埋设深度（不包括滤管）

$$H \geqslant H_1 - h + iL \tag{3-50}$$

式中，H_1 为井点管埋置面至基坑底面的距离，m；h 为基坑底面至降低后的地下水位线的距离，一般取 0.5～1m；i 为水力坡度，单排井点取 1/4，环形井点取 1/10；L 为对于环形井点，井点管至基坑中心的水平距离，对于单排井点，井点管至基坑另一端基底的水平距离，m。

H 算出后，为安全考虑，可再增加 $l/2$ 深度（l 为滤管长度）。

当 H 大于降水深度 6m 时，可采用明沟排水与井点降水相结合的方法，将总管安装在原有地下水位线以下，以增加降水深度，或采用二级轻型井点降水，如图 3-70 所示。即先挖去第一级井点排干的土，然后布置下一级井点。

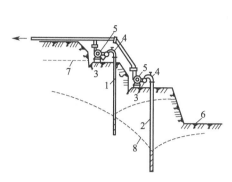

图 3-70　二级轻型井点降水示意
1—第一级井点；2—第二级井点；3—集水总管；
4—连接管；5—水泵；6—基坑；
7—原有地下水位线；8—降水后地下水位线

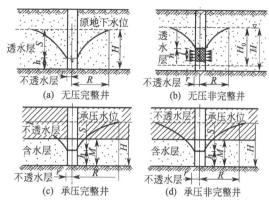

图 3-71　水井的分类

③ 轻型井点计算

轻型井点计算包括基坑涌水量计算，井点管数量计算，井点管井距确定，抽水设备选择等。由于不确定因素较多，计算的数值均为近似值。

a. 涌水量计算　轻型井点的涌水量计算是以水井理论为依据进行的。

按水井理论计算井点系统涌水量时，首先要判定井的类型。

水井根据其井底是否达到不透水层，分为完整井与非完整井。井底达到不透水层的称为完整井，否则称为非完整井。

水井根据地下水有无压力，分为承压井和无压井。滤管布置在地下两层不透水层之间，地下水承受不透水层的压力，抽吸承压层间地下水的，称为承压井；若地下水上部均为透水层，地下水是无压水，称为无压井。

水井分类四种类型，如图 3-71 所示。无压完整井，地下水上部为透水层，地下水无压力，井底达到不透水层，如图 3-71(a) 所示。无压非完整井，地下水上部为透水层，地下水无压力，井底没有达到不透水层，如图 3-71(b) 所示。承压完整井，滤管布置在充满地下水的两层不透水层之间，地下水有压力，井底达到不透水层，如图 3-71(c) 所示。承压非完整井，滤管布置在充满地下水的两层不透水层之间，地下水有压力，井底没有达到不透水层，如图 3-71(d) 所示。

无压完整井涌水量

$$Q=1.366k\frac{(2H-S)S}{\lg R-\lg x_0} \tag{3-51}$$

式中，Q 为无压完整井轻型井点涌水量，m^3/d；k 为渗透系数，m/d；S 为基坑要求降水深度，m；R 为环状轻型井点的抽水影响半径，近似按 $R=1.95S\sqrt{Hk}$ 计算，m；x_0 为环状轻型井点的假想半径，m，$x_0=\sqrt{\dfrac{F}{\pi}}$ 其中 F 为环状轻型井点管所包围的面积，m^2。

矩形基坑的长宽比大于 5 或基坑宽度大于抽水影响半径的两倍时，需将基坑分割成符合计算公式适用条件的单元，然后各单元涌水量相加得到总涌水量。

无压非完整井涌水量

$$Q = 1.366k \frac{(2H_0 - S)S}{\lg R - \lg x_0} \tag{3-52}$$

式中，H_0 为抽水影响深度，m。

H_0 按表 3-24 计算，$H_0 \leqslant H$。

表 3-24　抽水影响深度 H_0

$S'/(S'+l)$	0.2	0.3	0.5	0.8
H_0	$1.3(S'+l)$	$1.5(S'+l)$	$1.7(S'+l)$	$1.85(S'+l)$

注：S'井点管内水位降低深度，l 为滤管长度。

b. 井点管数量计算与井距确定　井点管数量取决于井点系统涌水量的多少和单根井点管的最大出水量。单根井点管的最大出水量与滤管的构造、尺寸以及土的渗透系数有关。

$$q = 65\pi dl^3 \sqrt{k} \tag{3-53}$$

式中，q 为单根井点心管的最大出水量，m³/d；d 为滤管直径，m；l 为滤管长度，m；k 为渗透系数。

井点管根数

$$n = 1.1 \frac{Q}{q} \tag{3-54}$$

式中，1.1 为备用系数，考虑井点管堵塞等因素。

井点管数量算出后，便可根据井点系统布置方式，求出井点管间距

$$D = \frac{L}{n} \tag{3-55}$$

式中，D 为井点管间距，m；L 为总管长度，m；n 为井点管根数。

在确定井点管间距时，还应考虑以下几点：(a) 井距不能过小，否则彼此干扰大，影响抽水量，因此井距必须大于 $5d$；(b) 在总管拐弯处及靠近河流处，井点管宜适当加密；(c) 在渗透系数小的土中，宜使井距缩小；(d) 间距应与总管上的接头间距相配合。

c. 抽水设备的选择　由真空泵和离心泵组成的轻型井点机组，可根据所带动的总管长度、井点管根数及降水深度选用。一套抽水机组通常设真空泵一台，离心泵两台。两台离心泵既可轮换备用，又可在地下水量较大时一起开动来排水。

干式真空泵常用的型号有 W_5 型、W_6 型。采用 W_5 型真空泵时，总管长度一般不大于 100m；采用 W_6 型时，总管长度一般不大于 120m。

真空泵的真空度最大可达 100kPa。真空泵在抽水过程中所需的最低真空度 (h_k)，根据降水深度所需要的可吸真空度及各项水头损失计算，即

$$h_k = 10 \times (h_A + \Delta h) \tag{3-56}$$

式中，h_A 为根据降水深度要求的可吸真空度，近似取总管至滤管的深度，m；Δh 为水头损失，包括进入滤管的水头损失、管路阻力损失及漏气损失等，近似取值 1~1.5m。

在抽水过程中真空泵的实际真空度如小于上式计算的最低真空度，则降水深度达不到要求。

轻型井点中一般选用单级离心泵，其型号根据流量、吸水扬程确定。

水泵的流量 (m³/h) 应比基坑涌水量增大 10%~20%。如采用多套抽水设备共同抽水时，则涌水量要除以套数。

水泵的吸水扬程要克服水气分离器上的真空吸力，也就是要大于或等于井点处的降水深度加各项水头损失。

④ 轻型井点施工与使用

轻型井点的施工顺序为：挖井点沟槽，敷设集水管，冲孔，沉设井点管，灌填砂滤料，用弯联管将井点管与集水总管连接，安装抽水设备，试抽。

井点管的埋设方法有射水法、冲孔（或钻孔法）及套管法，根据设备及土质情况选用。

射水法是在井点管的底端装上冲水装置（称为射水式井点管）来冲孔下沉井点管，如图3-72所示。

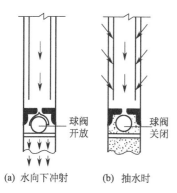

(a) 水向下冲射　(b) 抽水时

图 3-72　直接用井点管水冲下沉法

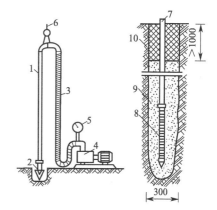

图 3-73　冲水管冲孔法

1—冲管；2—冲嘴；3—胶皮管；4—高压水泵；
5—压力表；6—起重吊钩；7—井点管；
8—滤管；9—填砂；10—黏土封口

冲孔装置内装有球阀和环阀，用高压水冲孔时，球阀下落，高压水流在井点管底部喷出使用土层形成孔洞，井点管依靠自重下沉，泥砂从井点管和土壁之间的空隙内随水流排出，较粗的砂粒随井点下沉，形成滤层的一部分。当井点管达到设计标高后，冲水停止，球阀上浮，可防止土进入井点管内，然后立即填砂滤层。冲孔直径应不小于300mm，冲孔深度应比滤管深0.5m左右，利于泥砂沉淀。井点管要位于砂滤层中间。

冲孔法是用直径为50～70mm的冲水管冲孔后，再沉放井点管，如图3-73所示。

冲水管长度一般比井点管约长1.5m，下端装有圆锥冲嘴，在冲嘴的圆锥上钻有三个喷水小孔，各孔之间焊有三角形立翼，以辅助水冲时扰动土层，便于冲管更快下沉。冲管上端用胶皮管与高压水泵连接。为加快冲孔速度，减少用水量，有时还在冲管两边加装压缩空气管。冲孔前，先在井点管位置开挖小坑，并用小沟渠将小坑连接起来，以便泄水。冲孔时，先将冲管吊起并插在井点坑位内，然后开动高压水泵将土冲松，冲管边冲边沉。冲孔时应使孔洞保护垂直，上下孔径一致。冲孔直径一般为300mm，以保证管壁有一定厚度的砂滤层；冲孔深度一般比滤管底深0.5m左右。

井孔冲成后，拔出冲管，立即插入井点管，并在井点管与孔壁之间填灌砂滤层。砂滤层所用的砂一般为粗砂，滤层厚度一般为60～100mm，充填高度至少要达到滤管顶以上1～1.5m，也可填到原地下水位线，以保证水流畅通。

套管法是用直径150～200mm的套管，用水法或振动水冲法沉至要求深度后，先在孔底填一层砂砾，然后将井点管居中插入，在套管与井点管之间分层填入粗砂，并逐步拔出套管。

每根井点管沉设后应检验渗透水性能。井点管与孔壁之间填砂滤料时，管口应有泥浆水冒出，或向管内灌水时，能很快下渗方为合格。

井点管沉没完毕，即可接通总管和抽水设备，然后进行试抽。要全面检查管路接头的质量，井点出水状况和抽水机械运转情况等，如发现漏气和死井，要及时处理，检查合格后，井点孔口到地面下0.5～1m的深度范围内应用黏土填塞，以防漏气。

轻型井点使用时，一般应连续抽水。时抽时停，滤网会堵塞，也易出泥砂或出水混浊，可能引发附近建筑物地面沉降。抽水过程中应调节离心泵的出水阀，控制出水量，使抽水保持均匀。降水过程中应按时观测流量、真空度和井内的水位变化，并做好记录。

采用轻型井点降水时，应对附近原有建筑进行沉降观测，必要时应采取防护措施。

地下构筑物竣工并进行回填后，方可拆除井点系统。拔出施工可用倒链，杠杆式起重机等，孔洞可用砂或土填塞，对地基有特殊要求时，要按有关规定填塞。

对于多级轻型井点拆除时应注意先从底层开始，向上依次进行，在下层井点拆除的过程中，上部各层井点要继续工作。

（2）喷射井点

当基坑开挖较深，降水深度要求大于 6m 时，采用一般轻型井点不能满足要求，必须使用多级井点才能达到预期效果，但这样需增加机具设备数量和基坑开挖面积，土方量加大，工期拖长，也不经济。此时，宜采用喷射井点降水，降水深度可达 8～20m。在渗透系数为 3～50m/d 的砂土应用此法最为有效。在渗透系数为 0.1～3m/d 的粉砂、淤泥质土中效果也较显著。

① 喷射井点设备和布置

喷射井点根据其工作使用的液体或气体的不同，分为喷水井点和喷气井点两种。两种井点工作流程虽然不同，其工作原理是相同的。

喷射井点设备由喷射井管、高压水泵及进水排水管路组成，如图 3-74（a）所示。喷射井管有内管和外管，在内管下端设有扬水器与滤管相连，如图 3-74（b）所示。高压水（0.7～0.8MPa）经外管与内管之间的环形空间，并经扬水器侧孔流

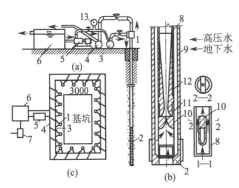

图 3-74　喷射井点设备布置
1—喷射井管；2—滤管；3—进水总管；
4—排水总管；5—高压水泵；6—集水池；
7—水泵；8—内管；9—外管；10—喷嘴；
11—混合室；12—扩散管；13—压力表

向喷嘴。由喷嘴处截面突然缩小，压力水经喷嘴以很高的流速喷入混合室，使该室压力下降，造成一定真空度。此时，地下水被吸入混和室与高压水汇合，流经扩散管。由于截面扩大，水流速度相应减小，使水的压力逐渐升高，沿内管上升经排水总管排出。

喷射井点的型号以井点外管直径表示，一般有 2.5 型、4 型和 6 型三种，即其外管直径分别为 62.5mm、100mm、150mm，以适应不同排水量要求。

高压水泵宜采用流量为 50～80m³/h 的多级高压水泵，每套能带动 20～30 根井管。喷射井点的平面布置，当基坑宽小于 10m 时，井点可作单排布置；当大于 10m 时，可作双排布置；当基坑面积较大时，宜采用环形布置，如图 3-74（c）所示。井点间距一般采用 2～3m。

② 喷射井点的施工和使用

喷射井点施工顺序是：安装水泵设备及泵的进出水管路；敷设进水总管和回水总管；沉设井点管并灌填砂滤料，接进水总管后及时进行单根井点试抽，检验；全部井点管沉设完毕后，接通回水总管，全面试抽，检查整个降水系统的运转状况及降水效果；然后让工作水循环进行正式工作。

为防止喷射器磨损，宜采用套管冲枪成孔，加水及压缩空气排泥。当套管内含泥量小于5% 时才下井点管并灌砂，然后再将套管拔起。冲孔直径为 400～600mm，深度应比滤管底深 1m 以上。

进水、回水总管同每根井点管的连接管均需安装阀门，以便调节使用和防止不抽水时发

生回水倒灌。井点管路接头应安装严密。

开泵初期，压力要小些（小于 0.3MPa），以后再逐渐正常。抽水时如发现井点管周围有泛砂冒水现象，应立即关闭井点管进行检修。工作水应保持清洁，试抽两天应更换清水，以减轻工作水对喷嘴及水泵叶轮的磨损。

③ 喷射井点计算

喷射井点的涌水量计算及井点管数量与间距、制水设备的确定等均与轻型井点计算相同。高压水泵的工作水流量

$$Q_1 = n \times \frac{q}{a} \tag{3-57}$$

式中，Q_1 为高压水泵的工作流水量，m^3/h；n 为喷射井点管根数；q 为单根井点的排水量，m^3/h；a 为排水流量与工作水流量之比值，按表 3-25 选用。

$$P_1 = \frac{H}{\beta} \tag{3-58}$$

式中，P_1 为高压水泵的工作压力（水柱高），m；H 为喷射井点所需的扬程（即水箱至井点管底部的总高度的水柱高），m；β 为扬程与工作水压力之比值，按表 3-25 选用。

表 3-25　排水量与工作水流量之比值

系数 土的渗透系数/(m·d^{-1})	α	β
$k < 1$	0.8	0.225
$k \leqslant 50$	1.0	0.25
$k > 50$	1.2	0.30

根据工作水流量和压力，可以选择高压泵。

(3) 管井井点

管井井点是沿基坑周围每隔一定距离（20～50m）设置一个管井，每个管井单独用一台水泵不断抽水来降低地下水位。在土的渗透系数 $k \geqslant 20m/d$，地下水量大的土层中，宜采用管井井点。

管井井点由管井、吸水管及水泵组成，如图 3-75 所示。

管井可用钢管和混凝土管。钢管管井采用直径为 200～250mm 钢管，其过滤部分采用钢筋焊接骨架外缠镀锌铁丝并包滤网，长度 2～3m，如图 3-75(a) 所示。混凝土管管井，内径 400mm，分实壁管与过滤管两部分，过滤管的孔隙率为 20%～25%，如图 3-75(b) 所示。吸水管采用直径为 50～100mm 的钢管或胶管，其下端应沉入管井抽吸水的最低水位以下。为启动水泵和防止在水泵运转中突然停泵时发生水倒流，在吸水管底部应装逆止阀。管井井点采用离心式水泵或潜水泵抽水。管井的间距一般为 20～50m，管井的深度为 8～15m。井内水位降低可达 6～10m，两井中间则为 3～5m。管井井点计算，可参照轻型井点进行。

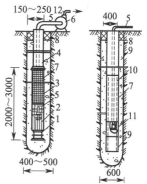

(a) 钢管管井　(b) 混凝土管管井

图 3-75　管井井管

1—沉砂管；2—钢筋焊接骨架；
3—滤网；4—管身；5—吸水管；
6—离心泵；7—小砾石过滤层；
8—黏土封口；9—混凝土石壁管；
10—混凝土过滤管；
11—潜水泵；12—出水管

滤水井管的埋设，可采用泥浆护壁钻孔法成孔。孔径应比井管直径大 200mm 以上。井

管下沉前要进行清孔，并保持滤网的畅通。井管与土壁之间用粗砂或小砾石填灌作过滤层。

管井使用完毕，进行拔管作业，用钢丝绳导链将管口套紧慢慢拔出，洗净后供再次使用，所留孔洞用砾砂回填夯实。

此外，如要求的降水深度较大，在管井井点内采用一般的离心泵和潜水泵已不能满足要求时，可改用深井泵，即采用深井井点降水来解决。此法是依靠水泵的扬程把深处的地下水抽到地面上来。它适用于土的渗透系数为 $10\sim80\text{m/d}$，降水深度大于 15m 的情况。

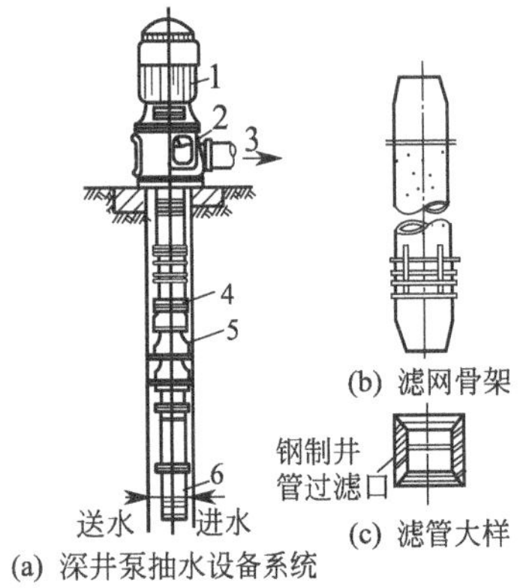

（4）深井井点

深井井点适用于涌水量大，降水较深的砂类土质，降水深度可达 50m。深井井点系统（见图 3-76）总涌水量可按无压完整井环形井点系统公式计算。一般沿基坑周围，每隔 15～30m 设一个深井井点。

深井井点的施工工序：施工准备→钻机就位并钻孔→安装井点管、滤管→回填滤料→洗井→安装泵体和电机→抽水试验→正常工作。

（5）电渗井点

对于渗透系数很小的土（$k<0.1\text{m/d}$）采用轻型井点、喷射井点进行基坑降水效果很差，宜采用电渗井点降水。

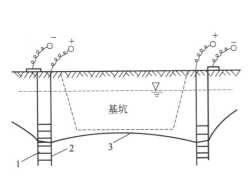

图 3-76 深井井点
1—电机；2—泵座；3—出水管；
4—井管；5—泵体；6—滤管

电渗井点是以原有的井点管作阴极，用直径 25mm 的钢筋或其他金属材料作阳极，通以直流电，以加速地下水向井点管的渗流，如图 3-77 所示。阴阳极的数量宜相等，必要时阳极数量可多于阴极数量。阳极垂直埋设在井点管的内侧，埋设深度一般较井点深约 500mm，露出地面 200～400mm。阴、阳两极应保持一定距离，严禁相碰。采用轻型井点时，阴阳极间距 0.8～1.0m；采用喷射井点时，为 1.2～1.5m。工作电压不宜大于 60V，土中通电时的电流密度宜为 $0.5\sim1.0\text{A/m}^2$。

电渗井点设计同轻型井点或喷射井点。

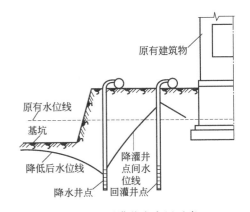

图 3-77 电渗井点布置
1—井点管；2—金属棒；3—地下水降落曲线

图 3-78 回灌井点布置示意

3.2.3.4 井点降水对周围建（构）筑物影响及预防措施

井点降水时，由于地下水流失、造成地下水位下降，地基自重应力增加，土层被压缩，土颗粒随水流流失，将引起周围地面沉降。由于土层的不均匀性和形成的水位降低漏斗曲线，地面沉降多为不均匀沉降，导致周围的建（构）筑物基础下沉、房屋开裂，管道拉裂，因此，井点降水时，必须采取相应措施。

① 回灌井点法　回灌井点是在降水井点与需要保护的原建筑物间设置的一排井点。在降水的同时，回灌井点向土层内灌入适量的水，使原建筑物下保持原有的地下水位，防止或减小由于井点降水导致原建筑物的沉降或沉降程度。其布置如图 3-78 所示。

回灌井点是防止井点降水损害周围建筑物的一种经济、简便、有效的方法，它能将井点降水对周围建筑物的影响减小到最低程度。为确保基坑施工的安全和回灌的效果，回灌井点和降水井点之间应保持一定的距离，一般不宜小于 6m，降水与回灌应同步进行。回灌井点两侧应设置水位观测井，监测水位变化，调节控制降水井点和回灌井点的运行以及回灌水量。

② 设置止水帷幕法　在降水井点区域与原建筑之间设置一道止水帷幕，使基坑外地下水的渗流路线延长，从而使原建筑物的地下水位基本保持不变。止水帷幕可结合挡土支护结构设置，也可单独设置。常用的止水帷幕的做法有深层搅拌法、压密注浆法、冻结法等。

③ 减缓降水速度法　减缓井点的降水速度，可防止土颗粒随水流流出。具体措施包括加长井点，调小离心泵阀，根据土的颗粒粒径改换滤网，加大砂滤层厚度等。

3.2.4　土方的回填与压实

沟槽（基坑）的回填要在管道验收或构筑物达到足够强度后再进行。回填工作尽量及早开始，以避免槽（坑）壁坍塌，保护管道的准确位置。

埋设在沟槽内的管道，承受管道上方土压力及两侧土体的侧压力和地面上的动荷载，因此，提高管道两侧和管顶的回填土密实度可以大大减少管顶和两侧的土压力。

3.2.4.1　土料的选择与压实

为了保证填土工程的质量，必须正确选择土料和填筑方法。

碎石类土、砂土（使用细、粉砂时应取得设计单位同意）和爆破石碴，可用作表层以下的填料；含水量符合压实要求的黏性土，可用作各层填料；碎块草皮和有机质含量大于 8% 的土，仅用于无压实要求的填方；淤泥和淤泥质土一般不能用作填料，但在软土或沼泽地区，经过处理含水量符合压实要求后，可用于填方中的次要部位。

填方应尽量采用同类土填筑。如采用两种透水性不同的填料分层填筑时，上层宜填筑透水性较小的填料，下层宜填筑透水性较大的填料，不得将各种土任意混杂使用。

填方施工应接近水平地分层填土，分层压实。每层的厚度根据土的种类及选用的压实机械而定。应分层检验填土压实质量，符合设计要求后，才能填筑上层土。

3.2.4.2　填土压实的方法

沟槽（基坑）等较小面积的填土压实工程宜采用夯实法和振动压实法。

夯实法是利用夯锤自由下落的冲击力来夯实土壤。夯实法分人工夯实和机械夯实两种。人工夯实所用的工具有木夯、石夯等；常用的夯实机械有蛙式打夯机（图 3-79）、内燃夯土机（图 3-80）和履带式打夯机（图 3-81）。夯实机械具有体积小、质量轻、对土质适应性强等特点，在工程量小或作业面受到限制的条件下尤为适用。

沟槽回填，应在管座混凝土强度达到 5MPa 后进行。回填时，两侧胸腔应同时分层还土摊平，夯实也应同时以同一速度前进。管子上方土的回填，从纵断面上看，在厚土层与薄土层之间，已夯实土与未夯实土之间，均应有一较长的过渡地段，以免管子受压不匀发生开裂。相邻两层回填土的分段位置应错开。

胸腔和管顶上 50cm 之内范围夯实时，夯击力过大，将会使管子壁或管沟壁开裂。因此，应根据管子和管沟的强度确定回填方法。管顶以上 100～150cm 回填土方可使用碾压机

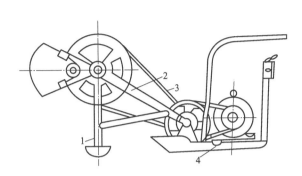

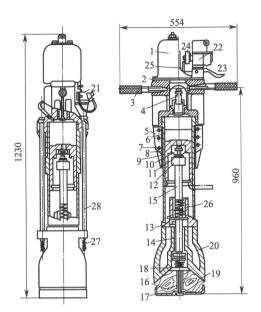

图 3-79　蛙式打夯机

1—夯头；2—夯架；

3—三角胶带；4—底盘

图 3-80　HN-80 型内燃式夯土机

外形尺寸和构造示意

1—油箱；2—汽缸盖；3—手柄；4—汽门导杆；

5—散热片；6—汽缸套；7—活塞；8—阀片；

9—上阀门；10—下阀门；11—锁片；12,13—卡圈；

14—夯锤衬套；15—连杆；16—夯底座；17—夯板；

18—夯上座；19—夯足；20—夯锤；21—汽化器；

22—磁电机；23—操纵手柄；24—转盘；25—拉杆；

26—内部弹簧；27—拉杆弹簧；28—拉杆

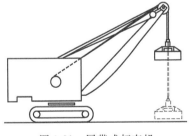

图 3-81　履带式打夯机

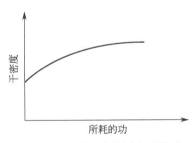

图 3-82　土的密度与压实功关系

械压实。基坑回填时，也应使构筑物两侧回填高度一致，并同时夯实。

3.2.4.3　影响填土压实质量的因素

(1) 压实功的影响

填土压实后的密度与压实机械对填土所施加的功二者之间的关系如图 3-82 所示。从图中可能看出二者并不成正比关系，当土的含水量一定，在开始压实时，土的密度急剧增加，待到接近土的最大密度时，压实功虽然增加许多，而土的密度却没有明显变化。因此在实际施工中，在压实机械和铺土厚度一定的条件下，辗压一定遍数即可，过多增加压实遍数对提高土的密度作用不大。另外，对松土一开始就用重型碾压机械碾压，土层会出现强烈起伏现象，压实效果不好。应该先用轻碾压实，再用重碾辗压，这样才能取得较好的压实效果。为使土层辗压变形充分，压实机械行驶速度不宜太快。

（2）含水量的影响

土的含水量对填土压实质量有很大影响。较干燥的土，由于土颗粒之间的摩阻较大，填土不易被压实；而土中含水量较大，超过一定限度时，土颗粒之间的孔隙全部被水填充而呈饱和状态，土也不能被压实。只有当土具有适当的含水量，土颗粒之间摩阻力由于水的润滑作用而减小，土才容易被压实，如图3-83所示。在压实机械和压实遍数相同的条件下，使填土压实获得最大密实度时的土含水量，称为土的最优含水量。土料的最优含水量和相应的最大干密度可由击实试验确定，表3-26所列数值可供参考。

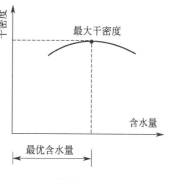

图 3-83 土的干密度与含水量关系

表 3-26 土的最优含水量和最大干密度参考表

项次	土的种类	变动范围		项次	土的种类	变动范围	
		最优含水量 /%	最大干密度 /(g/cm³)			最优含水量 /%	最大干密度 /(g/cm³)
1	砂土	8～12	1.80～1.88	3	粉质黏土	12～15	1.85～1.95
2	黏土	19～23	1.58～1.70	4	粉土	16～22	1.61～1.80

为了保证填土压实过程中具有最优含水量，土含水量偏高时，可采取翻松、晾晒、均匀掺入干土（或吸水性填料）等措施，如含水量偏低，可采用预先洒水润湿、增加压实遍数或使用功能压实机械等措施。有时在市区繁华地段，交通要道处回填，或为保证附近建筑物安全，可将道路结构以下部分用砂石、矿渣等换土回填。

压实机械的压实作用，随土层的深度增加而逐渐减小。在压实过程中，土的密实度也是表层大，而随深度加深逐渐减小，超过一定深度后，虽经反复碾压，土的密度仍与未压实前一样。各种压实机械的压实影响深度与土的性质、含水量有关。所以，填方每层铺土厚度应根据土质、压实的密实度要求和压实机械性能确定。

3.2.4.4 填土压实的质量评定

填土压实后要达到一定密度要求。填土的密度要求和质量指标通常以压实系数 λ_c 表示。压实系数是土的施工控制干密度和土的最大干密度的比值。压实系数一般由设计根据工程结构性质，使用要求以及土的性质确定。

黏性土或排水不良的砂土的最大干密度宜采用击实试验确定。当无试验资料时，可按下式计算

$$\rho_{dmax} = \eta \frac{\rho_w d_s}{1 + 0.01 w_{op} d_s} \tag{3-59}$$

式中，ρ_{dmax} 为压实填土的最大干密度；η 为经验系数，黏土取 0.95，粉质黏土取 0.96，粉质取 0.97；ρ_w 为水的密度；d_s 为土粒相对密度（比重）；w_{op} 为最优含水量，%，可按当地经验或取 $w_p + 2$，粉土取 14～18；w_p 为土的塑限。

施工前，应求出现场各种填料的最大干密度，然后乘以设计的压实系数，求得施工控制干密度，作为检查施工质量的依据。

填土压实后的实际干密度，应有 90% 以上符合设计要求，其余 10% 的最低值与设计值的差，不得大于 0.8g/cm³，且应分散，不得集中。

检查压实后土的实际干密度，可采用环刀法取样，其取样组数为：基坑回填每 20～50m³ 取样一组（每个填坑不少于一组）；基槽或管沟回填每层按长度 20～50m 取样一组；

室内填土每层按100～500m²取样一组；场地平整填方每层按400～900m²取样一组。取样部位应在每层压实后的下半部。试样取出后，先称量出土的湿密度并测定其含水量，然后用下式计算土的实际干密度，即

$$\rho_0 = \frac{\rho}{1+0.01w} \ (\text{g/cm}^2) \tag{3-60}$$

式中，ρ 为土的湿度，g/cm³；w 为土的含水量，%。

如果上式算得的土的实际干密度 $\rho_0 \geqslant \rho_d$，则压实不够，应采取相应措施，提高压实质量。

回填应使槽土上面略呈拱形，以免日久因土沉陷而造成地面下凹。拱高，亦称余填高，一般为槽宽的1/20，常取15cm。

3.2.5 土石方爆破

土石方工程的场地平整、清除施工现场的障碍物、开掘冻土等施工中常采用爆破方法，爆破技术对基坑（槽）挖掘、管沟开凿、地下和水下工程、坚硬土层或岩石等的破除往往非常有效。关于爆破方法、机理、爆破材料的用量和计算、不同工程的爆破施工及安全措施等，需要时可查有关手册。

3.3 地 基 处 理

在实际工程中，往往会遇到一些软弱土层，如淤泥、淤泥质土和部分冲填土、杂填土及其他高压缩性土，这些土大都含水量较高，孔隙比较大，抗剪强度低，压缩性高，渗透性小，若不注意避免扰动土的结构，就会加剧土体的变形，降低地基土的强度，影响地基处理效果。为此，在软土地基上建造建筑物，则要求对软土地基进行处理。地基处理的目的主要是：降低软土的含水量，提高土的抗剪强度；降低软土的压缩性，减少基础的沉降及不均匀沉降；提高软土的渗透性，使基础的沉降短时间内趋于稳定；改善软土的结构，提高其抗液化能力。

近年来，由于建筑业的发展，工程实践的要求推动了软弱土地基处理技术的迅速发展，地基处理的途径越来越多，思路也日新月异，老方法得以完善，新办法不断出现。根据地基处理方法的基本原理，基本上分为如表3-27中所列的几类。

表3-27 软弱土地基处理方法分类表

编号	分类	处理方法	原理及作用	适用范围
1	碾压及夯实	重锤夯实 机械碾压 振动夯实 强夯（动力固结）	利用压实原理，通过机械碾压工夯击压实土的表层；强夯则利用强大的夯击，迫使深层土液化和动力固结而密实，提高土的强度，减小地基部分沉降量，消除或部分消除黄土的湿陷性，改善土的抗液化性能	适用于砂土，含水量不高的黏性土及填土地基；强夯法应注意对附近（30m以内）建筑物的影响
2	换土垫层	素土垫层 砂石垫层 灰土垫层 矿渣垫层	以砂土、素土、灰土及矿渣等强度较高的材料置换地基表层软土，提高持力层的承载力、扩散应力，减小沉降量	适用于处理浅层软弱土地基、湿陷性黄土、膨胀土、季节性冻土地基
3	排水固结	堆载预压法 砂井预压法 井点降水预压法	通过预压，在地基中增设竖向排水体，加速地基的固结和增长，提高地基的稳定性，加速地基沉降发展，使基础沉降提前完成	适用于处理饱和软弱土层，对于渗透性极低的泥炭土要慎重对待

编号	分类	处理方法	原理及作用	适用范围
4	振动挤密	振动挤密 灰土挤密 砂桩、石灰桩 爆破挤密	通过振动或挤密,使土体的孔隙减少,强度提高;必要时,在振动挤密的过程中,回填砂石、灰土、素土等,与地基组成复合地基,从而提高地基的承载力,减少沉降量	适用于处理松砂、粉土、杂填土及湿陷性黄土
5	置换和拌入	振冲置换 深层搅拌 高压喷射注浆 石灰桩等	采用专门的技术措施,以砂、碎石等置换软土地基中的部分软土,或在部分软弱土地基中掺入水泥、石灰、砂浆等形成加固体,与未处理部分土组成复合地基,提高地基的承载力,减少沉降量	适用于处理砂土、冲填土、湿陷性黄土等地基,特别适用于已建成的工程地基的处理
6	加筋	土工聚合物加筋 锚固、树根桩、加筋土	在地基或土体中埋设强度较大的土工聚合物、钢片等加筋材料,使地基或土体能承受抗拉力,防止断裂,保持其整体性提高刚度,改善地基变形特性,提高地基承载力	软弱土地基、填土及陡坡填土、砂土

　　表中地基处理方法都有各自的特点和作用机理,没有一种方法是万能的,要根据工程地质条件、工程对基地的要求、施工机具、材料来源以及周边环境影响等因素综合考虑,通过几种可供选择的地基处理方案进行比较,选择一种技术可靠、经济合理、施工可行的方案,有时要多种地基处理方法综合运用。当然仍有一些方法未纳入表中,工程实践中涌现出的新方法不能一一阐述,本节只介绍几种常用的地基处理方法和作用机理。

3.3.1 换土垫层法

　　当建筑物基础下的持力层比较软弱,不能满足上部荷载对地基的要求时,常采用换土垫层来处理软弱土地基,即将基础下一定范围内的土层挖去,然后回填强度较大的砂、碎石或灰土等,并夯实至密实。实践证明:换土垫层可以有效地处理某些荷载不大的建筑物地基问题,如一般的三四层房屋、路堤、油罐和水闸等的地基。换土垫层按其回填的材料分为砂垫层、碎石垫层、素土垫层、灰土垫层等。本节仅以砂垫层为例讨论换土垫层的作用和原理。

3.3.1.1 砂垫层

(1) 砂垫层的主要作用

　　① 提高浅基础下地基的承载力　一般来说,地基中的剪切破坏是从基础底面开始的,并随着应力的增大逐渐向纵深发展。因此,若以强度较大的砂代替可能产生剪切破坏的软弱土,就可以避免地基的破坏。

　　② 减少沉降量　一般情况下,基础下浅层地基的沉降量在总沉降量中所占的比例是比较大的。以条形基础为例,在相当于基础宽度的深度范围内沉降量约占总沉降量的50%,同时由侧向变形而引起的沉降,理论上也是浅层部分占的比例较大,若以密实的砂代替了浅层软弱土,那么就可以减少大部分的沉降量。由于砂垫层对应力的扩散作用,作用在下卧土层上的压力较小,这样也会减少下卧土层的沉降量。

　　③ 加速软弱土层的排水固结　建筑物的不透水基础直接与软弱土层接触时,在荷载的作用下,软弱土地基中的水被迫绕地基两侧排出,因而使地基底下的软弱土不易固结,形成较大的孔隙水压力,还可能导致由于地基土强度降低而产生塑性破坏的危险。砂垫层提供了基底下的排水面,不但可以使基础下面的孔隙水压力迅速消散,避免地基土的塑性破坏,还可以加速砂垫层下软弱土层的固结及其强度的提高。但是固结的效果只限于表层,深部的影响就不显著了。在各类工程中,砂垫层的作用是不同的,房屋建筑物基础下的砂垫层主要起置换作用,对路堤和土坝等,则主要是利用其排水固结作用。

（2）砂垫层（或碎石垫层）的施工特点

① 砂垫层的砂料必须具有良好的压实性，以中、粗砂为好，也可使用碎石。细砂虽然也可以作垫层，但不易压实，且强度不高。垫层用料虽然要求不高，但不均匀系数不能小于5，有机质含量、含泥量和水稳定性不良的物质不宜超过3%，且不希望掺有大石块。

② 砂垫层施工的关键是如何将砂加密至设计要求。加密的方法常用的有加水振、水撼法、碾压法等。这些方法都要求控制一定的含水量，分层铺砂，逐层振密或压实。含水量太低或饱和砂都不易密实。以湿润到接近饱和状态为好，见表3-28。

③ 开挖基坑铺设砂垫层时，必须避免扰动软土层的表面和破坏坑底土的结构。因此基坑开挖后，应立即回填，不能暴露过久或浸水，更不得任意践踏坑底。

④ 当采用碎石垫层时，为了避免碎石挤入土中，应在坑底先铺一层砂，然后再铺碎石垫层。

⑤ 垫层的种类很多，除了砂和碎石垫层外，还有素土和灰土垫层等，近年来又发展了类似垫层的土工聚合物加筋垫层。

表 3-28　砂和砂石垫层的施工方法及每层铺筑厚度、最佳含水量

项次	捣实方法	每层铺筑厚度/mm	施工时的最佳含水量/%	施工说明	备注
1	平振法	200～250	15～20	用平板振捣器往复振捣(宜用功率较大者)	不宜使用于细砂或含泥量较大的砂
2	插振法	振捣器插入深度	饱和	①用插入式振捣器 ②插入间距可根据机械振幅大小决定 ③不应插至下卧黏性土层 ④插入振捣完毕后，所留的孔隙，应和砂填实	不宜使用于细砂或含泥量较大的砂
3	水撼法	250	饱和	①注水高度应超过每次铺筑面层 ②用钢叉摇撼捣实，插入点间距100mm ③钢叉分4齿，齿的间距8cm 长300mm，木柄长900mm	湿陷性黄土、膨胀土地区不得使用
4	夯实法	150～200	8～12	①用木夯或机械夯 ②木夯重量40 kg，落距0.4～0.5m ③一夯压半夯，全面夯实	
5	碾压法	250～350	8～12	质量6～10t压路机往复碾压	①适用于大面积砂垫层 ②不宜用于地下水位以下的砂垫层

3.3.1.2　灰土垫层

素土或灰土垫层适用于处理湿陷性黄土，可消除1～3m厚黄土的湿陷性。而砂垫层不宜处理湿陷性黄土地基，因为砂垫层较大的透水性反而容易引起黄土的湿陷。

灰土的土料宜采用就地的基槽中挖出的土，不得含有有机杂质，使用前应过筛，粒径不得大于15mm。用作灰土的熟石灰应在使用前一天浇水将生石灰粉化并过筛，粒径不得大于5mm，不得夹于未熟化的生石灰块。灰土的配合比宜采用3:7或2:8。

灰土垫层质量控制其压实系数不小于0.93～0.95。

3.3.2　排水固结法

3.3.2.1　排水固结法的原理

排水固结法就是利用地基排水固结规律，采用各种排水技术措施处理饱和软弱土的一种

方法，如图 3-84 和图 3-85 所示。从压缩曲线中可以看到，当试样的天然压力为 σ_0 时，对应的孔隙比为 e_0，如图中的 a 点；当压力增加 $\Delta\sigma$ 至固结 σ_1 完成时，孔隙比变化至 c 点，孔隙比减少了；与此同时，在抗剪强度与固结压力的变化曲线中，抗剪强度随固结压力的增大也由 a 点提高至 c 点，增长了 ΔT_f。如果从 c 点卸除压力，则土样产生膨胀，曲线由 c 返回到 f 点，然后又从 f 点再加压力至完全固结，土样再压缩沿虚线至 c' 点，相应的强度也从 f 点增大至 c' 点。

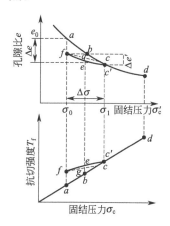

图 3-84　排水固结增大地基土密度的原理

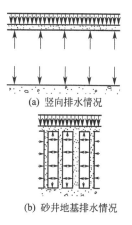

(a) 竖向排水情况

(b) 砂井地基排水情况

图 3-85　排水法原理

由此可见，地基受压固结时，孔隙比减少，土体被压缩，抗剪强度相应提高；卸荷再压缩时，固结压力同样增加 $\Delta\sigma$，而孔隙比仅减少 Δe，由此引起的地基沉降远小于初次固结引起的沉降，因为土体已变为超固结状态的压缩。排水固结法就是利用这一变化规律来处理软弱土地基。

排水固结法的应用条件，除了必备的施工机械和材料外，必须要有预压荷载、预压时间、适用的土类条件，其中预压荷载是关键问题，对于工程中因无条件施加预压荷载而不宜采用砂井处理的地基，可以采用真空预压法、降水预压法、电渗排水法等方法。

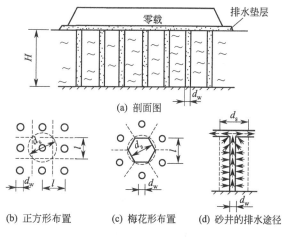

(a) 剖面图

(b) 正方形布置　(c) 梅花形布置　(d) 砂井的排水途径

图 3-86　砂井布置

3.3.2.2　砂井堆载预压法

土中孔隙水的排出与渗透距离有关，当软土层很厚时，单纯依靠堆载预压排水需要很长时间，若在土体中设置砂井，再加上堆载就可以加快排水，这种方法称为砂井堆载预压法。一般砂井的平面布置有梅花形（正三角形）和正方形两种，如图 3-86 所示。正方形布置时，每根砂井的影响范围为一正方形，而梅花形布置时，则为一正六边形。

(1) 砂井的类型

① 普通砂井　用沉管法或高压射水法施打的孔口，后灌砂形成的。它的直径大于 300mm。

② 袋装砂井　用土工编织布织成的袋，内装中、粗砂的长条形砂袋，然后打入地基中形成的砂井，直径 $D=70\sim100$mm。

③ 塑料排水带　由塑料制成的通水芯片外包土工无纺透水滤膜制成。其截面尺寸一般为 100mm×4mm 或 100mm×4.5mm，长为 100~300m。

这三种砂井，普通砂井井径较大，排水性能良好，但施工速度慢，工程量大，质量难以保证；袋装砂井井径较小，施工简便，价格低廉，质量又易于保证，但其长度较大，为避免降低其排水固结作用，必须采用透水性好的中、粗砂为井料；排水带是近年来发展起来的一种土工复合排水材料，透水性好，排通性能良好，质轻价廉，施工简便，质量也易于保证，工程中可以随着砂井长度的增大而选择较大排通量的排水带，减小井阻对固结的影响。因此，在工程实践中，要根据软弱土层的厚度、透水性、施工条件、工程造价及对固结时间和效果的要求而选择砂井类型。排水带的性能优于其他两种材料，但也要比较材料的来源和造价等因素而后决定。

(2) 砂井的间距

砂井类型确定后，其直径也基本确定了，因此需要认真选定的砂井尺寸是砂井的长度（深度）和间距。

根据砂井固结理论，砂井的间距越小，井径越大，其固结效果越好。优选砂井井径与间距应遵循细而密的原则，因为相对而言，缩短间距比增大井径的固结效果好，当然不是越细越密固结效果越好，太细太密就无法保证砂井质量。

工程中，普通砂井井径比 $n=6~9$，袋装砂井 $n=15~25$，效果都比较好。砂井打入深度如果软土层不厚（10~15m），砂井应贯穿软土层，如果软土层很厚，要根据建筑受压层深度确定。

(3) 砂井施工

砂井施工都有专用的施工机械，普通砂井常采用打入式的打桩机或用射水砂井机施打；袋装砂井和排水带分别用袋装砂井机和插析机施工。施工的关键问题是控制砂井材料质量，常用的加载材料是中、粗砂，不宜用细砂或掺细砂，含泥量小于 3%，渗透系数 $k>10^{-2}$ cm/s；袋装砂井除了对砂料的要求外，外包织物袋必须要有足够的强度，透水性及防淤堵性；排水带必须保证足够的竖向通水量及良好的防淤堵性。

为了更好地提高排水固结的质量，对于无条件施加预荷载的地基，工程中采用了真空预压法（图 3-87）。

3.3.3 挤密法和振冲法

众所周知，在砂土中，通过机械振动挤压或加水振动可以使土密实。挤密法和振冲法就是利用这个原理发展起来的两种地基加固方法。

3.3.3.1 挤密法

挤密法是以振动或冲击的方法成孔，然后在孔中填入砂、石、土、石灰、灰土或其他材料，并加以捣实成为桩体，按其填入的材料分别称为砂桩、砂石桩、石灰桩、灰土桩等。挤密法一般采用打桩机或振动打桩机施工的，如图 3-88 所示，也有用爆破成孔的。挤密桩的加固机理主要靠桩管打入地基中，对土产生横向挤密作用，在一定挤密功能作用下，土粒彼此移动，小颗粒填入大颗粒的空隙，颗粒间彼此靠近，空隙减少，使土密实，地基土的强度也随之增强。所以挤密法主要是使松软土地基挤密，改善土的强度和变形特性。由于桩体本身具有较大的强度和变形模量，桩的断面也较大，故桩体与土组成复合地基，共同承担建筑物荷载。

必须指出，挤密砂桩与排水砂井都是以砂为填料的桩体，但两者的作用是不同的。砂桩的作用主要是挤密，故桩径较大，桩距较小；而砂井的作用主要是排水固结，故井径小而间距大。

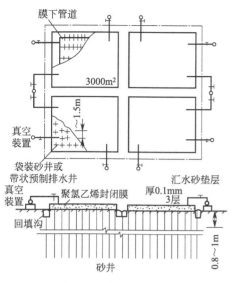

图 3-87 真空预压加固
软土地基的布置

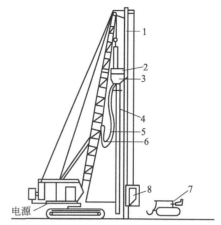

图 3-88 砂桩施工的机械设备
1—导架；2—振动机；3—砂漏斗；
4—工具管；5—电缆；6—压缩空气管；
7—装载机；8—提砂斗

挤密桩主要应用于处理松软砂类土、素填土、杂填土等，将土挤密或消除湿陷性，其效果是显著的。

3.3.3.2 振冲法

振冲法是利用一个振冲器，如图 3-89 所示，在高压水流的帮助下边振动边冲，使松砂地基变密，或在黏性土地基中成孔，在孔中填入碎石制成一根根的桩体，这样的桩体和原来的土构成比原来抗剪强度高和压缩性小的复合地基。振冲器为圆筒形，筒内由一组偏心铁块、潜水电机和通水管三部分组成。潜水电机带动偏心铁块使振冲器产生高频振动，通水管接通高压水流从喷水口喷出，形成振动水冲作用。

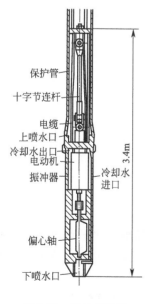

图 3-89 振冲器构造

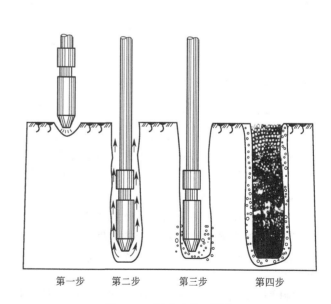

图 3-90 振冲法施工顺序

振冲法的工作过程是用吊车或卷扬机把振冲器就位后，如图 3-90 中第一步骤；打开喷水口，开动振冲器，在振冲作用下使振冲器沉到需要加固的深度，如图 3-90 中第二步骤；然后边往孔内回填碎石，边喷水振动，使碎石密实，逐渐上提，振密全孔；孔内的填料愈密，振动消耗的电量愈大，通常通过观察电流的变化，控制振密的质量，这样就使孔周围一定范围内土密实，如图 3-90 中第三步骤。

一般把振冲的影响范围从振冲器壁向外，按加速度的大小划分液化区、过渡区和压密区，压密区外无加固效果。一般来说过渡区和压密区愈大，加固效果愈好。因为液化状态的土不易密实，液化区过大反而降低加密的效果。根据工程实践，砂土加固的效果决定于土的性质（砂土的密度、颗粒的大小、形状、级配、渗透性和上覆压力等）和振冲器的性能（如偏心力、振动频率、振幅和振动历时）。土的平均有效粒 $d_{10} = 0.2 \sim 2mm$ 时加密的效果较好；颗粒较细易产生宽广的液化区，振冲加固的效果较差。所以对于颗粒较粗的砂土地基，需在振冲孔中添加碎石形成碎石桩，才能获得较好的加密效果。颗粒较粗的中、粗砂土可不必加料，也可以得到较好的加密效果。

在砂土中和黏性土中振冲法的加固机理是不同的。在砂土中，振冲器对土施加重复水平振动和侧向挤压作用，使土的结构逐渐破坏，孔隙水压力逐渐增大。由于土的结构破坏，土粒便向低势能位置转移，土体由松变密。当孔隙水压力增大到主应力值时，土体开始液化。所以，振冲对砂土的作用主要是振动密实和振动液化，随后孔隙水消散固结。

在黏性土中，振动不能使黏性土液化；除了部分非饱和土或黏性土含量较少的黏性土在振动挤压作用下可能压密外，对于饱和黏性土，特别是饱和软土，振动挤压不可能使土密实的，甚至扰动了土的结构，引起土中孔隙水压力的升高，降低有效应力，使土的强度降低。所以振冲法在黏性土中的作用主要是振冲制成碎石桩，置换软弱土层，碎石桩与周围土组成复合地基。但在软弱土中形成复合地基是有条件的，即在振冲器制成碎石的过程中，桩周土必须具有一定的强度，以便抵抗振冲器对土产生的振动挤压力和而后在荷载作用下支撑碎石桩的侧向挤压作用。

工程实践证明，具有一定的抗剪强度（$C_u > 20kPa$）的地基土采用碎石桩处理地基的效果较好。否则，效果不明显，甚至不能采用。所以，采用振冲碎石桩应慎重对待。

总之，振冲法在砂土中主要是振动挤密和振动液化作用，在黏性土中主要是振动置换作用，置换的桩体与土组成复合地基。它主要应用于处理砂土、湿陷性黄土及部分非饱和黏性土，提高这些土的地基承载力和抗液化性能，也应用于处理不排水抗剪强度稍高的（$C_u > 20kPa$）饱和黏性土和粉土，改善这类土的地基承载力和变形特性。

3.3.4 浆液加固

高压喷射注浆法和深层搅拌法是近年发展起来的两种地基处理方法。两者都可以用多种化学浆液注入地基中与地基土拌和，组成加固体，达到加固的目的。由于这些浆液中有些带有毒性，有些价格昂贵，目前工程上主要采用水泥系浆液。

3.3.4.1 高压喷射注浆法

高压喷射注浆法是利用高压喷射化学浆液与土混合固化处理地基的一种方法。它是将带有特殊喷嘴的注浆管，置入预定的深度后，以 20MPa 的高压喷射冲击破坏土体，并使浆液与土混合，经过凝结固化形成加固体。按注浆的形式分为旋喷注浆、定喷注浆和摆喷注浆三种类型。

旋喷注浆法的施工程序如图 3-91 所示。首先用钻机孔至设计处理深度，然后用高压脉冲泵，通过安装在钻杆下端的特殊喷射装置，向四周喷射化学浆液。在喷射化学浆液的同时，钻杆以一定的速度旋转，并逐渐往上提升。高压射流使一定范围内土体结构遭受到破坏并与化学浆液强制混合，胶结硬化后即在地基中形成比较均匀的圆柱体，称为旋喷桩。

高压旋喷桩的主要设备是高压脉冲泵和带有特殊喷嘴的钻头，装在钻头侧面的喷嘴一般是由耐磨的钨合金制成，高压泵输出的浆液通过喷嘴后具有很大的功能，它能破坏周围的结构，喷嘴构造如图3-92所示。目前，由于单一喷嘴的喷射水流破坏土的有效射程较短，又发展了二重管和三重管旋喷法，有效地提高了喷射能力和加固效果。

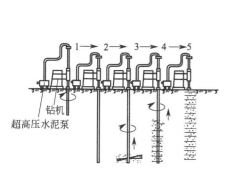

图3-91　旋喷注浆法施工程序
1—开始钻进；2—钻进结束；3—高压旋喷开始；
4—喷嘴边旋转边提升；5—旋喷结束

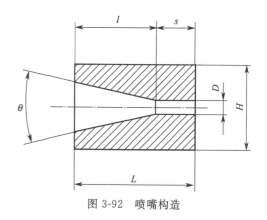

图3-92　喷嘴构造

旋喷桩的浆液有很多种，一般要根据土质条件和工程设计的要求来选择，但也要考虑材料来源、价格和环境污染等因素。

常用的是以水泥浆为主的水泥浆液，在地下水无侵蚀性条件下，一般都采用普通硅酸盐水泥，水灰比为1∶1，这种浆液能形成强度较高、渗透性较小的结石体。当土的透水性较大或地下水流速较大时，为了防止浆液流失，可以掺加速凝剂，如三乙醇胺和氯化钙等。高压喷射注浆法对于已建建筑物地基事故的处理有它的独到之处，对拟建建筑物基础，它的作用与灌注桩类似，强度较差，造价较贵。但逐渐发展起来的化学浆液，使得高压喷射注浆法的应用前景开阔起来。

目前，常用的是水玻璃，其次是聚氨酯、丙烯酰胺类。水玻璃是最古老的化学注浆材料，它价格低廉，渗入性较高且无毒性，但它对地下水有碱性污染，当前出现了酸性、中性水玻璃注浆材料，聚氨酯注浆材料分为水溶性和非水溶性两类，注浆液一般使用非水溶性聚氨酯，它黏度低，耐久性好，遇水生成水凝胶，不污染环境；丙烯酰胺类浆液又称MG-646化学浆液，它以水溶液状态灌入地层，经化学反应生成弹性、不溶于水的聚合体，但它具有一定毒性，对空气和地下水都有污染作用，应用起来要慎重。

3.3.4.2　深层搅拌法

深层搅拌法是利用深层搅拌机，如图3-93所示。将水泥、生石灰等固化剂与土体强制拌和，使软弱土硬结，形成了具有水稳定性和足够强度的水泥（石灰土）桩、墙壁状或格子状的加固体，它们与天然地基组成复合地基。深层搅拌法的工艺流程如3-94所示。

这种机械搅拌把水泥土、生石灰和软土混合形成水泥土的过程是一种物理化学反应过程。按照使用固化剂状态的不同，施工方法分为干法和湿法。把粉状物质（水泥粉、磨细的干生石灰粉）用压缩空气喷嘴与土混合，称为干法，这种方法最适合于含水量较高的饱和软黏土地基；把液状物质（一定水灰比的水泥浆液、水玻璃等）经专用压力泵或注浆设备与土混合，称为湿法。

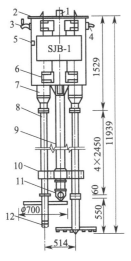

图 3-93　SJB-1 型深层搅拌机

1—输浆管；2—外壳；3—出水口；4—进水口；

5—电动机；6—导向滑块；7—减速器；8—搅拌轴；

9—中心管；10—横向系板；11—球形阀；12—搅拌头

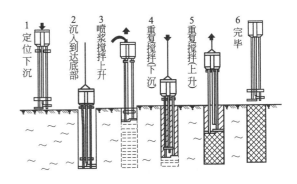

图 3-94　深层搅拌法的

工艺流程

3.3.5　碾压法与夯实法

3.3.5.1　重锤夯实法

重锤夯实法是利用起重机将重锤提到一定高度，然后使其自由落下，重复夯打，把地基表层夯实。这种方法可用于处理非饱和黏性土或杂填土，提高其强度，减少其压缩性和不均匀性，也可用于处理湿陷性黄土，消除其湿陷性。重锤夯实法的主要机具是起重机和重锤。重锤为一截去锥尖的圆锥体，锤重不小于 15kN，锤底的直径为 0.7～1.5m。重锤表层夯实加固地基，如图 3-95 所示。

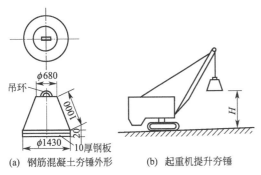

(a) 钢筋混凝土夯锤外形　　(b) 起重机提升夯锤

图 3-95　重锤表层夯实

加固地基（单位：mm）

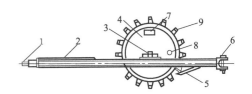

图 3-96　单筒羊足碾构造示意

1—前拉头；2—机架；3—轴承座；4—碾筒；5—铲刀；

6—后拉头；7—装砂口；8—水口；9—羊足头

在施工时，要合理地选择锤重、锤底直径、落距、夯击次数等参数，因为夯实效果与它们紧密相关。一般在施工中一方面控制含水量，若夯实土的含水量发生变化，则可以调节夯实功的大小，使夯实功适应土的实际含水量。夯实功和夯击的次数一般通过现场试验确定。根据实践经验，夯实影响深度约为重锤底直径的一倍；对于地下水位离地表很近或软弱土层埋置很浅的情况，重锤夯实可能产生橡皮土的不良效果，所以要求重锤夯实的影响深度高出地下水位 0.8m 以上，且不宜存在饱和软土层。

3.3.5.2　机械碾压法

机械碾压法是一种采用平碾、羊足碾（图 3-96）、压路机、推土机或其他压实机械压实松软土的方法。这种方法常用于大面积填土的压实和杂填土地基的处理。碾压的效果主要决定于被压实土的含水量和压实机械的压实能量。在实际工程中若要求获得较好的压实效果，应根据碾压机械的压实能量，控制碾压土的含水量，选择适合的分层碾压厚度和次数。关于黏性土的碾压，通常用 80～100kN 的平碾或 120kN 的羊足碾，每层铺土厚度为 200～300mm，碾压 8～12 次。碾压后填土地基的质量常以压实系数 λ_c 和现场含水量控制，压实系数为控制的干密度与最大干密度的比值，在主要受力层范围内一般要求 $\lambda_c > 0.96$。实际工程中，最好由现场碾压试验确定合适的铺土厚度和压实次数。

3.3.5.3　振动夯实法

振动夯实法是一种在地基表面施加振动把浅层松散土振实的方法。振动压实机是这种方法的主要机具，自重为 20kN，振动力为 50～100kN，频率为 1160～1180r/min，振幅为 3.5mm。这种方法主要应用于处理砂土、炉碴、碎石等无黏性土为主的填土。

振动压实的效果主要决定于被压实土的成分和振动的时间，振动的时间越长，效果越好。但超过一定时间后，振动的效果就趋于稳定。所以在施工之前先进行试振，确定振动所需的时间。

3.3.5.4　强夯法

强夯法是通过夯实产生振动波处量地基的方法，它突破了原有的压实原理。这种方法用几十吨（10～40t）的重锤从高处落下，落距一般在 10～40m，反复多次夯击地面，这种强大的力，在地基中产生振动波和动应力，从夯击点传至土层深处，从而使土层得以加固，大大提高了地基承载力，降低了土的压缩性。实践证明，经强夯后的地基承载力可提高 2～5 倍，压缩性降低 200%～500%，影响深度在 10m 以上。

强夯法适用于处理砂土、碎石类土、低饱和黏土、粉土、湿陷性黄土等，因其施工简单、操作速度快、节省材料等优点而在建筑、水池、公路、铁路路基、飞机跑道、码头等工程中被广泛应用。但是，这种方法振动大、噪声高，影响周围建筑物，所以在城市中不宜采用。

4 钢筋混凝土施工

混凝土是一种主要的建筑材料，它在凝结前具有良好的塑性，可以浇制成各种形状大小的构件和构筑物，与钢筋结合有良好的黏结力，组合的钢筋混凝土结构在建筑工程、市政工程、环境工程、水利工程的各类构筑物中，以及管道材料和地下工程等方面都有广泛的应用，所以钢筋混凝土施工在环境工程施工中占有重要地位。

钢筋混凝土结构按施工方式的不同分为两类：现浇钢筋混凝土结构和预制装配式钢筋混凝土结构。

现浇钢筋混凝土结构是在设计位置上支设模板、绑扎钢筋、浇筑混凝土、振捣成型，经过养护，混凝土达到拆模强度拆除模板，全部施工过程现场进行，因此工期长，需要大量耗费模板，现场运输工作量大，劳动强度高，施工也受气候条件影响。但这种结构整体性好，抗震性好，节约钢筋，而且不需要大型起重机械。

预制装配式混凝土结构是全部的或大部分构件在预制构件厂内制作，然后把预制好的构件运到施工现场，用起重机械将其安装到设计位置，再用电焊、加预应力或现浇等手段使各部分连接成整体。这种结构由于实行工厂化、机械化，从而减轻了劳动强度，大大节约了模板，提高了质量和生产效率，施工现场文明化程度也较高。但是装配式钢筋混凝土结构存在着接头耗钢量大，需要大型起重机械等问题，

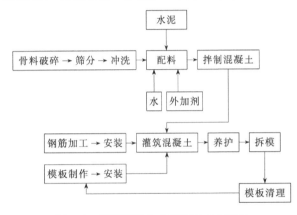

图 4-1　钢筋混凝土工程施工工艺流程

在实际工程中往往要根据设计要求和规定慎重采用。钢筋混凝土工程是由模板工程、钢筋工程、混凝土工程三部分组成，各部分都要选择适宜的施工工艺和方法，并且三者之间密切配合，其施工工艺如图 4-1 所示。

从其工艺流程中可知钢筋混凝土工程需要多种建筑材料，钢筋、水泥、砂、石等，因此要对各种材料进行检查，对各种规格材料要按要求的质量和比例进行施工。钢筋混凝土工程属于隐蔽工程，对各道工序必须做好验收检查和存档备查工作。

4.1　钢筋工程和模板制备

4.1.1　钢筋工程

钢筋混凝土结构中所用的钢筋按轧制外形分为光面钢筋和螺纹钢筋两类。

钢筋按化学成分分为碳素钢钢筋和普通低合金钢钢筋。碳素钢钢筋按含碳量多少，可分为低碳钢钢筋（含碳量低于 0.25%，如 3 号钢）、中碳钢钢筋（含碳量 0.25%～0.7%）和高碳钢钢筋（含碳量 0.7%～1.4%）。普通低合金钢钢筋是在低碳钢和中碳钢的成分中加入少量合金元素，获得强度高和综合性能好的钢种，其主要品种有 20 锰硅、40 硅锰钒、45 硅

锰钛等。在实际工程中，高碳钢的含碳量高、强度大，但塑性和韧性很差，在其破坏时无明显的信号而突然断裂，因而在环境土建工程中不适于使用高碳钢。低碳钢强度虽然低，但塑性和韧性良好，故在钢筋混凝土结构中被广泛应用。

按强度高低分为 HPB235 级（ϕ）、HRB335 级（Φ）、HRB400 级（Φ）和 RRB400 级（Φ^R）等。

钢筋按生产工艺可分为热轧钢筋、热处理钢筋、预应力钢丝（光面碳素钢丝、螺旋肋钢丝、三面刻痕钢丝）和预应力钢绞线。

钢筋按供应形式分为盘圆钢筋（直径不大于 10mm）和直条钢筋（长度为 6～12mm）；钢筋按直径大小可分为钢丝（直径 3～5mm）、细钢筋（直径 6～12mm）、中粗钢筋（直径 12～20mm）和粗钢筋（直径大于 20mm）。

4.1.1.1 钢筋的检验

钢筋应有出厂质量证明书或检验报告单，每捆（盘）钢筋均应有标牌。进场时应按罐号及直径分批验收。验收内容包括查对标牌、外观检查，并按有关标准的规定抽取试样作化学性能试验，合格后方可使用。钢筋在加工过程中，发现脆断、焊接性能不良或力学性能显著不正常等现象时，应进行化学成分检验或其他专项检验。

钢筋的力学性能指标有屈服点、抗拉强度、伸长率及冷变性能。屈服点和抗拉强度是钢筋的强度指标；伸长率和冷弯性能是钢筋的塑性指标。不同级别和牌号钢筋的力学性能指标见表 4-1。

表 4-1 热轧钢筋力学性能

钢筋牌号	直径 /mm	屈服点 /MPa	抗拉强度 /MPa	伸长率 /%	冷弯性能		外形
					弯心直径	弯曲角度	
HRB335	6～25	335	490	16	$3d$	180°	月牙形
	28～50	335	490		$4d$	180°	
HRB400	6～25	400	570	14	$4d$	180°	月牙形
	28～50				$5d$	180°	
HRB500	6～25	500	630	12	$6d$	180°	等高肋
	28～50				$7d$	180°	

注：d 为钢筋直径。

钢筋的外观检查包括钢筋表面不得有裂缝、结疤和折叠，钢筋表面的凸块不允许超过螺纹的高度，钢筋的外形尺寸应符合有关规范的规定。热轧钢筋的力学性能检验以 60t 为一批。在每批钢筋中任意抽出两根钢筋，在每根钢筋上各切取一套（两个）试件。取一个试件做拉力试验，测定其屈服点、抗拉强度、伸长率；另一试件做冷弯试验，检查其冷弯性能。四个指标中如有一项经试验不合格，则另取双倍数量的试件，对不合格的项目做第二次试验，如仍有一个试件不合格，则该批钢筋判定为不合格品，应重新分级。

钢丝的外观检查包括钢丝表面不得有裂缝、小刺、劈裂、机械损伤、氧化铁皮和油迹。钢丝的力学性能检验以 3t 为一批，每批中任选 10% 的盘数（但不少于 6 盘）。在每盘钢丝的两端各取一套（两个）试件进行试验，试验结果有一根试件不合格时，该盘钢丝作为不合格品。此时应从未检验过的钢丝盘中重新取双倍数量的试件，重做不合格项目的复检，结果如仍有一个试件不合格，则该批钢丝为不合格品。

4.1.1.2 钢筋冷加工

（1）钢筋冷拉

钢筋冷拉是在常温下拉伸钢筋，使钢筋应力超过屈服点，钢筋产生塑性变形，强度（屈

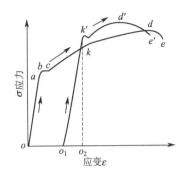

图 4-2　冷拉钢筋应力-应变

k—冷拉钢筋的控制应力；oo_2—相应的

冷拉率；o_1o_2—弹性回缩率

服点强度）提高，节约钢材。

① 冷拉原理

从钢筋应力-应变如图 4-2 所示，将钢筋冷拉到其应力超过屈服点 k，然后卸去外力，由于钢筋产生塑性变形，卸荷过程中应力-应变曲线将沿着直线 ko_1 降至 o_1 点，如果立即重新加荷，应力-应变曲线将沿着 o_1kde 变化，并在 k 点出现新的屈服点。钢筋冷拉后，经时效处理，再行加荷，则应力-应变曲线将沿 $o_1k'd'e'$ 变化，屈服点进一步提高到 k'，塑性再次降低。由于设计中不利用时效后提高的屈服点，因此施工中一般不作时效处理。

② 冷拉工艺

a. 钢筋冷拉参数。钢筋的冷拉参数有两个，即冷拉率和冷拉应力。钢筋冷拉率是钢筋冷拉时弹性变形和塑性变形的总伸长值（称为冷拉的拉长值）和钢筋的原长之比，用百分数表示。在一定限度内，冷拉应力和冷拉率取值越大，钢筋强度提高越多，但塑性降低也越多。钢筋冷拉后仍应有一定的塑性，同时屈服点与抗拉强度之间也应保证一定的比例（称屈强比），使钢筋有一定的强度储备。因此，冷拉应力的冷拉率不能取值太高，应有一定的限制，规范规定的冷拉控制应力及最大冷拉率见表 4-2。

表 4-2　冷拉控制应力及最大冷拉率

项　　目	钢筋级别	冷拉控制应力/(N·mm²)	最大冷拉率/%
1	HPB235	280	10
2	HRB335	450	5.5
3	HRB400	500	5
4	RRB400	700	4

b. 钢筋冷拉方法。钢筋冷拉控制方法可采用控制冷拉率法和控制应力法。控制冷拉率法是以冷拉率来控制钢筋的冷拉，即先确定冷拉率，然后计算出拉长值，冷拉时钢筋的拉长值达到计算拉长值，冷拉完毕。钢筋冷拉率必须由试验确定。测定同炉批钢筋冷拉率时的冷拉应力，应符合表 4-3 的规定。即切取钢筋试样（不少于 4 个），进行拉力试验，测定当其应力达到表 4-3 规定的应力值时的冷拉率。取各试件冷拉率的平均值作为该批钢筋实际采用的冷拉率，并应符合表 4-2 的规定。冷拉多根连接的钢筋，冷拉率可按总长计，但冷拉后每根钢筋的冷拉率，应符合表 4-2 的规定。

表 4-3　测定冷拉率时钢筋的冷拉应力

顺　　序	钢　筋　级　别		冷拉应力/MPa
1	Ⅰ级		310
2	Ⅱ级	$d \leqslant 25$	480
		$d = 28 \sim 40$	460
3	Ⅲ级	$d = 8 \sim 40$	530
4	Ⅳ级	$d = 10 \sim 28$	730

冷拉率确定后，根据钢筋长度，求出拉长值，作为冷拉时的依据。冷拉拉长值 ΔL 可按下式计算，即

$$\Delta L = \delta L \tag{4-1}$$

式中，δ 为冷拉率（由试验确定）；L 为钢筋冷拉前的长度。

控制冷拉率法施工操作简单，但当钢筋材质不均匀时，用经试验确定的冷拉率进行冷拉，钢筋实际达到的冷拉应力并不能完全符合表 4-2 的要求，其分散性很大，不能保证冷拉钢筋的质量。特别对不能分清炉批号的钢筋，不应采取控制冷拉率法。

控制应力法是以控制钢筋冷拉应力为主，冷拉应力按表 4-3 选用。冷拉时检查钢筋的冷拉率，使其不得超过表 4-2 中的最大冷拉率。钢筋冷拉时，如果钢筋已达到规定的冷拉控制应力，而冷拉率未超过表 4-2 规定的最大冷拉率，则认为合格；如果钢筋达到规定的冷拉控制应力时，冷拉率已超过规定的最大冷拉率，则认为不合格，应对钢筋进行力学性能试验，按其实际级别使用。控制应力法能够保证冷拉钢筋的质量。其冷拉控制应力及最大冷拉率应符合表 4-2 规定。其冷拉力 N 可按下式计算，即

$$N = \sigma_{con} A_s \qquad (4-2)$$

式中，σ_{con} 为钢筋冷拉的控制应力，N/mm^2；A_s 为钢筋冷拉前的截面面积，mm^2。

③ 钢筋的冷拉速度

为使钢筋变形充分发展，钢筋冷拉速度不宜过快，一般以 $0.5 \sim 1.0 m/min$ 为宜。当拉到规定的控制应力（或冷拉率）后，须稍停（约 $1 \sim 2min$）然后再放松。

④ 冷拉钢筋质量检查

冷拉钢筋应分批进行验收，每批由不大于 20t 的同级别、同直径的冷拉钢筋组成。冷拉钢筋的检验包括外观检查和力学性能检验。

外观检查要求钢筋表面不得有裂纹和局部缩颈。当用作预应力筋时应逐根检查。

力学性能检查时，从每批冷拉钢筋中抽出两根钢筋，每根取两个试样分别进行拉力和冷弯试验，如有一项试验结果不符合表 4-4 的规定时，应另取两倍数量的试样重做该项试验。如仍有一个试样不合格，则该批冷拉钢筋为不合格品。

表 4-4　冷拉钢筋机械性能

钢筋级别	直径/mm	屈服点/MPa	抗拉强度/MPa	伸长率/%	冷　弯	
		$\geqslant$			弯心直径	弯曲角度
冷拉Ⅰ级	≤12	280	370	11	3d	180°
冷拉Ⅱ	≤25	450	510	10	3d	90°
	28～40	430	490		3d	90°
冷拉Ⅲ级	8～40	500	570	8	5d	90°
冷拉Ⅳ级	10～28	700	835	6	5d	90°

⑤ 冷拉设备

冷拉设备由拉力装置、承力结构、钢筋夹具及测量装置组成，如图 4-3 所示。拉力装置一般有卷扬机、滑轮组及张拉小车，有时也可采用液压千斤顶。冷拉一般采用牵引力$30 \sim 50kN$ 的电动机慢速卷扬机（JJM 型）。钢筋冷拉长度一般都很大，因而要滑轮组来提高设备能力。滑轮组的门数，取决于卷扬机牵引力及冷拉力大小，冷拉滑轮组省力系数见表 4-5。回程滑轮组的作用是使冷拉滑轮组的动滑轮及小车恢复至冷拉前的位置。

表 4-5　滑轮组省力系数 K'

滑轮门数	3		4		5		6		7		8	
工作线数 n	6	7	8	9	10	11	12	13	14	15	16	17
省力系数 K'	0.184	0.160	0.142	0.129	0.119	0.110	0.103	0.096	0.091	0.087	0.082	0.080

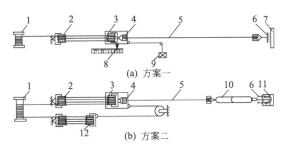

(a) 方案一

(b) 方案二

图 4-3 卷扬机冷拉钢筋设备布置方案

1—卷扬机；2—滑轮组；3—冷拉小车；4—钢筋夹具；
5—钢筋；6—地锚；7—防护壁；8—标尺；9—回程荷重架；
10—连接杆；11—弹簧测力器；12—回程滑轮组

卷扬机冷拉设备能力按下式计算。

$$Q = \frac{T}{K'} - F \qquad (4\text{-}3)$$

式中，T 为卷扬机牵引力，kN；K' 为滑轮组省力系数；F 为设备阻力（冷拉小车与地面阻力、回程装置阻力有关，实测确定。一般可取 5～10kN）。

承力结构可采用地锚或钢筋混凝土压杆。当冷拉力较小或在工地临时性设置时可采用地锚；冷拉力较大时应采用钢筋混凝土压杆。

钢筋冷拉的夹具有楔块式夹具、月牙形夹具及槽式夹具等，如图 4-4 所示。

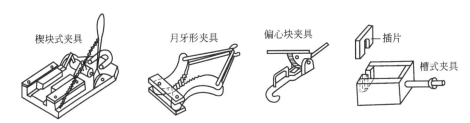

图 4-4 钢筋冷拉的夹具

（2）钢筋冷拔

钢筋冷拔是将直径 6～10mm 的 Ⅰ 级光面钢筋在常温下通过钨合金拔丝模（见图 4-5）多次强力拉拔，使钢筋产生塑性变形，拔成比原钢筋直径小的钢丝，以改变其物理力学性能，称为冷拔低碳钢丝。与冷拉相比，冷拔是拉伸与压缩兼有的立体应力。冷拔低碳钢丝是硬钢性质，塑性降低，没有明显的屈服点，但强度显著增高，可达 40%～90%，故能大量节约钢材。

冷拔低碳钢丝分为甲、乙两级。甲级冷拔钢丝主要用于预应力筋，乙级用作焊接网、焊接骨架、架立筋、钢箍和构造钢筋等。

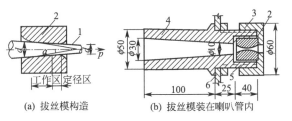

(a) 拔丝模构造

(b) 拔丝模装在喇叭管内

图 4-5 拔丝模构造与装法

1—钢筋；2—拔丝模；3—螺母；4—喇叭管；
5—排渣孔；6—存放润滑剂的箱壁

① 冷拔工艺

拔钢筋采用强迫拔丝工艺，其工艺流程为轧头、剥壳及拔丝。在拔丝过程中不用酸洗，不得退火。影响冷拔丝强度的主要因素是原材料的强度和拔丝工艺的总压缩率。

为了稳定冷拔低碳钢丝的质量，要求原材料按钢厂、钢号、直径分别堆放和使用。对钢号不明或无出厂证明书的钢材，应在拔丝前取样检验。甲级冷拔钢丝应优先采用甲类 3 号钢盘条拔制。

冷拔总压缩率（β）是指由盘条拔至成品钢丝的横截面缩减率，可按下式计算，即

$$\beta = \frac{d_0^2 - d^2}{d_0^2} \times 100\% \qquad (4\text{-}4)$$

式中，d_0 为盘条钢筋直径，mm；d 为成品钢丝直径，mm。

冷拔总压缩率越大，钢丝的抗拉强度越高，但塑性也越差。为了保证甲级冷拔丝的强度和塑性相对较为稳定，必须控制总压缩率。在一般情况下，$\phi 5$ 钢丝宜用 $\phi 8$ 盘条拔制，$\phi 3$ 和 $\phi 4$ 钢丝宜用 $\phi 6.5$ 盘条拔制。

冷拔次数应选择适宜，次数过多易使钢丝变脆，且降低冷拔机生产率；冷拔次数过少，每次压缩过大，易产生断丝和安全事故。根据实践经验，冷拔次数与每道压缩量之间关系，可按式(4-5)计算，并列成参考表 4-6。

后道钢丝直径 $\qquad d_2 = (0.85 \sim 0.9) d_1$ $\qquad (4-5)$

式中，d_1 为前道钢丝直径，mm。

表 4-6 钢丝冷拔次数参考表

顺序	钢丝直径	盘条直径	冷拔总压缩率 /%	冷拔次数和拔后直径/mm					
				第 1 次	第 2 次	第 3 次	第 4 次	第 5 次	第 6 次
1	$\phi^b 5$	$\phi 8$	61	6.5	5.7	5.0			
				7.0	6.3	5.7	5.0		
2	$\phi^b 4$	$\phi 6.5$	62.2	5.5	4.6	4.0			
				5.7	5.0	4.5	4.0		
3	$\phi^b 3$	$\phi 6.5$	78.7	5.5	4.6	4.0	3.5	3.0	
				5.7	5.0	4.5	4.0	3.5	3.0

拔丝工艺中，润滑剂选用较为重要。常用的润滑剂配方是生石灰 100kg，动物油 20kg，肥皂 5~8 条，水 200kg，石蜡少掺或不掺配制而成。润滑剂也可采用三级硬脂酸与石灰粉按 1：2 混合而成。

② 质量检验

外观检验，每批冷拔低碳钢丝中任取 5% 的盘数（但不少于 5 盘）进行外观检查，要求表面没有锈蚀、伤痕、裂纹和油污等，甲级冷拔钢丝直径的偏差符合表 4-7 规定。

表 4-7 甲级冷拔钢丝直径允许偏差

钢丝直径/mm	直径允许偏差不大于/mm	备　　　　注
3	±0.06	检验时应同时量测钢丝两个垂直方向的直径
4	±0.08	
5	±0.10	

拉力试验，甲级钢丝应从每盘上任一端截取两个试样，分别做拉力试验（包括屈服强度和伸长率）和反复弯曲试验，并按其抗拉强度确定该盘钢丝的组别。乙级钢丝应从每批中选取三盘，每盘各截取两个试样，分别做拉力试验和反复弯曲试验。如仍有一个试样不合格，则该批钢丝应逐盘试验，合格者方可使用。

③ 冷拔设备

常用的拔丝机有卧式和立式两种。卧式拔丝机（图 4-6）构造简单，人工卸丝方便，宜用于建筑工地拔粗丝。这类拔丝机又有单卷筒和双卷筒之分。立式拔丝机（图 4-7）占地小，机械卸丝，宜用于专业拔丝厂拔丝。

4.1.1.3 钢筋连接

钢筋的连接方法有焊接方法、机械方法、冷压方法和绑扎方法。

(1) 钢筋焊接

钢筋的焊接接头是节约钢材，提高钢筋混凝土结构和构件质量，加快工程进度的重要措施。钢筋焊接加工的效果与钢材的可焊性有关，也与焊接工艺有关。钢材的可焊性是指被

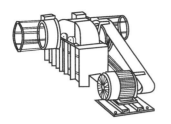

图 4-6　卧式双卷筒拔丝机

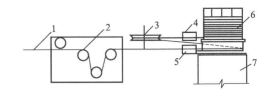

图 4-7　立式单卷筒双模拔丝机

1—钢筋；2—剥壳槽轮；3—导向轮；

4,5—拔丝模；6—绕线筒；7—机座

焊钢材在采用一定焊接材料和焊接工艺条件下，获得优质焊接接头的难易程度。钢筋的可焊性与其含碳及含合金元素量有关，含碳量增加，可焊性降低，含锰量增加也影响焊接效果。含适量的钛，可改善焊接性能。因此硅钛系钢筋的可焊性好。

　　钢筋常用的焊接方法有闪光对焊、电阻点焊、电弧焊、电渣压力焊、埋弧压力焊、气压焊等。

　　① 闪光对焊　钢筋闪光对焊是利用对焊机使两段钢筋接触，通以低电压的强电流，把电能转化为热能，当钢筋加热到接近熔点时，施加压力顶锻，使两根钢筋焊接在一起，形成对焊接头，如图 4-8 所示。对焊应用于 HBP235～RRB400 级钢筋的对接接长及预应力钢筋与螺丝端杆的对接。冷拉钢筋采用闪光焊接长时，对焊应在冷拉前进行。

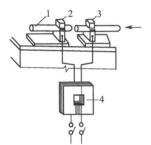

图 4-8　钢筋闪光对焊

1—钢筋；2—固定电极；

3—可动电极；4—焊接变压器

　　a. 闪光对焊工艺　是根据钢筋的品种、直径和选用的对焊机功率而定，闪光对焊分为连续闪光焊、预热闪光焊和闪光-预热-闪光焊三种工艺。

　　连续闪光焊的工艺过程为先将钢筋夹入对焊机的两极中，闭合电源，然后使两根钢筋端面轻微接触。此时由于钢筋端部表面不平，接触面很小，电流通过时电流密度和电阻很大，接触点很快熔化，产生金属蒸气飞溅，形成闪光现象。形成闪光后，徐徐移动钢筋，形成连续闪光。当钢筋烧化规定长度后，以一定的压力迅速进行顶锻，使两根钢筋焊牢，形成对焊接头。

　　预热闪光焊在连续闪光焊前增加一次预热过程，以使钢筋均匀加热。其工艺过程为预热-闪光-顶锻。即先闭合电源，使两根钢筋端面交替轻微接触和分开，发出断续闪光使钢筋预热，当钢筋烧化到规定的预热留量后，连续闪光，最后进行顶锻。

　　闪光-预热-闪光焊是在预热闪光焊前加一次闪光过程，使钢筋端面烧化平整，预热均匀。施焊时首先连续闪光，使钢筋端部闪平，然后预热-闪光-顶锻，同预热闪光焊。钢筋直径较粗时，易采用此法。

　　RRB400 级钢筋可焊性较差，焊后接头塑性较差，为改善其焊接接头的塑性，可在焊后进行通电热处理。焊后通电热处理在对焊机上进行。钢筋对焊完毕，当焊接接头温度降低至呈暗黑色（300℃以下），松开夹具将电极钳口调至最大距离，重新夹紧。然后进行脉冲式通电加热，钢筋加热至表面呈橘红色（750～850℃）时，通电结束。

　　b. 闪光对焊参数　闪光对焊参数包括调伸长度、闪光留量、闪光速度、预热留量、顶锻留量、顶锻速度及变压器级次等，其中调伸长度、闪光留量和顶锻留量图解如图 4-9 所示。

　　焊接前两钢筋端部从电极钳口伸出的长度，其取值与钢筋品种、直径有关，即使钢筋能够均匀加热，又使钢筋顶锻时不产生侧弯。其调伸长度可参照有关规定选取。

闪光留量又称烧化留量，即在闪光过程中所消耗的钢筋长度。闪光留量的选择应使钢筋在闪光结束时端部加热均匀并达到足够的温度。闪光留量的取值：连续闪光焊为两钢筋切断时严重压伤部分之和，另加 8mm；预热闪光焊为 8～10mm；闪光-预热-闪光焊时，一次闪光留量为两钢筋切断时严重压伤部分之和，二次闪光为 8～10mm。闪光速度由慢到快，开始时近于零，而后约 1mm/s，终止时为 1.5～2mm/s。

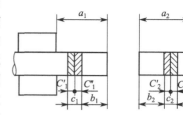

图 4-9　调伸长度、闪光留量和顶锻留量

a_1、a_2—左右钢筋的调伸长度；b_1+b_2—闪光留量；

c_1+c_2—顶锻留量；$C_1'+C_2'$—有电顶锻留量；

$C_1''+C_2''$—无电顶锻留量

预热留量是指采用预热闪光焊及闪光-预热-闪光焊时，钢筋预热过程中烧化的长度。预热留量的选择应使钢筋端部充分加热。其取值为预热闪光焊 4～7mm，闪光-预热-闪光焊为 2～7mm。

顶锻留量是指闪光结束，钢筋顶锻压紧时因接头处挤出金属使钢筋压缩的长度，一般为 4～6.5mm。

顶锻速度越快越好，特别是顶锻开始的 0.1s 应将钢筋压缩 2～3mm，使焊口迅速闭合不致氧化，而后断电并以 6mm/s 的速度继续顶锻至结束。

变压器级次用以调节焊接电流的大小，应根据钢筋级别或直径大小来选择。钢筋级别高或直径大，其变压器级次就高。根据焊接电流和时间的不同，焊接参数分为强参数（电流强度大，时间短）和弱参数（电流强度小，时间长）两种，应根据实际情况来选择。

c. 质量检验　钢筋对焊接头的外观检查，每批抽查 10％的接头，并不得少于 10 个。对焊接头的力学性能试验，应从每批成品中切取 6 个试件，3 个进行拉伸试验，3 个进行弯曲试验。在同一班内，由同一焊工，按同一焊接参数完成的 200 个同类型接头作为一批。

对焊力学性能试验，包括拉力和弯曲试验。拉力试验应符合同级钢筋的抗拉强度标准值。在三个试件中至少有两个试件断于焊缝之外，并呈塑性断裂。当试验结果不符合要求时，应取双倍数量的试件进行复验。当复验不符合要求时，则该批接头即为不合格品。

弯曲试验应将受压面的金属毛刺和镦粗变形部分去除，与母材的外表齐平。弯曲试验焊缝应处于弯曲的中心点，弯心直径见表 4-8。变曲到 90°时，接头外侧不得出现宽度大于 0.15mm 的横向裂纹。弯曲试验结果如有两个试件未达到上述要求，应取双倍数量试件进行复验，如有三个试件仍不符合要求，该批接头即为不合格品。

表 4-8　钢筋对接接头弯曲试验指标

项次	钢筋级别	弯心直径/mm	弯曲角/(°)
1	HPB235	2d	90
2	HRB335	4d	90
3	HRB400	5d	90
4	RRB400	7d	90

注：1. d 为钢筋直径；

2. 直径大于 25mm 的钢筋对焊接头，作弯曲试验时变心直径应增加一个钢筋直径。

② 电阻点焊　点焊的工作原理如图 4-10 所示，是将已除锈污的钢筋交叉点放入点焊机的两电极间，使钢筋通电发热一定温度后，加压使焊点金属焊牢。

采用焊接骨架或焊接网时，钢筋在混凝土中能更好地锚固，可提高构件的刚度及抗裂性，钢筋端部不需弯钩，可节约钢材。因此钢筋骨架应优先采用点焊。

常用点焊机有单点点焊机（用以焊接较粗的钢筋）、多头点焊机（一次可焊数点，用以焊接钢筋网）和悬挂式点焊机（可焊平面尺寸大的骨架或钢筋网）。施工现场还可采用手提式点焊机。点焊机类型较多，但其工作原理基本相同，图 4-11 为脚踏式点焊机工作示意图，当电流接通踏下踏板，上电极即压紧钢筋，断路电器接通电流，在极短的时间内强大电流经变压器次级引至电极，使焊点产生大量的电阻热形成熔融状态，同时在电极施加的压力下，使两焊件接触处结合成为一个牢固的焊点。

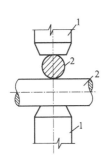

图 4-10　点焊的原理

1—电极；2—钢筋

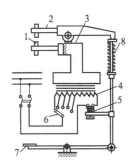

图 4-11　点焊机工作示意

1—电极；2—电极臂；3—变压器次级线圈；
4—变压器初极线圈；5—断路器；6—变压器
调节级数开关；7—踏板；8—压紧机构

点焊质量的检查包括外观检查和强度检验。外观抽样检查包括：检查焊点有无脱落、漏焊、气孔、裂缝、空洞及明显的烧伤现象，点焊制品尺寸误差及焊点压入深度应符合有关规定，焊点处应挤出饱满的熔化金属等；强度检验应抽样作剪力试验，对冷加工钢筋制成的点焊制品还应抽样做拉力试验，试验结果应符合有关规定。

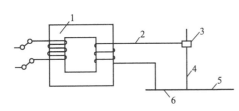

图 4-12　电弧焊示意

1—交流弧焊机变压器；2—变压器次级导线；
3—焊钳；4—焊条；5,6—焊件

③ 电弧焊　如图 4-12 所示，是利用弧焊机使焊条和焊件之间产生高温电弧，熔化焊条和高温电弧范围内的焊件金属，熔化的金属凝固后形成焊接接头。电弧焊广泛应用于钢筋的接长、钢筋骨架的焊接、装配式结构钢筋接头焊接及钢筋与钢板、钢板与钢板的焊接等。

电弧焊的主要设备为弧焊机，分为直流弧焊机和交流弧焊机两类。工地多采用交流弧焊机（焊接变压器）。焊接时，先将焊接件和焊条分别与焊机的两极相连，将焊条端部与焊件轻轻接触，随即提起 2～4mm，引燃电弧，以熔化金属。

钢筋电焊接头主要有四种形式：

a. 搭接焊　搭接焊接头如图 4-13 所示，适用于直径为 10～40mm 的 HPB235 级钢筋。搭接接头钢筋应先预弯，以保证两根钢筋的轴线在一条直线上。

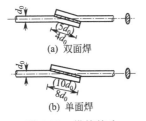

图 4-13　搭接接头

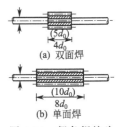

图 4-14　帮条焊接头

b. 帮条焊　帮条焊接头如图 4-14 所示，适用于直径 10～40mm 的 HPB235～HRB400

级钢筋。主筋端面间的间隙为 2～5mm，帮条宜采用与主筋同级别、同直径的钢筋制作。帮条的总截面面积：被焊接的钢筋为 HPB235 级钢筋时，应不小于被焊接钢筋截面面积的 1.2 倍；被焊接的钢筋为 HRB235、HRB400 级钢筋时，应不小于被焊接钢筋截面面积的 1.5 倍。

c. 坡口焊　坡口接头多用于在施工现场焊接装配式结构接头处钢筋。坡口焊分为平焊和立焊，如图 4-15 所示。施焊前先将钢筋端部制成坡口。

钢筋坡口平焊采用 V 形坡口，坡口夹角为 60°，两根钢筋间的空隙为 3～5mm，下垫钢板，然后施焊，如图 4-15(a) 所示。钢筋坡口立焊采用 40°～55°坡口，如图 4-15(b)、(c) 所示。

装配式结构接头钢筋坡口焊施焊时，应由两名焊工对称施焊，合理选择施焊顺序，以防止或减少由于施焊而引起的结构变形。

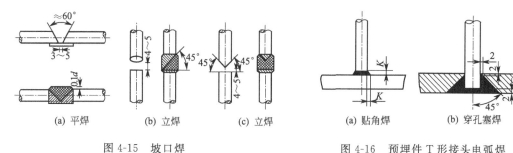

图 4-15　坡口焊　　　　　　　图 4-16　预埋件 T 形接头电弧焊

d. 预埋件 T 形接头的钢筋焊接　预埋件 T 形接头电弧的接头形式分贴角焊和穿孔塞焊两种，如图 4-16 所示。

④ 电渣压力焊　电渣压力焊是利用电流通过渣池产生的电阻热将钢筋端部熔化，然后施加压力使钢筋焊接。这种方法多用于现浇钢筋混凝土结构竖向钢筋的接长，比电弧工效高、成本低，易于掌握。

电渣压力焊可用手动电渣压力焊机或自动压力焊机。手动电渣压力焊机由焊接变压器、夹具及控制箱等组成，如图 4-17 所示。

施焊前先将钢筋端部 120mm 范围内的铁锈、杂质刷净，把钢筋安装于夹具钳口内夹紧，在两根钢筋接头处放一铁丝小球（钢筋端面较平整而焊机功率又较小时）或导电剂（钢筋直径较大时），然后在焊剂盒内装满焊剂。施焊时，接通电源使小球（或导电剂）、钢筋端部及焊剂相继熔化，形成渣池。维持数秒后，用操纵压杆使钢筋缓缓下降，熔化量达到规定数值（用标尺控制）后，切断电路，有力迅速顶压，挤出金属熔渣和熔化金属，形成焊接接头，待冷却 1～3min 后，打开焊剂盒，卸下夹具。

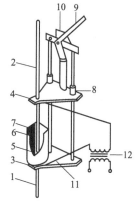

图 4-17　电渣压力焊示意

1，2—钢筋；3—固定电极；
4—滑动电极；5—焊剂盒；6—导电剂；
7—焊剂；8—滑动架；9—操纵杆；
10—标尺；11—固定架；12—变压器

⑤ 气压焊　钢筋气压焊是采用氧-乙炔火焰对钢筋接缝处进行加热，使钢筋端部加热达到高温状态，并施加足够的轴向压力而形成牢固的对焊接头。钢筋气压焊接方法具有设备简单、焊接质量好、效果高，且不需要大功率电源等优点。

钢筋气压焊可用于直径 40mm 以下的 HPB235 级、HRB335 级钢筋的纵向连接。当两钢筋直径不同时，其直径之差不得大于 7mm。钢筋气压焊设备主要有氧-乙炔供气设备、加

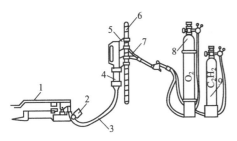

图 4-18 气压焊设备示意

1—脚踏液压泵；2—压力表；3—液压胶管；
4—活动油缸；5—钢筋卡具；6—钢筋；
7—焊枪；8—氧气瓶；9—乙炔瓶

热器、加压器及钢筋卡具等，如图 4-18 所示。

施焊前钢筋要用砂轮锯下料并用磨光机打磨，边棱要适当倒角，端面要平，端面基本上要与轴线垂直。端面附近 50～100mm 范围内的铁锈、油污等必须清除干净，然后用卡具将两根被连接的钢筋对正夹紧。

钢筋气压焊的施焊过程包括预压、加热与压接过程。钢筋卡好后施加初压力（30～40MPa）使钢筋端面密贴，间隙不超过 3mm；钢筋先用强碳化焰加热，待钢筋端面间隙闭合后改用中性焰加热，以加快加热速度。当钢筋端面加热到所需温度（宜在熔点以下 100～200℃时），对钢筋轴向加压，使接缝处膨鼓的直径达到母材钢筋直径的 1.4 倍，变形长度为钢筋直径的 1.3～1.5 倍，此时可停止加热、加压，待焊接点的红色消失后取下夹具。

气压焊接头的质量检查包括外观检查和强度检验。外观检查要求，焊接部位钢筋轴线偏心应小于钢筋直径的 1/10（焊接不同直径钢筋时，偏心应不小于直径钢筋直径的 1/10，且小直径钢筋不得超出大直径的钢筋范围），焊接处隆起的直径不小于钢筋直径的 1.4 倍，隆起的变形长度不小于钢筋直径的 1.3～1.5 倍；焊接接头隆起形状，不应有显著的凸出和塌陷，不应有裂缝及过烧现象；焊接钢筋轴线夹角不得大于 4°。强度检查要求，钢筋气压焊接头，三个试件的抗拉强度均不得低于该级别钢筋的抗拉强度标准值，全部试件断于焊缝之外并呈塑性断裂。

（2）钢筋冷压连接

钢筋冷压连接是一项新型钢筋连接工艺，它改变了电弧焊、电渣焊、闪光焊、气压焊等传统焊接工艺的热操作方法，在常温下采用钢筋连接机，将钢套筒和两根待接钢筋压接成一体，使套筒塑性变形后与钢筋上的横肋纹紧密地咬合在一起，从而达到连接效果。冷压接头具有性能可靠、操作简便、施工速度快、施工不受气候影响、省电等优点。两根钢筋插入钢套筒后，用带有梅花齿形内模的钢筋连接器对套筒外壁加压使之产生冷塑性变形，套筒的金属紧密地咬入螺纹钢筋的横肋间隙中，这时继续加压使钢套筒的金属冷塑性变形程度加剧，进一步加强硬化程度，其强度提高 110～140MPa，如图 4-19 所示。

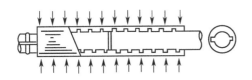

图 4-19 钢筋冷压接头工艺原理

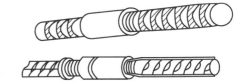

图 4-20 锥螺纹连接钢筋示意

（3）钢筋螺纹连接

钢筋螺纹连接采用的是锥螺纹连接钢筋的新技术。锥螺纹连接套是由工厂专用机床上加工制成，钢筋套丝的加工在钢筋套丝机上进行。钢筋螺纹连接速度快、对中性好、工期短，连接质量好，不受气候影响，适应性强。

钢筋锥螺纹连接是在加工钢筋套丝时，按规定的力矩值拧上锥螺纹连接套，施工时再拧上另外一端，如图 4-20 所示。

4.1.1.4 钢筋配料与钢筋代换

(1) 钢筋配料

根据构件的配筋图计算构件各钢筋的直线下料长度、根数及重量，然后编制钢筋配料单，作为钢筋备料加工的依据。

构件配筋图中注明的尺寸一般是钢筋外轮廓尺寸，即从钢筋外皮到外皮量得的尺寸，称为外包尺寸。在钢筋加工时，一般也按外包尺寸进行验收。钢筋加工前直线下料。如果下料长度按钢筋外包尺寸的总和来计算，则加工后的钢筋尺寸将大于设计要求的外包尺寸或者弯钩平直段太长造成材料的浪费。这是由于钢筋弯曲时外皮伸长，内皮缩短，只有中轴线长度不变。按外包尺寸总和下料是不准确的，只有按钢筋轴线长度尺寸下料加工，才能使加工后的钢筋形状、尺寸符合设计要求。

钢筋的外包尺寸和轴线长度之间存在一个差值，称为"量度差值"。钢筋的直线段外包尺寸等于轴线长度，二者无量度差值；而钢筋弯曲段，外包尺寸大于轴线长度，二者间存在量度差值。因此，钢筋下料时，其下料长度应为各段外包尺寸之和减去弯曲处的量度差值，再加上两端弯钩的增长值。

① 钢筋的量度差值

弯起钢筋中间部位弯折处的弯曲直径 D 不小于钢筋直径 d 的 5 倍，如图 4-21 所示。

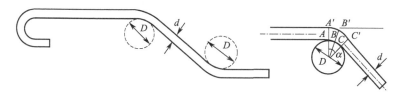

图 4-21　钢筋弯折处量度差值计算简图

当弯折 30°，量度差值为 $0.306d$，取 $0.3d$；

当弯折 45°，量度差值为 $0.543d$，取 $0.5d$；

当弯折 60°，量度差值为 $0.90d$，取 $1d$；

当弯折 90°，量度差值为 $2.29d$，取 $2d$；

当弯折 135°，量度差值为 $3d$。

② 钢筋末端弯钩时下料长度增长值

a. HPB235 级钢筋末端需要做 180°弯钩，其圆弧弯曲直径不应小于钢筋直径 d 的 2.5 倍，平直部分长度不宜小于钢筋直径 d 的 3 倍（用于轻骨料混凝土结构时，其弯曲直径 D 不应小于钢筋直径 d 的 3.5 倍），当弯曲直径 $D=2.5d$ 时，每一个 180°弯钩，钢筋下料时应增加的长度（增长值）为 $6.25d$（包括量度差值）。

b. 箍筋弯钩增长值　箍筋弯钩的形式，如设计无要求时，可按图 4-22(a) 加工；有抗震要求的结构，应按图 4-22(b) 加工。

(a) 90°/90°弯钩　(b) 135°/135°弯钩

图 4-22　箍筋示意

计算箍筋下料时，弯钩增长值可查表 4-9 取近似值。

表 4-9　箍筋两个弯钩下料增长值

受力钢筋直径 /mm	90°/90°弯钩					135°/135°弯钩				
	箍筋直径/mm					箍筋直径/mm				
	5	6	8	10	12	5	6	8	10	12
≤25	70	80	100	120	140	140	160	200	240	280
>25	80	100	120	140	150	160	180	210	260	300

（2）钢筋代换

在施工中钢筋的级别、钢号和直径应按设计要求采用。如遇钢筋级别、钢号和直径与设计要求不符而需要代换时，应征得设计单位的同意并遵守《混凝土结构工程施工及验收规范》的有关规定。

① 等强度代换　当构件受强度控制时，钢筋可按强度相等原则进行代换。

② 等面积代换　当构件按最小配筋率配筋时，钢筋可按面积相等原则进行代换。

③ 当构件受裂缝宽度或抗裂性要求控制时，代换后应进行裂缝或抗裂性验算。

钢筋代换后，还应满足构造方面的要求（如钢筋间距、最小直径、最小根数、锚固长度、对称性等）及设计中提出的特殊要求（如冲击韧性、抗腐蚀性等）。

4.1.1.5　钢筋加工、绑扎与安装

（1）钢筋的加工

钢筋的加工包括钢筋的冷加工（冷拉及冷拔）、焊接、调直、除锈、下料切断、弯曲成型等。

钢筋调直可采用冷拉的方法，细钢筋及钢丝还可采用调直机调直。粗钢筋还可采用锤直或扳直的方法。冷拔低碳钢丝在调直机上调直后，其表面不得有明显的擦伤，抗拉强度不得低于设计要求。

钢筋经过冷拉或调直机调直后，可在冷拉或调直过程中完成除锈工作。如未经冷拉或冷拔调直后，保管不善而锈蚀的钢筋，可采用电动除锈机除锈，也可喷砂除锈、酸洗除锈或手工除锈（用钢丝刷、砂盘）。钢筋下料切断可用钢筋切断机及手动液压机（适用于直径16mm以下的钢筋）。钢筋应按计算的下料长度下料，力求准确（受力钢筋沿长度方向全长的净尺寸允许偏差为±10mm）。

钢筋弯曲成型一般采用钢筋弯曲机及弯箍机等，也可采用手摇扳手弯制钢箍，用卡筋与扳头弯制粗钢筋。钢筋弯曲前应先划线，形状复杂的钢筋应根据钢筋加工牌上标明的尺寸将各弯点划出，根据钢筋外包尺寸，扣除弯曲调整值（即量度差值，从相邻两段长度中各扣一半）以保证弯曲成型后外包尺寸准确。钢筋弯曲成型后允许偏差为全长±10mm，弯起钢筋弯折点位置±20mm。

（2）钢筋绑扎与安装

钢筋现场绑扎之前要核对钢筋的钢号、直径、形状、尺寸及数量是否与配料单相符，核查无误后方可开始现场绑扎。

钢筋绑扎采用20～22号铁丝。梁和柱的箍筋应与受力钢筋垂直，箍筋弯钩叠合处应沿受力钢筋方向错开设置。板和墙的钢筋，靠近外围两行钢筋的相交点全部绑牢，中间部分的相交点可相隔交错绑牢。绑扎网和绑扎骨架外形尺寸的允许偏差应符合规范的规定，受力钢筋的绑扎接头位置应相互错开，在任一搭接长度 l_1 区段内有绑扎接头的受力钢筋截面面积占受力钢筋总截面面积的百分率，受拉区不得超过25%，受压区不得超过50%。钢筋的绑扎接头搭接长度的末端与钢筋弯曲处距离不得小于10d，接头不宜位于构件最大弯矩处；受拉区域内，HPB235级钢筋末端应做弯钩；直径 $d \leqslant 12$mm 的 HPB235 级钢筋末端及轴心受压构件中任意直径的受力钢筋末端，可不做弯钩，但搭接长度不应小于35d；钢筋搭接处应在中心和两端用铁丝扎牢，搭接长度应符合规范的规定。钢筋的保护层厚度要符合规范规定，施工中应在钢筋下部设置混凝土垫块或水泥砂浆垫块以保证保护层的厚度。

安装钢筋时配置的钢筋级别、直径、根数和间距均应符合设计要求。绑扎或焊接的钢筋网和钢筋骨架，不得有变形、松脱和开焊，钢筋位置的允许偏差应符合规范的规定。绑扎钢筋网与钢筋骨架应根据结构配筋特点及起重运输能力来分段，为防止钢筋网和钢筋骨架在运输和安装过程中发生变形，应采取临时加固措施。钢筋网与钢筋骨架的吊点根据其尺寸、重

量、刚度而定。宽度大于1m的水平钢筋网宜用四点起吊，跨度小于6m的钢筋骨架采用两点起吊，跨度大、刚度差的钢筋网应采用横吊梁四点起吊。

焊接钢筋网与焊接钢筋骨架沿受力方向的搭接接头应位于构件弯矩较小处，沿受力钢筋方向的搭接长度应符合规范的规定。

钢筋安装完毕后应进行检查验收，检查的内容：a. 钢筋的级别、直径、根数、位置、间距是否与设计图纸相符；b. 钢筋接头位置及搭接长度是否符合规定；c. 混凝土保护层是否符合要求；d. 钢筋表面是否清洁（有无油污、铁锈、污物）。

检查完毕，在浇筑混凝土之前进行验收并做好隐蔽工程记录。

4.1.2 模板制备

模板是使钢筋混凝土构件成型的模型。已浇筑的混凝土在此模型内养护、硬化，达到所要求的结构构件。

4.1.2.1 模板的组成及基本要求

模板由模板和支撑两部分组成。模板作为钢筋混凝土构件成型的工具，它本身除了应具有与结构构件相同的形状和尺寸外，还要具有足够的强度和刚度以承受新浇混凝土荷载和施工荷载。支撑是保证模板形状、尺寸及其空间位置的支撑体系，所以支撑体系既要保证模板形状、尺寸、空间位置的准确，又要承受模板传来的全部荷载。

在工程施工中，模板系统应符合如下基本要求：a. 保证工程结构和构件各部分形状、尺寸和相互位置的正确性；b. 具有足够的强度、刚度和稳定性，能可靠地承受新浇筑混凝土的重量和侧压力，以及施工过程中所产生的荷载；c. 构造应力求简单，装拆方便，能多次周转使用，便于钢筋安装和绑扎、混凝土浇筑和养护等后续工艺的操作；d. 模板接缝应严密不宜漏浆。

4.1.2.2 模板分类

在钢筋混凝土工程中，模板工程的费用占有很大比重，常会超过混凝土的费用，甚至超过钢筋和混凝土费用的总和。因此，模板工程需要不断革新，在保证质量基础上改善其经济性。

（1）按材料分类

模板按所用的材料不同，分为木模板、钢木模板、胶合模板、钢竹模板、钢模板、塑料模板、玻璃钢模板、铝合金模板等。

钢木模板是以角钢为边框，以木板为面板的定型模板，它的优点是可以充分利用短木料，并能重复使用。

胶合板模板是以胶合板为面板，以角钢作为边框的定型模板，这种胶合板材料作面板，克服了木材不等方向的缺点，受力性能好，因此这种模板强度高，自重小，不开裂，不翘曲，板面大，接缝少。

钢竹模板是以角钢为边框，以竹编胶合板为面板的定型模板。这种模板刚度大，不易变形，质量轻，操作方便。

钢模板都做成定型模板，用连接件拼装成各种形状和尺寸，适用于多种结构形式，广泛地应用于现浇钢筋混凝土结构。这种模板一次投资量大，但周转率高，在使用过程中加以维修和保管，防止其生锈会延长其使用寿命，降低成本。

塑料模板、玻璃钢模板、铝合金模板具有质轻、刚度大、拼装方便、周转率高的特点，但它们造价高，在施工中还未普遍采用。

（2）按结构类型分类

现浇钢筋混凝土构件形状、尺寸、构造不同，因此模板的组装方法也不相同。按结构类型分类，可将模板分为基础模板、柱模板、梁模板、楼板模板、楼梯模板、墙模板等。

（3）按施工方法分类

① 现场装拆式模板　是在施工现场按照设计要求在设计位置进行组装，当混凝土强度达到拆模强度后拆除的模板，例如，多种定型模板和工具式支撑；

② 固定式模板　多用于预制构件，在预制构件厂比较多见，例如各种胎模；

③ 移动式模板　是随混凝土的浇筑，模板可沿垂直方向和水平方向移动的模板，例如水塔、烟囱、墙柱等混凝土浇筑的模板。

4.1.2.3　定型钢模板

使用定型钢模板可以使模板制作工厂化，节约材料和提高效率。定型的钢模板的规格不宜太多，要能尽量采用少规格的模板拼装成多种尺寸的构件拼装成多种尺寸。

定型模板由钢模板和配件两部分组成，也称为组合钢模板。其中钢模板包括平面模板（P）、阴角模板（E）、阳角模板（Y）和连接角模板（J）。配件的连接件包括 U 形卡、L 形插销、钩头螺栓、紧固螺栓、对拉

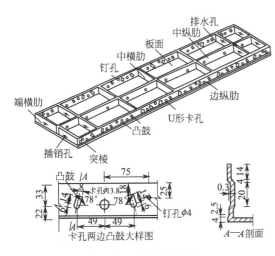

图 4-23　钢模板透视图

螺栓、扣件等。配件的支承件包括柱箍、钢楞、支柱、斜撑、钢桁架等。组合钢模板的规格见表 4-10，钢模板示意如图 4-23 所示。

表 4-10　组合钢模板规格　　　　　　　　　　　　　　单位：mm

规格	平面模板	阴角模板	阳角模板	连接角模
宽度	300,250,200,150,100	150×150 100×150	100×100 50×50	50×50
长度	1500,1200,900,750,600,450			
肋高	55			

钢板厚度宜采用 2.3mm 或 2.5mm，封头横肋板及中间加肋板厚度 2.8mm。钢模板规格编码如图 4-24 所示。

（1）组合钢模板的连接件

组合钢一般采用 U 形卡、L 形插销、钢板卡等，如图 4-25 所示。

U 形卡用于钢模板间的拼接，其安装间距一般不大于 300mm，一般每隔一孔卡插一个，安装方向一顺一倒。

L 形插销用于钢模板端肋的连接，以增加相邻模板接头处的连接刚度并保证接头处板面平整。

（2）组合钢模板支撑工具

① 钢管卡具　适用于矩形梁、圈梁等模板，用以固定侧模板于底板上，节约斜撑等木料，也可用于侧模上口的固定，如图 4-26 所示。

② 板墙撑头　是用作保持模板与模板之间的设计厚度的。常用的有钢板撑头，如图 4-27 所示是用以保持模板间距；混凝土撑头，带穿墙栓孔的混凝土撑头使用较普遍。单纯作支撑时，有采用两头设有预埋铁丝，将铁丝吊在横向钢筋上，如图 4-28 所示；螺栓撑头，用于有抗渗要求的混凝土墙，由螺帽保持两侧模板间距，两头用螺栓拉紧定位，待混凝土达

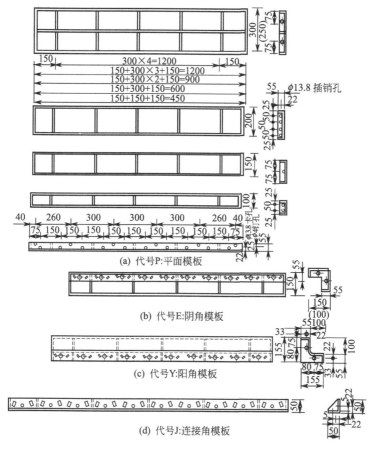

图 4-24　钢模板规格编码

(a) 代号P:平面模板

(b) 代号E:阴角模板

(c) 代号Y:阳角模板

(d) 代号J:连接角模板

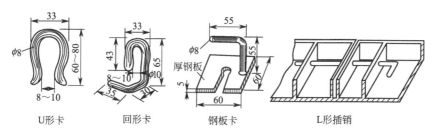

U形卡　　回形卡　　钢板卡　　L形插销

图 4-25　组合钢模板的连接件

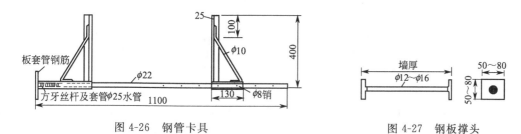

图 4-26　钢管卡具　　　　　图 4-27　钢板撑头

到一定强度后，拆去两头螺栓，脱模后用水泥砂浆补平，如图 4-29 所示；止水板撑头，用于抗渗要求较高的工程，拆模后将垫木凿去，螺栓两端沿止水板面割平，用水泥砂浆补平，如图 4-30 所示。

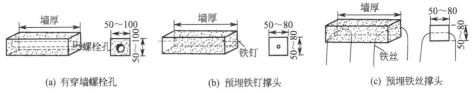

(a) 有穿墙螺栓孔　　　　(b) 预埋铁钉撑头　　　　(c) 预埋铁丝撑头

图 4-28　混凝土撑头

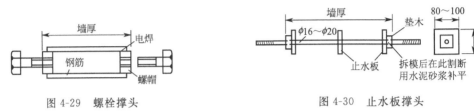

图 4-29　螺栓撑头　　　　　　　　　　　　　　图 4-30　止水板撑头

③ 柱箍　常用的有木制柱箍、角钢柱箍、扁钢柱箍等，如图 4-31～图 4-33 所示。

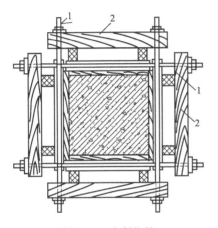

图 4-31　木制柱箍
1—φ12～φ16 夹紧螺栓；2—方木

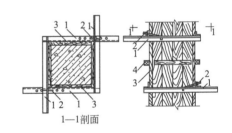

图 4-32　角钢柱箍
1—50×4 角钢；2—φ12 弯脚螺栓；3—木模；4—拼条

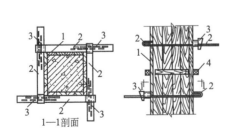

图 4-33　扁钢柱箍
1—木模；2—60×5 扁钢；3—钢板楔；4—拼条

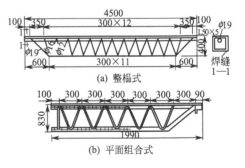

图 4-34　钢桁架示意

④ 钢桁架　这种模板支撑系统节约材料，扩大了施工空间，可根据施工制作，如图 4-34 所示，可搁置在钢筋托具上、墙上、梁侧模板横挡上、柱顶梁底横挡上，用以支撑梁或板的模板。使用前应根据荷载作用对桁架进行强度和刚度的验算。

⑤ 钢管支柱（琵琶撑） 由内外两节钢管制成，如图 4-35 所示。其高低调节距模数为 100mm，支柱底部除垫板外，均用木楔调整零数，并利于拆卸。

⑥ 钢筋托具 混合结构楼面的梁、板模板可以通过钢筋托具支撑在墙体上以简化支架系统，扩大施工空间。托具随墙体砌筑时安放在需要位置，其构造如图 4-36 所示。图 4-37 是采用各种定型工具的大梁支模方法的示例。

（3）现浇钢筋混凝土结构模板

① 基础模板 图 4-38 为基础模板图，基础阶梯的高度如不符合钢模板宽度的模数时可加镶木板，杯形基础杯口处在模板的顶部中间装杯芯模板。

② 柱模板 柱子的特点是断面尺寸不大但比较高，因此模板构造和安装主要考虑垂直度及抵抗混凝土的水平侧压力的问题。此外，也还要考虑方便混凝土灌筑和钢筋绑扎等。图 4-39 为柱模板示意，图 4-40 为矩形柱提升模板构造示意。

柱子的四面边长均按设计宽度由钢模拼装，四角采用连接角模或阳角模，上下左右均用 U 形卡（或拉紧螺栓）连接。提升模板由四块贴面模板用螺栓连接而成。使用时将四块贴面模板组成柱的断面尺寸，安装在小方

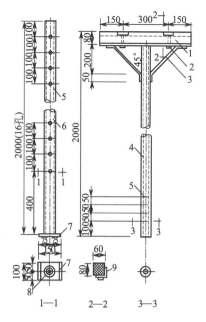

图 4-35 钢管支柱
1—垫木；2—ϕ12 螺栓；3—ϕ16 钢筋；
4—40 内径水管；5—ϕ14 孔；
6—40 内径水管；7—150×100×8 钢板；
8—ϕ14 出水孔；9—∟60×6

盘上，四根柱子组成一组，校正固定用木料搭牢，每次浇筑混凝土为一节模板高度。待混凝土强度达到拆模强度时拆模。拆除时松动两对角螺栓即可使模板脱开，然后用人工或提升架提升模板到上一段，其下口与已浇捣混凝土搭接 30cm，拧紧螺栓并校正固定，继续浇筑上段混凝土。此种模板对柱面宽为 30~80cm 的矩形柱，高度 4m 以内是适用的。

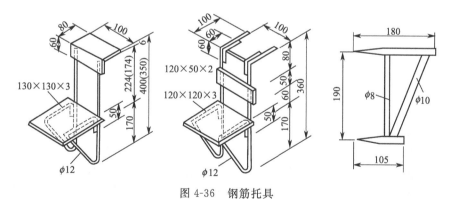

图 4-36 钢筋托具

③ 梁模板 是由底板加两侧板组成，人工或提升架提升模板到上一段，其下口与已浇捣混凝土搭接 30cm，拧紧螺栓并校正一般有矩形梁、T 形梁、花篮梁及圈梁等模板。梁底均有支承系统，采用支柱（琵琶撑）或桁架支模。T 形梁及预制板的花篮梁的拼装方法如图 4-41、图 4-42 所示。

④ 墙体模板 一般由侧板、立档、横档、斜撑和水平撑组成。为了保持墙的厚度及垂直度，墙板内加撑头。防水混凝土墙则加有止水板的撑头或采用临时撑头，在混凝土浇筑过程中逐层逐根取出。图 4-43 所示为墙体一般支模构造。图 4-44 所示则为组合钢模板墙模。

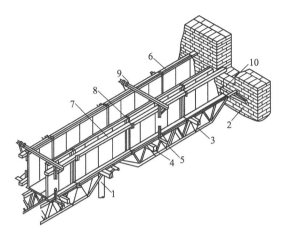

图 4-37　大梁支模方法

1—钢管支柱；2—托具；3—桁架；4—垫楞木；5—卡具；6—定型模板；

7—50×100 方木；8—钢钩；9—卡具；10—楔形垫木

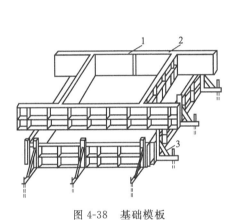

图 4-38　基础模板

1—扁钢连接杆；2—T形连接杆；3—角钢三角撑

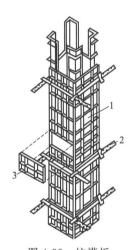

图 4-39　柱模板

1—平面模板；2—柱箍；3—浇筑孔盖板

图 4-40　矩形柱提升模板

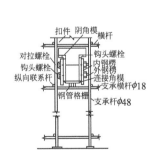

图 4-41　T形梁钢模板支模法

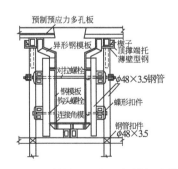

图 4-42　预制楼板花篮梁钢模板支模法

　　⑤ 水池模板　在现浇钢筋混凝土水池施工中，已推广使用定型组合钢模板（如 SZ 系列模板）。定型组合钢模板由钢模面板、支撑结构和连接件三部分组成，如图 4-45 所示。池壁模板的侧压力主要靠对拉螺栓承担，如图 4-46 所示，池壁支模采用的花梁和连接件，如图 4-47 和图 4-48 所示。

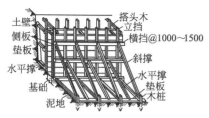

图 4-43 墙体模板一般支模

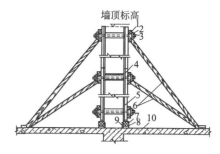

图 4-44 组合钢模板

1—木横挡；2—钢垫板；3—φ16 螺栓；4—混凝土撑头；
5—钢模板；6—木斜撑；7—找平木枋；8—找平层垫板；
9—封脚纤维板；10—地面或楼面

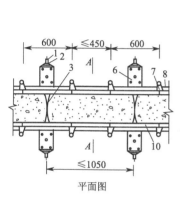

图 4-45 池壁模板支设

1—外拉杆；2—压盖；3—内拉杆；4—螺栓；5—槽型垫板；
6—花梁；7—B 型卡；8—φ48 钢管；9—G 型卡；10—平面模板

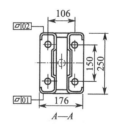

图 4-46 对拉螺栓

1—螺栓；2—垫圈；3—钢模板；
4—锥型螺母；5—内拉杆

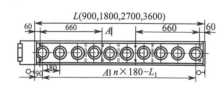

图 4-47 花梁

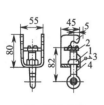

(a) A 型卡大样

1—卡钩；2—活动卡头；
3—六角螺母；
4—压紧螺钉

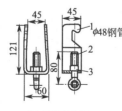

(b) B 型卡大样

1—卡钩；2—压紧螺栓；
3—六角螺母

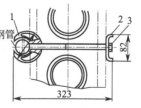

(c) G 型卡安装

1—G 型卡；2—槽型垫板；
3—螺栓

图 4-48 连接件

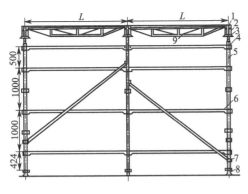

图 4-49 顶板模板支设

1—钢桁架；2—顶部支架；3—旋把；4—顶部丝杠；
5—立杆；6—横杆；7—斜杆；8—底座；9—钢模板

池顶模板的支设，其支撑结构采用桁架及支撑杆件。支撑杆件包括立柱和斜杆两部分。立柱为 $\phi 8 \times 3.5$ 钢管，立柱上部焊有卡板，为联接横杆用，上端铆 $\phi 38mm$ 插头，为纵向连接用。斜杆的截面尺寸同立柱，两端铆有万向挂钩，可与立柱任一部位扣接，最后用螺栓拧紧。组装完毕的顶板模板如图 4-49 所示。

⑥ 拉模　大型钢筋混凝土管道施工，可在沟槽内利用拉模进行混凝土浇筑。拉模分为内模和外模两部分。内模是根据管径、一次浇筑长度和施工方法等因素，采用钢模和型钢联接而成。一般内模由三块拼板组成，各拼板间由花篮螺栓固定，脱模时将花篮螺栓收缩后，使板面与浇筑的混凝土脱离，如图 4-50 所示。外模为一列车式桁架，浇筑混凝土时，在操作台上从外模上部的缺口将其灌入，如图 4-51 所示。

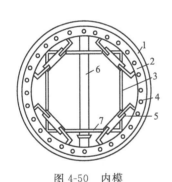

图 4-50 内模

1—内模；2—环向肋；3—加劲杆；4—连接螺栓孔；
5—花篮螺栓；6—槽钢；7—栓牵引绳处

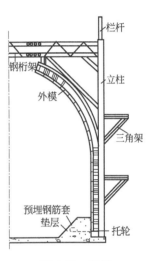

图 4-51 外模

4.1.2.4 模板支设的质量要求

模板支设应符合下列要求：a. 模板支承结构以及配件的材料、质量，应符合规范规定和设计要求；b. 模板及支撑应有足够的强度、刚度和稳定性，不能发生不允许的下沉和变形，模板的内侧面要平整，接缝严密，不得漏浆；c. 模板安装后应仔细检查各部件是否牢固，在浇灌混凝土过程中要经常检查，如发现变形、松动要及时修整加固；d. 现浇整体式结构模板安装的允许偏差，如表 4-11 所列；e. 固定在模板上的预埋件和预留洞均不得遗漏，安装必须牢固，位置准确，允许偏差如表 4-12 所列。

4.1.2.5 模板的拆除

为了方便拆除模板，降低拆模时模板损耗，在模板内表面应涂刷隔离剂。常用的隔离剂有肥皂下脚料、纸筋灰膏、黏土石灰膏、废机油、滑石粉等。

另外，还要掌握拆模时机，在保证混凝土浇筑质量的前提下，尽早拆除模板。对于不同的模板具有不同的拆模强度。不承重的侧模，只要能保证混凝土表面及棱角不致因拆模而损坏时，即可拆除。对于承重模板，应在混凝土达到设计强度的一定比例以后，方可拆除。这一期限决定于构件受力情况、气温、水泥品种及振捣方法等因素。

表 4-11　浇结构模板安装的允许偏差

顺　序	项　　目	允许偏差/mm
1	轴线位置	5
2	底模上表面标高	±5
3	截面内部尺寸 ①基础 ②柱、墙、梁	±10 +4，−5
4	层高垂直 ①全高小于或等于 5m ②全高大于 5m	6 8
5	相邻两板表面高低差	2
6	表面平整(2m 范围内)	5

表 4-12　预埋件和预留孔洞的允许偏差

顺　序	项　　目	允许偏差/mm
1	预埋钢板中心线位置	3
2	预埋管中心线位置	3
3	预埋螺栓 　中心线位置 　外露长度	2 +10，−0
4	预留孔中心线位置	3
5	预留洞 　中心线位置 　截面内部尺寸	10 +10，−0

当构件的混凝土强度达到设计标号的下列百分数后，就可拆除承重模板。

板：

跨度≤2m　　　　50%

跨度>2m，≤8m　75%

梁、拱、壳：

跨度≤8m　　　　75%

跨度>8m　　　　100%

悬臂构件：

跨度≤2m　　　　75%

跨度>2m　　　　100%

已拆除承重模板的结构，应在混凝土达到设计标号以后，才允许承受全部设计荷载。

拆除模板是不要用力过猛过急，拆模程序一般应后支先拆，先支后拆，先拆除非承重部分，后拆除承重部分。重大复杂模板的拆除，事先应制定拆模方案。拆除跨度较大的梁支柱时，应先从跨中开始，分别拆向两端。定型模板特别是组合钢模板，要加强保护，拆除后逐块传递下来，不得抛掷，拆下后及时清理干净，板面涂油。按规格分类堆放整齐，以利再用。倘背面油漆脱落，应补刷防锈漆。

4.2　混凝土工程

混凝土工程是钢筋混凝土工程的重要组成之一；其质量好坏是保证钢筋混凝土能否达到

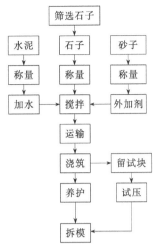

图 4-52　混凝土工程施工工艺流程

设计强度等级的关键，并直接影响结构或构件的强度和耐久性。

混凝土施工工艺过程如图 4-52 所示，包括配料、搅料、运输、浇筑、振捣、养护等。

4.2.1　混凝土制备

4.2.1.1　混凝土的分类

混凝土是以胶凝材料、细骨料、粗骨料和水（根据需要掺入外掺剂和矿物质混合材料），按适当比例配合，经均匀拌制、密实成型及养护硬化而成的人造石材。

混凝土按胶凝材料可分为无机胶凝材料混凝土，如水泥混凝土、石膏混凝土等；有机胶凝材料混凝土，如沥青混凝土等。

混凝土按使用功能分为普通混凝土、防水混凝土、耐酸及耐碱混凝土、水工混凝土、耐热、耐低温混凝土等。

混凝土按质量密度分为特重混凝土（质量密度大于 2700kg/m³ 含有骨料如钢屑、重晶石）、普通混凝土（质量密度 1900～2500kg/m³，以普通砂石为骨料）、轻混凝土（质量密度 1000～1900kg/m³）和特轻混凝土（质量密度小于 1000kg/m³，如泡沫混凝土、加气混凝土等）。

混凝土按施工工艺分主要有普通浇筑混凝土、离心成型混凝土、喷射、泵送混凝土等；按拌和料流动度分为干硬性和半干硬性混凝土、塑性混凝土、大流动性混凝土等。在一般土建工程中，以水泥配制的普通混凝土应用最广。

4.2.1.2　混凝土常用外加剂

混凝土中掺入适量的外加剂，能改善混凝土的工艺性能，加速工程进度或节约水泥。近年来外加剂得到了迅速发展，已成为混凝土不可缺少的组成部分。常加入的外掺剂有早强剂、减水剂、速凝剂、缓凝剂、抗冻剂、加气剂、消泡剂等。

（1）早强剂

可以提高混凝土的早期强度，对加速模板周转、节约冬期施工费用都有明显效果。常用的早强剂适用范围及使用效果如表 4-13 所列。

表 4-13　早强剂配方参考表

顺序	早强剂名称	常用掺量（占水泥重量的百分比）/%	适用范围	使用效果
1	三乙醇胺 $[N(C_2H_4OH)_3]$	0.05	常温硬化	3～5d 可达到设计强度的 70%
2	三异丙醇胺 $[N(C_3H_6OH)_3]$ 硫酸亚铁 $(FeSO_4 \cdot 7H_2O)$	0.03 0.5	常温硬化	5～7d 可达到设计强度的 70%
3	氯化钙 $(CaCl_2)$	2	低温或常温硬化	7d 强度与不掺者对比约可提高 20%～40%
4	硫酸钠 (Na_2SO_4) 亚硝酸钠 $(NaNO_2)$	3 4	低温硬化	在 -5℃ 条件下，28d 可达到设计强度的 70%
5	三乙醇胺 硫酸钠 亚硝酸钠	0.03 3 6	低温硬化	在 -10℃ 条件下，1～2 月可达到设计强度的 70%
6	硫酸钠 石膏 $(CaSO_4 \cdot 2H_2O)$	2 1	蒸汽养护	蒸汽养护 6h 与不掺者对比，强度约可提高 30%～100%

注：1. 以上配方均可用于混凝土及钢筋混凝土工程中；
　　2. 使用氯化钙或其他氯化物作早强剂时，尚应遵守施工验收规范的有关规定。

（2）减水剂

减水剂是一种表面活性材料，能把水泥凝聚体中所包含的游离水释放出来，从而有效地改善其和易性，增加流动性，降低水灰比，节约水泥，有利于混凝土强度的增长。常用的减水剂种类、掺量和技术经济效果，见表4-14。

表4-14 常用减水剂的种类及掺量参考表

种 类	主要原料	掺量（占水泥用量的百分比）/%	减水率/%	提高强度/%	增加坍落度/%	节约水泥/%	适用范围
木质素磺酸钠	纸浆废液	0.2～0.3	10～15	10～20	10～20	10～15	普通混凝土
MF减水剂	甲基萘磺酸钠	0.3～0.7	10～30	10～30	2～3倍	10～25	早强、高强、耐碱混凝土
NNO减水剂	亚甲基二萘磺酸钠	0.5～0.8	10～25	20～25	2～3倍	10～20	增强、缓凝、引气混凝土
UNF减水剂	油萘	0.5～1.5	15～20	15～30	10～15	10～15	
FDN减水剂	工业萘	0.5～0.75	16～25	20～50		20	早强、高强、大流动性混凝土
磺化焦油减水剂	煤焦油	0.5～0.75	10	35～37		5～10	
糖蜜减水剂	废蜜	0.2～0.3	7～11	10～20	4～6	5～10	

（3）加气剂

常用的加气剂有松香热聚物、松香皂等。加混凝土拌和物后，能产生大量微小（直径为1μm）互不相连的封闭气泡，以改善混凝土的和易性，增加坍落度，提高抗渗性和抗冻性。

（4）缓凝剂

能延缓水泥凝结的外加剂，常用于夏季施工和要求推迟混凝土凝结时间的施工工艺。如：在浇筑贮水构筑物或输水管道时，掺入己糖二酸钙（制糖业副产品），掺量为水泥质量的0.2%～0.3%。当气温在$25℃$左右环境下，每多掺0.1%，能延缓凝结$1h$。常用的缓凝剂有糖类、木质素磺酸盐类、无机盐类等。其成品有己糖二酸钙、木质素磺酸钙、柠檬酸、硼酸等。

4.2.1.3 混凝土的配制

普通混凝土配合比的设计，应保证结构设计所规定的强度等级和耐久性，满足施工和易性及坍落度的要求，合理使用材料、节约水泥。

所谓的混凝土配合比，即是确定单位体积混凝土中水泥、砂、石和水的比例。

现场的混凝土在配合比设计时，由于混凝土组成材料受环境施工等因素的影响，其强度、含水量方面会有所变化，因此要进行调整。

（1）强度的调整

现场混凝土强度要根据施工单位实际水平予以调整。混凝土的试配强度按下式计算，即

$$f_{cu}^m = f_{cu,k} + 1.645\sigma \tag{4-6}$$

式中，f_{cu}^m为混凝土的试配强度，N/mm^2；$f_{cu,k}$为设计混凝土立方体抗压强度标准值，N/mm^2；σ为施工单位的混凝土强度标准差，N/mm^2。

当施工单位具有近期混凝土强度的统计资料时，σ可按下式计算，即

$$\sigma = \sqrt{\frac{\sum_{i=1}^{n} f_{cu,i}^2 - nm_{f_{cu}}^2}{n-1}} \tag{4-7}$$

式中，$f_{cu,i}$ 为第 i 组混凝土试件强度，N/mm^2；$m_{f_{cu}}$ 为 n 组混凝土试件强度的平均值，N/mm^2；n 为统计周期内相同混凝土强度等级的试件组数，$n \geqslant 25$；当混凝土强度等级为 C20 或 C25 时，如计算得到的 $\sigma < 2.5N/mm^2$，取 $\sigma = 2.5N/mm^2$；当混凝土强度等级为 C30 及其以上时，如计算得到的 $\sigma < 3.0N/mm^2$，取 $\sigma = 3.0N/mm^2$。

对预拌混凝土厂和预制混凝土构件厂，其统计周期可取为一个月；对现场拌制混凝土的施工单位，其统计周期可据实际情况确定，但不宜超过 3 个月。

施工单位如无近期混凝土强度统计资料时，σ 可按表 4-15 取值。

表 4-15　混凝土强度标准差

混凝土强度等级	C10～C20	C25～C40	C50～C60
$\sigma/(N/mm^2)$	4.0	5.0	6.0

（2）含水量的调整

水灰比对混凝土强度起决定作用，因此，配制混凝土的水量必须准确。由于试验室在试配混凝土时的砂、石是干燥的，而施工现场的砂、石均有一定的含水率，其含水量的大小随气候、季节而异。为保证现场混凝土准确的含水量，故应按现场砂、石的实际含水率加以调整。

设试验室的配合比为水泥：砂：石子 $= 1 : x : y$，水灰比为 $\dfrac{W}{C}$，现场测得的砂、石含水率分别为 W_x，W_y，则施工配合比应为水泥：砂：石子 $= 1 : x(1 + W_x) : y(1 + W_y)$。水灰比不变，但必须减去石子中的含水量。

（3）配料精度

工地上配制的混凝土配合比应严格按试验室的规定执行，以确保混凝土的强度达到设计的级别。如前所述，混凝土的强度值对水灰比的变化十分敏感，根据试验资料表明，如配料时偏差值的水泥量为 -2%，水 $+2\%$，混凝土的强度要降低 8.9%，因此，在现场的配比精度应控制在下列数值内：水泥、外掺混合材料 $\pm 2\%$；粗细骨料 $\pm 3\%$；水、外加剂溶液 $\pm 2\%$。

施工现场一般用磅秤等配料，应定期维修校验，保持准确。骨料含水量应经常测定，调整用水量，雨天施工应增加测定含水量次数，以便及时调整。

4.2.2　混凝土的拌料

混凝土的拌制，是将施工配合比确定的各种材料进行均匀拌和，进行搅拌形成的混凝土拌和物。由于水泥颗粒分散度高，有助于水化作用进行，使混凝土和易性好，具有一定的黏性和塑性，便于后续施工过程的操作、质量控制和提高强度。

4.2.2.1　搅拌原理及方式

混凝土搅拌方式按其搅拌原理主要分为自落式和强制式。自落式搅拌作用是水泥和骨料在旋转的搅拌筒内不断被筒内壁叶片卷起，重力作用自由落下搅拌，常用的自落式搅拌机，如图 4-53 所示。这种搅拌方式多用于搅拌塑性混凝土，搅拌时间一般为 $90 \sim 120s/$ 盘，动力消耗大，效率低。这类搅拌对混凝土骨料有较大磨损，影响混凝土质量，已日益被强制式搅拌机所取代。

强制式搅拌机的鼓筒水平放置，本身不转动，搅拌时靠两组叶片绕竖轴旋转，将材料强行搅拌。这种搅拌方式作用强烈均匀、质量好、搅拌速度快、生产效率高。适宜于搅拌干硬性混凝土、轻骨料混凝土和低流动性混凝土，如图 4-54 所示。

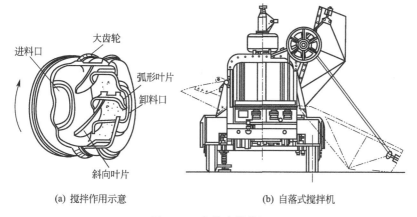

(a) 搅拌作用示意　　　　　　　　　(b) 自落式搅拌机

图 4-53　自落式搅拌机

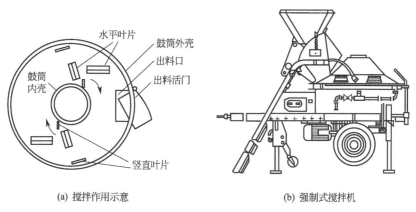

(a) 搅拌作用示意　　　　　　　　　(b) 强制式搅拌机

图 4-54　强制式搅拌机

4.2.2.2　混凝土的搅拌

搅拌混凝土前，应先在搅拌机筒内加水空转数分钟，使搅拌机充分湿润，然后将积水倒净。开始搅拌第一盘时，考虑筒壁上的黏结使砂浆损失，石子用量应按配合比规定减半。搅拌好的混凝土拌和物要做到基本卸净，不得在卸出之前再投入拌和料，也不允许边出料边进料。严格控制水灰比和坍落度，不得随意加减水量。每盘装料数量不得超过搅拌筒标准容量的 10%。搅拌混凝土应严格掌握材料配合比，各种原材料按重量的允许偏差，见表 4-16。

表 4-16　混凝土各组分材料质量的允许偏差

材料名称	允许偏差/%	备注
水泥、混合材料	±2	①各种衡器应定期校验，保持准确 ②骨料含水率应经常测定，雨天施工，应增加测定次数
粗、细骨料	±3	
水、外掺剂	±2	

(1) 投料顺序

对自落式搅拌机先在筒内加部分水，在上料斗中先装石子再装水泥和砂，然后一次投料并同时陆续加水。这种方法可使砂子压住水泥，使水泥粉尘不致飞扬，在水泥和砂进入搅拌筒形成水泥砂浆，可缩短包裹石子的时间。另一种加料顺序为先加 10% 水，然后加粗细骨料，水泥和 80% 的水，最后补 10% 水。对于立轴式强制式搅拌机，因出料口在下面，不能先加水，应在投入干料的同时，缓慢均匀分散地加水。

以上的加料顺序，为目前工地上常用的方法，称一次投料法。近年来由于对混凝土搅拌工艺的研究，出现了水泥裹砂法、预拌水泥砂浆法和预拌水泥浆法等新工艺，可统称为二次投料法。

水泥裹砂法是先加一定量的水，将砂表面的含水量调节到某一定值，再将石子加入与湿砂一起搅拌均匀，然后投入全部水泥，与润湿后的砂、石拌和，使水泥在砂、石表面形成一低水灰比的水泥浆壳，最后将剩余的水和外加剂加入，搅拌成混凝土。这种工艺与一次投料法比可提高强度20%～30%，混凝土不易产生防析现象，泌水性也大为降低，施工性也好。

预拌水泥砂浆是先将水泥、砂和水加入强制式搅拌机中搅拌均匀，再加石子搅拌成混凝土。该法与一次投料法比可减水4%～5%。提高混凝土强度3%～8%。

预拌水泥浆法是先将水泥和水充分搅拌成均匀的水泥净浆，再加入砂和石搅拌成混凝土，可改善混凝土内部结构，减少浇筑入模时混凝土的离析现象，可节约水泥达20%或提高混凝土强度15%。

（2）搅拌时间

混凝土拌和物的搅拌时间，是指从原料全部投入搅拌机筒时起，至拌和物开始卸出时止。搅拌时间随搅拌机类型及拌和物和易性的不同而异，其最短搅拌时间应符合表4-17。

表4-17 混凝土搅拌的最短时间

混凝土坍落度/mm	搅拌机类型	不同搅拌机出料量的搅拌时间/s		
		＜250L	250～500L	＞500L
≤30	自落式	90	120	150
	强制式	60	90	120
＞30	自落式	90	90	120
	强制式	60	60	90

（3）混凝土搅拌站

混凝土搅拌站的设置有工厂型和现场型。工厂型搅拌站为大型永久性或半永久性的混凝土生产企业，向若干工地供应商品混凝土拌和物。我国目前在大中城市已分区设置了容量较大的永久性混凝土搅拌站，拌制后用混凝土运输车分别送到施工现场。对建设规模大、施工周期长的工程，或在邻近有多项工程同时进行施工，可设置半永性的混凝土搅拌站。这种设置集中站统一拌制混凝土，便于实行自动化操作和提高管理水平，提高混凝土质量、节约原材料、降低成本，并且改善了现场施工环境和文明施工等条件。

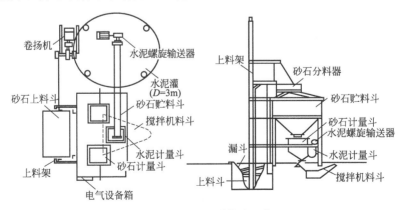

图4-55 移动式搅拌站示意

现场混凝土搅拌站是根据工地任务大小，结合现场条件，因地制宜设置。为了便于建筑工地转移，通常采用流动性组合方式，使机械设备组成装配联接结构，能尽量做到装拆、搬运方便。现场搅拌站的设计也应做到自动上料、自动称量、机动出料和集中操纵控制，使搅拌站后台（指原材料进料方向）上料作业走向机械化、自动化生产。图4-55为移动现场混凝土搅拌站示意。

当混凝土需要量大，工程分散且施工期不长的施工现场，可采用简易移动式搅拌站，如图4-56所示。

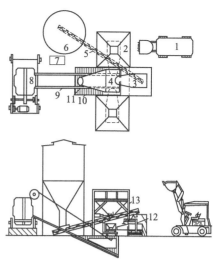

4.2.3　混凝土运输

运输混凝土所应采用的方法和设备，取决于构筑物和建筑物的结构特点、单位时间（日或小时）要求浇筑的混凝土量、水平和垂直运输距离、道路条件以及现有设备的供应情况、气候条件等因素。

图4-56　简易移动式搅拌站示意
1—铲车；2—骨料料斗；3—水泥称料斗；
4—集料斗；5—螺旋输送机；6—水泥筒仓；
7—操纵台；8—搅拌机；9—导轨；10—地坑；
11—地下导轨；12—磅秤；13—料斗架

从混凝土拌和物的基本性能考虑，对运输工作的要求如下：a. 在运输过程中，应保持混凝土的均匀性，不产生严重的离析现象，否则灌筑后就容易形成蜂窝或麻面，至少也增加了捣实的困难；b. 混凝土运到灌筑地点开始浇注时，应具有设计配合比所规定的流动性（坍落度）；c. 运输时间应保证混凝土能在初凝之前浇入模板内并捣实完毕。

为了保证上述基本要求，在运输过程中应注意以下几个问题。

a. 道路应尽可能平坦，特别是流动性较大的混凝土，很容易因颠簸而产生离析现象，运距应尽可能短，为此，搅拌站的位置应该布置适中。

b. 混凝土的运转次数应尽可能地少。

c. 混凝土从搅拌机卸出后到灌进模板中的时间间隔（称为运输时间）应尽可能缩短，一般不宜超过表4-18的规定。

表4-18　混凝土从搅拌机中卸出后到浇筑完毕的延续时间

混凝土的强度等级	不同气温下的延续时间/min	
	≤25℃	>25℃
≤C30	120	90
>C30	90	60

使用快硬水泥或掺有促凝剂的混凝土，其运输时间应根据水泥性能及凝结条件确定。

d. 运输混凝土的工具（容器）应该不吸水、不漏浆。如果气温炎热，容器应该用不吸水的材料遮盖，以防阳光直射，水分蒸发。容器在使用前应先用水湿润，使用过程中经常清除其中黏附的和硬化的混凝土残渣。

4.2.3.1　混凝土水平运输

常用的水平运输设备有：手推车、机动翻斗车、混凝土搅拌运输车、自卸汽车等。

(1) 手推车及机动翻斗车运输

① 手推车运输。工地常用双轮手推车运输，其容积为0.07～0.1m³，载重为200kg，主

要用于中小型工地地面及楼面运输；

② 机动翻斗车运输。其容量为 0.4m³，载重量为 1000kg，机动翻斗车主要用于地面水平运输。

（2）混凝土搅拌运输车

混凝土搅拌输送车是在汽车底盘上加装一台搅拌筒制成，如图 4-57 所示。将搅拌站生产的混凝土拌和物装入搅拌筒内，直接运至施工现场。在运输途中，搅拌筒以 2～4r/min 不停地慢速转动，使混凝土经过长距离运输后，不致产生离析。当运输距离过长时，由搅拌站供应干料，在运中加水搅拌，以减少长途运输造成的混凝土坍落度损失。使用干料途中自行加水搅拌速度，一般应为 6～18r/min。

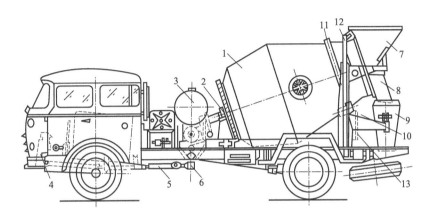

图 4-57　混凝土搅拌运输车

1—搅拌筒；2—轴承座；3—水箱；4—分动箱；5—传动轴；6—下部圆锥齿轮箱；

7—进料斗；8—卸料槽；9—引料槽；10—托轮；11—滚道；

12—机架；13—操纵机构

4.2.3.2　垂直运输

在工程实际中，可用于混凝土垂直运输的机械有井架、塔式起重机、混凝土泵，这里主要介绍混凝土泵的垂直运输。混凝土泵是将混凝土拌和物装入泵的料斗内，通过管道，将混凝土拌和物直接输送到浇筑点，一次完成水平及垂直运输工作的过程。

（1）混凝土泵

混凝土泵有气压、活塞及挤压等几种类型。目前应用较多的是活塞式。按推动活塞的方式又可分为机械式（曲轴式）及液压式，后者较为先进。

液压活塞式混凝土泵的工作原理见图 4-58。泵工作时，搅拌好的混凝土拌和物装入料斗 6，吸入端片阀 7 移开，排出端片阀 8 关闭，活塞 4 在液压作用下，带动活塞 2 左移，混凝土在自重及真空吸力作用下，进入混凝土缸 1 内。然后，液压系统中压力油的进出方向相反，活塞右移，同时吸入端片阀门关闭，压出端片阀移开，混凝土被压入管道 9 中，输送到灌筑地点。

单缸混凝土泵的出料是脉冲式的，所以一般混凝土泵都有两套缸体左右并列，交替出料，通过 Y 形输料管 9，送入同一管道，使出料较为稳定。

（2）输送管

输送管一般采用钢管制成。管径有 100mm、125mm、150mm 几种规格，标准管长度 3m，配套管有 1m 和 2m 两种，另配有 90°、45°、30°、15°等不同角度的弯管，供管道转折处使用。

116

(3) 泵送工艺

泵送混凝土可采用固定式混凝土泵或移动泵车。固定式混凝土泵使用时，需用汽车运到施工地点，然后进行混凝土输送。一般最大水平输送距离为250～600m，最大垂直输送高度为150m，输送能力为60m³/h左右。

移动式泵车是将液压活塞式混凝土泵固定安装在汽车底盘上，使用时开至需要施工的地点，进行混凝土泵送作业。当浇灌地点分散，可采用带布料杆的泵车（图4-59）作水平和垂直距离输送，泵的软管直接把混凝土浇灌到模型内。

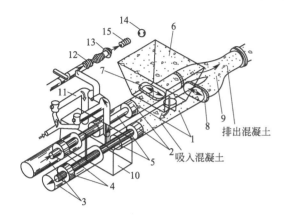

图 4-58　液压活塞式混凝土泵工作原理

1—混凝土缸；2—混凝土活塞；3—液压缸；4—液压活塞；
5—活塞杆；6—料斗；7—吸入端水平片阀；8—排出端
竖直片阀；9—Y形输送管；10—水箱；11—水洗装置
换向阀；12—水洗用高压软管；13—水洗用法兰；
14—海绵球；15—清洗活塞

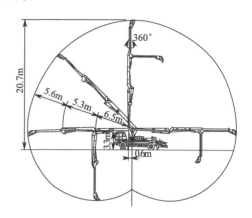

图 4-59　三折叠式布料杆混凝土泵车及浇筑范围

施工时，要合理布置混凝土泵车的安放位置，尽量靠近浇筑地点，并须满足两台混凝土搅拌输送车能同时就位，使混凝土泵能不间断地连续压送，避免或减少中途停歇引起管路堵塞。

(4) 混凝土的可泵性

泵送混凝土应有良好的稠度和保水性，称为可泵性。可泵性优劣取决于骨料品种、级配水灰比、坍落度、单方混凝土的水泥用量等因素。为了获得良好的可泵性，在配制泵送混凝土时，要满足下列要求。

① 水泥用量　单位体积混凝土的水泥用量是影响混凝土在管内输送阻力的主要因素（因水泥浆起到润滑作用），水泥的单位含量少，泵送阻力就增加，泵送能力就降低。为了保证混凝土泵送的质量，每立方米混凝土中的水泥用量不宜少于300kg。

② 坍落度　坍落度低，即混凝土中单位含水量少，泵送阻力就增大，泵送能力下降。但坍落度过大会造成在模板缝隙漏浆，并增加混凝土的收缩。适宜的坍落度为80～180mm。但坍落度在泵送混凝土时不是定值，它与管道材料和长度有关，根据实测记录每100m水平管道约降低10mm。

③ 骨料种类　泵送混凝土以卵石和河砂最为合适。碎石由于表面积大，在水泥浆数量相同的情况下使用碎石比卵石的泵送能力差，管内阻力大。一般规定，泵送混凝土中碎石最大粒径不超过输送管的1/4，卵石不超过管径的1/3。

使用轻骨料时，管内混凝土在泵的压力作用下，水分被轻骨料吸收的比率很大，坍落度会下降30～50mm，所以泵送轻骨料混凝土时，坍落度应当增加。

④ 骨料级配和含砂率 骨料粒度和级配对泵送能力有关键性的影响，如偏离标准粒度曲线过大，会大大降低泵送性能，甚至引起堵管事故。含砂率低不利于泵送。泵送混凝土含砂率宜控制在 40%～50%，砂宜用中砂，粗砂率为 2.75% 左右，0.3mm 以下的细砂含量至少在 15% 以上。

(5) 泵送混凝土的工艺要求

① 必须保证混凝土连续工作，混凝土搅拌站供应能力至少比混凝土泵的工作能力高出约 20%。

② 混凝土泵的输送能力应满足浇筑速度的要求。

③ 输送管布置应尽量短，尽可能直，转弯要少、缓（即选用曲率半径大的弯管），管段接头要严，少用锥形管，以减少阻力和压力损失。

④ 泵送混凝土前应先泵送水，清洗管道。再泵送 1∶1 或 1∶2 的水泥砂浆润滑管壁。泵送开始后，应保持泵送连续工作，如因特殊原因中途需停止泵送时，停顿时不宜超过15～20min，且每隔 4～5min 要使泵交替进行 4～5 个逆转和顺转动作，以保持混凝土运动状态，防止混凝土在管内产生离析。若停顿时间过长，必须排空管道内的混凝土。

⑤ 在泵送过程中，混凝土泵的受料斗内的混凝土应保持充满状态，以免吸入空气形成堵管。

⑥ 泵送结束后，应用水及海绵球将残存的混凝土挤出并清洗管道。

⑦ 用泵送混凝土浇筑的结构，要加强养护，防止因水泥用量较大而引起裂缝。

4.3　钢筋混凝土的施工方法

4.3.1　现浇混凝土工程施工

现浇混凝土工程的施工，是要将搅拌良好的混凝土拌和物，经过运输、浇筑入模、振捣成型和养护等施工过程，最终成为符合设计要求的建筑物或构筑物的过程。

4.3.1.1　混凝土的浇筑与振捣

混凝土浇筑的质量，直接影响到结构的承载能力及耐久性，因此必须要做到所浇混凝土均匀密实，强度符合要求；保证结构构件几何尺寸准确；钢筋及预埋件位置准确；拆模后混凝土表面平整光洁。

在进行浇筑之前，除了应将材料供应、机具安装、道路平整、劳动组织等安排就绪之外，还应进行一系列的检查、准备工作。模板尺寸、轴线是否正确，强度、刚度是否足够以及接缝是否密实。钢筋工程是一种"隐蔽工程"，检查结果应做出记录。模板或基槽内的积水、垃圾，钢筋上的油污，应予扫除、清理干净。

对模板内部应浇水润湿（最好前一日淋湿），以免浇筑后模板吸收混凝土中的水分相互黏结，造成脱皮，麻面，影响质量。浇水量视模板的材料不同以及干燥程度、气候条件而异。木模板浇水之后，还可以使木材适当膨胀，减少板缝间隙，防止漏浆。

(1) 混凝土的浇筑

浇筑混凝土时，应注意防止分层离析，当浇筑自由倾落高度超过 2m 或在竖向结构中浇筑高度大于 3m，须采用串筒、斜槽、溜管等缓降器，如图 4-60 所示。在浇筑中，应经常观察模板、支架、钢筋和预埋件、预留孔

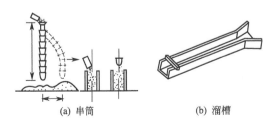

(a) 串筒　　　　(b) 溜槽

图 4-60　串筒与溜槽

洞的情况，如发生有变形、移位时，应及时停止浇筑，并在已浇筑的混凝土凝结前修整完好。

浇筑混凝土应连续进行，以保证构筑物的强度与整体性。施工时，相邻部分混凝土浇筑的时间间隔以不出现初凝时间为准。浇灌间歇的最长时间应按使用水泥品种及混凝土凝结条件确定，并不得超过表4-19的规定。

表4-19　浇筑混凝土的间歇时间

混凝土强度等级	不同气温下的间歇时间/min	
	≤25℃	>25℃
≤C30	210	180
>C30	180	150

若不能连续浇筑时，应预先选定适当部位设置施工缝。施工缝的位置应设置在结构受剪力较小且便于施工的部位。例如浇筑贮水构筑物及泵房设备用地坑，施工缝可留在池（坑）壁，距池（坑）底混凝土面 30～50cm 的范围内。在施工缝处继续浇筑混凝土时，已浇筑的混凝土坑压强度应达到 $1.2N/mm^2$。同时，对已硬化的混凝土表面要清除松动砂石和软弱层面，并加凿毛，用水冲洗并充分湿润后铺 3～5cm 厚水泥砂浆衔接层（配合比与混凝土内的砂浆成分相同），再继续浇筑新混凝土。

大面积混凝土底板或池壁，为了消除水泥水化收缩而产生的收缩应力或收缩裂缝，须设置伸缩缝。长距离条形构筑物，如现浇混凝土管沟、长池壁、管道基础等，为了防止地基不均匀沉降的影响，须设置沉降缝。贮水构筑物的伸缩缝和沉降缝均应作止水处理。为了防止地下水渗入，地下非贮水构筑物的伸缩缝和沉降缝也应做止水处理。施工缝一般设在伸缩缝和沉降缝处。常用的止水片有橡胶、塑料等。

（2）混凝土的振捣

① 振捣原理　对混凝土进行机械振捣是为了提高混凝土密实度。振捣前浇灌的混凝土是松散的，在振捣器高频率低振幅振动下，混凝土内颗粒受到连续振荡作用，成"重质流体状态"，颗粒间摩擦阻力和黏聚力显著减少，流动性显著改善。粗骨料向下沉落，粗骨料孔隙被水泥砂浆填充。混凝土中空气被排挤，形成小气泡上浮。一部分水分被排挤，形成水泥浆上浮。混凝土充满模板，密实度和均一性都增高。干稠混凝土在高频率振捣作用下可获得良好流动性，与塑性混凝土比较，在水灰比不变条件下可节省水泥，或在水泥用量不变条件下可提高混凝土强度。

振捣的效果与所用的振捣方法和振捣设备性能有关。混凝土捣实的难易程度取决于混凝土拌和物的和易性、砂率、容重、空气含量、骨料的颗粒大小和形状等因素。和易性好，砂率恰当，加入减水剂振捣较易；碎石混凝土则较卵石混凝土相对困难。

② 振捣方法　混凝土的振捣有人工和机械两种方式。人工振捣一般只在缺少振动机械和工程量很小的情况，或在流动性较大的塑性混凝土中采用。

振动机械按其工作方式，可以分为：内部振动器（插入式振动器）、表面振动器（平板式振动器）及外部振动器（附着式振动器）三种。

内部振动器也称插入式振动器，形式有硬管和软管。振动部分有偏心振动子和行星振动子，如图 4-61（a）所示。主要适用于大体积混凝土、基础、柱、梁、厚度大的板等。

表面振动器也称平板式振动器。其工作部分为钢制或木制平板，板上装有带偏心块的电动振动器。振动力通过平板传递给混凝土，适用于表面积大且平整的结构物，如平板、地面、屋面等，如图 4-61（b）所示。

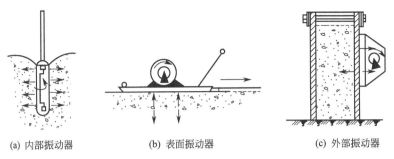

(a) 内部振动器   (b) 表面振动器   (c) 外部振动器

图 4-61　振动器的工作原理

外部振动器也称附着式振动器。通常用螺栓或夹钳等固定在模板外部，偏心块旋转所产生的振动通过模板传给混凝土。由于振动作用深度较小，仅适用于钢筋较密、厚度较薄以及不宜用插入式振动器捣实的结构，如图 4-61(c) 所示。

4.3.1.2　现浇钢筋混凝土构筑物的整体浇筑

贮水、水处理和泵房等地下或半地下钢筋混凝土构筑物是给水、排水和水处理工程施工中常见的结构，特点是构件断面较薄，且有的面积较大，钢筋一般较密；要求具有较高抗渗性和良好的整体性，需要采取连续浇筑。对这类结构的施工，须针对它的特点，着重解决好分层分段流水施工和选择合理的振捣方式。

对于面积较小、深度较浅的构筑物，可将池底和池壁一次浇筑完毕。面积较大而又深的水池和泵房地坑，应将底板和池壁分开浇筑。

（1）混凝土底板的浇筑与振捣

地下或半地下构筑物平底板浇筑时，混凝土的垂直和水平运输可以采用多种方案。如布料混凝土泵车可以直接进行浇灌，塔式起重机、桅杆起重机等可以把混凝土料布斗吊运到底板浇筑处。也可以搭设卸料台，用串桶、溜槽下料。如果可以开设斜道，运输车辆就能直接进入基坑。图 4-62 为采用塔式起重机进行底板浇筑的示意。

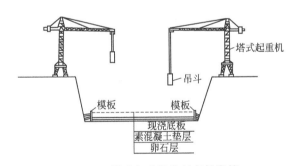

图 4-62　塔式起重机进行底板浇筑

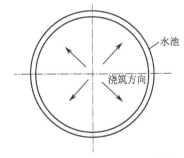

图 4-63　底板从中央向四周浇筑

池底分平底和锥底两种。锥形底板从中央均匀向四周浇筑，如图 4-63 所示。浇筑时，混凝土不应下坠。因此，应根据底板水平倾角大小，设计混凝土的坍落度。

为了控制水池底板、管道基础等浇筑厚度，应设置高程标桩，混凝土表面与标桩顶取平，或设置高程线控制。

混凝土在凝结硬化过程中会发生干缩，对于水池等底板由于地基或垫层或土体等约束作用，会产生拉应力。

当新浇筑混凝土的强度还不足以承受该拉应力时，就会产生收缩。钢筋能抵抗这种收缩。素混凝土收缩量较钢筋混凝土收缩量大。同时浇捣的混凝土面积愈大，收缩裂缝愈可能产生。因此，要限制同时浇灌的面积，而且各块面积要间隔浇筑。图 4-64 所示为底板混凝土地的分块浇筑。分块浇筑的底板，在块与块之间设伸缩缝，宽约 1.5～2cm，用木板预留。在混凝土收缩基本完成后，伸缩缝内填入膨胀水泥或沥青玛琋脂。这种施工方法的困难在于预留木板很难取出。为了避免剔取预留木板，可以放置止水片，常用的止水片有橡胶、塑料等，如图 4-65 所示。

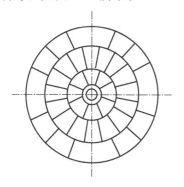

图 4-64　底板分块浇筑

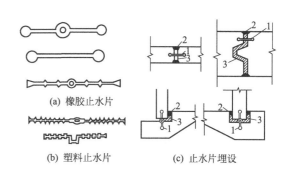

(a) 橡胶止水片

(b) 塑料止水片　　(c) 止水片埋设

图 4-65　止水带装置

1—止水片；2—封缝料；3—填料

混凝土板用平板式或插入式振动器捣固。平板式振动器的振捣方式如图 4-66 所示，有效振捣深度一般为 20cm。两次振捣点之间应有 3～5cm 搭接。

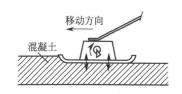

图 4-66　平板式振动器的振捣方式

图 4-67　插入式振动器的振捣方式

混凝土墙或厚度大于平板式振动器有效捣固深度底板，采用插入式振动器，振捣方法如图 4-67 所示。插入式振动棒内安装偏心块，电动机通过软轴传动使之旋转，发生振动。以振动器插点为中心的受振范围用振动器作用半径来表示。相邻插点应使受振范围有一定重叠。图 4-68 所示为插点的布置。

振捣时间与混凝土稠度有关。混凝土内气泡不再上升，骨料不再显著下沉，表面出现一层均匀水泥砂浆时，振捣就可停止。

底板混凝土振捣后，用拍杠或抹子将表面压实找平。

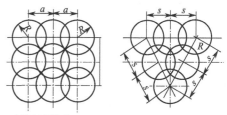

(a) 直线行列移动,$a \leqslant 1.5R$　(b) 交联行列移动,$a \leqslant 1.75R$

图 4-68　插入式振动器插点的布置

a—插点间距；R—振动器作用半径；

s—插点移动距离

(2) 混凝土墙的浇筑与振捣

混凝土水池的池壁、隔墙，地面水进水口的直墙，泵房的墙壁等施工，为了避免留设施工缝，一般都采用连续浇灌混凝土。连续浇灌时，在池壁的垂直方向分层浇灌。每个分层称为施工层。相邻两施工层浇灌的时间间隔不应超过混凝土的初凝期。

池壁模板是先支设一侧，另一侧模板随着混凝土浇高而向上支设，如图 4-69 所示。根据现场情况来确定是先支起里模还是先支起外模。钢筋的绑扎、脚手架的搭设随着浇筑而向上进行。

施工层的高度根据混凝土的搅拌、运输、振捣的能力确定。通常取 2m。这是因为混凝土的自由降落高度允许为 2m 左右，脚手架的每步高也为 2m 左右。

为了使各工序进行平行作业，应将池壁分成若干施工段，且每个施工段的长度能保证各项工序具有足够的工作前线。当池壁长度很大时，可以划分若干区域，在每个区域实行平行流水作业。

混凝土每次浇筑厚度为 20～40cm。使用插入式振动器时，一般应直插入到下层尚未初凝的混凝土中 5～10cm，以促使上下层相互结合。振捣时，要快插慢拔。快插是防止先将表面的混凝土振实，与下面的混凝土发生分层、离析现象。慢拔是使混凝土能填满振动棒拔出时形成的空洞。插入深度如图 4-70 所示。

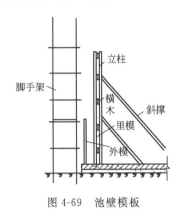

图 4-69　池壁模板

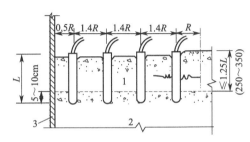

图 4-70　插入式振动器的插入深度
1—新灌筑的混凝土；2—下层已振捣但尚未初凝的混凝土；
3—模板；R—有效作用半径；L—振动棒长

4.3.1.3　混凝土的养护

混凝土拌和物经浇筑振捣密实成型后，其凝结和硬化是通过其中水泥的水化作用实现的。而水化作用须在适当的温度与湿度的条件下才能完成。为保证混凝土在规定龄期内达到设计要求的强度，并防止产生收缩裂缝，必须认真做好养护工作。

当自然气温高于 +5℃，在现场浇筑的混凝土通常采用自然养护。自然养护方法有覆盖浇水养护和塑料薄膜养护。

（1）覆盖浇水养护

是利用平均气温高于 +5℃ 的自然条件下，用适当材料（如草帘、芦席、锯末、砂）对混凝土表面加以覆盖并浇水，使混凝土在一定时间内保持足够的湿润状态。

对于一般塑性混凝土，养护工作应在浇筑完毕 12h 内开始进行，对于干硬性混凝土或当气温很高、湿度很低时，应在浇筑后进行养护。混凝土浇水养护日期可参照表 4-20。

表 4-20　混凝土养护时间参考表

分　类		浇水养护时间/d
拌制混凝土的水泥品种	硅酸盐水泥；普通硅酸盐水泥；矿渣硅酸盐水泥	不小于 7
抗渗混凝土 混凝土中掺用缓凝型外掺剂		不小于 14

注：采用其他品种水泥时，混凝土的养护应根据水泥技术性能确定；如平均气温低于 5℃ 时，不得浇水。

养护初期，水泥的水化反应较快，需水也较多，应注意头几天的养护工作，在气温高、湿度低时，应增加洒水次数。一般当气温在 15℃ 以上时，在开始三昼夜中，白天至少每 3h 洒水一次，夜间洒水两次。在以后的养护期中，每昼夜应洒水三次左右，保持覆盖物湿润。

在夏日因充水不足或混凝土受阳光直射，水分蒸发快，水化作用不足，混凝土发干呈白色，发生假凝或出现干缩的细小裂缝时，应仔细加以遮盖，充分浇水，加强养护工作，并延长浇水日期进行补救。

对大面积结构如地坪、楼板、屋面等可用湿砂覆盖和蓄水养护。贮水池可于拆除内模、混凝土达到一定强度后注水养护。

(2) 塑料薄膜养护

是将塑料溶液喷洒在混凝土表面上，溶液经挥发，塑料与混凝土表面结合成一层薄膜与空气隔绝，封闭混凝土中的水分不被蒸发。这种方法一般适用于表面积大的混凝土施工和缺水地区。成膜溶液的配制可用氯乙烯-偏氯乙烯共聚乳液，用 10％磷酸三钠中和，pH 值为 7～8，用喷雾器喷涂于混凝土表面。

4.3.1.4 混凝土的质量检验

影响混凝土质量的因素很多，它与各个工序的施工质量密切相关。施工中应建立严格的质量管理与检查制度，并结合现场条件预先编制施工设计。

搅拌前，应对各组成材料的品种、质量进行检验，并根据其品种决定施工应采取的措施。

在混凝土搅拌和浇筑过程中，检查混凝土的坍落度、振捣作业制度。

为了检查混凝土是否达到设计要求标号和确定能否拆模，都应制作试块以备检验混凝土的强度。

此外，对给排水构筑物，还应进行抗渗漏等试验，以检查混凝土的施工质量。

(1) 抗压强度检验

检查混凝土强度，应在浇筑现场制作边长 15cm 的立方体试块，经标准养护 28d 后试压确定。当采用非标准尺寸的试块时，应将抗压强度乘以折减系数，换算为标准试块的强度，其折减系数为 10cm 立方体乘以 0.95，20cm 立方体乘以 1.05。

检验评定混凝土强度的试块组数的留置，应符合下列规定：a. 每拌 100m³ 的同配比的混凝土，取样应不少于一组（每组三块）；b. 每工作班拌制的同配合比的混凝土，应取一组，或一次连续浇筑的工程量小于 100m³ 时，也应留置一组试块，此时如配合比变换，则每种配合比均应留置一组试块；c. 为了检查结构拆模、吊装、预应力构件上张拉和施工期间临时负荷的需要，应留置与结构或构件同条件养护的试块。

(2) 构筑物渗漏检验

贮水或水处理钢筋混凝土构筑物，除检查强度和外观外，还应作渗漏、闭气检查。

① 混凝土抗渗性检验　混凝土的抗渗性用抗渗标号 P 表示。依据高低分为 P4、P6、P8 三级。抗渗标号与构筑物内的最大水头和最小壁厚有关，确定的依据如表 4-21 所列。

表 4-21　混凝土抗渗标号取值表

最大作用水头与最小壁厚之比值	抗渗标号（P）	最大作用水头与最小壁厚之比值	抗渗标号（P）
<10	4	>30	8
10～30	6		

抗渗试验是用 6 个圆柱试件，经标准养护 28d 后，置于抗渗仪上，从底部注入高压水，每次升压 0.1MPa，恒压 8min，直至其中 4 个试件未发现渗水时的最大压力，即为该组试件的抗渗标号。见图 4-71。

② 满水试验　按构筑物工作状态进行的满水试验是检查构筑物的渗漏量和表面渗漏的情况。试验前应先向池内注水，水位上升速度每日不超过 2m，以确保结构受力的均衡。为

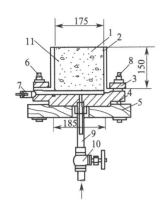

图 4-71 混凝土的抗渗试验
1—试件；2—套模；3—上法兰；
4—固定法兰；5—底板；6—固定
螺栓；7—排气阀；8—橡皮垫圈；
9—分压水管；10—进水阀门；
11—密封蜡

了及早发现漏水现象，应分三次进行，分别测定其漏水量。

满水试验的测定方法是测量 24h 后的水位下降。按照规范规定 $1m^2$ 的浸湿面积每 24h 的漏水量不得大于 2L。在敞口构筑物试验中，应扣除蒸发而失去的水量。测定蒸发量是在水池内设置直径为 50cm、高 30cm 的钢板制水箱，水深为 20cm。在测量水池水位的同时，测量蒸发水箱的水位下降值。渗水量计算如下所示，即

$$q=\frac{A_1}{A_2}[(E_1-E_2)-(e_1-e_2)] \tag{4-8}$$

式中，q 为渗水量，$L/(m^2 \cdot d)$；A_1 为水池水面面积，m^2；A_2 为水池浸湿总面积，m^2；E_1 为水池水位测针初读数，mm；E_2 为测读 E_1 后 24h，水池水位测针读数，mm；e_1 为测读 E_1 时蒸发水箱水位测针初读数，mm；e_2 为测读 E_1 时蒸发水箱水位测针读数，mm。

③ 闭气试验 污水处理厂中的厌氧消化池，除在泥区进行满水试验外，在沼气区尚应进行闭气试验。

闭气试验是观察 24h 前后的池内压力降。按规定，消化池 24h 压力降不得大于 0.2 倍试验压力。由于池内气压受池内温度及池外大气压力的影响，可按式（4-9）计算：

$$\Delta p \leqslant (p_{d1}+p_{a1})-(p_{d2}+p_{a2})\frac{273+t_1}{273+t_2} \tag{4-9}$$

式中，Δp 为池内气压降，dPa；p_{d1} 为池内气压初读数，dPa；p_{d2} 为池内气压未读数，dPa；p_{a1} 为测量 p_{d1} 时的大气压力值，dPa；p_{a2} 为测量 p_{d2} 时的大气压力值，dPa；t_1 为测量 p_{d1} 时的池内温度，℃；t_2 为测量 p_{d2} 时的池内温度，℃。

一般试验压力是工作压力的 1.5 倍。

4.3.2 水下浇筑混凝土

在进行基础施工中，如灌筑连续墙、灌注柱、沉井封底等，有时地下水渗透量大，大量抽水又会影响地基质量；或在江河水位较深，流速较快情况下修建取水构筑物时，常可采用直接在水下灌筑混凝土的方法。

在水下灌注混凝土，应解决如何防止未凝结的混凝土中水泥流失的问题。当混凝土拌和物直接向水中倾倒，在穿过水层达到基底过程中，由于混凝土的各种材料的浮力不同，将使水泥浆和骨料分解，骨料先沉入水底，而水泥浆则会流失在水中，以致无法形成混凝土。

水下浇筑混凝土一般分为水下灌筑法和水下压浆法。

4.3.2.1 水下灌筑法

水下灌筑法有直接灌筑法、导管法、泵压法、柔性管法和开底容器法等。通常施工中使用较多的方法是导管法。

导管法是将混凝土拌和物通过金属管在已灌筑的混凝土表面之下灌入基础，这样就避免了新浇筑的混凝土与水直接接触，如图 4-72 所示。

导管一般直径 200～300mm，每节长为 1～2m，各节用法兰盘连接，以防漏浆和漏水。使用前需将全部长度导管进行试压。导管顶部装有混凝拌和物的漏斗 2，容量一般为 0.8～1m³。漏斗和导管使用起重设备吊装安置在支架上。导管下口安有活门和活塞（图 4-73），从导管中间用绳或铅丝 6 吊住，灌筑前用于封堵导管。活塞可用木、橡皮或钢制，如采用混

凝土制成，则不再回收。

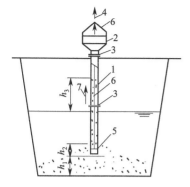
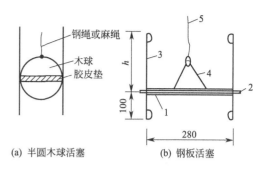

图 4-72　水下灌筑混凝土
1—导管；2—漏斗；3—封密接头；4—起重设备
吊索；5—混凝土塞子；6—铅丝；7—导管缓缓上升

图 4-73　导管活塞
1—钢板；2—胶皮板；3—钢筋；
4—吊钩；5—8 号铅丝

开始灌注前，应先清理基底，除去淤泥和杂物，并使其标高符合设计要求的高程。

为使水下浇筑的混凝土有足够的强度和良好的和易性，应对材料和配合比提出相应要求，一般水泥采用普通硅酸盐水泥和矿渣硅酸盐水泥，标号不低于 325 号，并试验水泥的凝结时间。为了保障混凝土强度，水灰比不宜大于 0.6。混凝土拌和物坍落度为 15～20cm，粗骨料可选用卵石，最大粒径不应超过管径的 1/8。为了改善混凝土性能，可掺入表面活性外掺剂，使形成黏聚性好、泌水性小的流态混凝土拌和物。

灌筑开始时，将导管下口降至距基底表面 h_1 约 30～50cm 处，太近则容易堵塞。第一次灌入管内的混凝土拌和物数量应预先计算，要求灌入的混凝土能封住管口并略高出管口，h_2 应为 0.5～1m。管口埋入过浅则导管容易进水；过深管内拌和物难以倾出。此外，管内混凝土顶面应高出水面 h_3 约 2.5m，以便将混凝土压入水中。

当管内混凝土的体积及高度满足以上要求时，剪断铅丝，混凝土拌和物冲开塞子而进入水内，如用木塞则木塞浮起，可以回收。这一过程称为"开管"。此后一边均衡地浇灌筑，一边缓缓提起导管，并保持导管下口始终在混凝土表面之下。防止地下水把上、下两层混凝土隔开，影响浇筑质量。浇筑速度以每小时提升导管 0.5～3m 为宜，浇筑强度每个导管可达 15m³/h。

开管以后，应注意保证连续灌筑，防止堵管。当灌筑面积较大时，可以同时用数根导管进行灌筑。导管的作用半长与混凝土坍落浇筑压头有关，一般为 3～4m。导管的极限扩散半径亦可用式(4-10) 计算，即

$$R_{ex}=\frac{3t_h I}{i} \tag{4-10}$$

式中，R_{ex} 为水下混凝土极限扩散半径；t_h 为水下混凝土拌和物流动性指标；I 为水下混凝土面上升速度，m/d；i 为扩散平均坡率，取 1/5。

采用多根导管同时进行灌筑，要合理布置导管，以使混凝土顶面标高不致相差过大。

水下混凝土灌筑完毕后，应对顶面进行清理，清除顶面厚约 20cm 一层的松软部分，然后再建造上部结构。

4.3.2.2　水下压浆法

压浆法是先在水中抛填粗骨料，并在其中埋设注浆管，然后用水泥砂浆通过泵压入注浆管内进入骨料中，如图 4-74 所示。

骨料用带有拦石钢筋的格栅模板、板桩或砂袋定型。骨料应在模板内均匀填充，以使模

板受力均匀，骨料面高度应大于注浆面高度0.5~1m，对处于动水条件下，骨料面高度应高出注浆面1.5~2.0m。此时，骨料填充和注浆可同时进行作业，如图4-75所示。填充骨料，应保持骨料粒径具有良好级配。

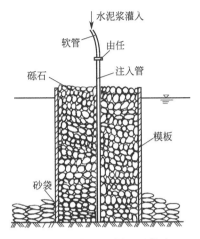

图4-74 水下混凝土压浆法

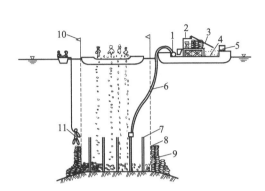

图4-75 水下压力注浆施工示意
1—砂浆泵；2—砂浆搅拌机；3—斗式运送器；4—砂；
5—水箱；6—砂浆输送管；7—导管；8—帆布围罩；
9—砂袋；10—水上标志；11—潜水工

注浆管可采用钢管，内径根据骨料最小粒径和灌注速度而定，通常为25mm、38mm、50mm、65mm、75mm等规格。管壁开设注浆孔，管下端呈平口或45°斜口，注浆管一般按垂直需求埋设，管底距离基底约10~20cm。注浆管作用半径可由式（4-11）求得，即

$$R = \frac{(H_t R_{CB} - H_w \gamma_w) D_h}{28 K_h R_{CB}} \tag{4-11}$$

式中，R 为注浆管作用半径；H_t 为注浆管长度；R_{CB} 为浆液密度；H_w 为灌浆处水深；γ_w 为水密度；D_h 为预填骨料平均粒径；K_h 为预填骨料抵抗浆液运动附加阻力系数，卵石为4.2，碎石为4.5。

加压灌注时，注浆管的作用半径为

$$R = \frac{(1000 P_0 + H_t R_{CB} - H_w \gamma_w) D_h}{28 K_h \tau_{cs}} \tag{4-12}$$

式中，P_0 为注浆管进浆压力；τ_{cs} 为浆液极限剪应力。

注浆管的平面布置可呈矩形、正方形或三角形。采用矩形布置时，注浆作用半径与管距、排距的关系为

$$(0.85R)^2 = (B/4)^2 + (L_t/2)^2 \tag{4-13}$$

则

$$L_t \leqslant (2.89 R^2 - B^2/4)^{1/2} \tag{4-14}$$

当宽度方向有几排注浆管时

$$L_t \leqslant (2.89 R^2 - B^2/n^2)^{1/2} \tag{4-15}$$

式中，L_t 为注浆管间距；R 为注浆管作用半径；B 为浇筑构筑物宽度；n 为沿宽度方向布置注浆管排数。

通常情况下，当预填骨料厚度超过4cm时，为了克服提升注浆管的阻力，防止水下抛石时碰撞注浆管，可在管外套以护罩。护罩一般由钢筋笼架组成，笼架的钢筋间距不应大于最小骨料粒径的2/3。

水下注浆分自动灌注和加压注入。加压注入由砂浆泵加压。为了提高注浆管壁润滑性，

在注浆开始前先用水灰比大于0.6的纯水泥浆润滑管壁。开始注浆时，为了使浆液流入石骨料中，将注浆管上提5～10cm，随压、随注，并逐步提升注浆管，使其埋入已注砂浆中深度保持0.6m以上。注浆管埋入砂浆深度过浅，虽可提高灌注效率，但可能会破坏水下预埋骨料中砂浆表面平整度，如插入过深，会降低灌注效率或已灌浆液的凝固，通常插入深度最小为0.6m，一般为0.8～1.0m。当注浆接近设计高程时，注浆管仍应保持原设定的埋入深度，注浆达到设计高程，将注浆管缓慢拔出，使注浆管内砂浆慢慢卸出。

注浆管出浆压力，应考虑预埋骨料的种类（卵石、砾石、碎石），粒级和平均粒径，水泥砂浆在预填骨料和空隙空间流动产生的极限剪应力值以及注浆管埋设间距（要求水泥砂浆的扩散半径）等因素而定，一般在0.1～0.4MPa范围内。水泥砂浆需用量，可用式(4-16)估计，即

$$V_{CB} = K_n L V_C \tag{4-16}$$

式中，V_{CB}为水泥砂浆需用量；K_n为充填系数；L为预填骨料的孔隙率；V_C为水下注浆混凝土方量。

水泥砂浆充填系数是指为了保证预填骨料间的孔隙全部被水泥砂浆所充填，一般取值为1.03～1.10。

4.3.3 装配式钢筋混凝土结构施工

装配式钢筋混凝土结构施工是用起重机械将预先在工厂或施工现场制作的构件，根据设计要求和拟定的结构吊装施工方案进行组装，使之成为完整结构物的过程。

4.3.3.1 起重机械类型

结构吊装工程常用的起重机械有拔杆式起重机、自行式起重机、塔式起重机。

(1) 拔杆式起重机

拔杆式起重机的特点是制作简单、装拆方便、起重量大、适应性强，能在比较狭窄的工

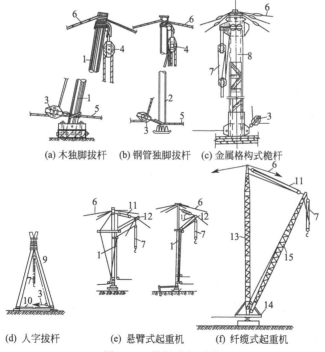

(a) 木独脚拔杆　(b) 钢管独脚拔杆　(c) 金属格构式桅杆

(d) 人字拔杆　(e) 悬臂式起重机　(f) 纤缆式起重机

图4-76　拔杆式起重机

1—木桅杆；2—钢管桅杆；3—转向滑轮；4—定滑轮；5—牵索；6—缆风绳；7—起重滑轮组；8—金属格构桅杆；9—人字架拔杆；10—拉索；11—变幅滑轮组；12—悬臂拔杆；13—金属桅杆；14—转盘；15—起重杆

地上使用，安装一些特殊构件和设备，应用较为普遍。特别是在山区，大型起重设备往往运输困难，拔杆式起重机的作用就更为明显。但它的灵活性较差，移动困难，而且需要设置较多的缆线风绳。拔杆式起重机可分为独脚拔杆、悬脚拔杆、人字拔杆和牵缆式拔杆起重机。图 4-76 为各种形式拔杆式起重机示意。

① 独脚拔杆　木料或金属材料制造，它由拔杆、起重机滑轮组、卷扬机、缆风绳和锚锭等组成（图 4-77）。使用中，独脚拔杆应保持一定的倾角（$\beta \leqslant 10°$），以便吊装构件不致撞击拔杆。拔杆的稳定主要依靠缆风绳，一般需 6 根以上，缆风绳与地面夹角为 30°～45°，并固定在锚锭上。

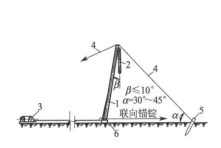

图 4-77　独脚拔杆

1—拔杆；2—起重滑轮组；3—卷扬机；

4—缆风绳；5—缆风绳锚锭；6—拖子

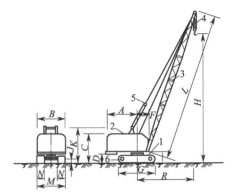

图 4-78　履带式起重机

1—底盘；2—机棚；3—起重臂；4—起重

滑轮组；5—变幅滑轮组；6—履带；

A、B……—外形尺寸符号；L—起重臂长度；

H—起重高度；R—起重半径

木制独脚拔杆，通常用圆木做成，起重高度一般为 8～15m，起重量为 3～10t。适宜用于预制柱、梁和屋架等构件吊装。当起重量和起重高度较大，可采用钢管独脚拔杆，起重量可达 45t，起重高度 30m；格构式金属独脚拔杆，其起重量为 100t 以上，起重高度可达 75m。

② 人字拔杆　一般用两根木杆或钢杆以铁件绞接或钢丝绳绑扎，底部设有拉绳（或拉杆），以平衡拔杆本身的水平推力，两杆间所成夹角以 30°为宜。其中一根拔杆底部装有导向滑轮，起重索通过它连到卷扬机，另用一根钢绳接到锚碇。这样才能保证在起重时人字拔杆底部稳固。缆风绳数量根据起重量和起重高度决定，一般应不少于 5 根，如图 4-76(d) 所示。人字拔杆，起重量大，稳定性也较好，可用于吊装重型柱等构件。

③ 悬臂拔杆　在独脚拔杆的中部或 2/3 高处装上一根起重臂，即成悬臂拔杆，如图 4-76(e) 所示。其特点是能获得较大的起重高度和相应的起重半径，起重臂还能左右摆动 120°～270°，为吊装工作带来较大的方便。

④ 纤缆式拔杆起重机　这种起重机如图 4-76(f) 所示，不仅起重臂可起伏，而且整个机身可作 360°回转，可把构件吊送到有效起重半径内的任何位置。起重量一般为 15～60t，多用于构件多而集中的工业厂房吊装。缆风绳至少 6 根，根据缆风绳最大的拉力选择钢丝绳和设置地锚。

（2）自行式起重机

自行式起重机可分为履带式起重机、轮胎式起重机、汽车式起重机。自行式起重机的优点是灵活性大、移动方便，起重机本身是安装好的一个整体，无需拼装工作，一到现场即可投入使用。这类机械的缺点是稳定性较小。

① 履带式起重机 系全回转通用工程机械，只要改变工作装置，既能起重，也可挖土。它是施工现场结构吊装工程中的主要起重机械，如图4-78所示。

常用的履带式起重机有国产 W_1-50 型（最大起重量10t，安装高度10m）、W_1-100 型（最大起重量15t，安装高度11m左右）、W_1-200 型（最大起重量50t，安装高度12m左右）以及一些其他型号机械。

② 汽车式起重机 是把起重机构安装在通用或专用汽车底盘上的全回转起重机，如图4-79所示。

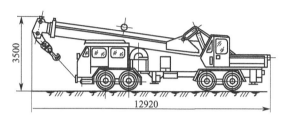

图 4-79 汽车式起重机

常用的汽车起重机有 Q_1 型（Q_1-5 型、Q_1-8 型）、Q_2 型（全液压传动和伸缩式起重臂，有 Q_2-3 型、Q_2-5 型、Q_2-5H 型、Q_2-8 型、Q_2-12 型、Q_2-16 型）、Q_3 型（多电动机驱动各工作机构，常用为 Q_3-100 型）以及 YD 型随车起重机（YD-1.5 型、TD-3 型，起重机构安在解放牌载重汽车上）。

汽车起重机的起重性能，如 Q_1-8 型最大起重量为8t，起升高度7.3m；Q_2-16 型最大起重量16t，起重高度7.9m。这种起重机的优点是转移迅速，对路面不会损坏。缺点是吊装时必须支腿，不能负荷行驶。适用于构件装卸作业，也可安装标高较低的构件。

③ 轮胎式起重机 是把起重机构装在加重型轮胎和轮轴组成的特制底盘上的全回起重机，一般都有四个支腿，如图4-80所示。这种起重机的特点是移动方便，起重量较大，稳定性较好。吊重时需要支腿，否则，起重量会大为减少。常用的型号有 QL_1-16 型（放支腿最大起重量16t，收支腿最大起重量7.5t，起升高度8.3m）、QL_2-8 型（放支腿最大起重量8t，收支腿为3t，起重高度7.2m）、QL_3 型（有 QL_3-16 型、QL_3-25 型、QL_3-40 型）。可满足一般工业厂房的结构安装。

(3) 塔式起重机

按行走机构可分为轨道式塔式起重机和固定自行爬升塔式起重机。

轨道式塔式起重机是安装在沿拟建建筑物铺设的轨道上。它是建筑施工中的一种主要起重机运输机械，具有起升高度大，有效幅度广，结构灵巧，一机多用等优点，在高层建筑施工中得到广泛的应用，如图4-81和图4-82所示。

轨道式塔式起重机，按回转部位分为上旋转和下旋转两种。QT_1-2 型是一种轻型下旋转塔式起重机，额定起重力矩为160kN·m，应用较广泛（如图4-82所示）。QT-15 型是轨道式上旋转塔式起重机，起重量5～15t，幅度为8～25m，起升高度38～55m（如图4-81所示）。

塔式起重机自重大，高度高，使用时应结合其结构特点选择适宜的安装方案。如 QT_1-2 型塔式起重机，结构为折叠式，臂架与塔身可折叠成一整体放倒，便于整体运输，安装时只需利用其自身卷扬机及变幅滑轮组即可将塔身竖起，如图4-83。其他型号塔式起重机，在施工现场常采用整体安装法（图4-84）和逐节安装法（用于施工现场比较狭窄时）。

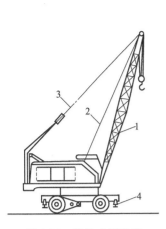

图 4-80　轮胎式起重机

1—起重杆；2—起重索；

3—变幅索；4—支腿

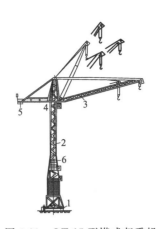

图 4-81　QT-15 型塔式起重机

1—行走装置；2—塔身；

3—起重臂；4—回转装置；

5—平衡重；6—操纵室

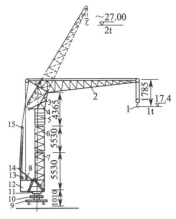

图 4-82　QT$_1$-2 型塔式起重机

1—吊钩；2—起重杆；3—塔身上节；4—导向
轮架；5—司机室；6—塔身中节；7—塔身下
节；8—起重绞盘；9—行走架；10—滚球支承
回转装置；11—回转架底盘；12—平衡重箱；
13—变幅绞盘；14—定滑轮；15—动滑轮

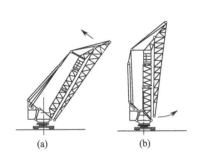

图 4-83　QT$_1$-2 型塔式起重机的安装

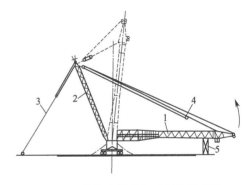

图 4-84　轨行式塔式起重机整体安装

1—塔身；2—起重臂；3—缆风绳；4—起升滑轮组；5—枕木垛

4.3.3.2　索具设备

结构安装工程中要使用许多辅助工具，如钢丝绳、滑轮组、吊钩、卡环、横吊梁等，其中有的有定型产品可供选用，有的则要自行设计制造。例如采用桅杆式起重机进行结构安装，就要正确地选用卷扬机、起重滑轮和钢丝绳。

（1）卷扬机

在建筑施工中常用的电动卷扬机有快速和慢速两种。快速电动卷扬机（JJK 型）主要用于垂直、水平运输；慢速电动卷扬机（JJM 型）主要用于结构安装。常用的电动卷扬机主要由减速机、电动机、电磁抱闸、卷筒等部件组成，如图 4-85 所示。牵引能力 10～100kN，其技术规格见表 4-22。

卷扬机在使用时必须做可靠的锚固，以防止在工作时产生滑移或倾覆。根据牵引力的大小，卷扬机的固定

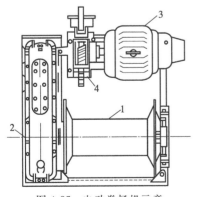

图 4-85　电动卷扬机示意

1—卷筒；2—减速机；

3—电动机；4—电磁抱闸

方法有四种，如图4-86所示。

表4-22 卷扬机技术规格

种类	型号	规定牵引力/kN	卷筒				钢丝绳			电动机		
			直径/mm	长度/mm	转速/(r/min)	绳容量/m	规格	直径/mm	绳速/(m/min)	型号	功率/kW	转速/(r/min)
单筒快速卷扬机	JJK-0.5	5	236	441	27	100	6×19+1-170	9.3	20	JO42-4	2.8	1430
	JJK-1	10	190	370	46	110	6×19+1-170	11	35.4	JO₂51-4	7.5	1450
	JJK-2	20	325	710	24	180	6×19+1-170	15.5	28.8	JR71-6	14	950
	JJK-3	30	350	500	30	300	6×19+1-170	17	42.3	JR81-8	28	720
	JJK-5	50	410	700	22	300	6×19+1-170	23.5	43.6	JQ83-6	40	960
双筒快速卷扬机	JJ2K-2	20	300	450	20	250	6×19+1-170	14	25	JR71-6	14	950
	JJ2K-3	30	350	520	20	300	6×19+1-170	17	27.5	JR81-6	28	960
	JJ2K-5	50	420	600	20	500	6×19+1-170	22	32	JR82-AK8	40	960
单筒慢速卷扬机	JJM-3	30	340	500	7	100	6×19+1-170	15.5	8	JZR31-8	7.5	702
	JJM-5	50	400	800	6.3	190	6×19+1-170	23.5	8	JZR41-8	11	715
	JJM-8	80	550	1000	4.6	300	6×19+1-170	28	9.9	JZR51-8	22	718
	JJM-10	100	550	968	7.3	350	6×19+1-170	34	8.1	JZR51-8	22	723
	JJM-12	120	650	1200	3.5	600	6×19+1-170	37	9.5	JZR₂52-8	30	723

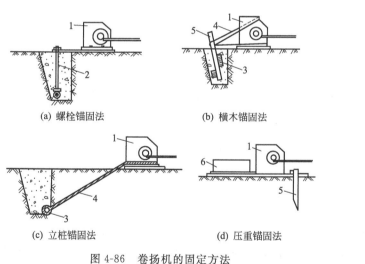

(a) 螺栓锚固法　　(b) 横木锚固法

(c) 立桩锚固法　　(d) 压重锚固法

图4-86 卷扬机的固定方法

1—卷扬机；2—地脚螺栓；3—横木；4—拉索；5—木桩；6—压重

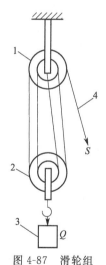

图4-87 滑轮组

1—定滑轮；2—动滑轮；3—重物；4—钢丝绳

（2）滑轮组

滑轮组由一定数量的定滑轮和动滑轮以及绳索组成，如图4-87所示。滑轮既能省力又可改变力的方向，它是起重机的重要组成部分。通过滑轮组能用较小吨位的卷扬机，起吊较重的构件。

滑轮组的名称常以组成滑轮的定滑轮数和动滑轮数来表示，如由四个定滑轮和四个动滑轮组成的滑轮组称为"四、四"滑轮组；由五个定滑轮和四个动滑轮组成的滑轮组，称为

131

"五、四"滑轮组，其余类推。

滑轮组能省多少力，其跑头拉力的大小，主要取决于（工作线数）和滑轮轴承处的摩擦阻力大小。其工作线数是滑轮组中共同负担构件重量的绳索根数，即取动滑轮为脱离体所截断的绳索根数。滑轮组绳索的跑头拉力 S，可按式（4-17）计算

$$S = kQ \tag{4-17}$$

式中，S 为跑头拉力，kN；Q 为计算荷载，kN；k 为滑轮组省力系数。

$$k = f^n(f-1)/(f^n-1) \tag{4-18}$$

式中，n 为工作线数；f 为单个滑轮摩擦阻力系数。

对青铜轴套轴承，$f=1.04$；对滚珠轴承，$f=1.02$；对无轴套轴承，$f=1.06$。

起重机械用的滑轮多为青铜轴承，其滑轮组省力系数见表 4-23。

表 4-23　青铜轴套滑轮省力系数

顺序	$k = f^n(f-1)/(f^n-1)$，$(f=1.04)$									
1	工作线数 n	1	2	3	4	5	6	7	8	9	10
2	省力系数 k	1.040	0.529	0.360	0.275	0.224	0.190	0.166	0.148	0.134	0.123
3	工作线数 n	11	12	13	14	15	16	17	18	19	20
4	省力系数 k	0.114	0.106	0.100	0.095	0.090	0.086	0.082	0.079	0.076	0.074

上述滑轮组计算，其绳跑头是从定滑轮绕出（结构吊装常用）。

（3）钢丝绳

结构安装中常用的钢丝绳是先由若干根钢丝捻成股，再由若干股围绕绳芯捻成绳。常用钢丝绳一般为 6×19、6×37、6×61 三种（6 股，每股分别是由 19、37、61 根钢丝捻成），其钢丝的抗拉强度为 1400（MPa）、1500（MPa）、1700（MPa）、1850（MPa）、2000（MPa）五种。

钢丝绳的允许拉力，按下式计算

$$S_g \leqslant P_m/K = \alpha P_g/K \tag{4-19}$$

式中，S_g 为钢丝绳的允许拉力，kN；P_m 为钢丝绳的破断拉力，kN；P_g 为钢丝绳的钢丝破断拉力总和，kN；α 为换算系数（又称受力不均匀系数）；K 为钢丝绳安全系数。

起重滑轮组钢丝绳的选择，应根据滑轮组绕出索的跑头拉力，考虑钢丝绳进入卷扬机途中经过导向滑轮阻力影响来选择。钢丝绳拉力按式（4-20）计算，即

$$S_G = f^m S \tag{4-20}$$

式中，S_G 为钢丝绳所受拉力，kN；S 为滑轮组跑头拉力，kN；m 为导向滑轮数；f 为导向滑轮阻力系数。

在构件安装过程中，常要使用一些吊装工具，如吊索、卡环、花篮螺丝、横吊梁等。吊索主要用来绑扎构件以便起吊，可分为环状吊索 [又称万能吊索，图 4-88（a）] 和开式吊索 [又称轻便吊索或 8 股吊索，图 4-88（b）] 两种。

(a) 环状吊索　　(b) 开式吊索

图 4-88　吊索

吊索是用钢丝绳制成的。因此，钢丝绳的允许拉力即为吊索的允许拉力。在吊装中，吊索的拉力不应超过其允许拉力。吊索拉力取决于所吊构件的重量及吊索的水平夹角，水平夹角应不小于 30°，一般用 45°～60°。两支吊索的拉力按式（4-21）计算 [图 4-89（a）]：

$$P = \frac{Q}{2\sin\alpha} \tag{4-21}$$

式中，P 为每根吊索的拉力，kN；Q 为吊装构件的重量，kN；α 为吊索与水平线的夹角。

四支吊索的拉力按式(4-22)计算 [图 4-89(b)]：

$$P = \frac{Q}{2(\sin\alpha + \sin\beta)} \tag{4-22}$$

式中，P 为每根吊索的拉力，kN；α、β 分别为吊索与水平线的夹角。

卡环用于吊索与吊索或吊索与构件吊环之间的连接。它由弯环和销子两部分组成，按销子与弯环的连接形式分为螺栓卡环和活络卡环，见图 4-90(a)、(b)。活络卡环的销子端头和弯环孔眼无螺纹，可直接抽出，常用于柱子吊装，见图 4-90(c)。它的优点是在柱子就位后，在地面用系在销子尾部的绳子将销子拉出，解开吊索，避免了高空作业。

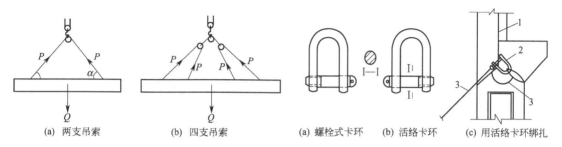

(a) 两支吊索　　(b) 四支吊索

图 4-89　吊索拉力计算简图

(a) 螺栓式卡环　(b) 活络卡环　(c) 用活络卡环绑扎

图 4-90　卡环及其使用示意

1—吊索；2—活络卡环；3—白棕绳

花篮螺栓利用丝杠进行伸缩，能调节钢丝绳的松紧，可在构件运输中捆绑构件，在安装校正中松、紧缆风绳，如图 4-91 所示。

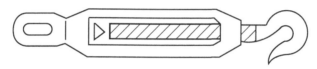

图 4-91　花篮螺栓

横吊梁又称铁扁担，常用形式有钢板横吊梁和钢管横吊梁。柱吊装采用直吊法时，用钢板横吊梁，如图 4-92(a) 所示，使柱保持垂直。吊屋架时，用钢管横吊梁，如图 4-92(b) 所示，可减少索具高度。

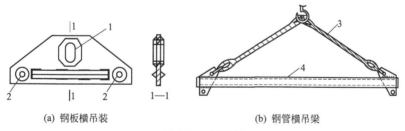

(a) 钢板横吊装　　　(b) 钢管横吊梁

图 4-92　横吊装

1—挂起重机吊钩的孔；2—挂吊索的孔；3—吊索；4—钢管

4.3.3.3　起重机的选择

起重机的选择包括选择起重机的类型、型号和确定数量。

(1) 起重机类型的选择

结构吊装选用起重机类型，主要根据结构特点和类型、构件重量、吊装高度、施工现场

133

条件和当地现有起重机设备等确定。

一般中小型建筑结构多选择自行式起重机吊装（如贮水和水处理构筑物）。在缺少自行式起重机的现场，可选择拔杆、人字拔杆或悬臂拔杆等吊装。当建筑结构的高度和长度较大时，通常须采用塔式起重机进行构件和屋盖结构吊装。大跨度的重型工业建筑结构，可以选择重型自行式起重机、牵缆桅杆式起重机、重型塔式起重机等综合吊装（如电站主厂房吊装）。为解决重型构件的吊装，也可以用双机抬吊等方法。

（2）起重机的工作参数

起重机的类型确定之后，还需要进一步选择起重机的型号及起重臂的长度。所选起重机的三个工作参数：起重量、起升高度、起重半径应满足结构吊装的要求。

① 起重量　起重机的起重量必须大于所安装构件的重量与索具重量之和。

$$Q \geqslant Q_1 + Q_2 \tag{4-23}$$

式中，Q 为起重机的起重量，t；Q_1 为构件的重量，t；Q_2 为索具的重量，t。

② 起重高度　起重机的起升高度必须满足所吊装构件的吊装高度要求（图4-93），即

$$H \geqslant h_1 + h_2 + h_3 + h_4 \tag{4-24}$$

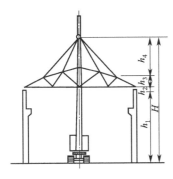

式中，H 为起重机的起升高度（从停机面算起至吊钩），m；h_1 为安装支座表面高度（从停机面算起），m；h_2 为安装间隙，视具体情况而定，m，但不小于0.3m；h_3 为绑扎点至构件吊起后底面的距离，m；h_4 为索具高度（自绑扎点至吊钩面），m，视具体情况而定。

③ 起重半径　在一般情况下，计算了起重量 Q 及起升高度 H 之后，便可查阅起重机起重性能表或曲线来选择起重机型号及起重臂长度，并可查得在一定起重量 Q 及起升高度 H 下的起重半径 R，作为确定起重机开行路线及停机位置时的参考。但在某些情况下，当起重机不能直接开到构件吊装位置附近去吊装构件时，便要根据起重量 Q、起升高度 H 及起重半径 R 三个参数，查阅起重机性能或曲线来选择起重机的型号及起重臂长度。同一种型号的起重机可能具有几种不同长度的起重臂，应选择一种既能满足三个吊装工作参数的要求而又最短的起重臂。但有时由于各种构件吊装工作参数相差过大，也可选择几种不同长度的起重臂。例如吊装柱子可选用较短的起重臂，吊装屋面结构则选用较长的起重臂。

图4-93　起重高度的计算简图

当起重机的起重臂需跨过已吊装好的构件上空去吊装构件时（如跨过屋架吊装屋面板；在装配式贮水池施工中，起重机的起重臂需跨过柱顶曲梁或池壁吊装板吊装池顶的扇形板时），还要考虑起重臂是否会与已吊装好的构件相碰。

（3）起重机数量的确定

起重机数量，根据工程量、工期及起重机的台班产量定额而定，可用式（4-25）计算，即

$$N = \frac{1}{TCK} \sum \frac{Q_i}{P_i} \tag{4-25}$$

式中，N 为起重机台数；T 为工期，d；C 为每天工作班数；K 为时间利用系数，取 0.8～0.9；Q_i 为每种构件的吊装工程量，件或t；P_i 为起重机相应的台班产量定额（件/台班数或t/台班数）。

此外，在决定起重机数量时，还应考虑到构件装卸、拼装和就位的工作需要。

当起重机数量已定，也可用式（4-25）来计算所需工期或每天应工作的班数。

4.3.3.4 结构吊装工艺

(1) 吊装前的准备工作

吊装前的准备工作包括：清理及平整场地，铺设道路，敷设水电管线，准备吊具和索具，构件的运输、堆放、拼装与加固、检查、弹线、编号，基础的准备等。

① 构件的运输　预制装配式钢筋混凝土构件，可以在预制厂或施工现场制作。一些重量不大而数量很多的定型构件，如屋面板、连系梁、轻型吊车等通常在预制厂制作；一些尺寸及重量较大，运输不便的构件，如柱、屋架及重型吊车梁等，可在现场制作。

构件由预制厂运到吊装工地的方式，一般采用较多的是汽车运输方式，较大的构件应用拖车运输。图4-94为各种构件运输示意图。

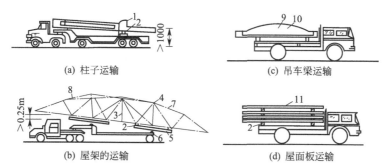

图 4-94　各种构件运输示意

1—柱子；2—垫木；3—支架；4—绳索；5—平衡梁；6—铰；
7—屋架；8—竹竿；9—铅丝；10—吊车梁；11—屋面板

为了保证构件的运输中不变形、不损坏、不倾倒，应注意以下几点：a. 钢筋混凝土构件的混凝土强度，应不低于设计对吊装所要求的强度，并不低于设计标号的70%，屋架应达到100%，以防构件在运输过程中遭到破坏；b. 构件的支承位置要符合设计的要求，防止因支承位置不当而产生过大应力，引起构件开裂和破坏；c. 构件在运输中要固定牢靠，对屋架等重心高，支撑面较窄的构件，应用支架固定，以防中途倾倒。

装配式钢筋混凝土贮水池，如壁板、曲梁、柱及扇形顶板，在现场预制时应注意以下几点：a. 圆形贮水池壁板，用木模制作，采用无机脱模剂，以保证外弧面的弧形圆滑和壁板中预埋铁件的平整准确，如图4-95所示；b. 曲梁，根据曲梁的型号、尺寸，可制成数套钢模板，如图4-96所示；c. 扇形顶板，用木制定型模板，在混凝土地坪进行上进行无底支模，并涂刷隔离剂后进行重叠生产。

在池底混凝土达到设计要求吊装强度后，进行构件就位。

② 构件的检查、弹线及编号　为保证工程质量并使吊装工作顺利进行，构件吊装前，须对构件进行检查，包括构件型号、数量、外形尺寸、预埋件位置及尺寸，外观有无缺陷、裂缝，构件的混凝土强度等。

吊装时混凝土的强度，在设计无要求时，柱要达到设计强度标准值的75%，大跨度梁、屋架等构件要达到设计强度标准值的100%才可起吊。对预应力的构件，孔道灰浆强度不应低于15MPa。构件弹线是在构件表面标出吊装准线，作为构件对位、校正的依据，对形状复杂的构件，要标出它的重心及绑扎点的位置。图4-97为柱的弹线，图4-98为杯形基础的弹线。

对于柱体杯形基础，除需标注纵横轴线外，还应根据每根柱牛腿下的实际长度定出每个基础杯底标高，并用水泥砂浆找平，以保证吊装后各柱的牛腿面在同一标高上。

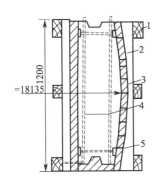
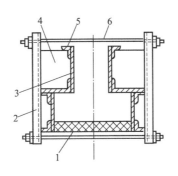
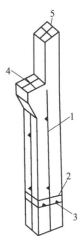

图 4-95　预制壁板支模示意

1—横带；2—弧形立带；3—平板模板；
4—对称配筋；5—预埋铁件

图 4-96　曲梁钢模示意

1—木底；2—槽钢；3—钢板厚；
4—钢肋；5—角钢；6—夹紧螺栓

图 4-97　柱的弹线

1—柱子中心线；2—地坪标高
线；3—基础顶面线；4—吊
车梁对位线；5—柱顶中心线

预制装配式贮水池在吊装前的准备工作应先核对水池中心位置，校对集水坑、排污管、进水管位置及池壁槽杯口的里外弧线。测好杯底标高，根据设计要求及预制壁板尺寸的排列，在壁槽上口弹出壁板安装线。按设计规定的平面尺寸，把分度线标注在杯槽上口，再把壁板之间的接缝宽度线标出，最后按水池外壁半径，将池壁板底角边线用红油漆标出，如图 4-99 所示，作为壁板吊装就位及校正的依据。图 4-100 为壁板与底板的杯槽连接图。预制池壁板吊装前，除按前述要求进行质量检查外，须将壁板两侧凿毛，根据池壁板划分的几种类型和规格进行编号。弹出壁板中心线及环槽杯口顶面线。图 4-101 为装配式壁板的构造。

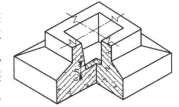

图 4-98　杯形基础弹线

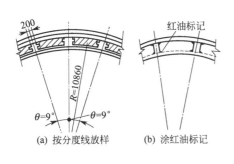

图 4-99　池壁吊装放样

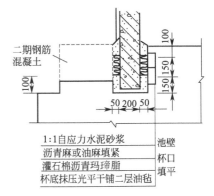

图 4-100　壁板与底板的杯槽连接

（2）构件的吊装工艺

工序：绑扎→吊升→就位→临时固定→校正及最后固定等。绑扎是用吊索、卡环等索具将构件与起重机吊钩连系在一起，以便起吊并保证构件在起吊中不致发生断裂和变形。吊升和就位是指起重机将绑好的构件安放到设计位置的过程。临时固定是为提高起重机利用率，构件就位应随即固定，使起重机尽快脱钩起吊下一构件。临时固定要保证构件校正方便，在

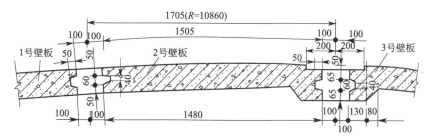

图 4-101　装配式池壁板的构造

校正与最后固定过程中不致倾倒。校正是指对构件吊装的标高、垂直度、平面坐标等进行测量，使其符合设计和施工验收规范的要求。最后固定即将校正无误的构件按设计规定的连接方法，进行最后固定。柱、梁、板及屋架的一般吊装工艺如下。

① 柱的吊装

a. 柱的绑扎　柱的绑扎方法与柱的形状、几何尺寸、重量、配筋、吊装方法及所采用的吊具有关。柱绑扎常用的工具为吊索和卡环。按照吊装方法的不同，柱的绑扎有斜吊绑扎法、直吊绑扎法、翻身绑扎法及两点绑扎法（图 4-102～图 4-105）。

b. 柱的吊升　根据柱吊升过程运动的特点，可分为旋转法和滑行法。

旋转法（图 4-106）柱脚接近基础，柱的绑扎点、柱脚与柱基中心三者位于起重机的同一起重半径的圆弧上（即三点共弧）。起重机边起钩边旋转，使柱绕柱脚旋转逐渐吊升离地，旋转至基础上方，将柱脚插入杯口。

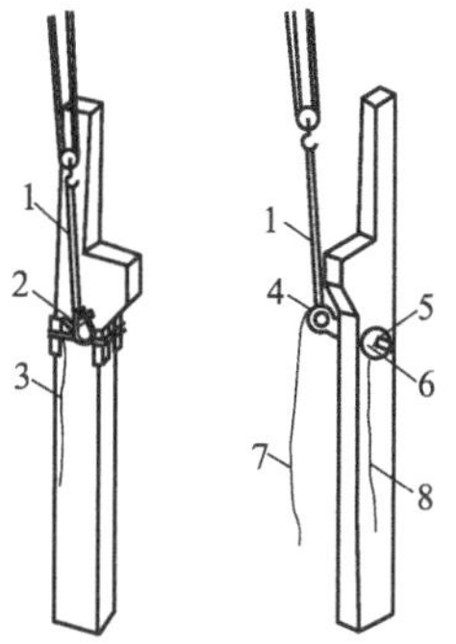

滑行法（图 4-107）绑扎点靠近杯口，绑绑扎点、杯口中心同在以停机点为圆心，停机点到绑扎点为圆半径的圆弧上（即两点共弧）。滑行法起吊时，起重杆不动，起重钩上升，柱顶随之上升，柱脚沿地面滑向基

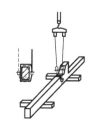

(a) 采用活络卡环　　(b) 采用柱销

图 4-102　柱的斜吊绑扎法

1—吊索；2—活络卡环；3—活络卡环插销拉绳；4—柱销；5—垫圈；6—插销；7—柱销拉绳；8—插销拉绳

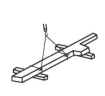

图 4-103　直吊绑扎法

图 4-104　翻身绑扎法

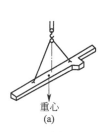

(a)　　　　(b)

图 4-105　两点绑扎法

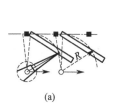

(a)　　　　(b)

图 4-106　旋转法吊柱

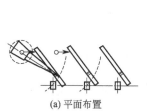

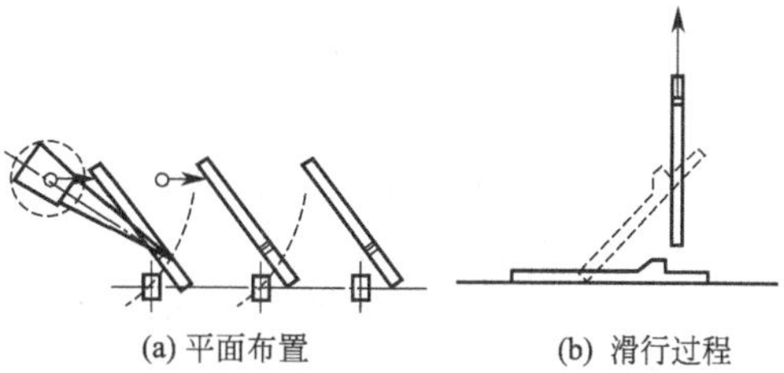

(a) 平面布置　　　(b) 滑行过程

图 4-107　滑行法吊柱

础，直至柱身直立离开地面，对准基础将柱脚插入杯口。这种方法，柱在滑行过程中易受到震动，应采取措施（如用加滑撬）减少柱脚与地面的摩擦。由于滑行法对起重机只需提升吊钩，因此，常用独脚拔杆、人字拔杆吊装柱。对一些长而重的柱，也常采用此法。

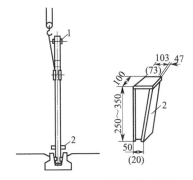

图 4-108 柱的对位与临时固定
1—安装缆风绳或挂操作台的夹箍；
2—钢楔（括号内的数字表示另一种规格钢楔的尺寸）

c. 柱的对位与临时固定　在柱脚插入杯口后，应悬离杯底 $30\sim50cm$ 进行对位（图 4-108）。对位时，从柱四周向杯口放入 8 个楔块，并用撬棍拨动柱脚，使柱安装中心线与杯口上的中心线重合，保持柱基本垂直。柱对位后，先将楔块略为打紧，放松吊钩，观察柱沉至杯底后的对中情况，待符合要求后，即可打紧楔块，将柱临时固定。楔块可用硬木或钢板焊成。钢楔块易于拔除，可多次重复使用。

柱的校正包括平面位置、标高及垂直度校正。柱的平面位置校正在对位时已进行，标高的校正在吊装前做杯形基础，杯底找平时已进行。故柱在临时固定后，只进行垂直度的校正。柱垂直度的校正是用两台经纬仪在两垂直方向同时观测。常用的几种校正方法，如图 4-109 所示。

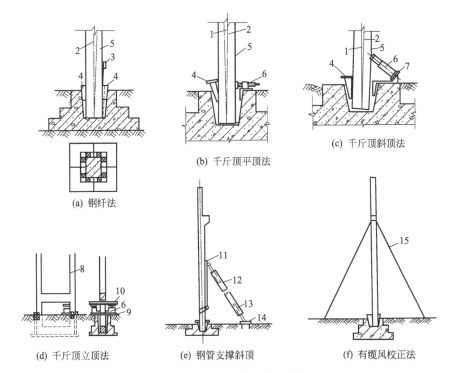

(a) 钢纤法

(b) 千斤顶平顶法

(c) 千斤顶斜顶法

(d) 千斤顶立顶法

(e) 钢管支撑斜顶

(f) 有缆风校正法

图 4-109　柱子垂直度校正方法
1—铅垂线；2—柱中线；3—钢纤；4—楔子；5—柱子；6—千斤顶；7—铁簸箕；8—双肢柱；
9—垫木；10—钢梁；11—头部摩擦板；12—钢管校正器；13—手柄；14—底板；15—缆风绳

柱校正后，应立即进行最后固定。柱的固定采用细石混凝土将柱与杯口之间的空隙灌筑密实。灌筑工作分两次进行，第一次灌至楔块底面，待混凝土强度达 25％设计强度后，再拔除楔块，第二次灌筑混凝土至杯口顶面。

② 梁、池壁板、扇形顶板吊装

a. 梁的吊装。装配式贮水池多为倒 T 形梁及花篮梁的吊装，工业生产车间多为吊车梁的吊装。梁的吊装应在柱最后固定、基础杯口灌筑混凝土达到70％强度后进行。梁的绑扎点应对称地设在梁的两端，吊钩对准梁的重心（图4-110）。

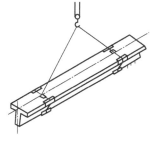

梁的稳定性较好，一般对位后，可不必采取临时固定措施，起重机即可脱钩移走。当吊车梁与底宽之比大于4时，可用铁丝将梁与柱捆扎。

梁吊装后，需校正标高、平面位置和垂直度。梁的标高在柱吊装已作过测量，因此误差不会太大，如存在误差，可用砂浆找平调整。梁的平面位置校正和垂直度校正，用经纬仪和垂球进行。吊车梁的平面位置校正，一般可采用平移轴线法校正。

图 4-110　梁的吊装

其校正方法为在柱列外侧设置经纬仪，逐根将杯口上柱的吊装准线投影到吊车梁顶面处的柱身上，并做出标志。若柱安装准线到柱定位轴线的距离为a，则标志距吊车梁定位轴线应为$\lambda-a$（λ为柱定位轴线到吊车梁定位轴线之间的距离，一般$\lambda=750\text{mm}$）。可据此来逐根拨正吊车梁的吊装中心线。并检查两列吊车梁之间的跨距L_K是否符合要求（图4-111）。

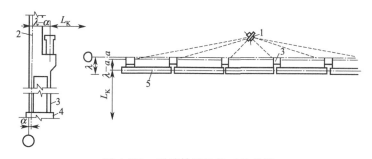

图 4-111　平移轴线法校正吊车梁
1—经纬仪；2—标志；3—柱；4—柱基础；5—吊车梁

在检查及拨正吊车梁中心线的同时，可用垂球检查吊车梁的垂直度。若发现有偏差，可在吊车梁两端的支座面上加斜垫铁纠正。每叠垫铁不得超过三块。

吊车梁校正之后，立即按设计图纸用电焊作最后固定，并在吊车梁与柱的空隙处，灌筑细石混凝土。

b. 贮水池的池壁与扇形顶板吊装。池壁板外侧成圆弧面，可减少张拉预应力钢筋时的摩阻，而内侧成直边。壁板宽度一般1.5m，长度一般5～6m，重量3～5t。其绑扎靠壁板顶部设置的两个吊环，用两点绑扎单机起吊。第一块壁板就位后，用两台经纬仪一次校正，下部用楔块和钢管支撑斜顶，上部用钢管和铁丝将壁顶部的吊钩和已安装的扇形顶板的吊钩扎牢，作为临时固定。然后依次吊装其他壁板，全部壁板吊装完毕后，在接缝浇筑前，对池壁周长、垂直度及半径尚须进行检查调整，校正后浇灌杯口。池壁板之间的接缝，如图4-112所示，应一次连续浇筑不留施工缝。灌缝混凝土的水灰比小于0.5，采用微膨胀混凝土，也可掺用减水剂增大坍落度，确保浇灌质量。扇形顶板的吊装，靠预埋的吊环，用带钩的吊索钩住吊环吊升就位。顶板就位后，应立即与梁上端焊牢。

③ 屋架的吊装

钢筋混凝土屋架，一般跨度为12～24m，重量3～10t。钢筋混凝土屋架因跨度大，一般在施工现场预制，平卧叠浇的屋架吊装前还应进行扶直和就位。

a. 屋架的绑扎与扶直就位。屋架的扶直是将平卧的屋架竖直并移到吊装前所规定的位置，以备吊升。屋架扶直和移位的绑扎最好与屋架吊升相一致。屋架吊装的绑扎方式依屋架跨度、形式不同而异，一般由设计部门确定。绑扎时，吊索与水平线夹角不宜小于45°，以免屋架承受过大的横向压力。图 4-113 为屋架绑扎的几种方式示意。

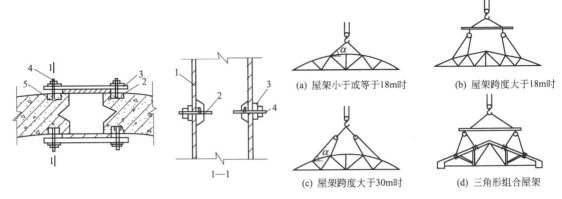

图 4-112 壁板接缝支模
1—模板；2—预埋 φ12 钢筋环；3—方木；
4—M12 弯钩螺栓；5—预留坑砂浆嵌缝

图 4-113 屋架绑扎方式

(a) 屋架小于或等于18m时　　(b) 屋架跨度大于18m时
(c) 屋架跨度大于30m时　　(d) 三角形组合屋架

b. 屋架的吊升、临时固定、校正与最后固定。一般屋架均用单机进行吊装，一般应先将屋架吊离地面 50cm 左右，再将屋架中心转至吊装位置下方，而后吊升超过柱顶 30cm，再将屋架缓缓降至柱顶进行对位。

屋架临时固定和校正可采用钢管校正器校正。对于第一榀屋架可用缆风绳进行校正。屋架垂直度一般用线垂检查。屋架校正后，应立即将其两端支撑铁板与柱顶预埋铁板焊接牢固。

c. 屋面板的吊装。屋面板均预埋有吊环，用带吊钩的吊索吊升。屋面板的安装应自两边檐口的左右对称逐块向屋脊。屋面板就位后，应立即与屋架上弦焊牢。

④ 结构吊装方案

单层工业厂房的结构吊装，通常有分件吊装法与综合吊装法两种形式。

a. 分件吊装法。分件吊装是指起重机每开行一次仅吊装一种或几种构件。一般吊装的顺序：起重机第一次开行，吊装全部柱，并进行校正和固定；第二次开行，吊装吊车梁、连系梁等；第三次开行，分节间吊装屋盖系统（屋架、天窗架、屋架支撑及屋面板等）。这种方法基本上每次吊装同类型构件，索具不需经常更换，操作程序基本相同，吊装速度快，能充分发挥起重机的工作能力。此外，构件可分批供应，现场布置和构件校正比较容易。

b. 综合吊装法。是指起重机械每移动一次，分节间吊装完全部构件。即先吊装这一节间的柱，校正固定后即吊装这个节间的吊车梁、连系梁及屋盖系统等构件，待全部构件吊装后，起重机移至下一节间进行吊装。这种方法起重机开行路线较短，停机位置较少。但综合吊装需同时吊装各种类型的构件，影响起重机生产效率的提高，使构件供应、现场布置复杂，构件校正也较困难。

由于分件吊装法与综合吊装法各有优缺点，目前在施工中，对一般单层工业厂房的吊装方法，都按两阶段进行。第一阶段，用分件吊装法吊装柱、吊梁等；第二阶段，用综合吊装法分节间吊装屋盖系统构件。

c. 装配式贮水池的结构吊装方法。一般均采用自行式起重机单机吊装。吊装可按两阶段进行，吊装顺序：第一阶段，用分件吊装法吊装池内柱，经校正固定后，灌筑杯口。然后吊装曲梁（梁中部须加临时支撑），焊接后，吊装池内部的扇形顶板；第二阶段，用分件吊装在池外吊装壁板，经校正固定后，灌筑环槽内侧部分杯口，最后吊装最外一圈扇形板。当构件由工厂集中生产预制时，构件应布置在起重机工作半径范围内堆置，避免吊装机械空驶

140

和负荷行驶。柱的布置与壁板布置应与吊装工艺结合考虑。

塔式起重机的行驶路线，根据建筑物的纵向宽度、构件重量、起重机性能及施工现场条件确定，可为单侧布置，或双侧布置。安装高度在 18m 以下的多层工业厂房，也可采用履带式起重机吊装，其开行路线一般沿建筑物单侧，或沿四周行驶布置。构件堆放区要根据吊装机械行驶路线确定。通常应布置在吊装机械工作半径范围以内，尽量避免机械空驶和负荷行驶。构件堆放区确定后，构件的吊装方法可有两种形式：一种为贮存吊装法，构件从工厂按型号配套供应，运到现场堆存在起重机工作半径范围内，以保证吊装能连续进行；另一种为直接吊装法，构件在预制厂按照吊装顺序运到现场，从运输工具上直接向建筑物上安装。

具体确定吊装形式时，还应结合构件的运输距离和运输方式等进行。

4.3.4 混凝土的冬期施工

环境日平均气温连续 5 天稳定低于 5℃时，混凝土的施工即为冬期施工。

4.3.4.1 混凝土冬期施工的基本原理

混凝土在 0℃ 以下，内部水分冻结成冰，体积膨胀 9%，产生的冰胀应力破坏了混凝土内部结构，使混凝土的物理、力学性能遭受到损害，引起混凝土的冻害。

（1）温度对混凝土强度增长的影响

不同养护温度条件下，普通硅酸盐水泥配制的混凝土强度增长情况，见图 4-114。混凝土的强度只有在正温养护条件下，才能持续不断地增长，并且随着温度的增高混凝土强度的增长速度加快。

（2）冻害对混凝土强度的影响

混凝土在养护初期遭受冻害，混凝土内部会产生许多微裂纹。这些微裂纹是由于混凝土内毛细孔中的自由水结冰、体积膨胀，产生的冰胀应力超过了混凝土的抗拉强度，毛细孔胀裂出现的，分布在已硬化了的水泥石中。微裂纹的出现、发展和增多，使混凝土强度、耐久性和抗渗性大大地降低。标准养护 1d 遭受冻害的混凝土，其强度损失为 25% 的设计强度等级；标准养护 7d 遭受冻害的混凝土，其强度损失为 10% 的设计强度等级。可见混凝土强度损失程度的大小与受冻龄期有关。受冻期早，混凝土早期强度低，强度损

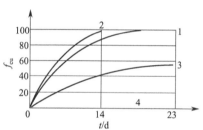

图 4-114　不同养护条件下混凝土强度的增长曲线
1—养护温度为 20℃；2—养护温度为 30℃；
3—养护温度为 1℃；4—养护温度为 -4℃

失则大；受冻龄期迟，混凝土早期强度高，强度损失则小。混凝土浇筑后立即遭受冻害，其内部产生大量微裂纹，将大大地降低混凝土的强度、密实性和耐久性。因此，新浇筑的混凝土必须防止遭受冻害。

（3）混凝土允许受冻临界强度的影响

混凝土允许受冻临界强度，即混凝土在受冻前达到某一初始强度时遭受冻结，当恢复正温养护后，混凝土强度继续增长，经 28d 标养可达到设计强度等级的 95% 以上的混凝土初始强度值。我国现行《混凝土结构工程施工及验收规范》（GB 50204—92）规定，冬期施工浇筑的混凝土，在受冻前，硅酸盐水泥或普通硅酸盐水泥配制的混凝土的抗压强度不得低于设计强度等级的 30%；矿渣硅酸盐水泥配制的混凝土的抗压强度不得低于设计强度等级的 40%，其中 C10 和 C10 以下的混凝土不得低于 5MPa。

4.3.4.2 混凝土冬期施工的方法

① 混凝土养护期间不加热方法　环境气温不很低，厚大的结构工程可采取提高混凝土

开始养护的初始温度，加强对混凝土的保温，减少混凝土热量损失等措施，使混凝土保持一定正温的养护温度。在养护温度降至 0℃ 以前，混凝土的抗压强度达到临界强度，如蓄热法、掺化学外加剂法等。

② 混凝土养护期间加热方法　环境气温较低，非厚大结构工程施工时需要利用外部热源对新浇筑的混凝土加热的方法。加热的方式可直接对混凝土加热，使混凝土处于正温养护条件下；也可加热混凝土周围的空气，使混凝土处于正温养护条件下，如蒸汽加热法、电热法、暖棚法等。

③ 综合方法　混凝土养护期间加热法与不加热法的综合利用，如综合蓄热法。冬期施工常用方法的特点和适用范围，见表 4-24。

表 4-24　冬期施工方法的特点和适用范围

施工方法		施工方法的特点	适 宜 条 件
养护期间不加热的方法	蓄热法	①原材料加热视气温条件 ②用一般或高效保温材料覆盖于塑料薄膜上，防止水分和热量散失 ③混凝土温度降至0℃时，达到受冻临界强度 ④混凝土硬化慢，但费用低	①自然气温不低于－15℃ ②地面以下的工程 ③大体积混凝土和表面系数不大于5的结构
	掺化学外加剂法	①原材料加热视气温条件 ②以防冻剂为主，适当覆盖保温 ③混凝土温度降至冰点前，应达到临界强度 ④混凝土硬化慢，但费用低，施工方便	①自然气温不低于－20℃，混凝土冰点在－15℃以内 ②外加剂品种、性能应与结构特点及施工条件相适应 ③表面系数大于5的结构
养护期间加热的方法	蒸汽加热法	①原材料加热视条件 ②利用结构条件或将混凝土罩以外套，形成蒸汽室 ③在混凝土内预留孔道通汽 ④利用模板通汽形成热模 ⑤耗能大，费用高	①现场预制构件、地下结构、现浇梁、板、柱等 ②较厚的构件、柱、梁和框架 ③竖向结构 ④表面系数6～8
	电热法	①利用电能转换为热能加热混凝土 ②利用磁感应加热混凝土 ③利用红外线辐射加热混凝土 ④耗能大，费用高 ⑤混凝土硬化快	①墙、梁和基础 ②配筋不多的梁、柱及厚度不大于20cm的板及基础等 ③框架梁、柱接头 ④表面系数8以上
	暖棚法	①在结构周围增设暖棚，设热源使棚内保持正温 ②封闭工程的外围护结构，设热源使室内保持正温 ③原材料是否加热亦视气温条件而定 ④施工费用高	①工程量集中的结构 ②有外围护结构的工程 ③表面系数6～10的结构
综合方法	低蓄热法	①原材料加热 ②掺低温早强剂或防冻剂 ③用一般保温材料或高效保温材料保温 ④防止水分和热量散失 ⑤混凝土硬化慢，费用低	①自然气温5～10℃ ②大模板墙结构、框架结构梁、板、柱等 ③混合结构 ④表面系数不大于10
	高蓄热法	①原材料加热 ②掺防冻材料 ③高效能保温材料 ④短时加热 ⑤混凝土能达到常温硬化；费用略高	①框架结构梁、板、柱 ②自然气温－15℃左右 ③表面系数可大于10

4.3.4.3　混凝土冬期施工措施

(1) 材料选择和要求

① 水泥　混凝土工程冬期施工水泥品种应根据混凝土的养护方法和结构在使用期间所处的环境进行选择，见表 4-25。

表 4-25 水泥品种的选择

混凝土工程特点或所处环境条件		优 先 选 用	可 以 选 用	不 得 使 用
环境条件	在普通气候环境中的混凝土	普通硅酸盐水泥	矿渣硅酸盐水泥、火山灰质硅酸盐水泥、粉煤灰硅酸盐水泥	
	在干燥环境中的混凝土	普通硅酸盐水泥	矿渣硅酸盐水泥	火山灰质硅酸盐水泥、粉煤灰硅酸盐水泥
	在高温环境或永远处于水下的混凝土	矿渣硅酸盐水泥	普通硅酸盐水泥、火山灰质硅酸盐水泥、粉煤灰硅酸盐水泥	
	严寒地区的露天混凝土,寒冷地区的处在水位升降范围内的混凝土	普通硅酸盐水泥(标号≥325号)	矿渣硅酸盐水泥(标号≥325号)	火山灰质硅酸盐水泥、粉煤灰硅酸盐水泥
	严寒地区处在水位升降范围内的混凝土	普通硅酸盐水泥(标号≥425号)	火山灰质硅酸盐水泥、粉煤灰硅酸盐水泥、矿渣硅酸盐水泥	
	受侵蚀性环境、水或侵蚀性气体作用的混凝土	根据侵蚀介质的种类、浓度等具体条件按专门(或按设计)规定选用		

② 骨料 混凝土工程冬期施工选择的骨料要求清洁、质地坚硬、级配良好,不得含有冰块和雪。掺外加剂混凝土含有钾钠离子时,骨料中不得含有活性氧化硅,如蛋白石,以防混凝土遭腐蚀,导致体积膨胀及结构破坏。

③ 钢筋 冬期施工钢筋在运输和加工过程中,应注意防止刻痕和碰伤口。钢筋可在负温下进行冷拉。采用控制应力方法时,冷拉控制应力较常温提高 30MPa。采用冷拉率方法,冷拉率与常温相同,冷拉时的最低气温不得低于 −20℃。钢筋可在负温下进行焊接,宜在室内进行;如果在室外进行,应有防寒挡风措施,最低气温不得低于 −20℃。

④ 外加剂 混凝土工程冬期施工使用的保温材料应根据工程类型、结构特点、施工条件、气温情况进行选择,应优先利用地方材料,如草帘、草袋、炉渣、锯末等。选择的保温材料要求导热系数小、密封性好、坚固防潮、价格便宜、重量轻,并能够多次重复使用。保温材料必须保持干燥。

(2) 材料加热

混凝土工程冬期施工对材料进行加热是为了满足热工计算和施工操作的要求。根据材料比热大小和加热方法的难易程度,应优先加热水,其次砂和石,水泥不加热,但应保持正温。骨料中不得夹杂冰块和雪团,以免影响混凝土质量。

① 加热方法 水加热的方法有直接加热和间接加热法。直接加热是利用铁桶、铁锅或热水锅炉用明火提高水的温度,适用于施工现场狭窄、零星分散没有蒸汽源的工程中;间接加热法包括直接向贮水箱内通蒸汽提高水的温度,和内设置散热管利用蒸汽提高水的温度等两种加热方式。间接加热法安全、节省人力,适用于有蒸汽设施的工程;

砂加热的方法有烘烤法、直接加热法和间接加热法。烘烤法是用砖砌成火道,顶面覆盖钢板,在钢板上面烘炒砂,烘烤法设备简单、投资少,但加热不均匀,耗能量大、污染环境;直接加热法又称湿热法,是在砂堆内插入蒸汽针,直接向砂堆排放蒸汽,提高砂的温度。直接加热法设备简单,加热迅速,砂含水率变化较大,必须及时注意调整混凝土的用水量;间接加热法又称干热法,是在砂堆中安放蒸汽排管,管内通过蒸汽间接加热砂,以提高砂的温度。间接加热法加热时间长、投资大、费用高。

② 加热规定 水和骨料加热的最高允许温度见表 4-26。

表 4-26 拌和水和骨料的最高温度   单位：℃

项　　目	拌和水	骨料
标号小于 525 号的普通硅酸盐水泥、矿渣硅酸盐水泥	80	60
标号等于及大于 525 号的硅酸盐水泥、普通硅酸盐水泥	60	40

注：骨料不加热时，水可加热到 100℃，但水泥不应与 80℃ 以上的水直接接触。投料顺序，应先投入骨料和已加热的水，然后再投入水泥。

（3）混凝土拌和物的热工计算

按公式（4-26）进行。

$$T=[0.9(Ct_c+St_s+Gt_g)+4.2t_w(W-SP_s-GP_g)+b(SP_st_s+$$
$$GP_gt_g)-B(SP_s+GP_g)]/[4.2W+0.9(C+S+G)] \qquad (4-26)$$

式中，T 为混凝土拌和物理论温度，℃；W、C、S、G 分别为水、水泥、砂、石的用量，kg；t_w、t_c、t_s、t_g 分别为水、水泥、砂、石的温度，℃；P_s、P_g 分别为砂、石含水率，％；b 为水的比热容，kJ/(kg·K)；B 为冰的溶解热，kJ/kg。

骨料温度 >0℃ 时，$b=4.2$，$B=0$；骨料温度 <0℃ 时，$b=2.1$，$B=335$。

（4）混凝土的配料与搅拌

冬期施工配制混凝土，应优先选用硅酸盐水泥或普通硅酸盐水泥。水泥标号应不低于 325 号，水泥用量不宜少于 300kg/m³ 混凝土，水灰比不大于 0.6。使用其他品种水泥，应注意其中掺和材料对混凝土抗冻、抗渗等性能的影响。使用引气型减水剂，可提高混凝土的抗冻性，含气量控制在 3％～5％。

冬期施工为了加强混凝土的搅拌效果，应选择强制式搅拌机，适当延长混凝土搅拌时间，为了避免水泥假凝，应在水、砂、石搅拌一定时间后再加入水泥。

（5）混凝土的运输

冬期施工混凝土的运输过程是热损失的关键，混凝土入模温度主要取决于运输过程中的蓄热程度。因此，混凝土运输应选择最短的运输路线，装卸和转运次数要少，运输工具的容器应适当保温并经常清理干净，要尽量缩短运输时间。

混凝土运输过程中的温度降低值，受运输工具、装卸次数、运输时间、出罐温度和环境温度变化的影响。可通过公式（4-27）计算，即

$$T_s=(\alpha t+0.032n)(T_0-T_a) \qquad (4-27)$$
$$\alpha=\lambda\mu/k \qquad (4-28)$$
$$T_0=T-0.16(T-T_d) \qquad (4-29)$$

式中，T_s 为混凝土运输过程中的温度降低值，℃；α 为温度损失系数，1/h，采用流动式搅拌车 $\alpha=0.25$，采用开敞式自卸汽车 $\alpha=0.20$，采用手推车 $\alpha=0.05$，温度损失系数与运输工具和保温情况有关；λ 为混凝土导热系数，W/(m·K)；μ 为冷却面表面系数，1/m；k 为传热系数，W/(m²·K)；t 为混凝土运输时间，h；n 为混凝土转运次数；T_0 为混凝土出罐温度，℃；T 为混凝土拌和物理论温度，℃；T_d 为搅拌机棚内搅拌混凝土时，搅拌机棚内的温度，℃；T_a 为环境温度，℃，露天搅拌混凝土时，为室外平均温度。

（6）混凝土的浇筑

冬期施工混凝土的浇筑时间不应超过 30min，金属预埋件和直径大于 25mm 的钢筋应进行预热，混凝土浇筑后开始养护时的温度不得低于 +2℃。冬期施工不得在强冻胀性地基土上浇筑混凝土，在弱冻胀性地基土上浇筑混凝土时，地基土必须保持正温，以免冻结。

整体式结构混凝土冬期施工采用加热养护时，其浇筑等程序和施工缝位置的留设应能防止较大的温度应力产生。

装配式结构接头混凝土冬期施工时对于承受内力的接头混凝土，浇筑前应将结合处的表面加热至正温，浇筑后在温度不超过45℃的条件下养护到设计要求的强度。对于构造要求的接头混凝土，可浇筑掺有不致引起钢筋锈蚀的外加剂混凝土。

4.3.4.4 蓄热法施工

蓄热法施工是利用混凝土本身具有的热量（组成混凝土的原材料加热所获得的热量）和水泥的水化热量，借助适当的保温材料覆盖以减慢混凝土的冷却速度，使混凝土在正温养护环境中达到临界强度的方法。

蓄热法施工养护混凝土不需外加热源，施工操作简单、造价低，是混凝土工程冬期施工应用最为广泛的方法。但由于混凝土内部贮存的热量有限，保温材料的保温能力也受到一定的限制，因此当外界环境气温较低（日平均气温低于−10℃或日最低气温低于−15℃）或构件表面系数较大（混凝土结构表面系数大于12）时都不宜采用蓄热法施工。

为了保证蓄热法施工的混凝土由开始养护时养护温度降低至0℃时达到临界强度，满足混凝土工程冬期施工的质量要求，进行热工计算。

热工计算的目的是确定混凝土冷却至0℃时正温养护的延续时间，根据混凝土冷却到0℃的正温养护延续时间，应确定保温材料的品种和厚度。

热工计算的原则是热量平衡原理，即每立方米混凝土内部贮存的热量应等于混凝土由养护温度降低到0℃时通过模板和保温层失去的热量，同时混凝土强度应该达到临界强度。

蓄热法施工简单、经济，是我国冬期施工中混凝土养护的最基本方法。但是由于热源和保温能力有限，适用范围受到构件表面系数和地区气温条件限制较大，为扩大蓄热法施工的适用范围，一般也可采取综合蓄热法施工。

综合蓄热法施工分为低蓄热养护和高蓄热养护两种形式。低蓄热养护主要以使用早强水泥或掺低温早强剂、防冻剂为主，使混凝土在缓慢冷却到0℃前达到临界强度。日平均气温不低于−15℃，构件的表面系数不大于12的情况下，宜采用低蓄热养护。高蓄热养护除掺化学外加剂，还进行短时间的外加热，使混凝土在养护期间达到临界强度或设计要求强度。日平均气温低于−15℃，构件的表面系数大于12的情况下，宜采用高蓄热养护。如果采用白灰锯末加热养护混凝土，应由实验室确定配合比，生石灰的粒径要求小于10mm，温度控制在60~80℃，拌和要均匀，否则易发生火灾，整个施工过程要时刻注意安全防火。

关于热工计算的具体方法与公式可查阅相关手册。

4.3.4.5 蒸汽加热养护法

平均气温很低或构件表面系数很大时，可以利用低压饱和蒸汽加热混凝土，使混凝土在较短的养护时间内获得较高的强度或达到设计强度等级。

蒸汽加热法分为两类，一是使蒸汽与混凝土直接接触，利用蒸汽的湿热作用加热混凝土，如蒸汽室法、蒸汽套法和内部通气法。另一是将蒸汽作为热载体，通过某种形式的散热器将热量传导给混凝土加热，如毛管法和热模法。

蒸汽加热法是利用蒸汽的湿热作用加热混凝土，由于蒸汽温度高于混凝土温度，蒸气压高于混凝土内气压，蒸汽将在混凝土表面发生凝结，依靠凝结放热将蒸汽热量传导给混凝土，使混凝土在较高的温度下硬化，同时又供给一定的水分，使混凝土的三化过程不致蒸发过量而干燥脱水。蒸汽加热生产效率高、工程质量好，但需要锅炉设备，施工现场敷设管道多，适用于具有蒸汽设施的扩建工程。

蒸汽加热法应优先选用矿渣硅酸盐水泥或火山灰硅酸盐水泥，水泥用量不超过350kg/m³混凝土，水灰比控制在0.4~0.6，坍落度不超过50mm。

掺有引气型外加剂或氯盐的混凝土，不宜采取蒸汽加热法。

选用硅酸盐水泥和普通硅酸盐水泥蒸汽加热法养护的混凝土最高加热温度不得超过80℃；选用矿渣硅酸盐水泥和火山灰硅酸盐水泥，不得超过95℃。

蒸汽加热法养护整体浇筑的混凝土结构时，必须按表4-27规定控制升温和降温速度，以避免出现裂缝。

表4-27　蒸汽加热养护混凝土的升降温速度

表面系数	升温速度/(℃/h)	降温速度/(℃/h)
≥6	15	10
<6	10	5

注：厚大体积的混凝土，应根据实际情况确定。

蒸汽加热法的蒸汽需用量按公式(4-30)计算。即

$$W=\frac{Q(1+\alpha)}{i} \tag{4-30}$$

式中，W 为耗汽量，kg；Q 为耗热量，混凝土、模板和保温材料升温所需热量及通过围护层散失的热量，kJ；i 为蒸汽发热量，$i=1500$kJ/kg；α 为损失系数，$\alpha=0.2\sim0.3$。

常用的蒸汽加热法的特点及适用范围，见表4-28。

表4-28　蒸汽加热法分类

加热方法	特　点	适用范围
棚罩法	设施灵活、施工简便、费用较小，但耗汽量大、温度不易均匀	常用于预制梁板、地下基础、沟道
汽套法	在模板外加密不透风的外套或利用结构本身，从下部通入蒸汽；分段送汽，温度能适当控制；加热效果取决于保温构造；设施复杂	常用于现浇梁板结构、框架结构、墙、柱等
热模法	利用模板通蒸汽加热混凝土，加热均匀，温度易控制，养护时间短，设备费用大	常用于垂直构件、墙、柱及框架结构等
内部通汽法	将蒸汽通入构件内部预留孔道加热混凝土。节省蒸汽、费用较低，但要注意冷凝水的处理及汽端过热易发生裂缝	预制梁、柱、桁架、现浇柱、框架单梁等

4.3.4.6　电热法施工

电热法施工是利用低压电流通过混凝土内部或表面加热混凝土的方法。电热法设备简单、操作方便，在电力供应充足的工区，应用较为广泛。

电热法分为电极加热法、电热器法、电磁感应加热法、远红外线加热法。

(1) 电极加热法

是利用电流通过不良导体混凝土发生的热量加热混凝土。

① 常用电极法　利用 $\phi6\sim\phi12$ 的钢筋做电极，垂直于构件的表面插入混凝土内，正负极相间地通电加热混凝土。电极的长度由构件的厚度确定，适用于梁、柱、墙，厚度大于150mm 的板、柱基、设备基础及大型结构等。

② 弦形电极法　利用长度为 2.5～3m 的 $\phi6\sim\phi10$ 的钢筋做电极，在混凝土浇筑前用绝缘垫块将电极平行于构件的表面固定在箍筋上，电极的一端弯成直角露出模板，与混凝土构件中的钢筋形成正负极相间，通电加热混凝土。适用于含筋较少的墙、梁、柱、大型柱基及厚度大于200mm 的单侧配筋板等。

③ 表面电极法　利用 $\phi6$ 钢筋或宽 40～60mm 的白铁皮做电极，固定在模板的内侧，通电加热混凝土。电极的间距，钢筋电极为 200～300mm，白铁皮电极为 100～150mm。适用于墙、条形基础、保持层大于 50mm 大体积结构、地面等。

（2）电热器法

电热器法利用电热元件发出的热量加热混凝土。根据施工条件和需要，电热器可分下述几种。

① 电热毯 加热大模板现浇混凝土墙体。在大模板背面装电阻丝，外面覆盖岩棉保温板，形成热夹层即可阻止冷空气浸入，又可防止热量散失。混凝土浇筑前先通电将模板预热，混凝土养护过程可根据温度变化情况断续通电。

② 板状电热器 加热现浇混凝土楼板。

③ 针状电热器 加热装配整体式钢筋混凝土框架的接点。

电热器法有效的加热深度为 200mm，薄壁结构单向加热时，有效的加热深度为 150mm。

（3）电磁感应加热法

又称频涡流加热法。根据电磁感应原理，在结构模板表面上缠上连续的感应线圈，线圈内通入交流电，则在钢模板及钢筋中会有涡流循环，涡流的能量转换为热效应，使钢模板和混凝土中的钢筋发热加热混凝土。其适用于大模板现浇混凝土墙体、梁板结构、梁柱接头等。

电磁感应加热法加热方法简单、加热温度均匀，但需要制作专用模板。

（4）红外线加热法

是利用远红外线辐射器向新浇筑的混凝土辐射远红外线，在远红外线的共振作用下，混凝土的分子做强烈运动，将辐射能充分转换成热量加热混凝土。

红外线加热法使用的远红外线辐射器，根据其采用的能源有电热远红外线辐射器、蒸汽远红外线辐射器和气远红外线辐射器等三类。

红外线加热设备简单、操作方便、养护时间短。其适用于柱、梁结构、大模板现浇混凝土墙体、装配式钢筋混凝土结构接头等。

4.3.4.7 负温早强混凝土施工

硫铝酸盐水泥负温早强混凝土由早强硫铝酸盐水泥、适量的抗冻早强剂、砂石骨料加水拌制成的正温混凝土拌和料，可在平均气温不低于 $-20℃$ 的负温环境中浇筑施工的一种混凝土。硫铝酸盐水泥负温早强混凝土可在负温条件下以较快的速度硬化。也可能由于水化热量集中早期放热的特点，使得混凝土处于正温环境中快速硬化，达到需要的设计强度等级。

硫铝酸盐水泥负温早强混凝土施工简便，节约能源，既可在正温条件下又可在负温条件下浇筑混凝土，能同样达到快速硬化的效果。适用于截面平均厚度小于 500mm 的整体钢筋混凝土结构、装配式钢筋混凝土结构的接头以及抢修修建工程施工。

（1）材料及其性能要求

① 早强硫铝酸盐水泥 是以适当的生料经煅烧所得以无水硫铝酸钙和硅酸二钙为主要矿物成分的熟料，加入适量石膏磨细制成的早期强度高的水硬性胶凝材料。

早强硫铝酸盐水泥分为 425、525、625 三个标号。水泥中不允许出现游离氧化钙，比表面积不得低于 $400m^2/kg$，各龄期强度不得低于表 4-29 中数值，初凝时间大于 25min，终凝时间小于 3h。

表 4-29 早强硫铝酸盐水泥各龄期强度值

标号	抗压强度/MPa			抗折强度/MPa		
	12h	1d	3d	12h	1d	3d
425	29.4	34.4	41.7	5.9	6.4	6.9
525	38.6	44.1	51.5	6.4	6.9	7.4
625	39.2	51.5	61.3	6.9	7.4	7.8

早强硫铝酸盐水泥具有早期强度发展快、水泥石结构致密、干燥收缩量小和抗硫酸盐腐蚀性能好的特点，适用于混凝土工程的冬期施工。

② 亚硝酸钠抗冻剂 硫铝酸盐水泥早期强度发展很快，但其受温度影响也很大，为使负温混凝土早期强度迅速增长，硫铝酸盐水泥配制的负温混凝土必须掺入适量的亚硝酸钠抗冻剂。

亚硝酸钠对硫铝酸盐水泥在负温环境中的水化硬化作用如下：a. 促进钙石形成，加速水化反应速度，具有明显促进负温混凝土强度发展的作用；b. 降低未硬化混凝土的液相冰点，减少含冰量并使冰晶变细且均匀分布，起抗冻作用；c. 对水泥颗粒起分散作用，有减水效果；d. 提高钢筋的抗腐蚀能力。

亚硝酸钠抗冻剂的掺量不宜超过 4% 水泥重量，掺量超过 5% 水泥重量时，混凝土的后期强度和耐久性均有所降低。

（2）硫铝酸盐负温早强混凝土施工

硫铝酸盐水泥负温早强混凝土的水泥用量不得少于 280kg/m³ 混凝土，水灰比不得大于 0.65，坍落度要比普通混凝土增加 10～20mm。砂石骨料应保持正温，拌和水加热温度不宜超过 60℃，硫铝酸盐水泥负温早强混凝土浇筑前失去流动性后，不得采用二次加水拌和使用。浇筑振捣后，外露面必须及时抹压，避免出现微细裂纹，而且应覆盖塑料薄膜和保温材料防止表面失水起砂。硫铝酸盐水泥负温早强混凝土不宜采用蒸汽和电热养护。

① 截面平均厚度小于 500mm 的整体钢筋混凝土结构施工 采用硫铝酸盐水泥负温早强混凝土仅需采用适当的防冻措施，因为水化热集中早期放热的原因，混凝土可能部分或全部时间处于较高正温硬化环境中。

采用亚硝酸钠抗冻剂，其掺量可参考表 4-30 选用。

表 4-30 亚硝酸钠掺量和防冻措施参考表

预计当天最低气温/℃	>−5	−15～−5	−25～−15
亚硝酸钠掺量（占水泥质量）/%	0	0～3	2～4
防冻措施	简单保温	水加热适当保温	水、砂加热保温

硫铝酸盐水泥负温早强混凝土浇筑温度为 5～15℃，不得低于 +2℃，必须在初凝时间为 3～5h 成型完毕，混凝土冷却到 +5℃ 后方可拆模，当外界温差大于 20℃ 时，拆模后的混凝土表面应进行保温覆盖，使其缓慢冷却防止出现裂缝。

② 装配式钢筋混凝土结构接头施工 装配式钢筋混凝土结构接头混凝土，冬期施工时非常适合采用硫铝酸盐水泥负温早强混凝土。采用亚硝酸钠抗冻剂，其掺量可参考表 4-31 选用。

表 4-31 亚硝酸钠掺量参考表

预计当天最低气温/℃	−5～0	−15～−5	−25～−15
亚硝酸钠掺量（占水泥质量）/%	0～1	1～3	3～4

硫铝酸盐水泥负温早强混凝土水灰比为 0.4～0.5；混凝土拌和物温度为 15～25℃，不得低于 +5℃；浇筑混凝土前接头处混凝土和钢筋的表面应清洗干净，若气温低于 −10℃，接头处应设法预热。浇筑混凝土后，表面抹平，外露面覆盖塑料薄膜并加保温措施。

4.3.4.8 负温混凝土施工

负温混凝土是利用负温硬化剂配制的混凝土。施工时对原材料进行加热，混凝土浇筑后采取适当保温措施，使混凝土在负温环境中硬化并达到临界强度。负温混凝土使用的负温硬化剂是由防冻剂、早强剂和减水剂组成,有时尚加入引气剂。防冻剂是负温硬化剂的主要成分,保证混凝土中液相的存在;早强剂促进水泥的硬化;减水剂减少拌和水量,降低混凝土中的含水量,可提高混凝土的密实度和强度;引气剂在混凝土中产生大量微小封闭气泡,能缓解水结冰时产生的冰胀应力,从而减轻冻害。负温混凝土硬化时混凝土本身的温度在$-10\sim0℃$。

(1) 负温硬化剂

负温硬化剂应根据工程性质、混凝土使用目的、水泥品种、气温条件、施工方法、保温措施、工期要求等因素进行选择。负温硬化剂的参考配方见表4-32。

表 4-32　负温硬化剂的参考配方

混凝土硬化温度/℃	配方(占水泥质量)/%	混凝土硬化温度/℃	配方(占水泥质量)/%
0	食盐 2+硫酸钠 2+木钙 0.25	-5	亚硝酸钠 2+硝酸钠 3+硫酸钠 2+木钙 0.25
	尿素 3+硫酸钠 2+木钙 0.25		碳酸钾 6+硫酸钠 2+木钙 0.25
	硝酸钠 3+硫酸钠 2+木钙 0.25		尿素 2+硝酸钠 4+硫酸钠 2+木钙 0.25
	亚硝酸钠 2+硫酸钠 2+木钙 0.25	-10	亚硝酸钠 7+硫酸钠 2+木钙 0.25
	碳酸钾 3+硫酸钠 2+木钙 0.25		乙酸钠 2+硝酸钠 5+硫酸钠 2+木钙 0.25
-5	食盐 5+硫酸钠 2+木钙 0.25		亚硝酸钠 3+硝酸钠 5+硫酸钠 2+木钙 0.25
	亚硝酸钠 4+硝酸钠 3+硫酸钠 2+木钙 0.25		尿素 3+硝酸钠 5+硫酸钠 2+木钙 0.25

注:1. 外加剂掺量均指无水物净重;

2. 掺食盐配方仅用于无筋混凝土;

3. 混凝土硬化温度系指混凝土本身温度。无保温覆盖时,可按日最低气温确定;有保温覆盖时,可按日平均气温确定。

(2) 负温硬化剂的配制

负温硬化剂使用前必须做系统检验,符合有关质量标准。负温硬化剂可配制成溶液,然后掺入混凝土拌和物中搅拌。配制硫酸钠溶液时,水温应保持$30\sim50℃$,浓度不超过20%;配制引气剂溶液时,水温不得低于90℃,浓度不超过1%。负温硬化剂为粉剂时,应与较多量的载体搅拌均匀后,掺到水泥上面进行混凝土拌和物的搅拌。常用的载体多为粉煤灰。

(3) 负温混凝土的施工

负温混凝土应优先选用普通硅酸盐水泥,标号不低于425号,水泥用量不少于$300kg/m^3$混凝土,水灰比不小于0.6。

负温混凝土搅拌时间应比常温搅拌时间延长50%,出罐时混凝土温度不低于$+10℃$,坍落度应严格控制在$10\sim30mm$。

负温混凝土浇筑成型后的温度不低于$+5℃$,浇筑后应立即覆盖保护进行保温防寒。当环境温度下降和负温混凝土的本身温度低于负温硬化剂的设计温度时,混凝土的抗压强度不得低于3.5MPa。负温混凝土适用于工业与民用建筑工程中混凝土和一般不重要的钢筋混凝土工程,如圈梁、挑檐等。

4.3.4.9　混凝土工程冬期施工的质量检验和温度测定

混凝土工程冬期施工的质量检验应按《混凝土结构工程施工及验收规范》(GB 50204—92)的规定进行,此外尚应增加混凝土工程冬期施工的质量检验工作和温度测定工作。

(1) 质量检验

混凝土工程冬期施工必须加强施工质量检验,内容如下:a. 检验水和骨料的用量与加热温度;b. 检验外加剂的质量和用量;c. 检验混凝土出罐温度和浇筑温度;d. 增加两组与结构同条件养护的试块,一组用于检验混凝土受冻前的强度;一组用于检验与构件同条件养护28d后转入标准养护28d的强度。

（2）温度测定

混凝土工程冬期施工必须认真做好测温工作，内容如下：a. 室外空气温度及周围环境温度，每天测定四次；b. 水、骨料和混凝土出罐温度，每工作班测定四次；c. 蓄热法养护的混凝土，养护期间每天测定四次；d. 采用加热法养护的混凝土，升温和降温期间每 1h 测定一次，等温期间每 2h 测定一次；e. 负温混凝土每天测定两次。

测温工作必须定时定点进行，全部测温孔均应编号，绘制布置图，测定结果要有正式记录。

测温的温度必须与外界气温妥善隔离，温度表在测温孔内停留 3～5min，方可进行读数。

测温孔应设置在混凝土温度较低部位和有代表性的位置。采用不加热养护方法时，应设置在易冷却的部位；采用加热养护方法时，应设置在离热源距离远近不同的位置；厚大结构应设置在表面和内部有代表性的位置。

4.3.5 钢筋混凝土构筑物渗漏的处理方法

进行钢筋混凝土构筑物局部补漏，宜在水池贮水条件下作业。根据对局部渗漏事故的观测发现，水池贮水后第一、二天渗水甚微，第三、四天渗漏明显，第五天之后渗漏减缓。为了让水能充分渗透至混凝土内部，为使渗漏充分暴露，贮水一般不能少于 5d。关于构筑物渗漏常用的补漏方法如下。

（1）水泥浆堵漏法

采用空压机或活塞泵压浆，使水泥浆自压浆管进入裂缝，水泥浆水灰比为 0.6～2.0。开始注浆时，水灰比较大，而后逐渐减小。水泥浆稠度较大，流动性尚差，但结石率高，注浆效果好。压浆必须一次完成，发现水泥浆压力急剧增加，表明混凝土孔隙填满，即停止压浆。遇有地下水时，可采用快硬水泥浆或四矾水泥浆。这种方法水泥粒度较大，难以压入细缝中；水泥浆黏度较大，压入时会产生较大压力损失，灌入量与灌入深度受限制；非膨胀性水泥砂浆或水泥浆硬化时收缩会导致裂缝重现。因此，该法只适用于裂缝宽度大于 0.3mm 的条件下。

（2）环氧浆液补缝法

此法是在混凝土裂缝处紧贴压嘴，采用压缩空气将环氧浆液由输浆管及压嘴压入裂缝中。环氧浆液是在环氧树脂中加入一定量的增塑剂、增韧剂、稀释剂及硬化剂制成，可通达试验决定最佳配合比。参考配方为环氧树脂：邻苯二甲酸二丁酯：二甲苯：环氧氯丙烷：聚硫橡胶：乙二胺＝100：10：40：20：5：10。其施工操作为先将裂缝表面去污，用环氧腻子将压嘴粘贴裂缝处。粘贴压嘴的腻子配方可采用 6010 号环氧树脂：二丁酯：二甲苯：乙二胺：滑石粉＝100：10：25：8：250。环氧浆液与腻子均应在 40℃ 以下搅拌，并在 1h 以内用毕，以防硬化。压嘴布置的间距可采用水平缝为 0.2～0.3m，垂直缝或斜缝为 0.3～0.4m。在裂缝端部与交叉点处均应设置压嘴。粘贴压嘴的操作方法是，将环氧腻子抹在压嘴底盘上（厚约 1～2mm），静置 15～20min 之后，粘贴于裂缝处，且于底盘四周用腻子封住。贴压嘴后，在裂缝表面与两侧各 0.1～0.2m 范围内用腻子封闭。供作封闭裂缝表面的腻子的配方可采用 6010 号环氧树脂：二丁酯：二甲苯：乙二胺：硅酸盐水泥：滑石粉＝100：10：40：10：350：150。灌浆之前须进行试气。用肥皂水涂于封闭区，通入压缩空气（0.4～0.5MPa），检查裂缝与压嘴封闭质量。灌浆的方法是自上而下或从一端至另一端进行，其灌浆压力可视裂缝宽度、深度与环氧浆黏度等因素确定。灌浆后，还要用 0.1MPa 的压缩空气通入 10～15min，灌浆即告结束。

（3）甲凝与丙凝补缝法

丙凝与甲凝均为固结性高分子化学灌浆材料。甲凝与丙凝在注入之前，应在裂缝处设置灌注口孔板，间距采用 0.1～0.2m，孔板可用环氧树脂粘贴在混凝土表面，而后封闭裂缝表面，试气。甲凝和丙凝的配方在补缝需要时可查阅相关书籍或产品说明书。

（4）四矾闭水浆补漏法

对于渗漏的处理，可先将松软部分凿净，用水冲洗干净，由于带水作业，故可采用水玻璃掺加四矾拌和水泥进行堵漏。其闭水浆的参考配合比是，水玻璃（硅酸钠）∶蓝矾（硫酸铜）∶红矾（重铬酸钾）∶明矾（硫酸铝钾）∶青矾（硫酸亚铁）∶水＝400∶1∶1∶1∶1∶60（质量比）。然后用环氧树脂填实，外留 10～20mm 用 1∶2 防水水泥砂浆抹面。

（5）凿槽嵌铅修补法

对渗漏较严重的处理，可推荐采用凿槽嵌铅修补法。该法是在池内贮水条件下，于壁板外壁面着手修补，即于池外壁渗漏处沿着裂缝凿槽，剔去混凝土表面毛刺，修理平整，槽内用清水洗净，必要时用丙酮将槽口擦洗一遍，然后用錾子及银头锤打填入槽内的铅块，使铅块紧密嵌实于槽内。由于铅具有塑性强、易软化的特性，嵌入的铅固结性甚强。实施这种方法，防漏寿命比较长。

5 环境工程构筑物土建施工

环境污染治理工程工艺复杂，类型较多，与其相配套的土建工程类型也较多，但其施工方法与其他普通土木建筑施工方法有相似的共性。由于它主要是为环境污染治理工程服务的，因此它又具有其自身的特点。通常按水、气、固体废物污染治理需要，将工程分为污水治理工程的土建施工，如各类贮水池、输水管道、泵房的土建施工；废气处理用的构筑物土建施工，如建设物中的烟道与构筑物烟囱的土建施工；固体废物最终处置工程的土建施工，如垃圾填埋场的土建施工等。这些构筑物的土建施工特点主要反映在结构造型复杂，施工工种和工序多，技术水平要求高，安装难度大，基础土石方量大等方面，因而组织施工的程序和施工方法也是多种多样的。环境工程构筑物种类比较多，本章仅对污染水处理工程中的常用构筑物贮水池与泵房的施工，烟气处理工程中的烟囱施工，以及固体废物处置工程的垃圾填埋场施工做一介绍。

5.1 贮水池土建施工

贮水池是污水治理工程中通用性的构筑物，它的作用不仅是提供污水处理工艺流程中所必需的贮水池空间，而且还具有调节水质的作用，根据工艺要求，这类构筑物大多要贮存水体埋于地下或半地下，一般要求承受较大的水压和土压，因此除了在构造上满足强度外，同时要求它还应有良好的抗渗性和耐久性，以保证构筑物长期正常使用。通常贮水池或水处理构筑物宜采用钢筋混凝土结构，当容量较小时，也可采用砖石结构。

5.1.1 贮水池类型

污水处理厂中各类贮水池按不同工艺处理过程来分类，有调节池、沉淀池（初沉池、二沉池）、污泥浓缩池、气浮池、滤池、曝气池、集水井等；按池体的外形分类，有矩形、圆柱加锥底形池、多边形池、单室池、多室池、有盖板的池及敞口池等；按池体所采用的材料不同，可分为钢筋混凝土池、砖砌体池（当容量较小时）、钢板池（多建在地面以上）、塑料板池等；按池体与地面相对位置不同，可分为地下式贮水池、半地下室式贮水池及地面贮水池等；按池体结构构造的不同，可分为现浇钢筋混凝土矩形贮水池与圆形贮水池、装配式钢筋混凝土矩形池、装配式预应力钢筋混凝土圆形水池、无黏结预应力钢筋混凝土水池等。但无论何种材料、何种结构、何种外形，所有贮水池一般均由垫层、池底板、池壁、池顶板组成。

5.1.2 贮水池构造

5.1.2.1 现浇钢筋混凝土贮水池

对于现浇钢筋混凝土池子，当宽度大于 10m 时，其内部设支柱、池壁加设壁柱，或在内部设纵横隔墙，将池子分为多室（图 5-1 是哈尔滨市某工厂污水处理站的调节池示意图），池子顶盖多为肋形盖板或无梁顶板，池壁厚为 300～500mm，池高一般为 3.0～6.0m。为保证池壁与池顶板的刚性连接，通常在池体角部设立支托加强，并设加强筋，如图 5-2 所示。对于无顶盖池子，一般在上部设大头或挑台板，以阻止裂缝开展（图 5-3），敞口水池子的上部顶端宜配置水平向加强钢筋或设置圈梁。水平向加强钢筋的直径，不应小于池壁的竖向受力钢筋，且不应小于 $\phi 12\text{mm}$。池子立壁配筋通常采用 $\phi 10 \sim \phi 12\text{mm}@100\text{mm}$ 或 $\phi 14\text{mm}@$ 150mm，水平筋按构造筋配置，含筋量控制在 $0.3\% \sim 0.4\%$ 范围以内。在管道穿越池壁洞口处，如横断主筋方向的尺寸小于 300mm，可将主筋绕过洞口，不另设加强筋；如洞口处大于 300mm，应设加强筋，且附加筋面积应不小于被孔洞切断的主筋面积，每边不小于 $2\phi 12\text{mm}$，并在角部加设斜筋。池底板厚一般在 $120 \sim 300\text{mm}$，底板顶面应配置构造钢筋，配筋量不宜少于每米 5 根 $\phi 8\text{mm}$，在池底板混凝土垫层以上及池外壁还需作防护层，以防地下水的侵蚀和渗漏，因池体多半位于地下或半地下。其防护层构造通常采用外抹水泥砂浆，涂刷冷底子油和 2 度沥青玛琋脂，或喷涂 40mm 厚 1：2 水泥砂浆（或加掺水泥用量 5% 的防水剂）后涂刷乳化沥青或石油沥青；池顶板面上铺钢丝网，浇注 $35 \sim 40\text{mm}$ 厚的 C20 细石混凝土做刚性防水层或仅用于做找平层，再加铺 2 毡 3 油防水层。池体内壁抹 1：2 水泥防水砂浆（当液体对混凝土无浸蚀性时）或做防腐防渗处理（当液体对混凝土有浸蚀性时）。

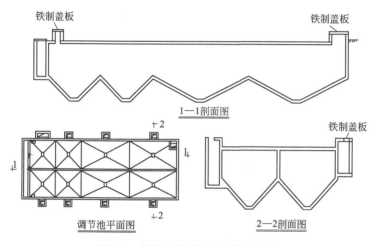

图 5-1　某污水处理调节沉淀池示意

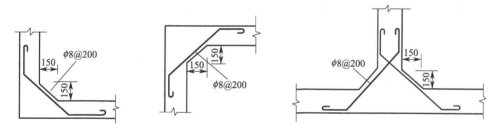

图 5-2　池体转角部设有加强筋

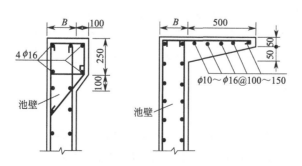

图 5-3　池顶部设大头及跳台板示意

153

5.1.2.2 装配式钢筋混凝土贮水池

装配式钢筋混凝土矩形水池，由现浇底板和预制 L 型池壁板、柱子、顶盖梁板组成。一般 L 型壁板厚度为 150mm×250mm，壁板之间以及壁板与底板之间用 400～500mm 厚浇缝带连接，柱子与预制顶盖梁板采用常规装配式接头连接。如图 5-4 所示。

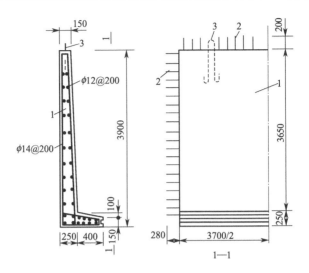

图 5-4　装配式矩形水池 L 型壁板构造
1—池壁板；2—连接筋 ϕ10mm@200mm；3—吊筋 ϕ22mm

装配式预应力钢筋混凝土圆形水池，底板为 C20 现浇钢筋混凝土，池壁用 150～200mm 厚 C40 预应力壁板或 200～250mm 厚非预应力板，宽 1.0～1.66mm（弧形），高 5～6m，板两侧面应做成齿形并伸出连接筋，与邻板连接筋焊接连接，用 C40 混凝土现浇缝形成整体，池壁外侧设水平环向的 ϕ5mm 预应力钢丝或 ϕ14～18@100～150mm 钢筋；池内设预制柱，按方形或矩形柱网布置；池顶盖板由预制曲梁和扇形板或预应力空心板组成。池顶盖板也可采用现浇钢筋混凝土肋形板或无梁板构造形式以增强池体整体性。

5.1.2.3 无黏结预应力钢筋混凝土贮水池

这类贮水池构造，由现浇钢筋混凝土底板、无黏结预应力池壁和环梁及现浇钢筋混凝土顶盖或钢盖组成。池壁预应力筋用 ϕ12.7mm 无黏结预应力钢绞线，按环向布置，每圈由 3～4 根钢绞线组成，每圈间隔 200～300mm。每圈由两束按 180°对称锚固在锚固肋上，相邻圈错开按 90°交错布置，池体混凝土强度等级和抗渗等级为 C35、P6。如图 5-5所示。

5.1.2.4 砖石砌筑的贮水池

砖石贮水池由现浇钢筋混凝土底板、砖砌体池壁及现浇或预制混凝土盖板组成。砖砌体采用不低于 MU7.5 强度的普通黏土机制砖，石料标号不低于 200 号，砂浆要求采用水泥砂浆。由砖石砌体建成的贮水构筑物，只适用于容量较小的贮水池中。如集水井、化粪池等。

5.1.3 贮水池施工准备

5.1.3.1 图纸会审与技术交底

首先组织各工种负责人学习、审查本工种施工图纸，之后在一起共同进行各专业图纸会审，发现问题应及时与设计单位联系沟通解决。最后向施工人员进行设计要求交底和施工技术交底。

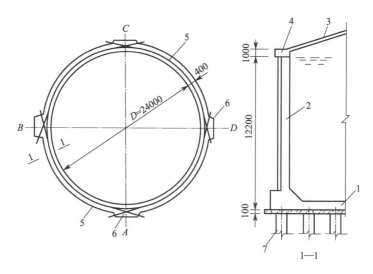

图 5-5　无黏结预应力圆形贮水池示意

1—池底板；2—无黏结筋预应力池壁；3—池顶盖；4—环梁；
5—无黏结筋；6—锚固助；7—预制或现场灌注桩

5.1.3.2　编制施工组织设计与预算

依据施工图纸进行施工组织设计，对难度较大的部分工程，可编制详细的施工作业或施工操作工艺卡。如贮水池的防渗层与施工缝的施工，装配式构件的吊装工程，池壁预应力张拉工程等，均应有详细的施工操作工艺卡。根据图纸编制施工预算，订购工程材料和施工用料。池体施工预算详见第 7.4 节。

5.1.3.3　做好"三通一平"的施工准备

"三通一平"即施工现场的通电、通水、通路以及平整场地，此项工作依据施工总平面图来布置。通电以保证施工机具的运转，临时设施的照明；通水以敷设临时供水系统用来保证工程材料在现场的制备，如混凝土工程、砂浆工程等；通路就是在施工现场修筑临时运输道路，仅做基层，并且尽量利用永久性道路，以保证工程材料的运输畅通；平整场地就是要拆除拟建贮水池范围以内的地面与地下的所有障碍物，设置场地排水、排洪或截水沟，进行地质墓穴探查，发现局部有软弱土层、深埋古墓、人防工程等，报有关部门，并根据设计意见再行处理。

5.1.3.4　施工机具的准备

开工前把施工机械设备和辅助工具运到现场，之后应对设备与机具进行检修，并做试运转；对模板工具进行配板设计，对非标准模板可在现场就地制作和试组装。对某些推广应用的新技术还应组织有关人员进行设备、工具的准备，并进行工艺试验，确定施工操作方法和有关技术参数。选好水准基点，设置测量控制网，以对贮水池进行测量、定位、放线，并埋好沉降观测点。

5.1.4　现浇钢筋混凝土贮水池施工

现浇钢筋混凝土贮水池施工与其他现浇钢筋混凝土构筑物施工相似，其施工程序是：场地平整→测量定位放线→基坑开挖及地基处理→打混凝土垫层→池底板绑扎钢筋→浇筑底板→池壁钢筋绑扎→支设池壁模板→浇筑池壁→池顶板支模绑扎浇筑→试水→池外壁抹砂浆并做防渗处理→池内壁与池底板抹防水砂浆→安装池子进出水管道→土方回填→交工验收。具体施工操作方法如下。

5.1.4.1 土方开挖及地基处理

① 土方开挖 通常根据池体大小、土质情况、施工条件及工期要求来选择开挖手段。人工挖土多用镐、锹进行，用手推车或机动翻斗车运土；机械挖土多用铲运机或挖土机进行，有关贮水池基坑开挖详见本书 3.2.2 部分。

② 地基处理 池底板基底土质应符合设计要求，如遇到基底部分有软弱土层或出现局部超挖和挠动土层现象时，应挖走松软土层与挠动土层之后和砂或砂砾石分层回填设计标高处并夯实；如遇基底为湿陷性黄土，应采取强夯消除湿陷性或加做 30～60cm 厚 3∶7 灰土垫层，随即浇筑混凝土垫层。当地下水位较高时，会影响基坑土方开挖，应在基坑周边采取降低地下水位措施以消除地下水的影响。具体排水降水方法详见 3.2.3 部分相关内容。开挖工序完后，必须经地质勘探部门对地基土质情况检查，验收合格后，方可进行下一道工序池底板施工。

5.1.4.2 池底板施工

首先做池底混凝土垫层，通常采用 100mm 厚，C10～C15 混凝土，之后在垫层上涂刷沥青冷底子油及沥青玛琋脂或铺二毡三油防水隔离层，防潮层做好后即可进行池底板绑扎钢筋工序，当池底部是水平面时，池底板钢筋应按施工图纸放线一次绑扎完，绑扎下层钢筋网要设砂垫板以保持保护层厚度，绑扎上层钢筋网要设∏形弯铁或 ϕ25mm@1.0m 钢筋头架立并绑牢，以保证上下层钢筋网间距正确和不变形，在外壁及柱拉缝处伸出插筋，在转角处加设斜向加强筋。当池底部是锥体型时，如图 5-1 所示，绑扎钢筋应先定出池底部中心点，按施工放线布筋绑扎，先布中心区域的钢筋，再布放射筋，最后布环向筋绑扎成整体，分别用保护层砂浆块垫起，池底部上层钢筋网的绑扎采用垫层内插入钢筋头，上端与底板上部平齐，布中心区域的筋再布环向筋，最后布放射筋，绑扎成整体。

池底板混凝土浇筑一次性连续浇筑完成，不留施工缝。通常底板中心向池周边或由池两端向池中心（当池底面积较小时）顺次进行。浇筑顺序从排水沟、集水坑等较低部位开始，依次向上浇筑，避免出现冷缝。池底板混凝土浇筑完后，进入下一道工序。

5.1.4.3 池壁施工（图 5-6）

通常先做内模支设，再绑扎池壁钢筋，最后做外模支设，也可以先做外模支设，再绑扎钢筋，最后支内模。也可以同时支内外模板，总之池壁施工时，模板的拼装不能妨碍钢筋的绑扎、混凝土的浇筑和养护。模板支设按贮水池施工缝的留设而分段进行。池底板与池壁的施工缝设在离池底板上表面 350～500mm 处。池壁钢筋在内模（或外模）支好后一次性绑扎完，内外钢筋之间用连接筋固定，竖向筋采用对焊，水平筋采用搭接，搭接长度不小于 35d（40d 当池壁是环形时），接头应错开 1/4。模板钢筋工序之后浇筑混凝土，为避免出现施工缝使模板受力均匀，浇筑混凝土时从中心部位向两侧对称进行，浇筑高度每层约 20～30cm，振捣棒插入间距不大于 45cm，振动时间在 20～30s。浇筑环形池壁混凝土，也是对称分层均匀浇筑。

5.1.4.4 池顶板施工

池顶板也称池顶盖，池顶盖模板是在池底板混凝土工序完后支设，分一次支设浇筑和二次支设浇筑两种方法，一次支设浇筑是将池壁、池柱、池顶盖模板一次支好，绑扎钢筋、浇筑混凝土。而二次支设浇筑是指先支池壁、池柱模板至顶盖下 3～5cm，绑扎壁柱钢筋，浇筑混凝土，之后再支池顶盖板的模板，绑扎池顶板钢筋，最后浇筑盖板混凝土。池顶板钢筋绑扎如常规肋形梁板方法，其伸入池壁内的锚固筋，应预先插入池壁内，否则应将施工缝留在锚筋的下部。池顶板混凝土浇筑顺序与池底相似，由中间向两端进行或由一端向另一端进行，浇筑拱形池顶盖板时，采用干硬性混凝土由下部四周向顶部

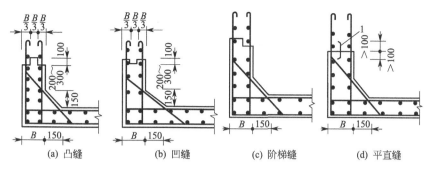

图 5-6　水池外壁与底板处施工缝留设的几种型式
1—金属止水带

进行，以防滑落、倾泻。

无论是池底部混凝土还是池壁池顶板混凝土，振捣时应均匀分层用插入式振动器或辅以平板式振动器振捣密实，每一部分混凝土浇完终凝后应加强保温养护，用草袋类材料覆盖其上，并洒水养护不少于 14d，防止混凝土因表面失水，过快收缩而产生干缩裂缝。

由于混凝土在硬化初期，混凝土的收缩及地基可能产生的不均匀沉降，以及混凝土在后期的温度收缩影响，会使池体混凝土出现裂缝而引起渗漏。为减少或避免裂缝的发生，可采取对池体分块浇筑的方法，这里说的分块浇筑并非前述的池底、池壁、池顶盖板三个单元体。分块浇筑方法是根据贮水池长度大小、池底地基约束情况以及施工流水作业分段要求，将整个池体分为若干单体（块），各块体间留设 0.6～1.0m 宽的后浇混凝土缝带，贮水池钢筋仍按施工图纸一次绑扎好，且在缝带处不切断钢筋，待每块支模、绑钢筋、浇筑混凝土后养护 28d，块体基本水化收缩完成后，再用比贮水池高一个强度等级的普通防水混凝土或补偿收缩混凝土灌注连成整体。施工时应把后浇混凝土缝带设置在结构受力薄弱部位或分段施工缝部位，要支模浇筑，浇筑前应将混凝土表面凿毛，用压力水洗净、湿润，缝面刷水泥浆一度，再浇筑混凝土。后浇缝带一次全部浇筑完毕，间隔 30min，再重复振捣一次，以消除混凝土中部与两侧沉陷不一致的现象。

5.1.4.5　池体防渗检验与处理

贮水池主体工程完工、池体达到设计强度后还应做防渗检验。首先通过混凝土试块的抗渗试验，检验其是否满足抗渗标号；其次对池体构筑物进行试水试验，测定其漏水量；通过试水可直接查出构筑物有无渗漏情况、结构的安全度并可预压地基。

试水前，应先封闭池子进出水管或管道阀门，由池顶孔放水入池，一般分为 3～6 次进水。根据贮水高度和供水情况确定每次进水高度，充水速度不宜过快，以 40～60t/h 较合适。从四周上下进行外观检查，每次观测 1d，做好记录，如无异常情况，可继续灌水到设计贮水标高，同时做好沉降观测。灌水到设计标高后停 1d 进行外观检查，并做好水面高度标记，连续观测 7d，池体外表面无渗漏现象，昼夜失水量在 2‰ 以内，无明显降渗水，并设专人连续沉降观测水位千分表装置。

对开口板块式水池，在池壁外侧设置千分表等，注水时应灌水至工作水位，经 3d 后，观测 1d 内水位的渗漏量，如 1d 内水池每 1m² 渗漏量（除去蒸发量），不超过 3L，且伸缩缝处无漏水现象，即认为合格。对于消化池类构筑物，除做前两项检测外，还要做闭气试验。影响贮水渗漏的原因很多，有的是在设计时对荷载估计不足，池体含钢量过小而出现裂缝；有的是构件刚度不够，变形过大而出现裂缝；有的是混凝土浇筑过程中因模板移动或地基软弱产生不均匀沉降而引起裂缝；还有的是施工缝处理不当以及温度应力和干缩应力等对钢筋混凝土结构产生裂缝。贮水池出现裂缝后先不要忙于补渗堵漏，应找其主要原因，分析渗漏根源后再确定方案，例如，由池底部存在局部软弱土层不均匀下沉引起的裂缝，除修补裂缝外，还应对地基进行加固处理，防止池体继续下沉。

贮水构筑物的渗漏处理常用的补漏堵措施有水泥浆堵漏法、环氧浆液（胶泥）补缝法、甲凝与丙凝浆液补缝法、四矾闭水浆补漏法、凿槽嵌铅修补法等。

对早期表面裂缝，可采取及时抹压1次，再覆盖养护；对表面温度裂缝可采涂两遍环氧胶泥或加贴环氧玻璃布进行表面封闭；对裂缝宽度大于0.1mm的贯穿性裂缝，可根据裂缝的可贯程度，采用灌水泥浆或环氧、甲凝或丙凝浆液方法进行修补，或灌浆与表面封闭同时采用。宽度小于0.1mm的裂缝，一般会自行愈合，或只进行表面处理；对混凝土由于局部振捣不实而存在孔隙，在地下水作用下或贮水后，局部出现的渗漏现象，处理的方法是在排干水池贮水或降低地下水位后，将不密实部位混凝土凿开、支模，用半干硬性混凝土强力捣实即可，或在渗漏部位凿毛洗净，在表面加做5层水泥砂浆抹灰防水层，做法见5.1.4.6部分。池体渗漏处理完毕检验合格后，进入下一工序，池体抹灰施工。

5.1.4.6 池体抹灰施工

为提高贮水池的抗渗防水性，在贮水池的底板内壁常设有1道抹灰层，作为结构防水以外的又一道重要抗渗漏防线，贮水池常用的抹灰防水层有以下两种。

(1) 防水砂浆抹灰防水层

抹灰前，将底板、池壁表面凿毛，铲平不平处，并用水冲洗干净，抹灰时先在墙面刷1道薄水泥净浆，以增加黏结力。抹灰方法可采用机械喷涂或人工涂抹。采用机械喷涂防水砂浆一般厚20mm，先喷两遍，每遍厚6mm，第二遍喷涂后间歇12h，使其基本干硬后再喷涂第二遍，最后8mm厚的抹灰用人工找平压光，在转角处抹成圆角，防止渗漏。本法防水层密实，黏结强度好，工效高，但需具备1套喷涂机械设备。人工抹灰先打底灰，厚5～10mm，第二层将底板、墙面找平，厚5～12mm，第三遍面层进行压光，厚2～3mm。本法较费工时，精心操作也可保证质量。

(2) 多层水泥砂浆抹灰防水层

利用不同配合比的水泥砂浆和水泥浆，相互交替抹压均匀密实，构成1个多层的整体防水层。一般迎水面采用"五层抹面法"，背水面采用"四层抹面法"，具体操作方法要点见表5-1。

表5-1 多层抹面防水层做法

分层做法	厚度/mm	操 作 要 点
第一层素水泥浆层（水灰比0.40～0.55）	2	分两次抹压，头遍厚1mm结合层，用铁抹子反复用力抹压5～6遍，使素灰填实找平层孔隙，再均匀抹1mm厚素水泥浆找平，用毛刷轻轻将灰面拉成毛纹
第二层为1:(1.5～2.5)水泥砂浆层（水灰比0.40～0.50）	4～5	第一层素水泥浆层初凝后，手指能按入1/2深时抹，在水泥砂浆初凝前用笤帚顺一方向扫出横向纹路，避免来回扫，以防砂浆脱落
第三层素水泥浆层0.37～0.40	2	隔24h抹，基层稍洒水湿润，操作同第一层，但按垂直方向刮抹素水泥浆，并上下往返刮抹4～5次
第四层为1:2.5水泥砂浆层（水灰比0.40～0.45）	4～5	在第三层素水泥层凝结前进行，抹后在砂浆初凝前用铁抹子分两次抹压4～5遍，以增加密实度
第五层素灰层（水灰比0.55～0.66）	2	用毛刷依次均匀涂刷素水泥浆1遍，稍干、提浆，同第四层抹实压光

注：1. 水泥用不低于32.5R的普通水泥、膨胀水泥或矿渣水泥；砂用中砂。

2. 多层抹面总厚度为15～20mm。4层做法为将第四层压光5～6遍即成；3层做法为将第三层压光5～6遍即成。

抹面顺序为先顶板（顶板不抹灰，无此工序），后池壁，最后底板。基层表面应平整、坚实、粗糙、清洁并充分湿润无积水，抹面应连续进行，分层抹压密实，避免施工缝。必须留设时，宜留在地面上，也可在墙面上，但需离开阴阳角处20cm。施工缝应分出层次，做成斜坡阶梯坡形。接搓要依照层次顺序操作，层层搭接紧密。阴阳角均应分层做成圆弧形，阴角半径50mm，阳角半径10mm。遇穿墙管、螺栓等部位，应在周围嵌水泥浆再作防水层。施工养护温度不应低于5℃，及时洒水养护不少于14d。

如需提高防水性，加速凝固，可再在水泥浆及水泥砂浆中掺入水泥重量1%的防水剂。在多层抹面中，水泥浆层起隔水作用，砂浆层起养护保护水泥浆层的作用。由于层次多，层与层间的渗漏水毛细通路被堵塞，因此增强了贮水池的抗渗能力，抗渗强度等级可达2.5~3.0MPa，30h无渗漏，同时操作、检修方便，发现渗漏容易堵修，除作水池、油罐类结构的辅助防水、防油渗层外，同时可作大面积渗漏的修补措施。

5.1.4.7 工程施工实例

东北地区某工厂污水处理站初沉调节池施工。

(1) 工程概况

整体式现浇矩形钢筋混凝土贮水池，由进水廊道、排泥廊道、池底板、池壁板、池顶盖板、闸阀机等几部分组成。池体长35.3m、宽14m、高6.0m、池壁厚为300mm、池底板厚为300mm。根据工艺要求，贮水池为多室间（8室间），每个室间底部均为倒锥体，整个池体为地下式封顶盖结构，池顶板为肋型梁板结构，盖板厚为30mm。混凝土强度等级为C25，池内底板和池壁表面抹15mm厚水泥砂浆防水层防渗。地基土为亚黏土，承载力为150kPa，地下水位在−8m以下。

(2) 施工情况

施工程序为场地平整→测量放线、定位→基坑开挖→池底板施工→池壁施工→池顶梁板施工→管道施工→池底板、内壁抹灰施工→试水检验→池外基坑回填土→土建施工收尾、竣工验收。

土方开挖使用反铲挖土机从一头向另一头进行，用翻斗自卸汽车将土运走，留一部分堆放场区内做回填用土。基坑底部挖至倒锥体的顶部，余下部分用人工开挖和清理。池底施工采用土模，浇筑池底板按要求一次完成，不留施工缝，浇筑顺序从中间向两边，每一室间从锥底中心依次向上进行浇筑。池底板与池壁间在转角上方300mm处留设凸形施工缝，池壁与池顶盖板之间在顶板和梁下30mm处留设水平缝。混凝土养护14d。池底部与池内壁抹灰采用防水砂浆抹灰防水层，总厚度为15mm，养护14d。

池体试水一周，做好水位观测。池体未发现渗漏，随即回填池外四周土并夯实。该池体为常年贮水，未发现池体裂缝渗漏、管道接头错位以及地基不均匀沉降等现象。

5.1.5 装配式钢筋混凝土贮水池施工

装配式钢筋混凝土贮水池施工程序：场地平整→测量定位放线→基坑开挖及地基处理→混凝土垫层浇筑→隔离层施工→池底板混凝土浇筑→预制壁板、柱及内部顶板梁板吊装→预制柱杯口灌浆、壁板连接缝浇筑→对大型圆形贮水池安放张拉池壁环向预应力钢丝→壁板环槽外侧灌缝→试水→池外壁抹砂浆→放水→顶板混凝土浇筑或外圈顶板预制梁、板吊装及找平层→池壁及顶板做防水层（二毡三油）→管线设备安装→池周边回填土→交工验收。具体操作方法如下。

5.1.5.1 池底板施工

池子的基坑开挖、地基处理及混凝土垫层浇筑均与整体式钢筋混凝土矩形贮水池相同。

底板施工也大体相同，只在四周用后浇缝带与预制 L 型壁板相连，应按要求在池底垫层上弹出池底板与 L 型壁板的接头位置线，按线支凹形边模并将连接筋预留出，混凝土浇筑后将缝面凿毛。

5.1.5.2 壁板预制与安装

L 型壁板的体积和重量均较大，以 5000t 贮水池为例，L 壁板高 3.9m、宽 3.7m、底座宽 0.65m、上端板厚 150mm、下端板厚 250mm，重达 8t。一般在现场预制，底模用土模，侧模用钢定型模板制作，浇 C20、P8 防水混凝土，脱模后覆盖洒水养护 14d 以上，接缝面凹槽凿毛，以增强连接强度。

壁板采用 1 台 15t 履带式起重机沿池周吊装就位，用钢管借扣件支撑固定，吊 1 块校正 1 块，并用木楔塞平底面。

5.1.5.3 接缝处理

采取将壁板底伸出的钢筋与底板伸出钢筋焊接，冲洗干净后，用微膨胀混凝土浇筑并振捣密实。微膨胀混凝土采用掺加水泥用量 14% 的矾土石膏膨胀剂（矾土：石膏＝1:1）或掺加水泥用量 10%～12% 的 UEA 微膨胀剂配制而成。混凝土在初凝后、终凝前再抹压 1 次，覆盖草垫洒水养护 14d。在壁板外侧与混凝土垫层交角处，用 C20 细石混凝土包封，每块壁板靠接缝处设置两个木楔，直到混凝土终凝后拔出木楔，待混凝土强度达到 70% 以上，用灰浆泵压浆灌满壁板与池底垫层间的缝隙，水泥压力灌浆配合比为水泥：水：铝粉＝100:45:0.05。

5.1.5.4 壁板侧面板缝浇筑

首先焊接或绑扎相邻壁板侧面的连接钢筋，冲洗接头处混凝土，之后两面支设组合式钢定型模板，外模中间开孔，以便于混凝土的浇灌和振捣，模板间用 ϕ12mm 组合式或双头对拉螺栓固定，后者中间焊 50mm×50mm×5mm 钢止水片。浇筑接头采用微膨胀混凝土。拆模后割去螺栓外露部分，用 1:2 水泥砂浆嵌补密封。

5.1.6 砖砌体贮水池施工

由砖石砌筑的贮水池通常只限于容积较小的池体。砌体材料一般选用机制普通黏土砖，砌筑砂浆采用水泥砂浆，砖的强度等级要求大于 MU7.5。

5.1.6.1 池底板施工方法

基坑开挖、地基处理及池体垫层与现浇钢筋混凝贮水池操作方法相同。池底板采用钢筋混凝土底板，其施工方法与现浇钢筋混凝土池体、底板相似，一次性浇筑完，且不留施工缝，只是在池底板混凝土初凝之前，要沿砖壁位置按设计要求将底板混凝土表面拉毛，同时铺砌一层湿润的砖，嵌入深度 20～30mm，并用 1:2 水泥砂浆灌浆。之后为保证池底板与池壁的整体性，再砌几层砖作为环梁的砖模，随即浇筑环梁混凝土，完成池壁与池底板的结合。

5.1.6.2 池壁的砌筑

池壁用砖砌筑时，要求上下错缝，内外搭砌，砌筑砂浆满铺满挤，灰缝厚度均匀一致在 8～12mm，以 10mm 厚为宜，圆形水池的里口灰缝不应小于 5mm 厚度，挤出的砂浆应随时刮平，严禁用水冲浆灌缝，严禁用敲击砌体的方法纠偏。池壁砌筑工序完后，再用湿草袋子覆盖养护 7d。池壁砌筑时，上下不得留脚手架洞，所有预埋件预留孔洞均应在砌筑时一次完成，在预埋管处应有采取防渗措施，可在预埋管方形周围浇筑混凝土，其管外浇筑厚度≥10mm，混凝土强度等级宜为 C30。

5.1.6.3 池壁抹灰

砌筑砂浆采用 32.5R 普通水泥配制的水泥砂浆，内壁抹灰配合比为 1:2，掺适量防水粉，在池壁与钢筋混凝土底板结合处，需要加强转角处抹灰厚度，使转角处呈圆角，以防渗漏。池外壁抹灰可采用1：3水泥砂浆一般操作法即可。

5.2 泵房土建施工

泵房是污水厂的主要构筑物之一，属于一般工业建筑，其特点是平面、立面简单，体形规整，但施工技术复杂、难度大，如泵房地下部分的防水处理，要求基底、内壁、隔水墙均不得渗水，穿墙管子均应采用预制的防水套管，套管在土建施工中预埋就位，套管与管子间预留的沉降空隙待泵房沉降平稳后再作柔性防水堵塞，以防泵房沉降时压断管子。再如泵房内的机组开动时产生的振动问题，施工时要严格按照图纸要求，正确处理好防振构造措施。由于泵房的构造特点及所处环境，其施工方法有常规施工方法、沉井施工方法及围堰施工方法，本节仅对泵房的常规施工方法做一介绍。

5.2.1 泵房类型与构造

泵房的类型按泵站的工艺条件和泵站的不同用途分为多种，如给水泵站中的取水泵房、送水泵房；排水泵站中的污水泵房、雨水泵房、污泥泵房；按泵启动前能否自流充水可分为自灌式泵房和非自灌式泵房；按泵房的平面形状可以分为圆形泵房和矩形泵房；按集水池与机器间组合情况可以分为合建式泵房和分建式泵房；按泵机组设置的位置与地面的相对标高关系可分为地面式泵房、全地下式泵房和半地下式泵房；按泵房的建筑材料，可分为钢筋混凝土结构泵房和砖砌体泵房、泵房地下部分为圆形钢筋混凝土结构而地上部分用矩形砖砌体即下圆上方形泵房等。泵房的作用就是为各种泵、管道、电机的正常运行、设备的维修提供建筑空间，泵房的工作特点是运行时会产生振动和发出噪声，因此无论什么类型的泵房，均要考虑到机组运行时由振动而发生的噪音污染对周围环境的影响，通常把泵房建造成地下式或半地下式主要是考虑到土体介质能够吸收一部分振动能力，其抗振效果好一些。

5.2.2 泵房土建施工准备

5.2.2.1 图纸会审与技术交底

组织施工人员阅图，自审，组织各工种专业人员在一起进行土建、机电、管道等各专业的综合图纸会审，进行细致的设计交底和施工技术交底。

5.2.2.2 编制施工组织设计与预算

编制施工组织设计和各特殊分项工程，如支护设置、大体积混凝土浇筑和裂缝控制、桩头静态破碎等的作业设计和施工工艺卡，并组织施工人员学习和对专业人员进行技术培训。

编制施工预算，准备工程材料和施工用料，包括材料的催货、进场、堆放、大宗砂、石材料的储备以及施工用料运进现场。

订购施工需要特殊机具及材料，包括静态破碎剂、微差控制爆破需用的火工、爆破材料，提出规格、数量和使用时间。提出泵房、闸室等的混凝土预制构件、埋设件、钢门窗、钢配件等的委托加工订货，注明规格、数量及进场时间并附必要的技术资料。

5.2.2.3 做好基坑开挖前的准备

清除或拆迁工程范围内所有障碍物，如农房、窑洞、树木、坟墓、照明、通信线路及电杆等。

按设计总平面图要求，将场地平整到±0.00标高，土方运至弃土场堆放或就地推平造地。在场地周围作好排水沟，在边坡上按自然地形修截水沟，通向河道。

按文物和设计部门要求，在工程部位进行墓探，查明地下有无古墓、暗沟、洞穴、废窑洞等，如有古墓报文物部门处理。暗沟、洞沟、窑洞等按设计意见进行加固处理。

修建至泵房边缘的道路，尽量结合永久道路修筑，仅铺块石或三合土基层，作泥结石面层，交工时再作沥青处理面层。

按施工总平面图规划，修建临时设施，尽量利用附近房屋，铺设临时供电、供水线路。供电尽量利用工程正式干线，供水较远可在河道中设浮筏，装水泵取水，并试电、试水。

根据设计总图作好测量总控制网，设置基准点，对工程进行定位、放线，布设山体、支护监测系统。

对工程推广应用的新技术，如地下连续墙、水中灌筑混凝土、静态破碎、微差控制爆破等进行工艺试验；以灌筑桩进行竖向和水平荷载试验；对支护大模板，进行设计、制作。

5.2.2.4 做好施工机具准备

施工机械设备进场，进行组装、检修、维护、安装、就位试运转，准备施工用辅助工具。

5.2.3 泵房土建施工方法

一般情况下先建泵房地下部分，后施工上部建筑和附属建筑。如果泵房选址在临河道旁，为确保岸边稳定和施工期安全，应先采取整治边坡施工护岸工程，对于不稳定岸坡，应设桩基，之后再施工泵房。先土建工程，后安装和敷设管线工程，其中岸坡整治、场地平整、护岸工程等可适当穿插进行平行流水作业。

泵房的具体施工程序一般是设置测量控制网、测量放线→场地平整→桩基→护岸工程→边坡整治→围堰和支护设置→基坑开挖、安装支护→混凝土垫层→泵房地下部分底板、墙、顶板→泵房上部建筑吊装（包括天车）及砖墙→偏跨砖墙、圈梁、屋面→屋面防水→内部装饰、地坪→机、电、通风设备及管道安装→外部装饰及收尾→围堰拆除→试水，竣工验收。

护岸工程施工顺序为先锚桩，后地下连续墙或连续灌注排桩，由上游到下游一槽段（1根桩）挨一槽段（1根桩）依次进行，最后施工导梁、锚桩和安装拉杆。

如泵房后面为高山坡，应进行边坡整治，其施工顺序为沿等高线自上而下由一端向另一端分层分段开挖，每完成一台阶，折回挖下一台阶，相应作好护砌和排水沟，直至最后一台阶。

其他附属建筑工程施工程序如常规方法。

5.2.3.1 泵房土方开挖及地基处理方法

泵房基坑土方开挖，根据其特点多采用大开口开挖方式，有机械和人工开挖两种方法。由于基坑深，土方量大，在机具条件具备时，应尽量采用机械化施工，以节约劳动力，加速工程进度。

(1) 机械开挖方法

应根据开挖范围、深度、土质情况、土方量以及现场设备条件选择挖土机械，对面积大且深的基坑多采用 $0.5m^3$ 或 $1.0m^3$ 斗容量的液压正铲挖土机挖掘，如果操作面不太窄，且有地下水，土体湿度较大，可采用液压反铲挖掘机挖掘；对长度和宽度均较大的泵站基坑土方一次开挖，可采用拉铲挖铲。

泵房基坑开挖深度一般都超过 6m，宜采取分层开挖，上部 5m 用正铲开挖，正向开挖，侧向挖装土；下部分分数层用反铲开挖，每层 1.5～3.0m，有些边角部位开挖不到，应用少量人工配合清坡，将松土清至机械作业半径范围内，再用机械掏取运走。四周设围堰支护的基坑，沿挡土桩围堰垂直开挖，桩间土挖成水平拱形，使形成自然拱挡住桩间土。大基坑宜另配备 1 台推土机清土。基底部预留 200mm 厚 1 层，用人工清理。土方的运输通常采用两种方法：一是在基坑的一端，修筑 10%～15% 机械、汽车进出坡道，运土自卸翻斗汽车直接下到基坑内，由挖土机装土运至弃土场堆放，或就近空地堆放部分，作为以后基坑回填用土，所修坡道最后用反铲机随挖随将坡道清除；另一方法为在基坑上部设置塔式或履带式起重机，挖土机在基坑内将土方装入大吊斗内，由起重机垂直吊至基坑上部装入自卸翻斗汽车内运走，基坑开挖完毕，挖土机解体成重 5t 以内部件吊出。

（2）人工开挖方法

通常用普通锹、镐等工具进行，采取分段分层开挖，土方运输用手推车或皮带运输机、机动翻斗车、翻斗汽车或吊车配以履带式起重机等，而以机动翻斗车使用最为普通，机动灵活，工效高，成本低，施工安全。用手推车运土需搭设脚手马道，用桅杆式起重机作垂直运输，至上部平台上，再水平运输至附近堆土场堆放。对基岩则采取打眼放炮破碎，然后用人工清渣、运出。

不设支护时，基坑的边坡坡度，根据土体的类别以及考虑施工时间长短而定，对黏土、粉质黏土，坡度为 1：（0.33～0.75）；对软质岩石，坡度为 1：（0.2～0.35）；对硬质岩石，坡度为 1：（0.1～0.2）。

整个泵房应有一个比较均匀的下沉，因此对地基土质要求比较严格。当基坑土方开挖至设计基底标高后，应由设计、建设部门共同鉴定验槽，校核工程地质资料，检查地基土体与工程地质勘察报告和设计图纸要求是否相符，有无破坏原状土体结构或发生较大的扰动现象，同时应加强基坑土体的保护，防止地基浸泡、受冻，引起地基失稳或产生不均匀沉陷，造成裂缝，影响泵房工程质量。当基坑底不能很快灌筑混凝土垫层时，应预留一层 10～15cm 厚的土层暂不挖去，待垫层施工时，再挖到设计基底标高，以保护基底土层不被扰动、破坏。

基坑开挖如有地下水和河水渗透，应随基坑开挖不断排水，或先将地下水位降至基坑底部以下 0.5～1.0m，以顺利进行挖土及其他各道工序作业。

排降水方法根据土质情况、土的渗透系数、地下水位高低、工程大小、施工期限、施工设备条件等情况而定，常用的方法有明沟、集水井排水法、轻型井点或多层轻型井点降水法，有关具体排降水方法参见本书第 3 章。

5.2.3.2 泵房模板工程

（1）模板构造

泵房体型、截面较复杂，体积、面积均较大，因而模板工程量很大，构造与支设也较复杂。模板大多采用木模板或组合式模板，或二者混合使用。一般做法是大面积部位采用组合钢模板，造型复杂部位配以少量木模，以节约木材。模板制作，采取在基坑旁组装成大块模板，一般尺寸为（3～4m）×（10～15m），用槽钢楞（或 10cm×10cm 方木）作骨架，用 U 形卡（或 8 号铁丝、铁钉）连接（装钉）固定，用塔式（或履带式）起重机吊入基坑内，按放线位置就位组装。再用方木及铁丝互相连牢，模板支撑在底板预埋钢筋支架上。大块模板也可组装成槽钢或方木骨架，吊入基坑定位后，再在基坑内装钉定型钢模板，以减轻起吊重量。

（2）模板支设方法

墙壁侧模用对拉穿墙螺栓固定，螺栓间距为 1.0m×1.0m，并加适当斜支撑，以保持整体稳定。泵房底部为灌注桩基也可利用桩头钢筋锚固定或在垫层中埋设锚环固侧模板）。如土质较好，底板三侧靠近护壁桩端也可砌半砖，表面抹 20mm 厚水泥砂浆或用土模作侧模板。泵房转角及造型复杂部位可采用木模制作成型，吊入基坑内安装，通过墙壁的水、电管道及埋设在墙壁上的预埋铁件，在模板上预留孔洞或将预埋件直接固定在大模板上，也可在绑扎钢筋时预先埋好，加设辅助筋，焊接固定。

泵房墙壁下部留凸型施工缝部分侧模支设，可在底板钢筋网片上加焊倒U形筋形成骨架来支撑。

泵房顶部梁、板采用大块侧模及底模，一般在墙壁混凝土浇筑完毕后支设，采取预先在墙壁上预埋短工字钢（或铁件焊钢牛腿），以作桁架支撑点、支撑梁、板模板，以节省模板支柱。

5.2.3.3 钢筋加工与安装方法

泵房钢筋量大，规模型号多，布置密集，上下层钢筋排距大，安装十分复杂，因此施工中通常采用工厂化和机械方法，在泵房附近设加工场，用机械集中加工成型，运到基坑一侧堆放，或再绑扎成大块网片。钢筋加工应仔细核对材料化验单或合格证，按编号配料分类加工制作，并将加工好的成品编号、挂牌，对每种类型钢筋进场的先后次序和摆放位置，应通盘规划。用汽车或双轮杠杆小车运到泵房近旁按安装顺序、编号分类，整齐堆放，先绑扎的放在上面，后绑扎的放在下面，由专人指挥配料、成型、分区堆放和分层次绑扎。

底板钢筋采用塔式或履带式起重机成捆吊到基坑内安装部位，人工摊铺绑扎，采取先底层后立面，最后上层钢筋网片的安装次序。为使绑扎后的钢筋网整齐划一，间距尺寸准确，可采取在垫层上划线绑扎或使用限位卡，并在底板上预先垫好混凝土或砂浆垫块，以保证保护层正确。底板上层的水平钢筋网，常悬空搁置，高差大，重量重，一般多直接绑扎。当上下层钢筋网高差在1m以内，可按常规用钢筋铁马支撑固定保持位置间距正确。当高差在1~3m，用钢筋铁马支撑，稳固性差，操作不安全，且难以保持上层钢筋网在同一水平面上，此时应设立钢筋、角钢或混凝土柱支撑上部钢筋网，立柱按间距2.4m布置或利用基础内钢管脚手架，在适当的高度焊上型钢横担以支撑上层钢筋网和上部操作平台上的施工荷载，支架立柱之间，适当设置斜向支撑保持稳定，立柱固定在垫层上或底板钢筋网上。当基础底板下设钢筋网灌注桩时，也可利用废短钢筋头制成若干钢筋支架，支架底部与工程桩头伸出的锚固钢筋焊牢，以支撑上部钢筋网，如图5-7所示。钢筋接头采用对焊连接，个别采用搭接绑扎，上层钢筋密集处，在浇筑混凝土时，上下人员下灰困难，可在适当部位开洞，混凝土浇筑至上层钢筋底部时，再按搭接长度要求修补好。

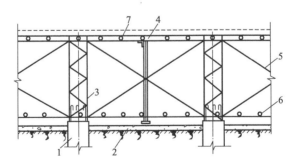

图 5-7　用桩头及支架支撑上层钢筋网片示意

1—桩头；2—垫层；3—φ25mm 钢筋支架与桩头钢筋焊接；
4—∟75mm×8mm 角钢或 φ25mm 钢筋；5—φ16mm 钢筋拉条；
6—底层钢筋网；7—预层钢筋网

泵房墙壁及顶板梁钢筋，一般可在基坑旁绑扎成钢筋网片或梁钢筋骨架，用起重机整体吊入基坑进行安装，使施工作业面由基坑内扩展到基坑外，可大大减少深坑内钢筋运输绑扎工作量和劳动强度，使钢筋绑扎不占或少占绝对工期，加快安装速度。当钢筋网或骨架刚度不够，可在部分钢筋连接处焊固，或适当部位焊接或增加临时加强钢筋，以避免弯曲变形。加固的型钢或钢筋，在吊装就位后取下再用。

5.2.3.4 泵房混凝土的浇筑

泵房为水工结构物，要求混凝土密实，并有良好的抗渗性、抗浸蚀性、抗冻性和耐久性，强度等级不低于C25，抗渗等级不低于P8，为此，一般应采用级配良好的粗细骨料配制混凝土，并掺加粉煤灰、减水剂，加强操作控制，配制优质混凝土。

混凝土的拌制，如泵房离城市、工厂集中搅拌站较近，可采用商品混凝土，用翻斗车运送；如离城市、工厂集中搅拌站较远（5km以上），且现场场地较宽，可在泵房附近设置临时搅拌站，用机动翻斗车运送混凝土，搅拌机的设置数量，根据混凝土浇灌强度、工期要求及现场条件确定。

混凝土的输送浇灌方法可根据混凝土工程量大小、浇灌强度、接缝时间要求、现场机具设备条件，采用以下几种：a. 用塔式或履带式起重机吊振动吊斗对底板直接浇灌，通过串筒对墙壁进行浇灌；b. 在泵房上部搭设脚手架平台、马道，用1.5t机动翻斗车通过串筒对各部分进行浇灌；c. 混凝土用搅拌运输车输送，用混凝土输送泵通过布料杆对各部分进行浇灌；d. 在泵站上部搭设满堂红脚手架平台，用人力手推车通过串筒对各部分进行浇灌。

以上方案以前两种利用现场常规设备，应用最为普遍。

混凝土的浇灌方式，对大中型泵房底板多采取斜坡分层向前推进方法，一次从底到顶，在每个浇灌带布置4～5台插入式振动器，其中2台布置在下料口处，其余布置在中部及坡角处。为防止集中堆料，先振捣出料点处的混凝土，形成自然坡度，然后成行列由下而上全面振捣，严格控制振捣时间、振动点间距和插入深度。混凝土振捣时，在斜坡底部及模板处上部会出现大量泌水，可采取在两侧模板下口设留出水口和在施工到最后时，改变混凝土浇筑方向，从另端回向浇筑，与原坡面形成集水坑，用软轴水泵排除，如图5-8所示。浇筑时每隔半小时，采取在混凝土初凝时间内对已浇筑的混凝土进行1次重复振捣，以排除混凝土因泌水在粗骨料、水平筋下部生成的水分和空隙，提高混凝土与钢筋之间的握裹力，增强密实度，提高抗裂性。在浇灌成型后的混凝土表面，水泥浆较厚，应按设计标高用刮尺刮平，在初凝前用木抹子抹平压实，以闭合收水裂缝。

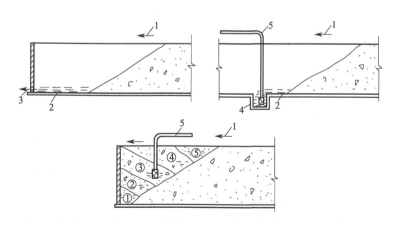

图5-8 混凝土浇筑泌水处理
1—浇筑方向；2—泌水；3—出口水；4—集水坑；5—软轴水泵

对于小型泵房的底板，厚度较小，可采取分层浇筑，由一端向另一端或两端向中间成阶梯浇筑，每层厚20～30cm。

墙壁混凝土的浇筑采取分层分段浇筑，每层厚30～40cm，分层振捣密实。

基础底板在浇筑完后的3～4h，在混凝土上面先盖1层塑料薄膜，再盖草袋1层；或在表面盖草袋两层，洒水湿润，侧面再盖1层草袋，进行保湿保温养护。

泵房要求不出现温度收缩裂缝，应对混凝土内温度场情况进行监测，控制混凝土表面与内部的温差不超过25℃。其方法是在底板对称轴线上呈L形布置测点，点与点间距不大于4m，高度方向点与点距离为0.5m，在三维方向不同部位深度埋设热电阻传感器，墙壁可在适当部位埋设，用混凝土温度测定记录仪进行施工全过程的跟踪和监测，以便随时采取措施，保证工程质量，监测系统应设有报警装置。

5.2.3.5 泵房上部结构施工

泵房上部建筑结构施工包括：检修间、配电间结构吊装，砖墙砌筑，屋面防水，装修，水、电设备及管线安装等。上部装配式结构构件，一般在工厂预制，用载重汽车运到现场堆放和安装，如果场地较宽，构件数量较少，也可在附近就地预制。安装时，采取先将泵房三侧土方回填完毕，用履带式或轮胎式起重机在外侧吊装、就位。如果房屋跨度较大，在外侧吊装伸臂长度或起重量不够，也可以起重机到泵房平台上吊装，但要核算梁、板强度是否满足行驶要求，同时在开行部位上铺枕木50mm厚的大张钢板将荷载分散开来，可在平台上吊装全部构件。吊装采用综合吊装法，先吊两列柱和吊车梁，然后从一端后退一节间一节间综合吊装屋盖及支撑系统全部构件。天车在封山墙前吊上，边跨柱、屋面梁及屋面板可在跨外吊装。泵房地面施工时，要严格做出坡向，使泵房地面水流向排水渠或排水井，以防止出现电缆沟、管沟里淌水及地面积水的现象。泵房上部其他部分，均按常规方法施工。

5.2.3.6 施工缝和后浇缝设置

泵房施工为保证良好的整体性和防水性能，宜尽可能地一次支模整体浇筑完成，中途不留施工缝。但在有些情况下，由于实际施工的需要，要求在一定部位留设施工缝。具体情况如下：a. 为减轻一次支模和绑扎钢筋的复杂性，简化施工工作；b. 混凝土浇筑工程量大，混凝土搅拌、运输能力不足；c. 泵房尺寸过大或埋设很深，受到地基嵌固，为放松约束、释放温度应力，避免出现温度收缩裂缝；d. 施工人力不足或模板及工程材料供应不上，需要周转时；e. 施工过程中，出现突然性停水、断电或混凝土搅拌系统发生故障，运输道路堵塞，模板变形移位，需要修理或纠正，下班交接班耽误时间等原因必须进行间歇处理等等，经与设计部门研究同意，可以在某些技术条件（如整体性、受力性能、防水性能）所允许，对工程和使用质量都无任何损害的部位留设施工缝。

泵房施工缝位置的留设，设计图纸和施工技术规范，一般不作规定，但对工程施工则十分重要，因它关系到工程质量和进度，在编制施工组织设计时，应根据结构受力情况，和施工具体情况（施工方法、设备条件、施工能力、施工环境等）慎重地对待，做到留设合理，施工简单、方便，一般可按以下情况和方法留设（图5-9）：a. 底板与立壁水平施工缝，可留在立壁上，距底板混凝土面上部300～500mm范围内；b. 立壁与顶板的梁板水平缝可留在梁板下部20～30mm处，梁的垂直施工缝可留在剪力较小处，一般为梁跨的1/3附近及支座内离开支座表面100mm以上的地方，板跨的垂直施工缝可留在次梁跨度的中间1/3范围内；c. 基础底板上体积不大的水泵、电动机基础、凸台或独立柱，可在根部留水平施工缝；d. 外墙一般不宜留设垂直施工缝，内墙可在离外墙1.0m处留垂直施工缝。

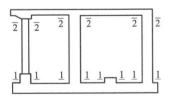

图5-9 泵房施工缝留设
注：1—1、2—2为施工缝位置。

施工缝的设置应保持水平或垂直，不应留斜搓（斜截面），因在截面上有最大剪应力存

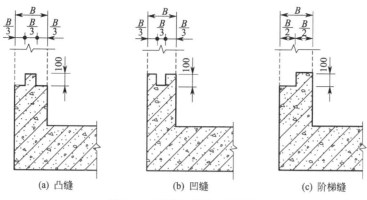

| (a) 凸缝 | (b) 凹缝 | (c) 阶梯缝 |

图 5-10　泵房外墙施工缝形式

在，最易破坏。由于泵房都有防渗要求，外墙壁施工缝常作成凸缝、凹缝或阶梯缝等形式的止水措施（图 5-10），其作用是使新旧混凝土的接触面增加，渗水线延长，起到防水效果。一般外墙的水平施工缝宜采用凸缝，以便于清扫，适宜于厚 300mm 以上的墙。内墙的垂直和水平施工缝、顶板的垂直施工缝多采用平缝。

施工缝是结构的薄弱部位，在混凝土浇筑前应进行处理，以提高接缝处混凝土的抗剪（抗拉）能力。一般处理方法是：待接缝处混凝土强度达到 $1.2N/mm^2$ 后，清除接缝截面上的污物、砂浆、浮渣及木屑等杂物，将混凝土表面凿毛（或高压水枪冲洗），进一步除掉施工缝混凝土表面上的水泥薄膜、松动石子和软弱混凝土夹层，用水洗扫或冲洗干净，湿润后，在表面扫素水泥浆 1 度或摊铺 20mm 厚 1：2 水泥砂浆作接浆层，或浇灌 1 层 60～70mm 厚的同配合比混凝土，然后浇筑混凝土，并用振动器振捣砂浆和混凝土混合均匀，靠接触面粗糙和重力下产生的摩擦力提高其抗剪强度。垂直施工缝宜在先浇筑的混凝土初期膨胀完成，收缩比较稳定后，再继续施工。

对停水、停电等原因造成的施工缝，可在水平及垂直施工缝全面积上双向插放直径 12mm、间距 250～500mm、长不小于 500mm 的附加钢筋，伸入施工缝每侧不小于 250mm。如结构本身截面较小，自身有伸出的计算钢筋时，也可不另加插筋，但在浇筑混凝土时，仍需按上述对施工缝进行处理。如果浇灌临时间断，水泥只是稍过初凝时间，虽已丧失了流动性（坍落度接近或等于零），但下层混凝土仍保持一定塑性，而没有出现干结发白现象，施工中可以采取二次振捣措施处理，可不按出现施工缝处理。对一些长度很大的泵房，由于工程量很大，为进行流水作业，减轻浇筑强度，加快施工进度，或为削减温度收缩应力，避免温度收缩裂缝的出现，常需将泵站按全长分为 2～3 段进行施工，在段与段之间设置后浇缝（又称间断缝），以取代变形缝和施工缝。后浇缝的做法是：在泵房的适当部位，先留出 1 段 500～1000mm 宽的缝带，并从两侧底板、墙壁、顶板内伸出钢筋，缝带两侧混凝土先行浇筑，经 4～6 个星期，待两侧的混凝土基本收缩完成或沉降基本稳定后，将两侧主筋连接，接缝表面凿毛处理后，再在预留的中间缝带，用同强度等级的半干硬性或微膨胀混凝土（掺水泥用量 10％～12％的 UEA 膨胀剂或 15％明矾石膨胀剂）灌注密实使连成整体。常用水平后浇缝截面形成如图 5-11 所示几种，可根据结构尺寸的抗渗连接要求等选用。竖向后浇缝截面形式多作成凹缝，对底板墙壁等重要部位的主筋一般按原设计保持连续安装而不切断或只留少量接头。对次要部位，为使更有效地释放早、中期温度收缩应力，多采取将两侧主筋留出，采用搭接或后焊，但缝宽应考虑钢筋搭接的要求，同一截面接头数量不多于 25％。常用搭接方式如图 5-11(b) 所示，要求互相搭接连成整体。后浇缝的位置宜设在长度的 1/2 或 1/3 处和弯矩、剪力较小的部位或应力不易集中的部位，且泵房后浇缝必须是在底板、墙壁和顶板的同一位置上都留设，使形成环状（图 5-12），以利削减温度收缩应力，但不得只在底板或某一立面位置留后浇缝带，而另一部位不留，例如只在底板和墙壁上留后浇缝带，在顶板上不留后浇缝带，这样将会在顶板产生应力集中出现裂缝，而且会传递到墙壁后浇缝带，也会产生裂缝。

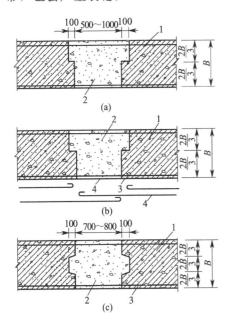

图 5-11　后浇缝形式
1—先浇筑混凝土；2—后浇筑混凝土；3—主筋；
4—附加 $\phi 14mm@250mm$，$L=1300mm$

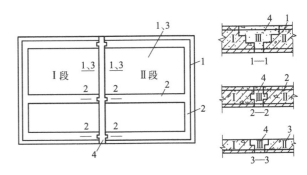

图 5-12　泵房环状后浇缝
1—底板；2—墙壁；3—顶板；4—后浇缝带

5.3　烟囱土建施工

烟囱是环境污染治理工程中的重要构筑物之一。人们在生产和生活中燃烧燃料产生的烟气里，含有大量的烟尘和有害气体（如硫氧化物、氮氧化物等），这些烟气是造成大气污染的一个重要污染源，通常需要利用烟囱将烟气排放到一定高度的大气层中，通过大气对污染物的扩散稀释能力来防止大气污染。烟囱与其他机械类处理污染有害气体的通风设备相比，具有通风可靠，不易出故障，节省动力消耗，不用经常维修等特点，它的工作原理如同一个倒置的虹吸，具有一种自然抽引和排放作用。因此，烟囱作为排泄燃料废气，是不可缺少的构筑物，它在工业与民用工程建设中，占有很重要的位置。烟囱的结构特点是高度大、筒壁薄、结构复杂。烟囱的施工特点是高空作业、操作面狭小、连续作业、施工难度大。在烟囱施工中，不仅要满足工艺要求，在结构上还要严格执行《烟囱工程施工及验收规范》（GB 50078—2008）。

5.3.1　烟囱的类型与构造

5.3.1.1　烟囱的类型

烟囱按建筑材料分，有砖砌烟囱、钢筋混凝土烟囱和钢烟囱三种类型。其中钢筋混凝土烟囱比砖砌烟囱耐久、坚固、整体性好、强度高、造型美观、维护简单、抗震性能好，与钢烟囱相比，后期维修量小。因此，钢筋混凝土烟囱使用最为广泛，目前一些发达国家对高大烟囱也越来越趋向采用钢筋混凝土烟囱。

烟囱按结构形状分，有单管式烟囱、多管式烟囱、双管式烟囱三种类型，其中以单管式烟囱使用最多，双管式烟囱系在钢筋混凝土外筒内再安装一钢管或砌筑一砖烟囱，多管式烟囱与一般单管烟囱相比，有诸多优点，如在正常运行条件下，钢筋混凝土筒身承重结构不直接与含硫的烟气相接触，排烟管在烟气呈正压运行状态时也不漏气，结构稳定性好，抗风抗震能力强，便于检修，使用寿命长，烟气热浮力大，有利于烟气扩散，减少大气污染等。多管式烟囱是烟囱体系中发展起来的一种新的结构形式，一般仅在特殊情况下应用。

烟囱按筒壳截面形状分，有圆形、矩形、三角形三种类型。实际工程中，多为圆形截面烟囱。

5.3.1.2 烟囱的构造

烟囱一般是由基础、筒座、筒身、筒首及一些相应的附属设施等组成，如图5-13所示。

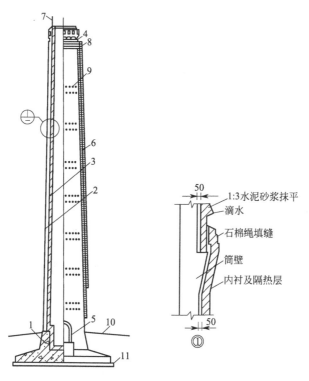

图 5-13　烟囱的组成

1—基础；2—筒壁；3—内衬及隔热层；4—筒首；5—烟道口；6—外爬梯；
7—避雷针；8—信号灯平台；9—通气孔；10—排水坡；11—垫层

（1）基础

烟囱基础在平面上多采用圆形。当地质条件较好，地基承载能力较高，且烟囱的烟道不通过基础时，也可以采用环形板式基础。环形板式基础与圆形板式基础相比，有基础体积小、节省材料等优点。基础埋置深度，应根据烟囱施工现场的工程地质情况、地基承载力、持力层的厚度、邻近建筑物等因素综合考虑确定。埋置深度一般为烟囱地上部分高度的1/20～1/50左右。基础混凝土一般采用C15或C20，如基础周围具有侵蚀性较严重的地下水或工业废水时，应对基础加设防腐保护层。基础钢筋一般配置直径在10～12mm，间距在250～300mm的辐射形钢筋和环形钢筋，环壁部分配直径不小于12mm，间距在300mm垂直钢筋和直径不小于10mm，间距200mm的水平钢筋。在基础的底板

169

下，应设置 C10、100mm 厚混凝土垫层。

为改善烟囱基础的受力情况，节约原材料，发挥结构的材料强度，近年来，在烟囱基础工程中，对高大烟囱基础有的采用了各种钢筋混凝土锥形薄壳基础，如图 5-14 所示。

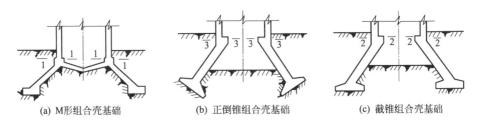

(a) M形组合壳基础　　　　(b) 正倒锥组合壳基础　　　　(c) 截锥组合壳基础

图 5-14　烟囱壳体基础形式与构造（1—1、2—2、3—3 为施工缝位置）

薄壳与水平面倾斜角为 20°～45°，一般为 30°左右。当薄壳基础较大时，可采用预应力配筋。薄壳的厚度应根据计算结果确定，一般为 200～400mm。

烟囱基础的作用与其他建（构）筑物的基础所起的作用基本相同，把上部的全部荷载通过基础可靠地传递到地基上。

基础施工时，应根据设计要求，埋置沉降观测标。

（2）筒身

烟囱的筒身可用砖砌体、配筋砖砌体、钢筋混凝土或钢板做成。烟囱筒身材料及结构形式的选择，主要是根据烟囱的高度、烟囱的出口直径、耐腐蚀要求、建筑材料等方面，通过技术经济比较来确定的。

烟囱筒身根据需要还应设测温孔、检查孔和沉降观测点。筒身的高度通常是依据生产工艺要求来确定，一般取为 30～120m。砖烟囱和配筋砖烟囱的高度一般在 80m 左右，钢筋混凝土烟囱高度在 210～270m。美国的密契尔电厂的钢筋混凝土多管烟囱高达 368m，是目前世界上最高的烟囱之一。国内有的大型火力发电厂烟囱高度已达到 210～270m，底部筒身外直径为 7～17.6m，上部筒口内径为 1.45～8.0m。钢筋混凝土烟囱筒身由于强度、经济以及建筑上的要求，一般都设计成圆锥形，筒壁的坡度为 1‰～3‰，一般多采用 2‰。

烟囱筒壁的厚度是根据其自重、风荷载以及温度应力等因素分段计算确定的，通常以 10m 左右为一段，自下而上的呈阶梯形逐渐减薄，但同一段内的厚度应相同。筒身上部的最小壁厚，应不小于 140mm；当筒身上口的内径（D）超过 4m 时，应适当增加壁厚。筒壁的最大厚度可达 600～1200mm。

在砖烟囱中：当 $D \leqslant 3m$ 时，最小壁厚为 240mm；当 $D > 3m$ 时，最小壁厚为 370mm。

在钢筋混凝土烟囱中：当 $D \leqslant 4m$ 时，最小壁厚为 140mm（当采用滑模施工时宜不小于 160mm）；当 $4m < D \leqslant 6m$ 时，最小壁厚为 160mm；当 $6m < D \leqslant 8m$ 时，最小壁厚为 180mm；当 $D > 8m$ 时，最小壁厚为 $180mm + (D-8) \times 10mm$。

在钢筋混凝土烟囱中，筒身配筋使用钢筋的最小直径和最大间距及配筋率应符合表 5-2 要求。内外侧钢筋应用拉筋拉结，拉结筋直径不应小于 6mm，纵横间距为 500mm。

烟囱的工作环境大多数是在高温状态下，为防止高温对筒身混凝土的损害，降低筒身内外温差，防止烟囱裂缝，一般要在筒身内表面砌筑内衬，内衬构造如图 5-15 所示。为了支撑内衬，在钢筋混凝土筒身内壁，沿高度每隔 10m 左右设环形悬臂（牛腿）。

表 5-2　筒壁钢筋最小直径和最大间距及最小配筋面分率

配 筋 种 类	钢筋最小直径/mm	钢筋最大间距/mm	最小配筋百分率/%	
			C20	C25～C40
纵向钢筋	10	外侧 300 内侧 500	0.30	0.40
环向钢筋	8	250，且不大于壁厚	0.15	0.20

　　环形悬臂形式有矩形和斜三角形两种。向筒内挑出的宽度，为内衬和隔热层的总厚度。斜三角形支撑牛腿的高度，一般为 1.25m，并配置一定数量的钢筋。在环形悬臂中，沿圆周方向，每隔 1m 左右应设置一道宽度为 20～25mm 的垂直温度缝，见图 5-16。

　　钢筋混凝土烟囱，当采用"双滑"施工时，为方便施工，其环形悬臂往往设计成矩形的配筋悬臂。在其内侧的外露部分，应抹以耐火、耐酸砂浆。

　　砖烟囱应根据其排烟温度来决定是否设置内衬。当排烟温度不超过 150℃时，一般可不另设置内衬；若排烟温度较高，则应设置内衬。内衬的构造一般与钢筋混凝土烟囱的砖内衬相同。

　　钢烟囱的内衬，视其设计的要求，采用喷涂或抹、刷等工艺。

　　烟囱筒身水平烟道入口处的孔洞，按结构的受力情况，应作成椭圆形或圆形，但为了施工方便，一般均设计成矩形，使筒身减弱的孔洞（如烟道口中）不应超过该水平截面的三分之一，且在孔洞周围应增设加强钢筋。

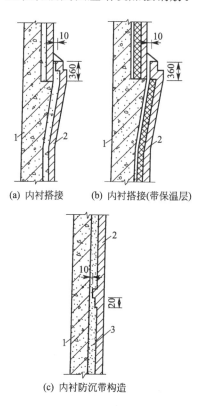

图 5-15　烟囱筒身内衬构造示意
1—筒身；2—内衬；3—隔热层

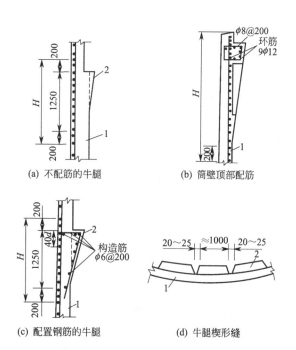

图 5-16　烟囱筒身内壁牛腿和顶部构造
1—筒壁；2—环形悬臂（牛腿）；
H—环形钢筋加密区段；d—钢筋直径

171

内衬与筒身之间一般设空气隔热层，如图 5-15（c）所示。

烟囱的内衬和隔热层起着两种作用：对承重结构的筒身起隔热和防止烟气侵蚀的作用。换句话说，隔热层具有降低筒身内外温差及其温度应力的作用。

内衬每个区段的高度一般为 10m 左右，厚度为 120～240mm，支撑在筒身环形悬臂上。内衬区段的连接，应使上部区段不妨碍下部区段自由地伸缩。当烟囱内表面可能形成凝结水时，内衬各段的连接处，应盖上耐酸滴水板。

内衬与筒身之间的空气隔热层厚度一般为 50～80mm。为了保持内衬的稳定，每平方米内，由内衬向筒壁方向挑出二块顶砖。顶砖与筒壁间应留出 10mm 的温度缝。当烟气温度较高时，在筒壁与内衬间通过计算填以 80～200mm 厚的矿棉板、硅藻土砖、蛭石、珍珠岩水泥砖及矿渣棉等松散的隔热材料作隔热层，同时在内衬外表面按纵向间距 1.5～2.5m 设置一圈防沉带，防沉带与筒壁之间应留出 10mm 的温度缝。

内衬所用的材料应根据排出烟气的温度而定。一般当烟气的温度高于 400℃时，应采用黏土耐火砖或耐热混凝土预制块砌筑；当烟气的温度低于 400℃时，可采用不低于 MU7.5 的普通黏土砖砌筑。

内衬砌筑时，常用下列砂浆或泥浆：a. 普通黏土砖作内衬时，一般可用 M2.5 水泥黏土砂浆砌筑；b. 用黏土耐火砖作内衬时，可用耐火泥浆砌筑；c. 用耐热混凝土预制块作内衬时，可在耐火泥浆内再加入 20%的水泥砌筑。

当烟囱排出的烟气中含有对混凝土具有侵蚀性的物质时，可根据侵蚀性的强弱及温度的高低和能否在筒壁内部产生凝结水等情况，设置耐酸砖内衬或涂刷耐酸涂料。在国外，也有用耐腐蚀的合金钢作内衬的。

（3）筒座

烟囱座是筒身下部的加大部分。钢筋混凝土烟囱和钢烟囱筒座部分的坡度，通常比烟囱筒身的其余部分要大。而砖烟囱由于一般高度不大，其筒座和筒身往往采用同一坡度，有时在筒座部分砌成圆柱形。

烟囱筒座的高度，常由水平烟道的标高来确定，一般大约等于烟囱高度的十分之一。在钢筋混凝土烟囱中，筒座坡度一般为 5%～10%。筒座高度和坡度的选定还应适当照顾筒身整体外形的美观和协调。

（4）筒首

筒身的顶部称筒首。筒首部位由于要经受烟囱排出烟气的侵蚀和承受顶部较大的风荷载，因此在结构上必须予以增强，同时，还要兼顾美观，如图 5-17（a）所示。增强筒首的办法是增加筒壁厚度和加强配筋量。防腐的办法是在其内表面涂刷耐酸涂料。当排出的烟气侵蚀性很强时，则将筒首内衬 5～10m 的一段采用耐酸砖砌筑，其厚度为 230mm。筒首顶部应盖上由铸铁或耐酸陶瓷做成的保护罩。铸铁或耐酸陶瓷保护罩应根据烟囱出口处的周长均匀地制作成若干小块，然后用耐酸砂浆把它们敷贴在筒首顶部的周围，如图 5-17（b）所示。筒首的花饰主要是为了美观，为了便于施工，也有作成预制的。

（5）爬梯

烟囱外部的爬梯，在施工期间可作为施工人员上下的辅助通道。当烟囱建成后，作为观察和修理信号灯和避雷装置之用。

钢筋混凝土烟囱的外爬梯，一般在离地面 2.5m 处开始，其顶部比筒首高出 0.8～1.0m。外爬梯由 60×60mm 的扁钢和 φ19～φ20mm 的圆钢做成。爬梯的宽度和梯级的间距为 300mm 左右。爬梯通过爬梯爪固定在烟囱筒壁上。固定的方法：每隔 2.5m 高度在紧贴筒壁外表面的部位，预埋一对外径为 30～32mm 的暗榫，用直径为 20mm 的螺栓把

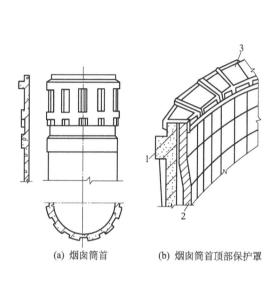

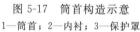

(a) 烟囱筒首　　　　(b) 烟囱筒首顶部保护罩

图 5-17　筒首构造示意
1—筒首；2—内衬；3—保护罩

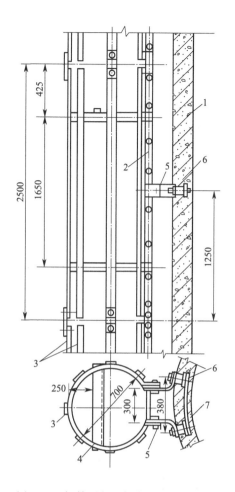

图 5-18　钢筋混凝土烟囱爬梯构造示意
1—筒壁；2—梯子；3—围栏；4—休息板；
5—爬梯爪；6—暗榫；7—连接板

爬梯爪紧固在暗榫上（图 5-18）。爬梯的设置方向，一般设在常年风向的上风方向。当烟囱的高度小于 40m 时，爬梯可不设围栏；当烟囱高度为 40～60m 时，在爬梯上中段设置围栏；高度超过 60m 的烟囱，离地面 20m 以上应设置圈形的金属围栏，但在信号平台以上 2.5m 高度范围内可不设围栏。圈形围栏的直径一般应不小于 700mm。围栏每隔 10m 处应设置一个可折叠的休息板，其宽度不小于 50mm，以供检修人员上下时作为临时休息之用。

砖烟囱的外爬梯，每隔五层左右交错埋置一个踏脚，其中心距为 300mm。爬梯用 $\phi19\sim\phi22$mm 的圆钢煨成，末端向上弯曲约 50mm，其埋入砌体内的深度不得少于 240mm，露在筒身外的长度为 200mm。高度超过 60m 的砖烟囱的爬梯，也应设置圈形围栏和休息板。

钢烟囱的爬梯可将踏脚直接焊在筒壁上。爬梯在安装前，为防止腐蚀应预先涂刷防腐漆。

钢筋混凝土烟囱爬梯的梯爪一般同时作为信号灯和避雷装置引下线的固定点。

为了保证爬梯的安装质量，暗榫的预埋位置要正确。暗榫的水平宽度，可按设计尺寸将同一高度的两个暗榫焊在一块 60mm＋6mm 的扁钢上；暗榫的垂直位置，可用经纬仪或线锤找出，然后把带有暗榫的扁钢焊在筒身结构的钢筋上。在暗的螺孔内，以浸油的棉纱堵塞之，待拆模后即容易找到，又不致使水泥浆掺入螺孔内。

（6）信号灯平台及标志色

高大的烟囱是飞行航线上的障碍物。为保证夜间航行的安全，在烟囱不同高度处，应设置不同层数的红色信号灯。为了安装和检修信号灯，在烟囱顶部以下 5～7.5m 处（一般为6.25m）应设置信号灯平台。烟囱高度小于 60m 且没有特殊要求时，一般在中间部位不再设置信号灯；烟囱高度超过 100m 时，一般在其中部位置增设一个信号灯平台。目前 210m 高的烟囱，常设置三个信号灯平台。

钢筋混凝土烟囱的信号灯平台由网格或条形钢箅子做成，并设栏杆。平台支撑在与筒壁相连接的三角架上。三角架一般采用∠75×6 的角钢制作，沿筒身圆周均匀地分布，以螺栓固定在筒身的预埋暗榫上。在预埋暗榫前，必须考虑爬梯与信号灯平台交叉的位置，使爬梯通过平台入孔的中心位置。入孔上设有盖板，盖板和平台用铰链相联结。平台板用角钢和圆钢焊成箅子或用扁钢做成格栅。栏杆用角钢作立柱，配合圆钢、扁钢制成，高度为 1.0～1.2m。

在信号灯平台的栏杆上安设信号灯，沿圆周按互成 90°角的四个方向或按互成 120°角的三个方向设置。信号灯通常安设一组，但考虑到灯泡容易损坏，更换又较费时，为了不影响使用，可同时安设两组，其中一组供备用。

为了保证飞机在白天航行的安全，烟囱应涂刷航空标志色。标志色采用耐大气性和耐腐蚀性好的油漆，自筒首以下 30～50m 内，每 5m 为一段，红、白相间或橙黄、黑相间地进行涂刷。或在每 5m 的区段内，沿圆周方向分成四等分，上下左右相间涂刷异色，筒首部分可刷成二色相间的竖条。

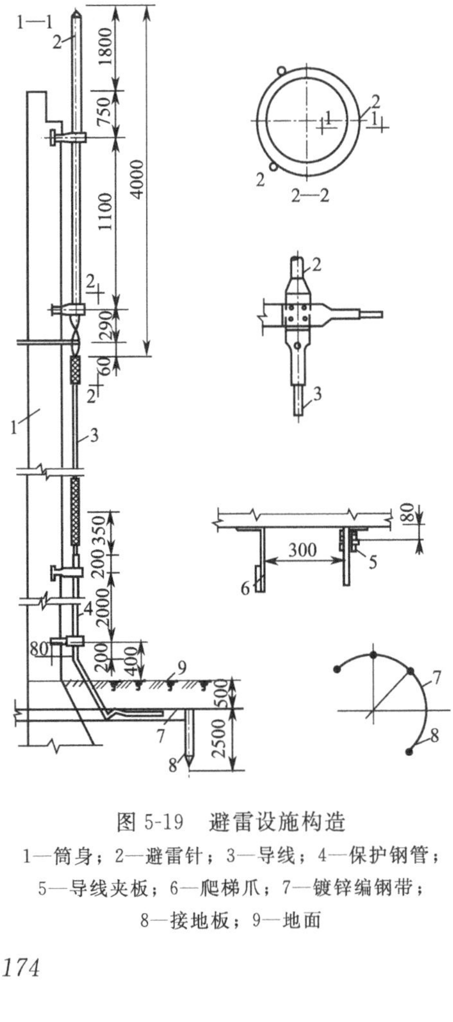

（7）避雷装置

烟囱是耸立在高空中的构筑物，为防止雷击，须装设避雷装置。

避雷装置包括避雷针、引雷环、导线和接地极等，如图 5-19 所示。避雷针用 ϕ38mm 长 3.5m 的镀锌钢管制作，顶端应制成圆锥形，一般应高出筒首 1.8m。避雷针的数量决定于烟囱的高度与筒口的直径。见表 5-3。

钢筋混凝土烟囱的每个避雷针，上下用两个支撑件固定在筒首部位的暗榫上。砖烟囱的避雷针支承件，直接埋设在筒首部分的砌体内。数根避雷针之间用 ϕ12mm 的镀锌钢铰线（截面积应不小于 100mm² ）连接成一体。导线与避雷针下端的连接点，以铜焊焊接。导线沿外爬梯导引至地下，以铁夹板及螺栓紧固在每隔 2.5m 高度的爬梯爪上。导线至筒身下部的一段，应穿在钢管内保护起来，在地面下 0.5m 深处与接地极的扁钢带焊接在一起。

接地极由镀锌扁钢带与数根接地钢管焊接而成。接地钢管一般采用 ϕ50mm，长 2.5～3.5m 的镀锌钢管制成端加工成尖形。接地极的顶端应低于地面以下 0.5m，一般每隔 5～7m 埋置一根，并沿烟囱基础周围等距离布置成环形。

图 5-19　避雷设施构造

1—筒身；2—避雷针；3—导线；4—保护钢管；
5—导线夹板；6—爬梯爪；7—镀锌编钢带；
8—接地板；9—地面

表 5-3 烟囱避雷针的设置数量

顺序号	烟囱的尺寸		避雷针的数量
	烟囱上口的内径/m	烟囱的高度/m	
1	3.50	100~120	3
2	4.00	100~150	3
3	5.00	80~100	3
4	5.00	100~150	4
5	6.00	100~150	4
6	7.00	150~180	6
7	8.00	180~210	8

5.3.2 施工准备与程序

5.3.2.1 施工准备

① 组织图纸学习和技术交底 组织施工人员阅读图纸，进行自审，在熟悉了图纸内容、详细了解了各部分构造之后，再组织各专业人员在一起，进行图纸综合汇审，核对图纸尺寸，研究施工配合，并由设计人员向施工人员交待设计意图和对烟囱的质量要求，即做技术交底。

② 编制施工组织设计或施工方案 根据烟囱大小、结构特点和现场条件，编制施工组织设计或作业设计，制定切实可行的施工方案。进行滑模或移置模板技术设计、施工进度安排，选定施工机具设备，进行施工部署和平面布置，作为施工的具体指导性文件。

③ 查勘现场 摸清工程场地、地形、地质和水文情况，邻近建筑物、运输道路、地上和地下障碍物、堆积物以及水、电供应等情况，为研究制定施工方案，进行平面布置提供依据。

④ 平整场地 按设计地面标高进行场地的平整，将工程范围内多余土方挖除，拆迁烟囱施工区域内所有地上地下障碍物，如房屋、电杆、动力照明、通信线路、地下管道、电缆、坟墓、树木等，可利用的建筑物尽量利用，做好场地周围排水沟，布置好安全警戒区及设置安全设施。

⑤ 进行墓探 在黄土地区或古墓群地区，在烟囱施工范围内按设计要求深度、间距和数量，用洛阳铲进行穴探，发现地下墓道、暗穴、防空洞及其他地下空洞，按设计要求进行处理，古墓报文物管理部门处理。

⑥ 修建临时设施和道路 根据施工总平面布置修建临时设施，如施工管理人员、技术人员办公室、工具材料库、钢筋加工棚、工人休息棚、配电棚等，铺设临时供电、供水线路，修建临时运输道路，两侧设排水沟，结合永久性道路布置，仅作基层。

⑦ 准备施工机具设备 按确定的施工工艺方法备齐机具设备。清点已有机具，进行检修、维护，缺少机具进行加工制作或购置。井架、操作台、提升设备进行设计、加工、制作或改装。千斤顶及液压油管系统用 1.5 倍工作压力进行试压、测定、校正。最后再进行配套、试组装或试运转，直至全部配齐，符合要求。液压系统的零部件安装前进行单体试验，合格后方可进行安装。

⑧ 准备工程和施工用料 根据施工预算和材料、半成品供应计划要求时间，组织订货、催运，按平面图位置堆放；对半成品、钢结构构件及预埋铁件的制作要委托加工，已制作好的运进现场堆放或入库备用。

⑨ 做好测量控制 按烟囱设计中心点和标高要求，将厂外坐标点和基准点，并以第三方向为校核，作为烟囱中心和标高施测的依据，并据此进行测量定位、放线。

⑩ 组织劳动力进行技术培训　配齐施工各专业工种和劳动力数量，组织进场，并对工人进行必要的短期培训，使其熟练烟囱施工各专业技术操作，明确岗位责任制和各专业相互配合关系及安全技术要点。

5.3.2.2　施工方案的选择

烟囱施工方案应根据结构特征（烟囱外形、筒身高度、上口内径等）、工程量、现场机具设备条件、工期进度、经济条件以及施工技术水平等情况来选择。尽管传统的烟囱构造简单、施工方便，但内衬、隔热层与外壁紧贴，防腐抗裂性差，已满足不了当今工艺技术上的要求。现在的烟囱建造得越来越高，烟囱筒身也由过去的单管向双管和多管发展，施工技术水平已基本能适应建造各种复杂形式、口径、高度和大小的烟囱，施工方案也越来越多，表5-4为烟囱的几种施工方案，可依据施工条件来选择。

表 5-4　烟囱施工方案

施　工　方　案		适用条件及所需设备
钢筋混凝土烟囱有井架施工方案	内井架移置模板分节施工	适用于120m以下的烟囱施工，要有足够的施工场地以满足拉设缆风绳的需要
	外井架移置模板施工	适用于烟囱出口直径较小且不太高的烟囱施工
	外井架悬挂式模板施工	此法和施工双曲线冷却水塔的方法基本相同，一般不常用
钢筋混凝土烟囱无井架滑模施工方案	单滑施工	先完成筒身混凝土，之后在其悬挂的下层平台上，再完成内衬和隔热层的施工
	双滑施工	筒身隔热层、内衬同时完成
	内砌外滑施工	仅有外模、无内模的施工
升模施工方法		模板依靠门架上的自爬式千斤顶凭借支承爬杆逐节往上提升
砖烟囱施工		适用于80m以下高度烟囱
钢烟囱施工		适用于各种加热炉、电除尘、风机房等。以其施工周期短、施工用料少、安装方便，高空作业量小等方面的优点被广泛应用于工业建筑中，特别是冶金窑炉建筑

5.3.2.3　施工程序

烟囱施工顺序主要分为：土方工程、基础工程、筒身浇筑（砌筑）工程、筒首、金属结构安装和设备拆除等工程。现以无井架液压滑模工艺方法和竖井架移置模板工艺方法介绍烟囱的施工程序。

（1）无井架液压滑模施工程序

场地平整→测量定位、放线→基坑开挖→基础及防水层施工→土方回填→烟道口以下筒身现浇施工→滑模装置安装→筒身施工→内衬砌筑→附属设施安装→滑模装置拆除→土建收尾、竣工验收。

其中筒身施工采取循环作业，其施工程序为：绑扎筒身钢筋至组装好的液压千斤顶下面→次性浇筑混凝土700mm高→初滑三个行程（即75mm高度）→检查滑出混凝土合适度及滑模系统工作状况→继续浇筑混凝土300mm高→再滑升三个行程→浇筑混凝土至模板上口→上反限位调平器→转入正常滑升，每次滑升300mm高→分层交圈绑扎钢筋→上反限位调平器300mm高→浇筑混凝土300mm高（至限位调平器高度）→按后四道程序循环往复直至筒身浇注完成。

（2）竖井架移置模板施工程序

场地平整→测量定位、放线→基坑开挖→基础及防水层施工→土方回填→搭设平台、安装竖井架操作平台→筒身施工→内衬砌筑→附属设施安装→竖井架操作平台拆除→土建收尾、竣工验收。

其中筒身施工采取循环作业（以四节模板为例）其施工程序为：接长竖井架→移挂倒链→提升操作台→绑扎第一节钢筋→安装第一节内、外模板→浇筑第一节混凝土→绑扎第二节钢筋→安装第二节内、外模板→浇筑第二节混凝土→绑扎第三节钢筋→安装第三节内、外模板→浇筑第三节混凝土→绑扎第四节钢筋→安装第四节内、外模板→浇筑第四节混凝土→重复以上各道程序：接长竖井架→移挂倒链→提升操作台→绑扎第一节钢筋→拆下部第一节内、外模板→支上部第一节内、外模板→浇筑第一节混凝土，循环往复直至筒身完成。

5.3.3 烟囱的施工方法

5.3.3.1 基坑开挖与地基处理

根据烟囱的设计中心坐标和水平标高进行现场测量，求出烟囱中心点、烟道中心线和±0.00m 标高，并定出控制桩，划出圆周线，确定开挖方式与挖土顺序，制定排水方案。

（1）基坑开挖

烟囱基坑开挖方法通常有大开挖法、边桩挖土法、沉箱法，开挖手段有机械和人工两种。一般采取大开挖方式，此方法适宜在场地较开阔，附近无建筑物或虽有建筑物而施工时可不受其影响时采用。它的优点是：施工技术简单，工期短、效率高，可以采用机械施工。大开挖的基坑边坡，根据施工现场的土壤种类、状态，以及基坑挖成后暴露时间的长短和挖坑时所处的季节等条件而定。

基坑开挖，应尽可能采用机械，边坡用人工进行修整。当挖土深度接近基底设计要求的深度时，要注意控制标高，不要破坏自然地基的土壤结构，为此，可在规定标高以上留出300～500mm 的一层土，然后由人工清底。

人工挖土按常规方法分段分层进行，并将挖出的土方用手推车或皮带机装车运出或堆于基坑附近，在基坑上部作挡土堤或临时排水沟，可阻挡地面雨水流入基坑内浸泡地基。

当基础埋置较深，周围附近有建筑物或施工场地狭窄时，可采用边桩挖土法。此法的优点是土方挖掘量比大开挖的土方量减少三分之一左右；缺点是要耗用大量板桩材料，增加打桩时间，不经济。

边桩所用的材料，一般为型钢或较厚的木板，沿基础的周围垂直地打入土壤中。边桩的间距、打入深度，以及是否还需设置挡土板或拉紧设施等，应根据基坑土压力计算确定。

当基础埋置较深，桩材的长度又受到一定的限制时，可在基坑的上部采用大开挖，在其下部用边桩挖土，两者综合使用也是施工中常用的方法。

当现场的施工条件受到严格限制或因天然地基条件很差使基础埋置很深时，才采用沉箱法，一般情况下很少应用。此法的优点是除土方挖掘量较小外，还可将烟囱荷载传至较深的良好地基上，且沉箱壁能起到挡土作用。

沉箱的种类和形式较多，烟囱基础工程中常用钢筋混凝土圆形开口沉箱，其每节的高度，一般选用 1.25～1.50m。

基坑挖好后应迅速组织验槽，对地基土进行复检，局部软弱土或被扰动土，应用砂砾或灰土回填夯实并立即浇筑混凝土垫层。如设有防水层，还应做好垫层上的防水层。基础工程完成后，应尽快地进行回填土工作，避免基坑长期暴露和遭受雨水的冲刷。

回填土时，应把烟囱避雷针的接地极按设计要求均匀地设置在基础周围，并把连接接地极的扁铁的一端留出地面。

在有施工机械的条件下，应优先使用机械填土。可用推土机将预留在基旁作回填用的土方往基坑内推运。推入基坑内的土方用人工分层摊平，每层厚 250～300mm，用蛙式打夯机夯实，也可直接用推土机分层压实，每层土压实 3～4 遍。填土时应预留一定的下沉高度，以备自然下沉。当填土用机械分层压实时，其预留下沉高度（以填土高度的百分数计），亚黏土为3%～5%，砂土为1.5%。

（2）地基处理

为了提高地基承载能力，在地震区为了处理基础下卧层的地基液化，以及当地基构造不均为防止其产生不均匀沉降，采取不同的地基处理方法。工程实践中用于烟囱的地基处理有下述几种。

砂和砂石处理的地基，是以砂或砂石作为地基处理材料。地基的宽度和厚度应按设计要求，其所用的材料宜用级配良好、质地坚硬的中砂、粗砂或卵石等，不得混有草根、垃圾等杂物，含泥量不应超过5%，砂砾中石子含量不应大于50%，石子最大粒径不宜大于50mm。

地基应分层铺设，分层压实。当基底深度不同时，应按先深后浅的顺序进行，其断面应挖成踏步或斜坡搭接。分段施工时，每层的接头也应作成斜坡，层间错开0.5～1.0m。

人工级配的砂石，应将砂石拌和均匀后再铺填捣实。砂和砂石每层的铺设厚度、最佳含水量及操作要点，可通过试验来达到设计要求的质量标准，也可参见表5-5。在地下水位高于基坑底面，或在饱和水的软弱地基上进行施工时，应先降低地下水位，使基坑保持无积水状态。

表5-5 砂和砂石处理地基的铺设厚度和最佳含水量

捣实方法	每层铺设厚度/cm	施工时的最佳含水量/%	施 工 要 点
平板振捣器	20～25	15～20	用功率大于0.75kW的平板式振捣器往复振捣，每层振捣5遍以上。振捣器移动时，每行搭1/3，以保证振捣面积衔接
插振法	振捣器插入深度	饱和	均匀地淋水，使达饱和状态后，用单个或成组插入式振捣器振捣。插入间距不大于振捣有效半径的1.4倍，避免插下卧土层，砂垫层中多余水分由渗余排水沟排出
夯实法	15～20	8～12	用40kg重木夯或机械夯进行，一夯压半夯，分层全面夯实，大夯落距50cm每层均匀夯3～4遍
碾压法	15～20	8～12	用6～10t压路机往复碾压，每层碾压不小于4遍，或用振动压实机振动3～5min

砂层每层夯实后的密实程度应达到中密标准，即孔隙率不应大于0.65，或干容重一般为1.55～1.60t/m。其夯实质量用环刀法进行检验。现场简易测定的方法是将直径为20mm、长1.25m的平头钢筋，自由落距700mm时贯入砂层，当贯入深度小于经环刀法校定的允许贯入度时为合格。

砂和砂石处理的地基不宜用于湿陷性黄土地基，由于其易于聚水而引起下卧层地基变劣。在我国西北某电厂施工中，曾遇此种情况，后改用低标号（15号）粉煤灰混凝土，比较成功地解决了黄土层地基的处理问题。该粉煤灰混凝土的配比为（质量比）：400号水泥：砂子：石子：粉煤灰＝1：9.2：14.85：1.89，水灰比为2.19，水泥用量为82kg/m。在粉煤灰混凝土中允许掺毛石20%。按上述配制的粉煤灰混凝土的强度，一般都达到30～40号，但水泥用量不宜再减。若水泥用量太少，不但搅拌不易均匀，还会出现局部不结硬现象。

灰土处理的地基是以灰土作为地基处理材料。将熟化过筛粒径不大于5mm的石灰掺入不含杂质的土中，以2：8或3：7的体积比进行拌和，控制含水量在16%左右（用手将灰土紧握成团，两指轻捏即碎为宜），拌匀后分层夯实，用环刀法检查夯实质量，在设计无规定时，可参照表5-6。

矿石和矿渣处理的地基是以碎石或矿渣作为处理材料，具有固结快、稳定性好的优点，而且可起排水层的作用。

碎石处理的地基所用的碎石应具有一定强度，一般为粒径 5～40mm 的自然级配碎石，含泥量低于 5%，矿渣垫层多采用高炉混合矿渣。在碎石垫层及矿渣垫层的底部和四周，一般应设置一层 300mm 厚的砂框，砂子用中砂或粗砂均可。当地基的软弱土层厚度不均时，应做成阶梯形，相邻两层的高差不得大于 1m，同时阶梯的宽度应大于两倍的高度。

表 5-6　灰土质量要求

项次	土料种类	灰土最小干容重/(kg·cm⁻³)
1	轻亚黏土	1.55～1.60
2	亚黏土	1.50～1.55
3	黏土	1.45～1.50

压实方法可用碾压法或振捣法，后者仅适用于小面积的压实。碾压法采用 10～12t 压路机或用拖拉机牵引重为 5t 的平碾，分遍碾压，往返碾压不少于四遍，且每次碾压均应与前次碾压轨迹宽度重叠一半。

重锤夯实法是用起重机械吊起特制的重锤来冲击基土表面，使地基达到密实的一种方法，适用于加固稍湿的压缩不均的各种土和人工填土，以及分层填土地基的夯实，对于湿陷性黄土类地基更为有效。但当夯击对邻近建筑物或设备有影响时，或地下水位高于有效夯实深度时，则不宜采用。

重锤的重量一般为 1.5～3.0t，落距 2.5～4.5m 为宜，重锤的形状宜采用重心低的截头圆锥体。重锤用钢筋混凝土制作，在其底部镶厚钢板。

起重机械可选用带有离合器的履带式起重机，其起重能力：当直接用钢丝绳悬吊夯锤时，应大于夯锤重量的 3 倍；当采用能脱落夯锤的吊钩时，应大于夯锤重量的 1.5 倍。

地基土的夯击遍数及落距根据试夯确定，一般控制重锤最后两击的平均每击土面沉落值不超过下列数值：对于黏性土及湿陷性黄土为 10～20mm；对于砂类土为 5～10mm。一般夯打 8～12 遍。土被夯实的影响深度应通过试验确定，一般约为重锤直径的 1.5 倍。

桩基按打桩方法的不同，可分为锤击打桩，静力压桩和就地灌注桩（钻孔灌注桩、扩爆灌注桩、振动灌注桩、打拔式灌注桩）。根据桩的材料不同，又可分为木桩、钢管（板）桩、钢筋混凝土预制桩及砂桩等，桩基的选用与桩位的布置由设计确定。

5.3.3.2　基础施工

当土方工程完后，地基验收合格，即可进入下一道工序，进行基础施工。基础施工主要有基础底板施工和环壁施工两大部分，分三道工序进行，模板的支设、钢筋的绑扎、混凝土的浇筑。具体施工方法如下。

（1）模板的支设

当地基土质较好且无地下水，底板边模可优先考虑采用以土代模。当有地下水，但水量不大，土质情况一般，底板高度不超过 1m 时，还可采用砌半砖外抹砂浆代替底板边模板，并随着砌砖随着回填外侧土。以保证在浇筑混凝土时，砖模有足够的强度和刚度。当土模与砖模不适用时，则采用组合钢模板。

安装模板时，为防止混凝土浇灌过程中发生外胀，可在模板外侧的上下两端加设支撑，同时捆扎 2～3 道 φ9mm 钢丝绳。

杯口的内外模板可用组合钢模板，板间可加设三角条以保证其锥度和坡度。杯口的模板可以一次支设到顶，也可分节安装，应视其高度而定。一般内模可一次到顶，外模分节安装，每节高度以不超过 1.5m 为宜。外模应增设竖带，并用 φ9mm 钢丝绳打箍，箍距以 500～600mm 为宜，最底部的一道应适当加强，以保证上浇灌混凝土时，不致外胀。

当烟囱基础采用壳体基础时，可采用以土胎为模的方法。壳体与水平面交角一般均小于45°（以 20°～30°为多），可不用外模而用人工将混凝土拍实，但遇有环梁、杯口等部位，尚需安部分模板。倒锥部分的施工需用吊模，施工较麻烦，也可采用二次浇灌的方法避免吊模。杯口或环梁等部位可留施工缝，但须增设施工缝的插筋，原受力筋必须照配。

（2）绑扎钢筋

当基础底板侧模采用组合钢模板时，钢筋绑扎是在模板工序之前进行，采用土模或砖模时，则后绑扎钢筋。

基础底板钢筋在绑扎前，先在混凝土垫层上定出基础中心点，并通过中心点给出"＋"字线，再按 45°或 30°弹上墨线，给出 8 等分或 12 等分线，之后标出底板的辐射筋和环筋的间距和环数，经检查无误，最后按划线摊铺钢筋绑扎。基础底板钢筋一般设置上下两层。环筋与辐射筋的接头位置应按 1/4 错开，上下层钢筋之间用 Π 形铁保持间距，适当点焊并加适当架立筋以构成坚固的骨架。做保护层时，可用砂浆或塑料垫块绑在辐射钢筋的下部。在绑扎环壁钢筋时，为确保顶部竖向筋位置的准确，便于与筒身竖向筋相接，要在环壁口的上部和下部安装 2～3 道固定环向筋。固定环向筋可按其所在位置的设计半径制作，安装时按半径尺寸准确定位，在固定环向筋上绑扎筒壁竖向筋，并用电焊点焊牢固。

在基础底板钢筋绑扎完后，应在烟囱基础"＋"字中心位置处预埋一根 ϕ50mm 管作中心桩焊在钢筋上，要求钢管高出基础底板面 300mm，上焊一块 150mm×150mm×8mm 钢板。当基础底板混凝土浇筑完后，四周用混凝土包裹，再将烟囱中心投放在钢板上，并刻点作为烟囱施工控制中心用。

壳体基础的钢筋绑扎可在工厂加工。工厂按实际尺寸做出木胎模，按尺寸形状预制成罩形焊接钢筋网，运往现场安装。大型壳体的钢筋宜在现场绑扎，施工方法是在土胎模上钉木桩和小钢筋桩，先绑正交的受力钢筋和以下环筋，然后再绑扎其余的受力筋及环筋，正圆锥壳的环向钢筋接头宜采用焊接。

（3）基础混凝土的浇筑

对于圆形或环形烟囱基础底板混凝土，应连续一次性浇筑完成，以保证良好的整体性。底板混凝土的浇灌顺序，一般有"由近及远"和"由远及近"两种。铺开后，分层地向前（或向后）推进，每层厚 200～300mm 左右，在混凝土初凝前浇灌完成，避免出现施工缝。由于基础混凝土量大，最好采用泵车或混凝土吊斗浇灌，也可采用胶轮手推车。在浇灌过程中，使用插入式振动器分层均匀地捣固密实，要严防漏振。在底板与环壁接缝处，应作成毛面或插入少量钢筋头，当基础底板浇筑完混凝土后养护 即可绑扎环壁钢筋，支设模板，继续浇筑环壁混凝土。浇筑之前，将表面凿毛，冲洗干净，先浇灌 50～100mm 厚同强度等级减半石子混凝土，再按对称分段均匀分层交圈浇筑环壁混凝土，分层用插入式振动器振捣密实。

高烟囱的基础体积大，属于大体积混凝土，施工工作面大，为使其在浇灌过程不出现施工缝，量大的基础优先采用混凝土泵、吊斗等浇筑。当采用手推车布料时，对每辆小车行走的路线、下料的地点、每小时混凝土的供应量，都应作周密的部署，防止因间隔时间过长而产生非正常的施工缝。底板及基础混凝土浇灌完成后应加强养护工作，在冬季或近冬施工应防止混凝土出现温度裂缝。

薄壳混凝土强度等级一般不低于 C20，坍落度不宜大于 3cm，并优先采用碎石骨料，尽可能采用较小的水灰比，为了保证混凝土有良好的密实性，灌筑时应采用振捣器，并一次完成振捣，且不留施工缝。杯口有环梁的也可留施工缝于次筋处。

混凝土养护工作要加强，防止风吹日晒，以免产生收缩裂纹。钢烟囱基础形式与构造均与钢筋混凝土烟囱的基础相同，施工方法无特殊要求，只是在与筒身连接处预留插筋、钢板或螺栓。

基础施工完成拆模后，要立即回填土，用人工或推土机分层回填，用蛙式打夯机分层夯实，并在靠近筒体外圈做成向外有坡度，以便排水。

5.3.3.3 筒身施工

(1) 施工方法

表 5-7 给出了筒身施工的各种方法及使用范围。

表 5-7　烟囱筒身施工方法

名　称	方　法	优缺点及适用范围
无井架液压滑模法	在烟囱底部按周边一次组装高 1.2m 左右的模板，采用一套液压提升系统设备，不断提升模板，不断绑钢筋，浇筑混凝土，逐步完成整个筒身的浇筑成型	施工只用一套模板，模板和操作台用小型液压千斤顶提升，可省大量模板、脚手材料和人工，降低施工成本，混凝土连续浇，可避免施工缝，施工速度快，操作安全。但需一套滑模装置和相应设备，一次性投资较高，且支撑杆耗用一定量钢材适用于高耸的（高在 80～270m）大直径烟囱施工，80m 以下小口径烟囱经设备改造亦可应用
竖井架移置模板施工法	在筒身内立钢管（或木制）竖井架，上挂升降式操作台，筒身施工的各道工序均在操作台上进行，利用罐笼借卷扬机作垂直运输，采用多节移置式模板进行循环作业，不断支模、绑钢筋、浇筑混凝土，循环作业，完成整个筒身的浇筑成型	施工设备完善，机械化程度高，施工安全；钢管架可作其他井架长期周转使用；模板周转次数高，节省施工费用；每天可浇筑 3～6 节，施工速度快。但需一套竖井架设备，一次性投资较高适于高度 140m 以下的大小烟囱施工，对其他筒形构筑物亦可应用
外脚手架移置模板施工法	在筒身四周搭设双排外脚手架，操作人员在脚手架上操作，用上料架卷扬机垂直运输材料，逐节支模、绑钢筋、浇筑混凝土循环作业，完成整个筒身的浇筑成型	不需专门施工设备，省省投资，施工操作简单。但需大量架杆，搭设工作量大，高空作业，施工安全性较差，进度较慢适于缺乏施工设备时，高 40m 以下的小型烟囱应用
扣件式钢管井架移置模板施工法	采用现场扣件式钢管脚手杆，搭设组合井架，以代替工具式钢管竖井架，悬挂升降操作台，用移置式模板进行施工，施工工艺方法同钢管竖井架移置模板施工法	利用现场常备钢管脚手材料搭设井架，不需特殊加工，组装、拆除方便，节省投资。但对钢管有一定损耗适用于高度 100m 以下大小烟囱施工
附着三角架倒模施工法	用附着于筒壁上的工具式三角架作操作平台，来进行钢筋绑扎、模板支设和混凝土浇筑等作业，材料垂直运输采用罐笼竖井架，施工时采用 3～4 层三角架，循环交替向上移置，直至完成整个筒身施工	施工设备简单，操作方便，节省大量脚手材料；施工的筒壁光滑、平整、无搓痕、扭曲，几何尺寸准确；三角架体系整体性好，施工操作安全；采用多层模板循环作业，施工速度快。但需采用三角架等专用机具，一次性投入较高，三角架倒模劳动强度较大，适于高度 60m 以下的烟囱施工
无井架倒模施工法	用一套类似滑模装置操作平台，模板固定在筒壁上来承受操作平台和施工全部荷载，用倒链代替千斤顶提升操作台，进行筒身作业，完成整个筒身浇筑成型	机具设备简单，操作易于掌握；筒身坡度、混凝土质量易于控制，施工较安全适于高度 100m 以下的烟囱施工
滑框倒模施工法	模板装置和提升设备与一般液压滑模基本相同，只模板不与围圈之间连接固定，改为增设竖向滑道固定于围圈内侧，可随围圈滑升，当混凝土浇筑完毕，操作台提升时，滑道随围圈滑升，模板附着于新浇筑的混凝土表面留在原位，等滑道滑升一层模板后，即可拆除最下一层模板移到上层使用，如此循环作业，直至筒身完成	施工只滑框，不滑模，可减少液压设备数量，节省投资；可避免筒身出现裂缝、鱼鳞状外凸和偏扭等通病；脱模时间相对变长，可提高筒身质量；再采用 2～3 节模板循环作业，施工速度较一般滑模快，但操作台稳定性略差一些适于高度 100m 以下的烟囱施工
内井架提模施工法	在烟囱内设置竖井架，用钢丝绳和倒链悬挂操作台，在操作台下设门式挂架，将模板借丝扣固定在挂架上，并可随操作台提升，旋动丝杠可使模板固定或松开，每浇筑一节，提升一节，完成整个筒身施工	不用滑模装置，设备简单，找正固定较竖井架移置模板方便，但施工速度较慢适于高度 90m 以下的烟囱施工

名　称	方　法	优缺点及适用范围
爬模施工法	用特制的钢爬升架,借螺栓附在筒壁上,用倒链带动内外模板爬升,并使钢爬架与模板作相对运动,交替提升,直至整个筒身施工完成	用倒链作动力,设备简单,操作灵活、方便,易于掌握;模板投入量少,混凝土表面光洁、无扭转、拉裂等通病,施工质量可靠;内衬可与筒身同步施工,高空作业安全 适于高度 60m 以下烟囱施工,特别适于小口径烟囱使用
内砌外滑施工法	模板装置与液压滑模基本相同,只不设内模。施工时利用黏土砖内衬作内模,采用 50mm 厚易燃轻质泡沫作空气隔热层,待烟囱投产经高温燃烧后化为灰烬而形成空气隔热层,内衬砌筑与筒壁滑升逐段交错进行来完成整个筒身施工	滑升平台易于布置,提升时只有单面模板滑升,摩擦阻力减小,提升不易移位和偏斜,可避免混凝土拉裂,可节省一套内模,内衬与筒身同时进行,施工速度较单滑为快 适于高 80m 以下、上口径不小于 1.8m 的小口径烟囱施工
电动提模法	滑动模板电动提模法施工,按设计尺寸在向壁上预留 ϕ40mm 双头螺栓 2 根,以固定特制的内外爬升靴。内外操作架的荷载均通过爬升靴传递到螺栓上,最终混凝土筒壁承受	筒壁混凝土不会被拉裂,筒身不会飘移、扭转,工程质量好;节省大量支撑钢材;省去砌筑操作平台工序。装拆模板较费工,筒身浇筑存在横向接缝 适用于高度 200m 以下高度烟囱施工
	竖井架电动提模系在烟囱内立竖井架作为垂直支撑,以承受操作平台和其他施工荷载及罐笼垂直运输用。操作平台用套架挂在井架上,模板采用电动爬升旋转,带动平台同时上升。根据烟囱的高度、直径大小确定	可减轻操作平台重量,施工能防止偏扭现象,施工安全 适用于高度 80m 以下的小口径烟囱施工
砖砌体方法	采用外脚手架或内插杆操作平台或内井架提升式内操作平台砌筑。筒身选用没有裂缝棱角完整的砖砌筑,直径大于 5m 的烟囱,采用顺砖和顶砖交替砌筑,并安放环箍,在砌体、砂浆达到 40% 后,拧紧箍,使其对筒身产生压力	适用于高度在 60m 左右,上口内径较小的中小型砖烟囱 优点:制造简便,节省钢材,水泥 缺点:不便于机械化施工,抗振能力差

（2）施工要点

烟囱筒身施工无论采取何种方法，概括起来主要有模板工程，钢筋工程，混凝土浇筑工程，砖砌筑工程。

① 无井架液压滑动模板施工要点

a. 模板工程　滑模装置的组装次序一般为：搭设内外架子→安装内、中、外围圈→安装辐梁、斜拉筋→绑扎钢筋→安装模板→铺平台板→安装随升井架及斜支撑→安装提升架→安装平台上立柱栏杆→安装千斤顶→安装液压控制装置、垂直运输系统及水、电、通信线→安支撑杆→安内外吊脚手架及挂安全网→经全面检查、合格后，开始滑升。组装前应将基础进行一次全面清理，将钢筋理直，除去基础上的混凝土残渣，放出烟囱纵横中心线，搭设组装平台（或组装架），将烟囱中心线、筒壁轮廓线、花鼓筒轮廓线投放于平台上，安装骨架、内模，绑扎钢筋，最后封外模。当采用"内砌外滑"工艺施工时，模具组装则应直接在基础上进行。组装前基础底面应清洗干净，按烟囱放出外壁、内衬轮廓线，模板、内外围圈位置，提升架的位置和中心线，将内衬砌至适应滑模组装的工作高度，再进行搭简单组装架组装。

提升架安装应使其与围圈之间紧密接合，其中心位置应以烟囱中心为基准，保持在同心圆周上，使立柱保持垂直，上下横梁水平，安装时应用水平仪、线锤仔细进行校核。提升架安装完并临时支撑好核对无误后，即可将上、下围圈逐一通过弯钩（或普遍）螺栓与千斤顶柱脚拧紧，并再一次用测量仪器进行校核，然后拆除临时支撑。安装好后在所有提升架上用水平仪划一道水平线作为控制操作台水平度之用。

围圈安装应先将上下内围圈各级按弹线进行拼装，并抄平吊线，用垫木将联接板的支脚垫起，使在同一水平面上，上下围圈间距正确，再根据内围圈用同法安装外围圈，用特制弦形样板检查和调整内外围圈间的间距，然后用螺栓联接牢固。安装时围圈的接头应在两个提升架之间。

模板安装一般先安装内模板，而内模板先装固定模板，再装活动模板及收分模板。收分模板应沿圆周对称布置，每对方向应相反，搭接处不得漏浆。安装时要注意模板立面的锥度，通常在上围圈接触处嵌一块 4mm 的钢或木垫板，并牢牢垫实。安装好的模板上口小下口大，单面倾斜度宜为模板高度的 0.2‰～0.5‰，模板高 1/2 处的净间距应与筒壁截面等宽。然后安装外挑脚手的三角挑架，绑好一段高度的钢筋，接着用同法安装外模。模板安装前均在靠混凝土一面刷隔离剂一道，以免与混凝土黏结。模板安装后，应检查、核对其半径、坡度、位置、壁厚和钢筋保护层等，并作记录。

操作台安装应在提升架、模板安装位置调整固定后进行，应利用拉紧悬索拉杆进行调平对中，并升高 20～30mm 作为起拱，并安好平台板及安全栏杆、绳网。

千斤顶安装时应用线锤检查其垂直度，并将线锤通过千斤顶的中心进行吊测，使与筒壁中心线重合，位置不正应进行调整。千斤顶应按倾斜坡度安装，其方法是在下横梁上一块等于筒身坡度的余垫铁。

支撑杆安装第一次应用四种不同长度的支撑杆交错排列（相互之差约 1.0m 左右），使相邻的接头不在同一水平面上，以克服接头处强度的降低。支撑某些安装应与筒壁一致，本身弯曲应加以校正。支撑杆必须与基础插筋对应焊牢。

内外吊脚手架安装须待操作平台提升到 2.5m 左右高度后进行。内吊架悬在操作台辐射木梁上；外吊架系在外挑三角架上，吊架下部均围以木梁，铺脚手板，吊架外设 1.0～1.2m 高栏杆，外挂安全绳网。

随升井架底座中心必须与筒身圆心重合，底座应水平，井架立杆应垂直，其偏差不大于 1/200，斜撑应连接牢固。

液压系统的零部件安装前，应进行单体试验，合格后方可进行安装。油路一般采取分组并联油路。液压控制台的安装位置宜靠近随升井架的一侧，由分油器到各千斤顶的油管长度应相等。液压系统安装完后，应进行调试，然后通油排气，再加压到 10MPa，重复 5 次。

滑动模板装置安装完后应对整个模板中心线位置、标高、锥度、垂直度及刚度等进行一次全面检查，核对合格后方可浇筑混凝土。

b. 钢筋工程　钢筋绑扎，环向钢筋的加工长度不宜大于 7m；竖向钢筋的直径小于或等于 12mm 时，其长度不宜大于 8m。当操作台提升后，绑扎钢筋时，应先扎环向水平钢筋，后扎竖向钢筋，钢筋弯钩均应背向模板面，钢筋接头位置应均匀错开。为使竖向钢筋位置正确，可在提升架顶部设限位支架或箍筋等作临时固定。筒壁内外钢筋绑扎后应用拉结筋固定，每层混凝土浇筑完毕，在混凝土表面上至少应有一道绑扎好的环向钢筋。

c. 混凝土浇筑工程　浇筑筒体混凝土时，混凝土配合比应根据设计强度等级、现场气温和滑升速度、实际使用材料等条件，由实验室进行试配确定。水泥采用硅酸盐水泥或普通硅酸盐水泥配制，混凝土的坍落度宜为 5～8cm。混凝土的初凝时间一般应控制在 2～3h 左右，终凝时间可控制在 4～6h 左右。

初次浇灌混凝土的高度一般为 60～70cm，以避免因混凝土自重小、模板上升的摩阻力大而使混凝土产生裂缝。通常分 2～3 层进行，待最下层混凝土贯入阻力值达到 0.3～1.05kN/cm（相当立方体抗压强度 0.2～0.4MPa）时，一般养护 3～5h，即可初次提升 3～5 个千斤顶行程。并对模板结构和液压系统进行一次检查，一切正常后即继续浇筑，每浇筑

20～30cm的均匀高度，再提升3～5个行程，直到混凝土距模板上口100mm时，即可转入正常滑升。绑轧钢筋，浇筑混凝土，开动千斤顶提升模板，如此循环连续作业直至筒身完成为止。平均每昼夜滑升2.4～7.2m。

每次浇灌混凝土应沿筒壁全面、分层、对称、交圈均匀地进行，每一浇灌层的混凝土表面应在一个水平面，并应有计划均称地变换浇灌方向，避免将混凝土倒在模板的一侧，使模板挤向一边，造成一边模板锥度过高，一边出现倒锥度。分层厚度一般为200～300mm，应用振捣器捣固密实。各层浇灌的间隔时间应不大于混凝土的凝结时间，每次浇筑至模板上口以下约100mm为止。

滑升速度应与混凝土凝固程度相适应，根据水泥品种、混凝土稠度、气温、浇筑速度等因素确定，提升太快，混凝土尚未凝固，会使筒壁坍落；过慢则会使混凝土与模板粘在一起，强行提升会使混凝土裂缝。一般当出模的混凝土贯入阻力值达到0.35MPa，或混凝土表面湿润，手摸有硬的感觉，可用手指按出深度1mm左右的印子，或表面能抹平时即可滑升。

滑动模板正常滑升中，各工种间要紧密配合。绑扎钢筋、浇筑混凝土、提升模板等主要工序之间，穿插进行检查和控制中心线，调整千斤顶升差，接长支撑杆，预埋铁杆，支撑杆加固，特殊部位处理，混凝土表面修饰等工作。因故停滑时，应采取停滑措施，混凝土应浇筑到同一水平面上，需每隔0.5～1h，至少提升一个行程。以防模板与混凝土黏结，导致再行滑升时，拉裂已经结硬的混凝土。但模板的最大滑空量，不得大于模板全高的1/2。停滑后再浇混凝土时，接槎应作施工缝处理。

滑升过程中筒体变径时，必须及时抽出已重叠的活动模板，每班至少应检查两次筒身半径，并作好记录，对其偏差应在滑升中及时调整，同时清除模板间的夹灰。滑升过程中，筒体变厚时，可采用临时架衬模的方法，即先将模板提升到壁厚标高以上300～400mm，再在内模筒壁侧分段安装适宜的衬模，衬模一般分为两节，每节高300～400mm，衬模厚度为壁厚减薄值，衬模安装后，滑模继续进行，松开内模，拆除衬模紧贴筒壁，变厚即告完成。变厚也可通过提升架上内侧的围圈顶紧装置和固定围圈调整装置采用渐变过渡的方式来完成。

模板表面应经常保持干净，在滑升过程中，应及时清理黏结在模板上的砂浆及收分模板与活动模板之间的夹灰。模板要经常刷油，每次浇筑混凝土后应将距模板上口未浇混凝土一段粘着的砂浆或混凝土随时清理干净，以免结成厚层，影响模板的提升。

支撑杆脱空长度应控制在1m左右，当施工需要超过1m时，应采取加固措施。支撑杆应与环筋焊接，其焊点间距不得大于500mm，并将该层环筋与竖筋点焊。当支撑杆通过孔洞时，露空的支撑杆应采用弦胎板加固法、假柱法、型钢加固法或砌砖加固法等方法加固。

模板收分应与滑升紧密配合，一般应随着模板的提升进行收分，以防止内模侧压力过大，提模阻力增大，造成混凝土筒壁被拉裂。当采用内砌外滑工艺时，可先滑模后收分。

应根据烟囱直径变化情况，在施工中及时进行滑模装置的改装，以适应烟囱直径变化的要求。每提升一个浇筑层，应进行对中和调平，使平台中心与烟囱中心的偏差始终控制在允许范围以内。前后两次滑升的间隔时间，不宜超过1.5h，在气温较高时，应增加1～2次中间提升，中间提升的高度为1～2个千斤顶行程。

混凝土浇筑，每班必须留一组混凝土试块。当滑升速度每班超过5m时，则5m范围内至少留试块一组。

滑模施工牛腿有以下几种方法：一截（节）模板全脱空法；两截内模板分段施工法；一截模板加木模板（牛腿改成矩形）法；预留钢筋或预埋件后施工法。一般均采取牛腿与筒壁应同时施工，不留施工缝。滑模时可采取将牛腿斜坡与内模接触处由折线形改为缓弧形，从牛腿底部以下适当高度，通过内模收分机构，将内模上端向烟囱中心倾斜，同时以慢速小步距继续滑升，边滑升边调整模板坡度，直至滑升到牛腿顶面。调整内模坡度所出现的空隙，应及时插入活动模板，变壁厚继续施工。

筒首滑模时宜将筒首底部与筒壁接触处的折线形改为缓弧形，从筒首底部以下适当高度调整内、外模，使其符合设计尺寸。当滑到花饰标高时，再将花饰模板安装在外模内侧，脱模后，将其取出，花饰个数宜取滑模装置的辐射梁根数或其二分之一。

预留孔洞滑模时，当滑升到孔洞时，应安装孔洞模板。洞口模板应牢固可靠，宽度应小于壁厚10mm，并与钢筋固定牢靠。

烟囱内衬一般在筒身滑升完成之后进行，但当内衬采用耐热混凝土时，也可采用双滑工艺，即内外筒壁同时滑升。双滑一般有两种施工工艺，一种是内外钢模、两层筒壁之间设置双光面模板，外壁浇普通混凝土，内壁浇耐热混凝土，中间填粒状珍珠岩或珍珠岩混凝土，界线分明，但模板构造较复杂，应用较少。另一种是内外钢模板，在两层筒壁之间砌混凝块的保温层，保温层的厚度一般为75～125mm，规格为600mm×250mm；当筒身配双层钢筋时，立砌的加气混凝土块靠在钢筋保护层的小砂浆块上；当为单层钢筋时，则加气混凝土块靠在通过外层钢筋焊接的内层钢筋圈上。浇筑时，先浇内壁耐热混凝土，后浇外壁混凝土，砌一层，滑升一层，其余施工设备及操作工艺均全同单滑。

双滑施工工期比单滑可缩短一倍，劳动强度降低，效率提高60%～80%。

滑升垂直度宜用激光铅直仪（又称激光对中仪、向导仪）或采用吊重线锤的方法找中，每滑升一个浇筑层应观测和校正一次中心，进行一次模板中心线校正和收分，并作好记录。激光铅直仪本身的垂直度每滑30m应进行一次校验。

滑升标高的控制，一般是在支撑杆上，每班测设一次标高，并依次测各千斤顶的高差，控制高差最大不得超过40mm，相邻两个提升架上的千斤顶高差不得大于20mm。每滑升10～20m，用钢尺核实一次。

混凝土滑升出模后，应及时喷水进行养护，高空喷水困难也可采用涂刷氯偏乳液作养护剂，方法是在混凝土脱模后，由瓦工进行表面修整和压光处理，然后再用排笔刷上乳液二度，使其在混凝土表面形成薄膜，阻止水分蒸发，保证水泥有比较充分的水分反应，根据资料混凝土强度比未涂养护剂的混凝土提高3～4MPa。

滑模装置的拆除，一般有"散拆"和"整拆"两种方法。散拆是先将模板装置擎放到筒首，使荷载安全传给筒首，再拆除支撑杆、千斤顶、液压控制装置和管路，将稳定随升井架的缆风绳固定于筒顶预埋好的铁环上，利用随升井架桅杆拆除安全网、栏杆、外环梁、外围圈、提升架和吊架，在筒首顶面设置两根临时支撑平台用的型钢梁（也可利用辐射梁），并固定牢靠，仍利用随升桅杆拆除平台板、辐射梁、井架斜撑及花鼓筒，再后将柔性滑道索改装在筒首的滑轮上，构成新的起重系统，拆除天轮、限位开关，抽出型钢梁，再将随升井架和井架座整体吊运至地面，最后把筒首的滑轮、钢丝绳等拆除完毕，并用长白棕绳往下放至地面，待内衬式防腐施工完毕，再拆除滑模装置的剩余部分。

"整拆"采取两步进行，首先在操作平台前另外设置一套稳定随升井架的缆索系统，由8根〔、10根横撑（防晃）、ϕ19.5mm花篮螺栓拉紧，4根ϕ11mm缆风绳拉紧。辐射梁平台拆除后，内钢圈及井架靠此新建缆索系统悬吊缓慢下降，待2/3井架高下降到烟囱顶内后，改用2根吊罐笼钢丝绳，借卷扬机及2个10t滑轮，使整个内钢圈及井架徐徐下降至烟囱底部，然后拆除。指挥人员通过对讲机指挥地面吊罐笼卷扬机操作。

②竖井架移置模板施工要点

a. 竖井架组装

ⅰ竖井架组装应在基础浇筑完成、拆模、周围土方回填好后进行。基础底面应用砂浆仔细找平，用经纬仪定出基础十字轴线及烟囱中心点，并埋好钢标板。

ⅱ竖井架可根据施工需要装配成1～9孔。

ⅲ支撑底座安装应用仪器和水平尺反复进行检查，使其保持水平，基础底面不平之处须以薄铁板或座浆垫平，使操作平台荷载趋向于井架中心，以易于模板安装找正和保持井架垂直和稳定。

ⅳ竖井架采用1、3、5、9孔，其中心线应与烟囱中心重合；如果为2、4、6孔，则应使竖井架中心与烟囱中心偏200～300mm，以便于施工中筒身中心的测定。

ⅴ底座安好后，即可依次安立管、横管、斜管、滑道管，其节点用螺栓紧固。第一次安装高度一般为30～40m，并在四角用钢丝绳缆风拉紧，并用两台经纬仪成十字方向校正井架垂直度，使偏差不大于0.1%。以后则随着筒身的升高，再逐节或分数段接高。

ⅵ在安装竖井架的同时随将附属设施人行爬梯、水管、避雷器及提升装置等安装好。罐笼可在安装井架时，事先放置于规定的井孔内，也可在井架安装好后，将竖井架一面的横管、斜管及滑道管拆除一段，再将罐笼装入。

ⅶ卷扬机的钢丝绳一般可利用烟道口通向竖井架，当不便利用时，可在筒身下面适当部位预留孔洞，穿钢丝绳。

ⅷ筒身施工到一定高度，每隔10～20m应安一组柔性联结器，将竖井架拉固在筒壁上，以增强刚性，保持垂直和稳定。

ⅸ接长竖井架一般在筒身混凝土养护期间进行，每次接高2.5m。

b. 操作台组装

ⅰ组装操作台须先在底部搭设一临时脚手平台，在平台上按要求位置依次安设内外承重钢圈、辐射支撑、木梁、铺板等，然后安装吊挂钢丝绳、倒链，将操作台吊起，最后安装内外吊梯、铺脚手板、安设安全绳网等。

ⅱ操作台一般用1～2t倒链和14mm钢丝绳及钢筋环悬挂在竖井架上，倒链的安装数量应根据操作台及其上附属设施和施工全部荷重而定，一般为12～24个。吊点布置时，要使每个倒链所承受的荷重均匀。例如，操作台悬挂20个倒链时，通常在外钢圈上布置12个，内钢圈上布置8个，交错排列。

ⅲ各悬挂点应按不同标高错开排列。以分散井架水平截面上的荷载，悬吊钢丝绳与操作台的夹角，应不小于60°。

ⅳ操作台提升一般在混凝土养护期间进行，首先是移挂倒链，用预备的倒链放长链子先挂上，替换下面拉短了的链子。提升须在统一指挥下进行，一人分担一个倒链，同时拉拽动作一致，使操作台徐徐匀速上升，以免只个别倒链受力，而使操作台产生倾斜。每次提升1.25m或2.5m，保证内外吊梯与筒壁施工高度相一致。提升后用水平仪检查一次水平情况，发现倾斜，应拉倒链调整。

ⅴ当施工缺乏倒链或卷扬机设备时，也可采用卷扬机或绞磨提升操作台。前者将操作台用4组滑车悬挂在竖井架上，通过15t双筒卷扬机来提升。上部四滑车为5t三轮滑车，从四个方向分别用短钢丝绳悬挂在竖井架顶部的点上，下部四个滑车为4t的二轮滑车，分别用钢丝绳将操作台的内外钢圈悬吊起来。四组滑车用4根16mm钢丝绳，通过设在竖井架底部的导向滑轮（两根在地面适当位置用卡扣卡在一起，使其成为两根），分别卷入前后卷筒上，随着操作台的提升，随时变换卡扣的位置。提升时，由专人指挥，开动卷扬机，操作台便徐徐升起。后者上部操作台悬挂与卷扬机提升操作台基本相同，只将四个方向钢丝绳引向地面，在烟囱壁预留孔在四个方向设4～8台绞磨与之相连。提升时，由专人统一指挥，开动绞磨，操作台便徐徐提升，至要求高度，将绞磨锁定。

c. 移置模板的支设

ⅰ第一节模板支设，基础应找平。为防止漏浆和便于拆取三班作业，每昼夜可完成5～

10m。

ⅱ施工机械化程度较高，劳动强度相对较低，可节省大量劳力，降低施工成本。

ⅲ混凝土连续浇筑，可避免大量施工缝，混凝土整体性好，筒身脱模时间较长，混凝土强度有保证。

ⅳ冬期施工，可采用木模板，保温性好。

ⅴ适应性强，可用于修建各种大小筒形构筑物，如水塔、筒仓、凉水塔、排气筒等，为国内烟囱施工应用较广泛的方法之一，存在问题是需要一套井架设备（制作一套120m烟囱施工用9孔钢管竖井架约需钢材40t），一次性投资较高。

③ 外脚手架移置模板施工要点

a. 所有井架用钢管必须经过挑选检查。如果有破裂、弯曲和锈蚀的一律不准使用。

b. 所有标准扣件也必须经过挑选检查，如果有破裂、缺损或锈蚀以及扣件螺栓有断裂、弯曲和不紧等现象时，也一概不准使用。

c. 井架立杆垂直度的偏差不得大于其高度的千分之一，横杆固定在立杆内侧，斜杆固定在立杆外侧。

d. 各杆件相交伸出的端头，均应大于100mm，防止杆件滑脱。罐笼导轨的垂直度及间距的偏差不得大于10mm。

e. 拧扣件螺栓时应注意将根部垫正，并保持适当的拧紧程度，这时对于井架的承载能力、稳定和安全影响很大，螺栓拧得过紧会使扣件和螺栓断裂，必须松紧适度。所有扣件拧紧合格与否，必须指定专人负责检查，千万不能疏忽大意。

f. 提升操作平台时必须统一指挥，使每个倒链同时以均匀速度向上提升，以免个别倒链受力，而使操作台倾倒。每次提升1.25m保证内外吊梯与筒壁施工高度相一致。

④ 滑框倒模施工要点

a. 滑框倒模基础的上表面应保持水平，平面的高差每1m围内高差不应大于5mm，周范围不应大于10mm。基础中心设控制钢线板，标出中心点作为安装滑框倒模装置和筒壁找正的依据。基础上预留筒身的竖筋应准确，其半径方向的允许偏差应在±10mm。

b. 滑框倒模装置的顺序为：搭设筒底施工操作平台，组装随升井架，安装提升架、支撑杆及收分装置，绑扎首层钢筋，安装第二层模板，浇筑混凝土，安装垂直运输信号系统。转入正常滑升，绑扎钢筋，浇一节混凝土，滑升倒模一节，循环作业，直至筒身完成。

c. 混凝土应分层交圈浇筑，每层厚300mm，模板上口齐平后刮平。

d. 顶升操作台每次为900mm，随着向中心顶进提升架，变径收分。顶升过程中，应用激光铅直仪检查中心线偏移量，随着采用平台倾斜法进行纠偏、纠扭。

e. 模板拆除后，应加刷脱模剂，再支于上层，模板竖向可依靠钢插销和U形卡连接固定；环向内靠砂浆垫块紧靠于钢筋上，外靠钢筋箍箍紧固定。

f. 采用滑框倒模模板与混凝土间已不存在摩擦阻力，每次空滑高度为900mm。为防止支撑杆失稳，一般宜采取分两次完成，先滑450mm，对支撑杆用φ20互相连接起来，焊成X字形进行加固，然后再提升450mm，再同法进行加固。当支撑杆接头通过千斤顶后，应及时将接头处焊接，接头处向上第一道环筋应与支撑杆点焊，以增强稳定性。同时为了保持操作台的稳定，在筒壁外将提升架立柱加长，沿圆周设8个附壁撑铁，提升后使其牢牢地卡紧于下部混凝土筒壁上。

⑤ 内井架提模施工法要点

提模施工程序为：绑扎竖向筋→松开丝杠→提升一节高操作平台→绑扎环向筋→组装模板→中心找正→拧紧丝杠、固定模板→浇筑混凝土→重复上述程序循环作业，直至筒身全部完成。

模板配置一节，采用 P2015 组合钢模板，另配 8 块收分模板，模板与围圈用勾头螺栓连接，一起挂在立杆上，通过丝杠顶紧固定模板。围圈可调式桁架围圈。为适应筒身收径，门式挂架带动丝杠、立杠，立杠挂住围圈、模板，沿辐射梁向里滑动，每施工 4 节向里滑动 400mm 后根据筒身、直径、坡度和截面尺寸，通过调节挂架上下丝杠来满足收径要求。模板调径顺序为先内模后外模。

⑥ 电动提模施工法要点

电动提模的施工程序为：脱模→绑扎钢筋→提升→对中→紧模→校正→浇筑混凝土→砌内衬→脱模。当平台、井架安装好后，即开始绑钢筋，预埋铁件，然后进行提升。提升完毕，将井架内吊笼提到平台以上，用钢管式木方搁住，用吊线锤或激光对中，把烟囱筒壁外径、内径，用红铅笔标在辐射梁上，然后紧模、校正，检查无误后即可进行浇筑混凝土，砌内衬。1d 可完成 1.5m 筒身施工。

本法施工可减轻操作台重量，施工能防止偏扭现象，保证垂直度，能克服滑模提升困难，工效较高，质量好，施工安全。适于高度在 80m 以下的小口径烟囱施工。

⑦ 爬模施工法要点

a. 爬模施工工艺程序为：弹线放平→安装爬架平台→绑扎钢筋→拆除、爬升外模板，刷隔离剂→到位后校正、固定外模→拆除、爬升内模板，刷隔离剂→到位后校正，固定内模，浇筑混凝土→养护→重复以上工序，循环作业，直至筒身完成。

b. 第一节微身混凝土浇筑，按照一般常规倒模法施工，同时预留螺栓孔，待第一筒身模板拆除后，即可进行爬模的组装。先在地面将 3 节组装成整体，用吊车吊装就位，将附墙螺栓穿入筒壁固定，然后安装操作平台及吊架，组装模板。浇筑完首节爬模混凝土后，即按上述程序转入爬模施工正常作业。

c. 钢筋下料不宜过长，如采用 9m 以上钢筋应采取临时加 $\phi25$ 钢筋箍或角钢箍来固定竖向钢筋，防止钢筋倾倒。

d. 爬架的安装应把爬架中心位置引到筒向上，安装时并应校正爬架的垂直度，避免受力不均产生偏心。

e. 外模校正包括进行外模收分、调径，将钢丝绳背楞用倒链紧固，调节螺旋顶杆进行校正等。内模校正靠外模控制，先将异形内模对准拉螺栓固定，然后将 16mm 于内模背面弯铁件内焊或绑扎牢接头。

f. 爬模最低拆模混凝土强度，宜为 1.2MPa 并以此作为爬升时的混凝土强度控制值，一般混凝土浇灌 10h 左右即可爬升。由于避免螺栓附近混凝土局部承压破坏，在装模板时在穿墙螺栓处宜设一有孔混凝土楔形衬块，以扩大承压面积并限制筒壁厚度。

g. 模板提升 2～3 次后，应拆成分件（4 大块）进行隔离剂涂剂，以保证混凝土脱模质量，但应防止污染钢筋。

h. 模板垂直度校正主要以模板下口 30cm 部筒身搭接来控制，要求每次浇筑混凝土。

⑧ 内砌外滑施工要点

a. 内砌外滑施工程序是：松导索→提升操作台、滑升模板→平台调整、紧导索→模板调径收分→安设预埋件→绑扎钢筋→内衬砌筑→安放轻质泡沫板→浇筑混凝土，如此循环上升直到筒身完成。

b. 操作平台调整、防扭、防偏，钢筋绑扎、混凝土的浇筑和脱模强度的控制均与一般单滑施工工艺相同。

5.3.3.4 内衬及隔热层施工

烟囱常用内衬材料为烧结普通、耐火砖、耐酸砖等数种，虽材料不同，但施工设备和砌筑方法基本相同。

内衬的砌筑，一般有两种方式，一是在筒身全部完成后进行；一是与筒身平行作业，在筒身完成 30～40mm 后开始。施工时应在筒内上部搭设一层坚固的保护棚，以保证砌筑操作安全。当采用滑模施工时，有时采用内砌外滑工艺，在内吊梯上先砌一节高内衬做隔热层，然后浇筑一节混凝土，内衬随筒身一起完成，砌一节内衬，滑一节筒身，不用搭设保护棚。

(1) 砖的加工

当内衬用普通砖砌筑，为适应筒身的弧形，有一部分砖需要加工成楔形，以保证灰缝大小合适。加工方法按内径大小，计算出每段内衬的加工尺寸与数量，用样板在砖的一面划线，用机械或人工按线加工，切（打）去多余部分。当内衬采用耐火砖砌筑，应在内衬材料订货时，订制部分楔形砖，其规格为 230mm×113/96mm×65mm 或 230mm×113/76mm×65mm。也可采取与红砖一样，在现场加工的方法，但应尽量用切砖机切割，以保证尺寸正确，减少损耗，提高工效，节约劳力。

(2) 内衬砌筑设备

砌筑内衬应在操作台上进行，当采用竖井架移置式模板施工筒身时，工人可在竖井架上悬挂的操作台上进行，操作台用 [10 或 [12 槽钢制作的内、外承重钢圈，上设辐射木梁、木板制成。外钢圈作成多节，使可随操作台的升高，筒身内径减小，而卸去的部分使钢圈缩小。操作台用 4～12 个 1t 倒链挂在竖井架上做升降用，用方木支顶使其在竖井架上稳固。内衬材料用罐笼提升到操作台上。随着烟囱内径的缩小，操作台上的木梁与铺板也随着一圈一圈的锯去，当靠近外槽钢圈时，则将外槽钢圈卸去 4 小节，使操作台变小。

当用无井架滑动模板施工筒身时，可从筒首辐射梁的中心环梁上固定数根长钢丝绳至地面，然后组装悬吊操作台作内衬施工用，一般以手扳葫芦牵引提升。

(3) 内衬的砌筑

砌筑前应将底板或牛腿上的混凝土残渣清除，并用水洗净后，用 1∶3 水泥砂浆找平。

砌筑采用分层轮砌法，即分层流水作业，层与层的操作面相隔 1～2m 长度。

烧结普通砖、黏土耐火砖砌筑，一般采用挤浆法，先在砌结面上铺上砂浆或耐火泥浆，持砖稍用力挤压，使水平和垂直砖缝砂浆或泥浆饱满密实，并用木锤轻轻打紧，将挤出的砂浆或泥浆刮去。内衬与筒壁的隔热层须按设计规定的厚度留设，砌筑时应避免掉入砂浆或泥浆。耐酸砖的砌筑采用"刮浆法"，先在平面和侧面刮上灰条，然后将砖平放用力挤压，以木锤打紧后，再将挤出的砂浆刮去。耐酸砂浆随拌随用，一次拌制量不宜太多，并在砂浆初凝前用完，一般不超过 30min。

隔热层采用散粒材料时，可随内衬每砌 5～8 皮砖高充填一次。在充填矿渣棉隔热材料时，应以木棒随充填随加以捣实，防止漏捣和局部存在空洞。但对高炉水渣、硅藻土粉、蛭石等填充料，则不用捣实；隔热层采用硅藻土砖或蛭石砖时，可用黏土耐火泥浆与内衬同时砌筑，砌缝应错开 1/4 砖。

5.3.3.5 附属设施施工

烟囱附属设施主要包括外爬梯、信号灯平台和避雷设施等，均为钢结构构件，一般均须先在工厂或现场机修间加工制成半成品或零部件，运到安装地点，按分节尺寸组装成要求的部件进行安装。安装前应先进行严格的检查，包括外形、几何尺寸、留孔位置及焊缝质量。如有问题，应及时纠正，使符合安装要求。钢构件表面应刷好防腐漆。

(1) 外爬梯安装

在筒身完成后进行，固定在筒壁预埋的暗榫上。在浇筑混凝土时预埋在混凝土内，是将暗榫成对地焊在 4mm 厚的扁钢带上，以保持间距正确。垂直度用经纬仪（或吊线锤方法）将中心线投到安装部位，使两个暗榫的中心线与其对准，并用 20 号铁丝牢固的绑扎或点焊在钢筋的内侧，保证中心线正确。

爬梯安装在烟囱施工到顶后进行，以3~4节爬梯为一组由上而下（或由下而上）逐节地进行，利用设在操作台上部竖井架上的悬臂桅杆或操作台上的木梁栓上滑车，借卷扬机作垂直运输，将爬梯吊到安装位置，人站在特别的吊笼内，先安装上节爬梯，用螺栓将一对支撑件以及围栏之间连接板连上。为了便于爬梯的安装找正，在上节爬梯上挂一个1t倒链作临时调整之用，下端应用绳系住便于定位。

（2）信号灯平台安装

平台与筒壁的固定也须预埋暗榫，埋设方法与爬梯相同。

三角架的安装，当采用移置式模板时，在外吊梯提到超过暗榫标高时进行；当采用滑动模板时，则在上部暗榫脱出模板约2m后进行安装。

安装三角架系在外吊梯的下层铺板上操作，逐段用螺栓将三角架固定在暗榫上，将吊梯的下层铺板取下，临时存放在三角架上作为操作台之用，三角架安装完后，当模板再提升2.5m，即可开始安装平台格子板及围栏。一般先将平台板吊到上部操作台上，再由操作台系下到安装位置，操作工人站在接长在外吊梯上的梯子上，待第一块平台板的两端支撑在三角架上后，用螺栓与其紧固在一起，此时操作工人便可站到平台板上操作，待第二块平台板系下后，先拧紧与第一块平台相接的端部螺栓，而后再站到第二块平台板上，再拧紧其另一端的螺栓，同法安装以后平台板，直至铺完。围栏的安装可与平台板安装工作交叉进行，首先安装角钢立柱，用螺栓固定在三角架的连接板上，其次再分段安装扁钢栏杆，用螺栓边接在角钢立柱上。

（3）避雷设施安装

一般在操作台上的外吊梯拆除前进行。先用螺栓将避雷针安装于筒首预埋的暗榫上，再用$\phi10~\phi12mm$镀锌钢绞线将数根避雷针连成一体。导线的上端以铁夹板及螺栓固定在避雷针的底部，连接点以铜焊焊接牢固。导线沿外爬梯导至地下，以铁夹板及螺栓，每隔2.5m高度紧固在爬梯的侧面。导线在地面下0.5m深处与接地板的扁钢环焊接在一起形成通路。

避雷设施安装完毕应进行接地电阻试验，以不大于10Ω为合格。

5.4 城市生活垃圾卫生填埋场土建设计与施工

5.4.1 概述

城市生活垃圾是指在城市日常生活中或者为城市日常生活提供服务的活动中产生的固体废物以及法律、行政法规规定视为城市生活垃圾的固体废物，包括居民垃圾、清扫垃圾、商业垃圾、工农业垃圾、交通运输垃圾、事业垃圾、医疗卫生垃圾、建筑垃圾等。城市居民及工农业生产产生的这些固体废弃物已构成城市主要环境问题之一，尽管一些固体废弃物可资源化，但总还会有部分残余存在，并将长期地停留于环境中，成为一种重要的污染源。因此，为了控制其对环境的污染，必须对这些固体废物进行最终处置。目前，固体废物处置方法主要有海洋处置和陆地处置两大类，可根据固体废物的种类和经济条件来选择具体处置方法。目前基本上以陆地处置为主，有焚烧、露天堆存、堆肥、热解和填埋等方法。本节仅就垃圾在陆地上的土地填埋处置方法的工程建设予以论述。所谓填埋就是把垃圾倾卸在某一规划地域，再用土等材料加以覆盖。现代的卫生填埋场工程建设和施工手段要求越来越严格，填埋场的底层要做工程防渗处理，应具有渗滤液防渗层和渗滤液收集系统及处理装置；应安装气体收集管道，对垃圾发酵产生的沼气进行控制；应有重型设备对场地进行压实。直到现在，英法等欧洲国家仍以填埋法处理城市垃圾为主，其处理量占整个垃圾处理量的70%左右。我国也是以土地填埋作为城市垃圾主要处理方法，现代的垃圾填埋场如图 5-20 所示。本节主要就垃圾的土地填埋有关土建工程设计和施工的问题予以介绍。

5.4.2 垃圾填埋场的设计

5.4.2.1 垃圾填埋场的设计原则

垃圾土地填埋处置是为了保护环境，按照工程理论和土工标准，它是对固体废物进行有控管理的一种科学工程方法，它不是单纯的堆、填、埋，而是一种综合性土工处置技术。

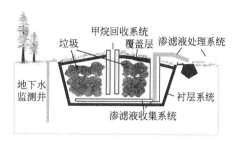

图 5-20　垃圾土地填埋示意

我国在总结国内外城市生活垃圾处理的经验和教训，提出了以"资源化、无害化、减量化"作为垃圾污染技术控制政策和原则。但在垃圾尚未解决出路的情况下，以"无害化"为主，并缩短由"末端段治理"向"源头控制"过度的时间。这就是当前在我国为什么土地填埋仍是城市垃圾处理的主要方法。垃圾土地填埋场规划设计要优化，就是最终达到环境效益、经济效益和社会效益的统一。一些发达国家在填埋场的处理标准上，有严格的法律法规，而我国也有垃圾处理的环境标准和规范，如我国垃圾填埋处置的国家标准《生活垃圾填埋污染控制标准》（GB 16889—1997）和 2004 年修改后的部颁标准《城市生活垃圾卫生填埋技术规范》（CJJ 17—2004）以及 2007 年颁布的《生活垃圾卫生填埋场风场技术规程》（CJJ 112—2007）对垃圾卫生填埋场的建设标准都有明确规定。只有严格的设计、合理的投资、认真管理才能使有限的投入发挥最大的效益，才能真正达到环境效益、社会效益和经济效益的统一。

5.4.2.2 土地填埋处置的分类

土地填埋处置的种类很多。依据不同，有不同的分类方法。为便于管理，通常可依据处置废物的种类分为以下四类。

① 惰性废物填埋　是土地填埋处置中最简单的方法，实际上就是把建筑废石等惰性废物直接埋入地下；

② 卫生土地填埋　适于处置一般固体废物，主要是处置城市垃圾，使其不会对环境造成危害；

③ 安全土地填埋　是一种改进的卫生填埋方法，主要用来处置有害废物，因此对场地的建造技术等要求更为严格；

④ 工业废物土地填埋　适于处置工业无害废物，因此，场地的设计操作等不像安全填埋场那么严格。

本节主要是讲城市垃圾填埋场的设计，因此，主要介绍卫生土地填埋场的设计。

5.4.3 垃圾土地填埋场的总体设计

垃圾土地填埋场设计主要包括场地的选择与勘察、环境影响评价、场地工艺与土建设计、场地土建施工、垃圾填埋操作、封场、场地的维护与监测管理等设计内容。其中，环境影响评价主要是确定场地的选址是否合理、技术上是否可行、填埋场建成后是否会对周围环境产生影响等。

5.4.3.1 场址的选择

场址选择是全面规划设计填埋场的第一步，选址既要从安全角度考虑，防止对周围环境的污染，又要从经济方面考虑，使其成本最低，尽可能利用场地的天然地形条件，使填埋场地设计做到"安全可靠、经济合理"。影响选址的因素很多，主要应从环境、工程、经济、社会和法律等方面来考虑，这些因素是相互影响、相互联系、相互制约的。场址选择一般应考虑的诸因素见表 5-8。

表 5-8　垃圾填埋场场址选择要求

因　素	要　求
固体废物的种类、数量	对卫生土地填埋场地，应依据垃圾来源、种类、性质和数量确定场地的规模，同时，要考虑至少可处置 10～20 年填埋的废物量
地质条件与地理环境	避开泄水，泄水能力要强；避开地震区、断层区、溶岩洞及矿藏区；避开动植物保护区和文物古迹；土壤要易压实、防渗，对安全土地填埋场，土壤渗透性≤10^{-7}cm/s，对工业废物的土地填埋场，土壤渗透率≤10^{-5}cm/s；距居民点或重要设施 800m 以外
水文、气候	地下水位应尽量低，距填埋场最下层≤1.5m；避开地下蓄水层；在 100 年一遇洪泛区之外；蒸发要大于降水；避开高寒区；位于城市下风向
噪声、交通	运输及操作设备噪声不影响附近居民；交通要方便，要有全天候公路
土地征用与开发	土地容易征得且经济，同时便于开发利用
法律和社会	符合有关法律、法规，注意社会影响

5.4.3.2　场地的勘察

场地的勘察包括资料收集和实地勘测两部分。在场址选择时，首先要进行资料收集，充分利用现有的区域有关资料，包括气象资料、地形图、土壤分布图、土地使用规划图、交通图、水利规划图、洪泛图、地质图等，了解场地及所在城镇的地形地貌、水文地质、工业布局、人口分布等；要掌握所要建设垃圾填埋场城镇的垃圾数量和类型，以及资金来源。在此基础上，通过测量和钻探技术对场地进行实地勘测，其目的是了解场地的地质结构、地层岩性、地下水位和分布及走向等数据，为填埋场提供设计依据。填埋场基部岩石以具有抗酸、碱等有害溶液浸蚀能力的花岗岩或混合花岗岩为好；填埋场底部以均匀分布的黏土层为好，因黏土层抗渗性优于沙土层。另外要调查当地的法律、法规和政策，评估所建填埋场是否与之符合。

5.4.3.3　填埋场面积与容量的确定

垃圾卫生土地填埋场的面积与城市人口、垃圾的产率、废物填埋的高度、垃圾与覆盖材料量之比及填埋后压实密度等有关。通常，覆盖材料与填埋垃圾之比为 1:4 或 1:3，填埋后的废物压实密度为 500～700kg/m³，填埋场的容量至少维持 10～20 年使用时间。如按卫生土地填埋场填埋垃圾，则每年填埋的垃圾体积可按下式计算，即

$$V=365WP/D+C \tag{5-1}$$

式中，V 为一年填埋的垃圾体积，m³；W 为垃圾的产率，kg/(人·d)；P 为城市人口数，人；D 为填埋后垃圾的压实密度，kg/m³；C 为覆盖材料体积，m³。

则每年所需土地面积为

$$A=V/H \tag{5-2}$$

式中，A 为一年填埋垃圾所占的面积，m²；H 为填埋垃圾的高度，m。

如果按安全土地填埋场考虑，则每年填埋的垃圾体积计算方法与卫生土地填埋场的计算方法相似，即

$$V=365S/D+C \tag{5-3}$$

式中，S 为垃圾填埋率，kg/d；其他符号意义同上。

每年所需填埋场面积的计算同式(5-2)。

在确定场地面积的同时，还要考虑到周边土地的使用，如垃圾处理辅助设施所占的面积，适当的缓冲区以及垃圾现场暂存的面积。确定场地边界时，场地边界距饮用水井的距离、填埋场地同场地边界至少保留的距离等都应严格执行国家标准和规范。

5.4.3.4　垃圾卫生填埋体的结构

我国《城市生活垃圾卫生填埋技术标准》规定：填埋体由衬里、导流层、垃圾层、填土

层（中间覆盖土层）和最终顶部覆盖层构成，其中天然衬里厚度大于2m，渗透系数不大于 10^{-7} cm/s，导流层由卵砾石铺设，厚度30cm，垃圾层厚2～3m，最终覆盖层厚80cm以上。具体填埋体结构分述如下。

（1）场底基础

场底基础必须能支撑和承受设计容量的全部垃圾的压力。对采用人工防渗衬里来说，场底还应对其有保护作用，并且便于施工。

（2）填埋场地及四壁的防渗衬里

由于固体垃圾本身含有水分，地下涌出水、降水及地表径流水的渗入，使填埋场内产生相当数量的渗滤液。渗滤液的组成与垃圾的种类、地质及填埋方式等多种因素有关。对卫生填埋场，渗滤液是一种高浓度的有机废水（可能存在的有机物超过百种，并存在相当数量的致癌物质），其中含有大量的植物营养物质及多种金属离子。若不采取措施进行处置和处理，渗滤液就会造成土壤及地下水等严重污染。

① **防渗材料** 目前作为垃圾填埋场防渗材料主要有天然无机、天然和有机复合、土工合成（如土工膜、土工布和土工聚合黏土）等三大类材料。天然无机防渗材料有天然黏土、天然材料中加入有机或无机添加剂制成的改型材料；天然和有机复合防渗材料国内常用的是聚合物水泥混凝土（PCC）；土工合成防渗材料包括土工膜材料、土工布和土工聚合黏土。现在防渗性能好、价格低廉、耐用的防渗材料如聚硅氧烷、胶态硅等特制新材料不断地被研究开发出来。不过无论选择哪种防渗材料，最终结果都必须符合有关标准。

② **防渗系统设计** 主要是衬里系统的结构设计，防渗结构应适合当地水文、地质、气候条件，有效地发挥防渗和排导渗滤液的功能，经济合理，使用寿命长。防渗层涵盖填埋场地面和四壁，通常使用高密度聚乙烯膜（HDPE），在其上用土工织物为土工膜的保护层，在其下宜用压实细沙土、土工织物、土工网和土工隔栅等铺设垫层作为保护层。垃圾填埋场的防渗除单层HDPE土工膜外，土工复合材料防渗和双层防渗层防渗，图5-21是垃圾填埋场具有渗滤液收集系统的双层衬里结构示意。

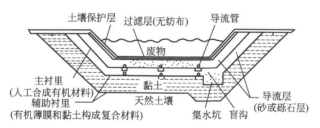

图5-21 双衬里系统

由图5-21可见，在防渗衬里上铺设砂或砾石层作为导流层，在导流层底部的盲沟内设置导流管，垃圾渗滤液多选用高密度聚乙烯多孔管为导流管，渗滤液通过导流管汇集到积水坑，积水坑中的渗滤液定期用泵送入废水处理站进行处理。

（3）垃圾堆放系统

垃圾的卫生填埋过程一般都采用机械化作业，垃圾运输车卸料，推土机推运布料，垃圾压实机碾压，每天操作完成后，覆盖土层并压实平整。垃圾层和土壤覆盖层共同构成一个填筑单元，具有同样高度的一系列相互衔接的填筑单元构成一个升层。完成了的垃圾填埋场是由一个或多个升层构成，并由土壤覆盖。

（4）填埋气体控制系统

垃圾一旦进入填埋场，由于垃圾中大量有机物的存在，微生物的分解过程便开始了。首先是好氧分解，填埋场中的氧气耗尽后就进行厌氧分解产生 CH_4、CO_2、N_2 和 H_2，以及其他微量气体。微量气体中的 H_2S 和 RSH（硫醇）不但会强烈刺激人的眼睛和呼吸系统，而且产生的恶臭味严重污染周围环境。产生的大量 CH_4 和 CO_2 都是温室气体，并且当有氧存在时，CH_4 浓度达到 $5\%\sim15\%$ 时就可发生爆炸。所以，必须对填埋场内垃圾产生的气体进行控制，这种气体是一种高能可燃气体，可在气水分离、气体净化后供给用户做燃料或用于发电。在人工气体控制中，为导排填埋场内气体，需设置许多沟槽和气井，其方式有多种，但一般可归为两大类，即横向水平收集方式和竖向收集井方式。

① 横向水平收集方式 沿填埋场纵向逐层横向布置水平收集管，直至两端立导气井将气体引出。水平收集管采用耐腐性强的多孔塑料管，其周围铺砾石透气层。该方式适于小面积、平地建造的窄形填埋场，在垃圾填埋过程直至封场后使用都很方便。但因收集效果较差、投资高等原因，应用不是很多。

② 竖向收集井方式：竖向收集井或竖井加横斜向收集管的导排收集方式用的比较多。竖井由多孔内管、外套管、井顶密封盖和输气管等组成，竖井随垃圾填埋过程依次加高。该方式又为竖井向上收集和竖井向下横斜向收集两种。前者即气井所收集的气体沿气井向上流动引出地面点火焚烧或收集利用；后者是输气管从气井下半部接出，该种方式可在垃圾填埋过程中安全有效地收集气体，控制气体散发，并与垃圾填埋作业不发生矛盾。竖井结构示意如图 5-22 所示。

（5）封场

封场是土地填埋设计操作的最后一环，是在填埋的垃圾之上建造一个与下部填埋场结构配套的顶部覆盖系统。其设计应有利于水流的收集、导排，有利于填埋场产生的气体控制与收集。应尽量减少垃圾渗滤液的产生，垃圾渗滤液的产生量与覆盖层材料、厚度及整体性密切相关。图 5-23 为深圳市玉龙坑垃圾填埋场顶部覆盖系统。根据填埋场地的特点，在设计上可做适当的简化。在顶部土壤层要修筑一定的坡度，防渗层要求和衬里系统采用相同的结构，使填埋场形成一个完整的封闭结构。基础层空隙一般很大，产生的

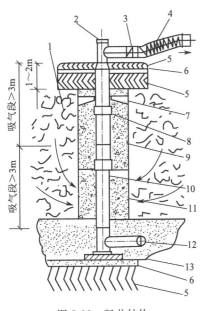

图 5-22　竖井结构
1—垃圾；2—接点火燃烧器；3—阀门；4—柔性管；5—膨润土；6—HDPE 薄膜；7—导向块；8—管接头；9—外套管；10—多孔管；11—砾石；12—排渗滤液管；13—基座

图 5-23　深圳市玉龙坑填埋场终场覆盖系统
HDPE* -高密度聚乙烯

气体会沿着基础层面迁移,鉴于其导气作用,有时基础层也可设计为排气层。

(6) 地表水径流控制

地表水径流控制目的是把可能进入场地的水引走,防止场地排水进入填埋区,并接收来自填埋区的排水。主要有导流渠和导流坝等。导流渠一般是环绕整个场地挖掘,这样使地表水径流汇集到导流渠中,并经过填埋场地下坡方向的天然水道排走。常用结构材料有植草的天然土壤和碎石混凝土等。导流坝是在场地四周修筑堤坝,拦截地表径流水,把其从场地引出流入排水系统,导流坝一般用土壤修筑并机械压实。

5.4.3.5 辅助设施设计

为保证土地填埋操作的顺利进行,填埋场必须建造配套的辅助设施。它包括有铺建全天候道路系统,建造车库、设备维修车间、办公室和卫生设施,配备水、暖、电的供应及通信系统。设置磅站,以便统计场地接收处置废物的数量。此外,还要建造垃圾渗滤液处理车间,垃圾产生的气体回收、净化车间,以便对其气体进一步利用。同时要建监测站,对渗滤液、地下水、地表水、产生的气体等进行监测,以确保场地正常运行。

5.4.3.6 填埋场的结构

根据场地地形、气象、水文地质条件及填埋特点,填埋场结构主要分为以下三种方式。

① 人造托盘式 适用位于平原地区的填埋场地,防渗衬里形成托盘式壳体结构。为增大场地的处置容量,一般都设置在地下。如果场地表层土壤较薄也可设计成半地上式或地上式。其结构示意如图5-24所示。

② 天然洼地式 采石场坑、露天矿坑、山谷、凹地或其他类型的洼地均可采用此种填埋结构。它是利用地形构成盆地状的容器。由于充分利用地形,所以,挖掘工作量小,处置容量大,但场地的准备工作较复杂,地表水和地下水的控制较困难。

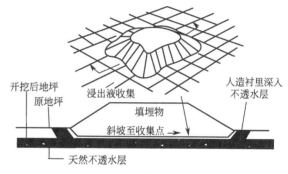

图 5-24 人造托盘式土地填埋

③ 斜坡式 特点是依山建场,山坡为填埋场结构的一个边。该方式是把垃圾直接撒在斜坡上,压实后用工作面前的土壤直接覆盖,挖掘工作量小,能更有效地利用处置场地。

5.4.4 垃圾填埋场防渗施工和质量检控

众所周知,设计工作是拟建填埋场工程实施做技术上和经济上的全面安排,是填埋场工程建设规划的具体化、组织施工的依据。而施工过程则是填埋场工程的手段。垃圾填埋场主体工程的设计和施工是从场底开始的,并且分期分区进行。防渗系统设计和施工是整个垃圾填埋场建设的关键,本节仅就垃圾填埋场防渗施工过程和质量检控予以阐述。

5.4.4.1 地基衬垫系统施工

垃圾填埋场在选定的场址,按设计要求进行土建施工,平整场地或向地下挖一定深度,然后进行地基衬垫处理,其方法有下述几种。

(1) 黏土衬垫的施工

首先做好基础准备,压实黏土衬垫应与衬垫基础很好结合,地基必须保证所有可能降低防渗性能和强度的异物均被去除,压实处理后的地基表面密度应分布均匀。对黏土衬垫材料必须严格检查并控制其质量,黏土最大土块直径一般不超过2cm,控制黏土含水率,不能用冻土做衬垫材料，且去除有机物或其他杂质。衬垫施工前要通过现场试验，确定合适的施工机械、压实方法、压实控制参数及其他处理措施。压实机械多选用羊角碾，对黏土压实分层进行。衬垫施工完成后，要对衬垫进行平滑碾压，使降水和渗滤液能顺畅流入收集沟中，进行勘测鉴定以保证其厚度、坡度和表面形状满足设计要求。

（2）改性黏土衬垫的施工

人工改性黏土衬垫的施工与天然黏土衬垫施工情况类似，但是要注意黏土改性时添加剂的添加量少，施工中必须保证添加剂与原黏土充分混合，以便达到良好的改性效果。另外还要注意控制改性黏土的含水率，因为压实黏土含水率直接影响压实改性黏土的渗透性，从而影响压实改性黏土防渗性能。经人工改性、破碎和控制含水率的黏土材料可在现场试验，合格后再进行填埋衬垫施工。

（3）HDPE 防渗膜施工

HDPE 防渗膜施工的关键是焊接技术，焊接剂组成必须与膜材料的配方一致，HDPE 防渗膜常用的焊接方法有挤压平焊、挤压角焊、热楔焊、热空气焊和电阻焊等，如图 5-25 所示。

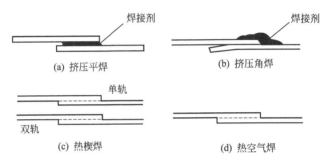

图 5-25　HDPE 膜焊接方法

挤压平焊是将类似于金属焊条样的带状塑料焊接剂加热熔融，挤入搭接好的两片膜间，使其搭接部分也呈熔融状，再施加一定压力，两片材料便结合为一体。

挤压角焊与挤压平焊类似，只是焊接位置在搭接部位的上方，上面搭接片需要切成斜面，便于焊接。

热楔焊是一电加热方式，将模型材料表面熔融，在焊接运动中压在两片膜中间，调节并控制温度、压力和运行速度，可使热楔型焊机自动运行。

热空气焊是由加热器、小型鼓风机和温度控制器组成小型焊接设备，产生热风吹入搭接的两膜片之间，使两片膜内表面熔融，并在上下两片同时加压而成，不需焊接剂，但控制适宜温度、压力和行速十分必要。

电阻焊是将包有 HDPE 材料的不锈钢电线放入搭接的两片膜间，然后在一定的电压、电流和时间内，接触区表面熔融并形成焊缝。

上述焊接方法各有所长，可根据需要和条件选用。

焊接质量受焊接温度、焊接速度和焊接压力三要素控制。焊接温度太低，达不到 HDPE 材料的熔融温度，无法焊接，温度太高，材料易氧化和老化，一般控制在 250℃左右为宜；焊接速度与焊接温度、天气条件、焊接方式及操作经验等密切相关，具体要在现场条件下试验确定；焊接压力要在施工中凭经验灵活掌握。

HDPE 防渗膜焊接施工要做好准备和检查，选好适宜环境，焊前表面或焊角要打磨，焊接过程中要检查膜片是否有热变形等。

（4）聚合物水泥混凝土施工

聚合物水泥混凝土（PCC）在地基与基础层施工时除可按"钢筋混凝土地基与基础"施

工的有关规定进行外，还必须注意基底要整平，基底上的灰尘、油污、锈迹等要清除干净，以保证黏结强度；板的接合处要用沥青混凝土填好；拌和是保证材料质量的重要步骤，将材料按着配比重力式或强制式搅拌机拌和，直至颜色均匀为止；PCC 防渗层施工时，应分层铺设，每层铺设厚度 7～10mm，共计 3～4 层；养护时间 7d，施工后湿润养护 1～3d。在整个施工过程中要加强管理，定期检查，保证质量。

（5）土工聚合黏土衬垫施工

土工聚合黏土材料（GCL）是一种薄预制黏土衬垫，是近年才发展起来的新型防渗材料，以其柔韧性好，不易破损，运输、安装方便和造价便宜等优点，在国内垃圾填埋场的建设中也逐渐开始采用。土工聚合黏土衬垫施工，包含 GCL 衬垫的放置、修复和覆盖等步骤，并应有质量检验员在场情况下进行。

铺设时应采取必要措施保证 GCL 下卧层材料的质量，如果底层是土，施工设备可以铺设 GCL，但不许有过深的压痕。根据现场条件和产品特点确定 GCL 最小重叠距离，一般为150～300mm。在施工过程中不断进行检查，确保没有石头等有害物质的存在。

土工聚合黏土衬垫的连接一般重叠即可，不须缝合或与其他机器连接。当发现土工织物有空洞、裂缝或凹槽，应用土工织物补丁来修补，补丁大小至少延伸到受损边缘外 30cm。如果 GCL 膨润土部分缺少或窜位，应用同类产品的整块 GCL 补丁来修补。

覆盖 GCL 上的材料可能是土，也可能是其他土工合成材料，覆盖土可以是压实黏土或粗颗粒的排水层，土工合成材料一般用土工膜。当采用土覆盖 GCL 时，不应损坏 GCL 或底层材料，铺盖材料时不应使 GCL 产生过大的张力，边坡回填应从底部向上进行。

5.4.4.2 填埋场垂直防渗系统施工

垃圾填埋场的垂直密封系统建于填埋场的周围，主要基于填埋场基础下存在不透水层，将垂直密封构筑物建在其上，封闭填埋场内垃圾产生的渗滤液和气体，既防止渗滤液向周围渗透污染地下水和气体无控释放，又阻止周围地下水流入填埋场内。垂直密封系统施工方法包括打入法施工的密封墙、工程开挖法施工的密封墙和土层改性法施工的密封墙。

（1）打入法施工的密封墙

它是利用打夯或液压动力将预制好的密封墙构件打入土体，该法施工的密封墙有板桩墙、窄壁墙和积压密封墙。

板桩墙施工是将预制好的板状构件（木板、钢板和塑料板）垂直夯入基础中，板桩间要用板桩锁连接，板桩要重叠、密封。一般多用钢板。

窄壁板墙施工是首先向土体夯进或振动，使土层向周围排挤形成空间，把密封板放入其中，然后用注浆管填充缝隙形成密封墙体。其施工方法有梯段夯入法和振动冲压法。

挤压或换层密封墙其施工方法可分为水泥构件成型墙和换层密封墙，这两种方法都能得到好的密封墙体。

（2）工程开挖法筑造的密封墙

通过土方工程将土层挖出，然后在挖好的沟槽中建筑密封墙。按着传统截槽墙施工的密封墙具体做法，就是先挖土成槽，槽壁压力靠灌浆液来支撑，浆液在槽挖成后仍保存其中，待施工密封墙时由注浆材料将浆液挤出。

垃圾填埋场垂直防渗工程挖掘的有效工具是悬臂式链条开槽机。防渗施工步骤为：链条开槽机在需要的防渗线上开槽，最大深度 12m；采用泥浆机供浆护壁，浆液由黏土和工程碱按一定比例调制而成，浆液充满槽内；根据防渗要求不同使用不同的防渗材料，一般使用天然黏土、柔性膜、改性黏土或它们的组合，也可使用预制防渗板。将防渗材料投放于开好的槽内，并向柔性膜一侧填加黏土，直至沟槽填满。这里需要注意的是支撑浆液可参照水利工程防渗帷幕建设的有关规定配制。对密封材料凝固后要求压强与周围土层相当，外界因素对透水性的影响控制在一定范围，墙体材料长期保持塑性，必须保证墙体防腐。

（3）土层改性法

该法施工就是用充填、压实等手段使原土渗透性降低而形成密封墙体，主要有原状土混合密封墙、注浆墙和喷射墙等。

原状土混合密封墙是应用原状土就地混合施工密封墙，以膨润土浆液护壁，使吊铲可以连续施工，挖出的土与水泥或其他充填材料重新回填到截槽中，形成密封墙。

注浆墙是把密封材料用压力注入土层，其密封材料可利用水泥浆，并投入黏土（或膨润土）添加剂和化学凝固剂；用冲击钻或回转钻造孔，用下套管或泥浆护壁。当密封材料注入孔中并进入土层，拔出护壁套管或排除护壁液，形成密封墙。

喷射墙是利用高压发生装置，使液流产生巨大能量，直接喷射冲击土体，使浆液与土搅拌混合，在土中凝固成一道特殊结构、渗透性低、有一定强度的密封墙。

5.4.4.3 填埋场防渗衬垫系统施工质量控制检查

填埋场防渗衬垫系统施工质量控制检查是施工质量保证的重要措施，贯穿于施工过程的每一步，涵盖由施工前、施工的每一道程序到施工后的全过程，其目的在于建成后的构筑物质量达到设计要求。为达此目的，应严格按着设计要求，建立健全的施工质量保证和控制体系；制定严格的防渗衬垫施工规章制度；设有专职的现场施工质量控制检查人员，其职责就是严格执法，保证施工质量；配备必要的质量检验仪器，仪器检查和目测相结合，每一步都应有现场试验，紧密配合现场施工。关于具体施工可参阅相关资料。

垃圾填埋场防渗衬垫施工完成后，便可进行垃圾渗滤液导流和气体收集系统等后续工程的施工。

6 管道土建工程

管道是人们日常生活中不可缺少的设施之一，输水管道又是环境污染治理工程中不可缺少的构筑物，管道建设是各类贮水池的必须附属工程，其工程量与贮水池的土建工程量相似。管道敷设形式很多，有水平敷设、垂直敷设、架空敷设、埋入地下敷设等。为防止管道不受外界因素干扰，还可以将管道集中在一起，水平或垂直布置在管道沟或管道井内，这样既便于管道的检修，又美化了建筑环境。为保证整个输水系统的正常运行，要求管道材料必须具备一定的物理、力学性能，以满足强度要求，能抵抗由于温度变化而产生的热胀冷缩与冻融破坏，满足化学性能要求以抵抗各类污水对管道的侵蚀破坏。本章主要介绍环境污染治理工程中的各类输水管道的土建工程。

6.1 管道的施工准备

6.1.1 力学知识

管道在运行过程中，受内外界环境因素影响，管材要承受各种荷载，如温度影响会使管材产生热胀冷缩变化，管内的水体重量会使管子产生弯矩，而直埋式管材在地下还要承受上部土体的压力，管道的附属构筑物（地沟）要承受土体的推力和压力等。因此要求这类构筑物应具有足够的强度、刚度及稳定性，以满足整个系统的正常运行。

6.1.1.1 管道变形的基本形式

管道在受内外荷载作用下将产生变形，变形形式是复杂多样的，它与荷载的施加方式有关，但无论何种变形都可归结为四种基本形式之一，或者是基本变形形式的组合。这四种基本变形形式如下。

① 轴向拉伸或压缩 一对方向相反的外力沿轴线作用于管件，管材的变形主要表现为长度发生伸长或缩短的改变。这种变形形式称为轴向拉伸或轴向压缩。如图 6-1（a）所示。

② 剪切 一对相距很近的方向相反的平行力沿横向（垂直于轴线）作用于管件，管材的变形主要表现为横截面沿力作用方向发生错动。这种变形形式称为剪切，如图 6-1（b）所示。

③ 扭转 一对方向相反的力偶作用于管件的两横截面，管材的相邻横截面绕轴线发生相对转对。这种变形形式称为扭转，如图 6-1（c）所示。

④ 弯曲 一对方向相反的力偶作用于管件的纵向平面（通过管件轴线的平面），管材的轴线由直线变为曲线。这种变形形式称为弯曲，如图 6-1（d）所示。

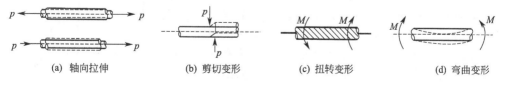

| (a) 轴向拉伸 | (b) 剪切变形 | (c) 扭转变形 | (d) 弯曲变形 |

图 6-1 管道受力变形示意

管材的基本变形形式都是在特定受力状态下发生的，管道正常工作时的实际受力状态往往不同于上述特定的受力状态，所以管材的变形多为各种基本变形形式的组合。当某一种基本变形形式起主要作用时，可按这种基本变形形式计算，否则属于组合变形的问题。

6.1.1.2 管子的公称压力、试验压力和工作压力

不同材料在不同温度时所能承受的压力不同。在工程上把某材料在介质温度为标准温度（某一温度范围）时所承受的最大工作压力称为公称压力，用符号 PN 表示。标准温度值相当于材料的机械强度（屈服点及强度极限）仍能保持基本不变的最高温度，当温度超过该值时，机械强度开始降低。

管子与管路附件在出厂前必须进行压力试验，以检查其强度。对制品进行强度试验的压力，称为试验压力，以符号 PS 表示。

当制品内的介质工作温度大于其标准温度时，在此温度下，制品所能承受的最大工作压力将小于其公称压力。

6.1.1.3 管道支架与支墩的作用

物体可以分为两大类，一类是不受任何其他物体限制可以自由位移的自由体，另一类是某些位移受到其他物体限制而不能自由位移的非自由体。限制非自由体位移的其他物体称作非自由体的约束。约束的功能是限制非自由体的某些位移，使其在位移方向上没有自由度。如桌子放在地面上，地面具有限制桌子向下位移的功能，桌子是非自由体，地面是桌子的约束。约束对非自由体的作用力称为约束反力。显然，约束反力的方向总是与它所限制的位移方向相反。地面限制桌子向下位移，地面作用给桌子的约束反力向上方。管道中的支架或支墩就是管子的约束，它承受着来自管道的荷载并将这些荷载传到支承结构上或地基上。管道中的支架与支墩的作用就是支承管子并限制管道的变形和位移。

管道在敷设工程中，无论是埋在地下还是在地面上架空，均应设置支架或支墩，以保证管道在内外荷载作用下及管材的自重情况下能够正常工作而不至于发生管材的强度破坏，满足管道系统在正常工作条件下所发生的变形不超过允许的范围。按工程要求，支架与支墩的设置应按设计要求进行安装。当设计无规定时，应按施工及验收规范规定进行施工。一般的钢管水平安装支架最大间距见表 6-1。

表 6-1　钢管管道支架最大间距

公称直径/mm		15	20	25	32	40	50	70	80	100	125	150	200	250	300
支架最大间距/m	保温管	1.5	2	2	2.5	3	3	4	4	4.5	5	6	7	8	8.5
	非保温管	2.5	3	3.5	4	4.5	5	6	6	6.5	7	8	9.5	11	12

6.1.1.4 管道沟墙与盖板的作用

根据输水管线的功能要求，有的管线需要设地下管道沟（也称地沟），如给水管、供热管等。管道沟是土建中常用的附属构筑物，其类型有通行管道沟、半通行管道沟和不通行管道沟。实际工程中管道沟盖主要承受上部荷载，并将荷载传给地沟墙体，而地沟墙体不仅承受盖板传来的荷载，还要承受地沟墙体侧面传来的土体推力，这些最终都是要通过墙体传给地基，如图 6-2 所示。

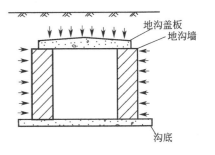

图 6-2　管道沟墙与盖板受力示意

6.1.2 管材与管件

管子是由各类管材制成的中空型材，有钢管、铸铁管、混凝土管、塑料管等，用来输送流体。因此，对管体的选择不仅要满足管内水压所需要的强度，承受管道上部覆土等荷载所施加的压力，还应保证管内水质等要求以及承受管内污水对管材的侵蚀等。管件是用做各类管路的配件，也称管道配件或管路连接件，与管材配套使用，故应满足管材的相应要求。

6.1.2.1 管材的公称直径

为使管道中的管子、管件、阀门等能够相互连接，统一使用国家规定的标准直径，即公称直径。公称直径也称公称口径、公称通径，以字母 DN 表示，其后附加公称直径数值。公称直径的数值近似于内径的整数或与内径相等。例如 $DN350 \times 6L = 1400$，则表示公称直径为 350mm，管壁厚度为 6mm，管子长度为 1400mm。当采用螺纹连接时，公称直径习惯上用英制管螺纹尺寸（英寸）表示。

6.1.2.2 钢管

钢管自重轻、强度高、抗应变性能好，但抗腐蚀性能差。钢管有热轧无缝钢管和纵向焊线或螺旋形焊接钢管。

（1）无缝钢管

一般用途的无缝钢管是用钢坯经穿孔、热轧或冷拔而制成的。无缝钢管的规格以外径×壁厚表示。例如外径为 70mm，管壁厚为 5m 的无缝钢管，其规格表示为 $D70 \times 5$ 或 $D_w 70 \times 5$。每根管的长度，热轧管为 3~15m。

（2）焊接钢管

焊接钢管是用钢板或钢带经卷焊而制成，由于管子沿其纵向有一道焊缝（直线或螺旋线），又称为有缝钢管。

① 低压流体输送用焊接钢管　低压流体输送用焊接钢管简称为焊接钢管，俗称为黑铁管。黑铁管常用 B1、B2、B3 钢制造。从外观上看有管端带螺纹和不带螺纹两种，按管壁厚度不同分为普通和加厚管两类，每根管长为 4~10m。低压流体输送用焊接钢管适合于输送低压水、煤气、压缩空气、取暖蒸汽以及其他类似介质，是应用较广泛的管材之一。

② 低压流体输送用镀锌焊接钢管　在黑铁管表面镀一层锌称为镀锌钢管，俗称为白铁管，适合于输送饮用水、生活热水、消防喷洒等系统。

③ 螺旋缝电焊钢管（常称为螺纹钢管）　螺纹钢管一般用普通碳素钢或 16Mn 低合金钢制造，其规格表示方法与无缝钢管相同，常用于输送压力不超过 2MPa，温度不超过 200℃的煤气、天然气和石油等介质。

6.1.2.3 铸铁管

铸铁管与钢管相比，价格较低，制造较易，管材的耐腐蚀性较强，重量大，其材质硬而脆，抗应变能力差。铸铁管主要有球墨铸铁管和灰口铸铁管，球墨铸铁管的主要成分石墨为球状结构，与石墨为片状结构的灰口铸铁管相比，其强度高，管材的韧性好，抗腐蚀，故其管壁较薄，重量较轻。铸铁管按用途分，有给水铸铁管和排水铸铁管。给水铸铁管用灰口铸铁和球墨铸铁制造，而排水铸铁管用灰口铸铁制造，其管材规格以公称直径表示。

我国生产的承插式铸铁管分砂型离心浇铸管与连续浇铸管两种。砂型离心铸铁管由灰口铸铁用离心浇铸法生产而成，如图 6-3 所示。按其壁厚分为 P 和 G 两种。

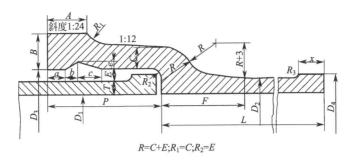

$$R=C+E; R_1=C; R_2=E$$

图 6-3　砂型离心铸铁管各部尺寸

连续铸铁管由灰口铸铁用连续浇铸法生产而成，如图 6-4 所示。按其壁厚分为 LA、A和 B 三级。

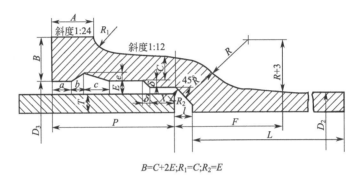

$$B=C+2E; R_1=C; R_2=E$$

图 6-4　连续铸铁管各部尺寸

排水用灰口铸铁管，按管承口部位的形状分为 A 型和 B 型两种，有效长度分为500mm、1000mm、1500mm、2000mm 四种，如图 6-5 所示。

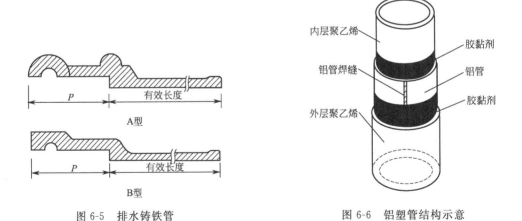

图 6-5　排水铸铁管

图 6-6　铝塑管结构示意

6.1.2.4　塑料管

塑料建材是继钢材、木材、水泥之后而形成的又一类建筑材料。用塑料板材制成的塑料管子可以代替金属管材使用在输水管道上。塑料管具有材质轻、加工安装方便、富有弹性、耐腐蚀不生锈、内表面光滑、对流体的阻力小等特点，故输液能力强，适于输送大部分酸碱盐类介质，但不宜作为酯类、酮类和氯芳香族液体输送管。其缺点是耐热性差，强度较低，在日光下老化速度加快，易断裂。塑料管种类很多，有硬聚氯乙烯塑料管（UPVC管）、聚乙烯塑料管（PE管）、聚丙烯塑料管（PP管）、聚丁烯塑料管（PB管）等。目前应用最多的是聚氯乙烯管，在聚氯乙烯树脂（PVC）中加入增塑剂（5%以下）、稳定剂、填料等制成硬聚氯乙烯。硬聚氯乙烯是一种热塑性塑料，可以进行热加工。由硬聚氯乙烯用注塑、挤压或焊接等方法制成无缝塑料管或焊接塑料管。给水与排水用硬聚氯乙烯管材规格多样。

6.1.2.5 陶土管

陶土管内表面光滑，摩阻小，故输送水量大，不易积淤，管材质致密性好，具有一定抗渗性，耐腐蚀性能好，故适用于排除浸蚀性污水或管外有浸蚀性地下水的自流管及排水系统的连接支管。缺点质脆易碎。

6.1.2.6 铝塑复合管

铝塑复合管是由中间层纵焊铝管、内外层聚乙烯管及它们之间的热熔胶共挤复合而成，如图6-6所示。这类管材借用了金属管的强度和塑料管的抗腐蚀性的优点，是近几年在逐渐推广的输水管材。它具有耐腐蚀、不结垢、水流阻力小、自重轻、导热系数小、施工方便等特点。

6.1.2.7 混凝土与钢筋混凝土管

混凝土材料其抗压强度远远大于抗拉强度，故一般在混凝土中配上钢筋制成钢筋混凝土管或预先施加纵向或环向应力制成预应力钢筋混凝土管，以增加管子的抗裂性能。这类管材的耐土壤电流侵蚀的性能好于金属管材，被广泛用于地下排水管道系统中。但抗酸、碱侵蚀及抗渗性能较差。管子直径范围在150～2600mm之间，管子长度在1～3m之间，管节较短、接头多。

6.1.2.8 管件连接与阀门

(1) 管件

管件是管路的附属部分，是管道的配件。一般用于室内管路系统中管子的接长（用管箍）、管子的转弯（用弯头）、管子的分支（用三通、四通）以及管子的变径（用异径管接头）等。根据管件的材质不同，有可锻铸铁管件（见图6-7）、钢管件、铸铁管件（见图6-8）、硬聚氯乙烯排水管件。

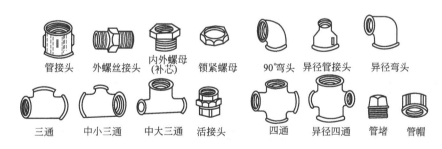

管接头　外螺丝接头　内外螺母（补芯）　锁紧螺母　90°弯头　异径管接头　异径弯头

三通　中小三通　中大三通　活接头　四通　异径四通　管堵　管帽

图6-7　可锻铸铁管件

可锻铸铁管件适用于公称压力不大于1.6MPa、工作温度不超过200℃的输送水、油、空气、煤气、蒸气等一般管路上。其结构尺寸见表6-2。

铸铁管件由灰口铸铁浇铸而成，铸铁管件按用途分为给水铸铁管件和排水铸铁管件。给水帮铁管件的名称图示见表6-3。排水铸铁管件其规格有DN50.75、DN100、DN125、DN150和DN200等。

硬聚氯乙烯排水管件其外表与排水铸铁管件相同。

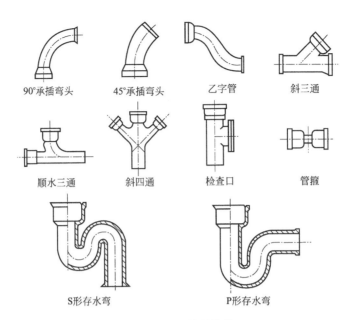

图 6-8　排水铸铁管件

表 6-2　可锻铸铁管件结构尺寸　　　　　　　　　单位：mm

公称直径	螺纹长度	名　称					
		90°弯头	等径三通	等径四通	管箍	活接头	六角外丝
15	11	27	27	27	34	48	44
20	13	32	32	32	38	53	48
25	15	38	38	38	44	60	54
32	17	46	46	46	50	65	60
40	18	48	48	48	54	69	62
50	20	57	57	57	60	78	68
65	23	69	69	69	70	86	78
80	25	78	78	78	75	95	84
100	28	97	97	97	85	116	99
125	30	113	113	113	95	132	107
150	33	132	132	132	105	146	119

表 6-3　给水铸铁管件的名称和图示

序号	名　称	图形标示	公称直径/mm	序号	名　称	图形标示	公称直径/mm
1	承盘短管		75～1500	5	45°双承弯管		75～1500
2	插盘短管		75～1500	6	22 $\frac{1}{2}$° 双承弯管		75～1500
3	套管		75～1500	7	11 $\frac{1}{4}$° 双承弯管		75～1500
4	90°双承弯管		75～1500	8	全承丁字管		75～1500

序号	名　称	图形标示	公称直径/mm	序号	名　称	图形标示	公称直径/mm
9	全承十字管		200～1500	18	插承渐缩管		75～1500
10	插堵		75～1500	19	90°承插弯管		75～700
11	承堵		75～300	20	45°承插弯管		75～700
12	90°双盘弯管		75～1000	21	$22\frac{1}{2}$°承插弯管		75～700
13	45°双盘弯管		75～1000	22	$11\frac{1}{4}$°承插弯管		75～700
14	三盘丁字管		75～1000	23	乙字管		75～500
15	盲法兰盘		75～1500	24	承插单盘排气管		150～1500
16	双承丁字管		75～1500	25	承插泄水管		700～1500
17	承插渐缩管		75～1500				

（2）管材的柔性与刚性连接

管子之间的连接除用管件连接外，还有一种用管材连接，管材连接方式主要有柔性和刚性两种。柔性连接即在管道接口处采用变形能力强、受外力作用不易碎裂的材料将两根管子连接在一起；刚性连接材料其变形能力远远不如柔性连接材料，因此刚性连接的管道抗应变能力差，受外力作用易产生连接材料碎裂，造成管内水外涌等事故。

（3）阀门

阀门种类繁多，应用范围很广。阀门种类可按结构、用途、驱动方式、公称压力、工作温度等进行分类。按结构，阀门按形式分为闸阀、截止阀、旋塞阀、球阀、蝶阀、隔膜阀、止回阀、节流阀、安全阀、减压阀和水阀等 11 类。按驱动方式阀门分手动、动力驱动、自动等 3 类：手动阀是靠人力操纵手轮、手柄或链轮等驱动的阀门，如闸阀、截止阀等；动力驱动阀是利用各种动力源进行驱动的阀门，如电动阀、电磁阀和液动阀等；自动阀是利用介质本身的能量而使阀门动作的阀门，如止回阀、安全阀、疏水阀、减压阀、自动调节阀等。

① 阀门型号表示方法

阀门型号按原机械工业部颁标准 JB 308-75 规定，阀门型号由七部分组成，各部分表示的意义如下。

a. 汉语拼音字母表示阀门类型：Z—闸阀；J—截止阀；X—旋塞阀；D—蝶阀；Q—球阀；H—止回阀；A—安全阀；Y—减压阀；S—疏水阀；L—节流阀；G—隔膜阀；T—调节阀。

b. 一位数字表示驱动方式：0—电磁动；3—涡轮；4—正齿轮；5—伞齿轮；6—气动；7—液动；8—气-液动；9—电动。注：手动阀门和自动阀门省略本部分。

c. 一位数字表示连接方式：1—内螺纹；2—外螺纹；3—法兰（用于双弹簧安全阀）；4—法兰；5—法兰（用于杠杆式安全阀）；6—焊接；7—对夹式；8—卡箍；9—卡套。

d. 一位数字表示结构形式：见表 6-4。

e. 汉语拼音字母表示密封面或衬里材料：T—铜合金；X—橡胶；N—尼龙塑料；F—氟塑料；B—锡基轴承合金；H—合金钢；P—渗硼钢；Y—硬质合金；J—衬胶；Q—衬铅；C—搪瓷。注：密封面如由阀体上直接加工时代号为 W。

f. 数字表示公称压力。

g. 字母表示阀体材料：Z—HT25-47；K—KT30-6；Q—QT40-15；T—H62；C—ZG25；

I—Cr5Mo；P—1Cr18Ni9Ti；R—Cr18Ni12Mo2Ti；V—12CrMoV。注：当 PN ≤1.6MPa 由灰口铸铁制造和 PN ≥2.5MPa 由碳钢制造时，可省略本部分。

表 6-4　阀门结构形式代号

项目	1	2	3	4	5	6	7	8	9	10
闸阀	明杆楔式单闸板	明杆楔式双闸板	明杆平行式单闸板	明杆平行式双闸板	暗杆楔式单闸板	暗杆平行式双闸板		暗杆平行式双闸板		明杆楔式弹性闸板
截止阀节流阀	直通式			角式	直流式	平衡直通式	平衡角式			
蝶阀	垂直板式		斜板式							杠杆式
球阀	浮动直通			浮动L形三通式	浮动T形三通式	浮运四通式	固定直通式			
隔膜阀	屋脊式		截止式				闸板式			
旋塞阀			填料直通式	填料T形三通式	填料四通式		油封直通式	油封T形三通式		
止回阀和底阀	升降直通式	升降立式		单瓣旋启式	多瓣旋启式	双瓣旋启式	旋启蝶式			
安全阀	弹簧封闭微启	弹簧封闭全启	弹簧不封闭带扳手双弹簧微启式	弹簧封闭带扳手全启式	弹簧不封闭带扳手微启式	弹簧不封闭控制全启式	弹簧不封闭带扳手微启式	弹簧不封闭带扳手微启式	脉冲式	弹簧封闭带微散热片全启
减压阀	薄膜式	弹簧薄膜式	活塞式	波纹管式	杠杆式					
疏水阀	浮球式				钟罩浮子式		双金属式	脉冲式	热动力式	

例如，阀门型号 Z942W-1 表示：闸阀、电动机驱动、法兰连接、明杆楔式双闸板，密封面由闸体直接加工，公称压力为 1MPa，阀体由灰口铸铁制造，其名称为电动机楔式双闸板闸阀。

再如，阀门型号 Q21F-4P 表示：手动、外螺纹连接、浮动直通式、阀座密封面材料为氟塑料、公称压力为 4MPa，阀体材料为 1Cr18Ni9Ti 的球阀。

② 阀门规格表示方法

阀门规格以阀门的型号和阀门的公称直径表示，如阀门 Z45T-1、DN100，又如 J45T-1.6、DN15 等。

③ 阀门的标志和识别涂漆

阀门的标志和识别涂漆是为了便于从外部判断、区别阀门，以利于阀门的保管、验收和正确安装，避免发生差错。

a. 阀门的标志　在阀体正面中心标志出公称压力或工作压力及公称直径和介质流动方向的箭头，箭头下方为阀门的公称直径。闸阀、球阀、旋塞阀可不标箭头。球阀、旋塞阀、蝶阀的阀杆或塞子的方头端面应用指示线，以示通道位置。

b. 阀门识别涂漆　表示阀体材料的涂漆（表 6-5），涂在阀体和阀盖的不加工表面上。

表 6-5　阀体材料识别涂色

阀体的材料	识别涂漆的颜色	阀体的材料	识别涂漆的颜色
灰铸铁、可锻铸铁	黑色	耐酸钢或不锈钢	浅蓝色
球墨铸铁	银色	合金钢	中蓝色
碳素钢	灰色		

表示密封面材料的涂漆（表 6-6）涂在手轮、手柄或手扳上。

表 6-6　密封面材料识别涂色

阀件密封零件材料	识别涂漆的颜色	阀件密封零件材料	识别涂料的颜色
青铜或黄铜	红色	硬质合金	灰色周边带红色条
巴氏合金	黄色	塑料	灰色周边带蓝色条
铝	铝白色	皮革或橡皮	棕色
耐酸钢或不锈钢	浅蓝色	硬橡皮	绿色
渗氯钢	淡紫色	直接在阀体上制作密封面	同阀体的涂色

有衬里材料的阀门涂料（表 6-7）涂在其连接法兰的外圆表面上。

表 6-7　衬里材料识别涂色

衬里的材料	识别涂料的颜色	衬里的材料	识别涂料的颜色
搪瓷	红色	铅锑合金	黄色
橡胶及硬橡胶	绿色	铝	铝白色
塑料	蓝色		

常用的阀门构造、特点和安装及用途见本章 6.4 部分。

6.1.3　其他材料

6.1.3.1　型钢

在管道工程中，型钢主要用于制作设备、管道的机座、支架、散热器托钩等。

① 热轧圆钢　热轧圆钢规格以直径表示，当圆钢直径为 5～12mm 时以盘条供应，当圆钢直径≥14mm 时以直条供应。

② 扁钢　扁钢的规格以宽度×厚度表示。扁钢规格和重量可查相关手册或规范。

③ 角钢　角钢分为等边角钢和不等边角钢，其规格以边宽×厚度表示。

④ 槽钢　槽钢的规格以高度（单位为 cm）来表示，例如 10 号槽钢，其高度为 100mm、边宽 48mm、厚度为 5.3mm。

6.1.3.2　钢板

钢板分薄、中、厚三种。板厚≤4mm 者称为薄钢板，板厚 4.5～20mm 者称为中钢板，板厚≥22mm 者称为厚钢板。

6.1.3.3　麻

管道工程中常用的麻有亚麻、线麻、白麻和油麻。亚麻的纤维长而细，强度也大，最适合用作管螺纹的填料（介质温度低于 100℃时用）。亚麻或线麻经油浸泡并晾干就称为油麻，油麻可作承插铸铁管接口的填料。

6.1.3.4　聚四氟乙烯带

聚四氟乙烯带是用聚四氟乙烯树脂等制成（厚 0.1mm、宽约 20mm、长 1～5m 的薄膜带）。聚四氟乙烯带具有优良的耐化学腐蚀性能，使用范围很广，可应用于工作温度为 -180～250℃的水、煤气、氧气及具有腐蚀性等介质和管螺纹之间的填料。

6.1.4　管道的弯曲

在管道工程中，除了用管子的连接件处理管道的转弯外，对于钢管管道，还有一种用煨制法处理管道的弯曲，即用管子煨制管道的各种角度，可以用冷弯、热弯、焊接弯和压制弯方法进行钢管管道的弯曲加工。

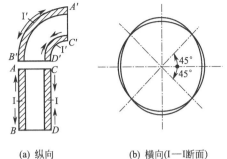

(a) 纵向　　　(b) 横向(I—I断面)

图 6-9　弯管受力与变形

6.1.4.1　管子弯曲受力与变形

用管子煨弯时，沿纵向管子内侧（腹部）受压力，管子缩短，管壁增厚；沿管子外侧（背部）受拉力，管子伸长，管壁减薄；管中心不受力，不变形（理论上讲）。从横向看，管子的横向截面由圆形变为椭圆形，如图 6-9 所示。

6.1.4.2　弯曲半径

钢管煨弯时，弯曲半径即由圆心至管中心的距离。当设计无要求时，弯曲半径应符合表 6-8 的规定。

表 6-8　弯管最小弯曲半径

管子类别	弯管制作方式	最小弯曲半径/mm	
中、低压钢管	热弯	$3.5D_w$	
	冷弯	$4.0D_w$	
	褶皱弯	$2.5D_w$	
	压制	$1.0D_w$	
	热推弯	$1.5D_w$	
	焊制	DN≤250	$1.0D_w$
		DN>250	$0.75D_w$
高压钢管	冷、热弯	$5.0D_w$	
	压制	$1.5D_w$	
有色金属管	冷、热弯	$3.5D_w$	

6.1.4.3　管子的冷弯

在常温下，用手动弯管器或电动弯管机煨制的方法称为冷弯。这种方法适用于管径不大于 150mm 的管道。

6.1.4.4　管子的热弯

是指将管子加热到 800～1000℃后弯曲成所需要的形状，称为热弯加工。

(1) 机械热弯

当管径较大时，可使用热弯法加工，目前使用较多的是中频弯管机、火焰弯管机等。

(2) 手工热弯

手工热弯管子时，将管内灌满、填实能耐 1000℃以上高温、不含易熔物及泥土且干燥的河砂。按计算好的下料长度大管上画线，用规定方法把管子加热到规定温度，待温度达到要求后再恒温一定时间，使砂子也达到要求温度。在加热时应经常转动管子，以免受热不均或将管子烧坏。

手工热弯时应在弯管平台上进行，以人力或卷扬机进行弯曲，拉力方向应与管轴线垂直，与弯管台面平行。在弯曲过程中应有专人用样板负责检测。角度达到要求后，再多弯 3°～4°。最后在弯管表面涂上一层机油。

6.1.4.5　弯管时下料长度的计算

(1) 90°弯管的计算

90°弯管的弯曲部分的弧长（图 6-10）可以用下列公式计算

$$\overset{\frown}{ab}=\frac{2\pi R}{4}=1.57R \tag{6-1}$$

式中，$\overset{\frown}{ab}$ 为以 R 为半径的 90°弧长；R 为弯管的弯曲半径，mm。

【例题】 计算煨制如图 6-10 所示的 90°弯管的下料长度。

【解】 按公式(6-1)，其下料长度 L 为

$$L=A+B-2R+1.57R$$

式中，L 为弯管的下料长度，mm；A、B 为弯管两端的中心长度，mm；R 为弯管的弯曲半径，mm。

此弯管的划线如图 6-11 所示。在直管上量取 L，然后从一端量取 A，再倒退 R 长得点 a，a 点为弯头的起弯点。再从 a 点向前量取长等于 $1.57R$ 的距离，得到 b 点，b 为终弯点。

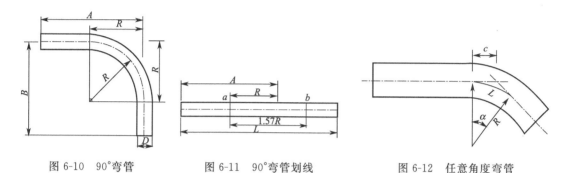

图 6-10　90°弯管　　　图 6-11　90°弯管划线　　　图 6-12　任意角度弯管

（2）任意角度（α）弯管的计算

任意角度弯管弯曲部分弧长（图 6-12）可用下式计算：

$$L=\frac{2\pi R}{360}\alpha=0.1745\alpha R \tag{6-2}$$

式中，L 为以 R 为半径的 α 角弧长；R 为弯管的弯曲半径；α 为弯管角度。

安装中常用的 30°、45°和 60°弯管的半弯直长、弯曲长度见表 6-9。

表 6-9　30°、45°和 60°弯管的半弯直长、弯曲长度

弯曲角度 α/(°)	半弯直长 C/mm	弯曲长度 L/mm	弯曲角度 α/(°)	半弯直长 C/mm	弯曲长度 L/mm
30	0.2679R	1.5236R	60	0.5774R	1.0472R
45	0.4141R	0.7854R			

注：R 为弯管的弯曲半径

【例题】 用一根 $D89\times5$ 无缝钢管，煨制图 6-13 所示的 30°弯管，弯曲半径 R 等于 $4D$，试计算其下料长度。

【解】 从表 6-9 查出 C 和 L 值，当 $\alpha=30°$时，

$$C=0.2679R=0.2679\times4\times89=95\text{mm}$$

$$b=1500-95=1405\text{mm}$$

$$L=0.5236R=0.5236\times4\times89=186\text{mm}$$

$$ab=800-95=705\text{mm}$$

【例题】 计算如图 6-14 所示的方型补偿器的下料长度。

【解】 按题示 $R=4D=4\times108=432\text{mm}$，各段下料长度计算如下：

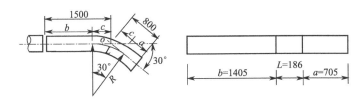

图 6-13　弯管的计算

$$AB = 2000 - R = 2000 - 432 = 1568mm$$

$$BC = \frac{2\pi R}{4} = \frac{2 \times 3.14 \times 432}{4} = 678.24 = mm$$

$$CD = 2500 - 2R = 2500 - 2 \times 432 = 1636mm$$

$$DC = FG = HI = BC = 678.24mm$$

$$EF = GH = CD = 1636mm$$

$$IJ = AB = 1568mm$$

下料总长度 $= (2000 - R) \times 2 + (2500 - 2\pi R) \times 3 + 2\pi R$

$$= (2000 - 432) \times 2 + (2500 - 2 \times 432) \times 3 + 2 \times 3.14 \times 432$$

$$= 10756.96mm \approx 10757mm$$

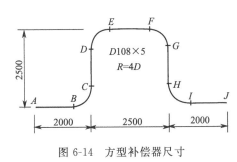

图 6-14　方型补偿器尺寸

6.1.4.6　弯管时注意事项

① 不锈钢管宜冷弯，铝锰合金管不得冷弯，其他材质的管子可冷弯或热弯；

② 弯制有缝管时，其纵向焊缝应置于与水平面呈 45°角的位置；

③ 管子加热时，升温应缓慢、均匀，保证管子热透，防止过热，渗碳铜、铝管热弯时，应用木柴、木炭或电炉加热，不宜使用氧-乙炔焰加热或蒸汽加热，钢管易用优质焦炭作燃料；

⑤ 铅管热弯时不得装砂，不锈钢或有色金属管装卸砂时，不得用铁制工具敲打；

⑤ 低合金钢管热弯时一般不宜浇水，热弯后应在 5℃以上静止空气中缓慢冷却。

6.1.4.7　弯管质量要求

① 弯管的最小弯曲半径应符合规定。

② 对于中、低压管，弯曲角度 α 的偏差值 Δ（图 6-15），采用机械弯时不得超过 $\pm 3mm/m$，直管长度 > 3 m 时，总偏差最大不得超过 $\pm 10mm$；地炉弯管时不得超过 $\pm 5mm/m$，直管长度 不大于3m 时，总偏差最大不得超过 $\pm 15mm$。对于高压管，弯曲角度偏差值 Δ 不得超过 $\pm 1.5mm/m$，最大不得超过 $\pm 5mm$。

③ 弯管应无裂纹、分层和过烧等缺陷。

④ 弯管的椭圆率，当 DN$\leqslant$100 时，$\leqslant$10%；当 DN$>$100 时，$\leqslant$8%。椭圆率公式为

$$椭圆率 = \frac{最大外径 - 最小外径}{最大外径} \times 100\% \tag{6-3}$$

⑤ 管壁减薄率，不超过原厚度的 15%。管减薄率公式为

$$管壁减薄率 = \frac{原管壁厚度 - 最薄处厚度}{原管壁厚度} \times 100\% \tag{6-4}$$

⑥ 中低压弯管内测波浪度 H（图 6-16）应符合表 6-10 要求，波距 $t \geqslant 4H$。

⑦ 弯管轴线应在同一平面内，不得有翘曲现象。

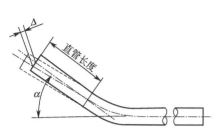

图 6-15　弯曲角度及管端轴线偏差

图 6-16　弯曲部分波浪度

表 6-10　管子弯曲部分波浪 H 的允许值　　　　　　　单位：mm

外径	≤108	133	159	219	273	325	377	≥426
钢管	4	5	6		7			8
有色金属管	2	3	4	5		6		—

6.1.4.8　管子的焊接弯

　　管道焊接弯头的加工制作，需经过展开放样，画线下料，组对焊接等过程。焊接弯头如图 6-17 所示；焊接弯头展开放样如图 6-18 所示；画线下料如图 6-19 所示。

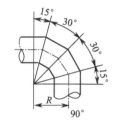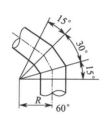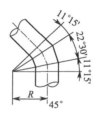

图 6-17　焊接弯头

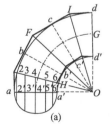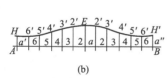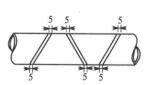

图 6-18　焊接弯头展开放样　　　　　　图 6-19　焊接弯头画线下料

6.1.4.9　管子的压制弯

　　压制弯也称模压弯管，是将加热后的管子放入模具中加压成型。压制弯方法适于弯曲半径小、管材耐压强度高、管壁强度均匀的管道。

6.2　管道施工及特殊问题解决

　　管道施工主要分为室内管道施工与室外管道施工两大部分。在土石方工程完成后，铺设管道之前应检查堆土位置是否符合规定，检查管道地基情况，施工排水措施，沟槽边坡布管是否堵塞道路交通以及管材与配件是否符合工程设计要求等。一切准备工作就绪后，方可做管道铺设工程。

管道施工程序为：构槽放线与挖土→基底处理→下管→清理管腔、管口→在管道接口处下挖工作坑并将管身放平（排管）→稳管→管道连接口处理→检验→养护→试压验收→回填土。

6.2.1 管道加工

管道加工主要指管子的切断、调直、弯管及制作异形管件等过程。

6.2.1.1 钢管管道加工

钢管的公称直径通常采用 15～450mm。

(1) 钢管切断

即按管路安装的尺寸将管子切断成管段的过程，常称为"下料"。管子切口要平正，不影响管子连接，不产生断面收缩，管口内外要求无毛刺和铁渣。钢管切断的方法很多，应根据具体情况灵活选用。

对于管径 50mm 以下的小管一般采用手工钢锯来锯切。手工钢锯在锯管时必须保证锯条平面始终与管子垂直，切口必须锯到底，不能采用未锯完而掰断的方法，以免切口残缺、不平整而影响管子连接。对于管径 40～150mm 的管子可以采用滚刀切管器（又称管子割刀）切管。即用带刃口的圆盘形刀片垂直于管子，在压力作用下边进刀边沿管壁旋转，将管子切断。它切管速度较快，切口平正，但产生管口收缩，因此必须用绞刀刮平缩口部分。

砂轮切割机断管，是靠高速旋转的高强砂轮片与管壁磨擦切削，将管壁摩透切断。使用砂轮机时，被锯材料一定要夹紧，进刀不能太猛，用力不能太大，以免砂轮片破碎飞出伤人。它切管速度快，移动方便，适合于钢管、铸铁管及各种型钢的切断，但噪声大。

射吸式割炬（又称气割枪），是利用氧气及乙炔气的混合气体作热源，将管子切割处加热呈熔融状态后，用高压氧气将熔渣吹开，使管子切断。切口往往不十分平整且带有铁渣，应用砂轮磨口机打磨平整和除去铁渣以利于焊接。对于大直径管的切断除了气割外，还可以采用切断机械。如切口坡口机，它可同时完成切管和坡口加工。

(2) 钢管调直

钢管在运输装卸、堆放、安装的过程中易造成管子弯曲。所以随时应对弯曲的管段进行调直，调直的方法一般有冷调直和热调直两种。当管径较小且弯曲程度不大时可用冷调直法。当管子弯曲度较大或管径较大时常采用热调直法。

(3) 弯管加工

在管道安装工程中，需要大量各种角度的弯管。弯曲方法有钢管冷煨弯、热煨弯、模压弯管、焊接弯管等。钢管弯管的弯曲半径 R 根据管径和使用场所不同而定，一般采用 1.5～4DN。通常情况下热煨弯 $R=3.5DN$，冷煨弯 $R=4DN$，模压弯头 $R=1.5DN$，焊接弯头 $R=1.5DN$。

6.2.1.2 铸铁管管道加工

铸铁管的公称直径通常采用 100～1000mm。铸铁管的加工主要是把一整根管子进行切断。由于铸铁管硬而脆，切断方法与钢管不同。常用的方法有人力錾切断管、液压断管机断管、砂轮切割机断管、电弧切割断管等。人工錾切断管采用的工具是錾子（剁斧）和手锤。錾切时在管子切断线下和两侧垫上木板，转动管子用錾沿管子的切断线錾切 1～2 圈，刻出线沟。然后沿线沟继续用錾子錾切管子，即可切断。操作时錾子保持和管子垂直，避免打坏錾子刃口。该方法既费时又费力，切口往往不整齐。液压断管机断管是通过液压力来挤压紧贴管子切口处的刀片，使管子切口受到压力，因应力集中使铸铁管被挤断。

6.2.1.3 铜管管道加工

铜管按材质分类有紫铜管和黄铜管，土建中常用紫铜管。

（1）铜管切断

一般对于小口径管子采用手工钢锯锯切，锯条应选用细牙锯条。对于管壁较厚的铜管可用切割机或气割枪等切割。

（2）铜管调直

对于紫铜管一般采用冷调直，黄铜管采用热调直。厚壁管可以直接调直，薄壁管应管内灌砂或管内衬金属软管后在固定模具下调直，以避免管子变形。

（3）弯管加工

可参照钢管。但铜管的管壁较薄时，往往采用成品管件连接来形成所需角度的弯管。

（4）铜管翻边

当管道采用锁母连接阀件、卫生器具或设备时，常需将管口进行翻边加工。翻边加工是管子处于冷态下进行扩张。对于紫铜管可以直接扩张，对于黄铜管应先行退火后扩张。一般采用扩管器进行扩张。扩管器的胀珠在旋转着的芯轴（锥形胀杆）的作用下，对管壁产生径向压力，使管口发生永久变形，形成翻边喇叭状，然后松开并取出扩管器。翻边应均匀、光滑、无裂缝、边宽一致。翻边管口直径应与连接件协调。

6.2.1.4 塑料管加工

塑料管材要求管件内壁光滑，管壁厚度均匀，不得有裂纹、裂痕及扭动等缺点。塑料管材的公称外径通常在 20～315mm。塑料管材加工主要有切割、弯管、管口扩张、管口翻边等。

（1）塑料管切割

一般采用细齿工手锯或木工圆锯切割，切割口的平面偏差为：当 DN＜50mm 时，应 ≤0.5mm；当 DN＝50～160mm 时，应 ≤1mm；当 DN＞160mm 时，应 ≤2mm。无毛刺、平整。对于聚丁烯管还可用专用截管器切断。

（2）弯管加工

一般采用热煨管，弯曲半径为管子外径的 3.5～4 倍，弯管时，应将无杂质的干细砂填实管内，以防止弯曲变形，然后将管子需弯曲段均匀加热到 110～150℃后，迅速放入弯曲胎模内弯曲，冷却后成型。

（3）塑料管管口扩张

塑料管采用承插口连接或扩口松套法兰连接时，须将管子一端的管口扩张成承口。先将需加工管子的管口用锉刀加工成 30°～45°角内坡口，然后将管子口扩胀端均匀加热，聚氯乙烯管、聚乙烯硬管为 120～150℃，聚乙烯软管为 90～100℃，聚丙烯管为 160～180℃。加热长度做承插口用时为 1～1.5 倍外径，做扩口用时为 20～50mm。取出后立即将带有 30°～40°角外坡口的插口管段（或扩口模具）插入变软的扩张端口内，冷却后即成。

（4）塑料管翻边

塑料管采用卷边松套法兰连接或锁母丝连接时，必须先进行管口翻边。先将管子需翻边的一端均匀加热，加热温度同管口扩张，取出后立即套上法兰，并将预热后的塑料管翻边内胎模插入变软的管口，使管子翻成垂直于管子轴线的卷边，成型后退出翻边胎模，并用水冷却。翻成的卷边不得有裂缝和皱折等缺陷。

6.2.1.5 混凝土管与钢筋混凝土管管道加工

这类管材由于抗压能力好，故常被用作地下埋管用，公称直径通常在 150～1500mm。切断混凝土及钢筋混凝土管子的方法，常用的有錾切断管法（同铸铁管）、气割断管法、导爆索断管法、锯石机切割法。为防止混凝土炸裂，在做气割断管时，应在切口处涂酸性防爆剂。

6.2.1.6 陶土管、缸瓦管、陶瓷管加工

由于这类管材是属于脆性材料，不能进行调直与弯管加工，故在管材成型制作时要求管口平面与纵轴应垂直，无裂缝，管口不得有残缺，涂釉要完整等。

这类管材的加工一般采用锯片为合金钢的切割机断管，并且切割时应用水冷却切割断面。

6.2.1.7 铝塑复合管的加工

管子的调直一般到施工现场操作，其方法用手工调直即可。管子的切断则需使用专用的管剪，也可使用手工锯及其他切割工具。管子的弯曲一般采用弯管弹簧直接用手工弯曲，无需加热弯曲，弯曲半径不小于外径的 5 倍。

6.2.2 管道连接

6.2.2.1 钢管管道连接

钢管常用的管道连接方式有螺纹连接、焊接、法兰连接。

（1）螺纹连接

它是在管段端部加工螺纹，然后拧上带内螺纹的管子配件或阀件等，再和其他管段连接起来构成管道系统。

螺纹连接也称为丝扣连接，适用于管径在 100mm 以下，尤其是 DN≤80mm 的钢管。可用于介质工作压力不超过 1MPa 的给水管道，温度≤120℃的热水管道。

管道螺纹连接的螺纹为管螺纹。螺纹角度为 55°，分为圆柱形管螺纹和圆锥形管螺纹。圆柱形管螺纹其螺纹直径和深度均相等，只是螺尾部分较粗一些。这种管螺纹接口严密性较差，但加工方便。螺纹管件及螺纹连接阀门的内螺纹均为圆柱形管螺纹。圆锥形管螺纹，从螺纹端头到根部各圈螺纹直径不等，形成圆锥形。管子均加工成圆锥形管螺纹，圆锥形的管螺纹与圆柱形内螺纹连接时，接口较严密。

管螺纹的连接有圆柱形内螺纹与圆柱形外螺纹连接、圆柱形内螺纹与圆锥形外螺纹连接和圆锥形内螺纹与圆锥形外螺纹连接三种形式，螺纹之间按介质性质选用填料麻丝或四氟乙烯胶带连接。

（2）钢管的焊接

钢管焊接是将管子接口处把焊条加热使金属呈熔化状态后，把两个钢管连接成一个整体的过程。这种连接方法适用于各种口径的非镀锌钢管。

焊接连接的优点是接口的强度和严密性高而成本又低。其缺点是不可拆卸，操作工艺复杂。一般管道工程上最常采用的焊接方法有电弧焊、氧-乙炔焊等。由于电焊缝的强度比气焊强度高，且电焊成本较低，所以应优先采用电焊。氧-乙炔焊一般适用于外径≤57mm，壁厚≤3.5mm 的管道焊接。

（3）钢管法兰连接

法兰连接是一种连接强度较高而又便于拆卸的连接方法，它是将两段管、阀件等法兰用螺栓拉紧固定在一起构成管路系统。这种方法用金属较多，故造价较高。

法兰的规格以公称直径和公称压力来表示。如公称直径为 100mm、公称压力为 1.6MPa

的平焊钢法兰，表示方法为 DN100PN1.6。

法兰按材质分为铸铁法兰、钢法兰和塑料法兰等。法兰按与管子连接方法分为螺纹法兰、焊接法兰、松套法兰等。

法兰连接时，螺母应在法兰的同一侧，在主管上，螺母宜在下，当从上边无法穿下螺栓时，螺母位置如图 6-20 所示。管道上的法兰不准放在套管内，对于直埋式管道或不通行地沟内的管道，应在其法兰处设置检查井。此外，法兰连接时，为了接口处严密、不渗漏必须加垫片。法兰垫片厚度和材质应根据管道系统输送介质的性质、温度和压力值以及管道公称直径大小来进行选择。管道工程常用的法兰垫片材料见表 6-11。

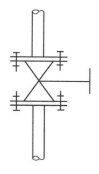

图 6-20　立管上阀
门处螺母位置

表 6-11　常用法兰垫片材料选用表

材料名称	适用介质环境	最高工作压力/MPa	最高工作温度/℃	特点
普通橡胶板	水、空气、惰性气体	0.6	60	弹性好
耐热橡胶板	热水、蒸汽、空气	0.6	120	耐热
耐油橡胶板	润滑油、燃料油、液压油、各种常用油	0.6	80	耐油
耐酸碱橡胶板	浓度≤20％硫酸、盐酸、氢氧化钠或氢氧化钾，温度≤60℃	0.6	60	耐酸碱
夹布橡胶板	水、空气、惰性气体	1.0	60	
低压橡胶石棉板	水、空气、惰性气体、蒸汽、煤气	1.6	200	
中压橡胶石棉板	同低压石棉橡胶板，此外尚有氧化性气体（氮氧化物、氯气等）、酸碱溶液	4.0	350	
高压橡胶石棉板	蒸汽、空气、煤气、惰性气体	10.	450	
耐酸石棉板	有机溶剂、碳氢化合物、浓无机酸（硝酸、硫酸、盐酸）、强氧化性盐溶液	0.6	300	
浸渍过的白石棉板	具有氧化性的气体	0.6	300	
耐油橡胶石棉板	油品、溶剂	4.0	350	
软聚氯乙烯板	水、空气、酸碱稀溶液、具有氧化性的气体	0.6	50	
聚四氟乙烯板	水、空气、酸碱稀溶液及其他气体	0.6	50	
聚乙烯板	水、空气及其他气体、酸及碱性稀溶液	0.6	50	
铜、铝等金属板	空气、水以及适度的酸碱稀溶液	20	600	

6.2.2.2　铸铁管管道连接

铸铁管管道的常用连接方式主要有承插式连接。承插式连接是指把管子或管件的插口（俗称小头）插入另一根管子或另一个管件的承口（俗称喇叭口）内，之后在承插口处填入适当填料或涂抹有机黏结剂等的连接方式。通常承插连接是以填料的种类来命名，常用的填料有油麻、石棉水泥、水泥、青铅、膨胀水泥砂浆及橡胶圈等。如用橡胶圈做填料，就称为橡胶圈接口；用膨胀水泥砂浆做填料，则称为膨胀水泥砂浆接口。管道承插接口几种形式如图 6-21 所示。

承插连接俗称捻口，此方法的关键是要处理好插接后的环形间隙，对于不同用途、不同材质的管子，其接口缝隙的处理方法也不同。

当承插接口处采用的填料为麻-石棉水泥、石棉绳-石棉水泥、麻-膨胀水泥砂浆、麻-铅等材料时，承插接口为刚性接口。当采用楔形橡胶圈、橡胶圈-兰螺栓压盖作为填料时，承

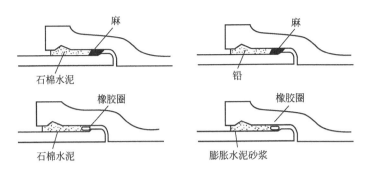

图 6-21　管道承插接口的几种形式

插式接口称为柔性接口。

（1）麻及其填塞刚性接口

麻是广泛采用的一种挡水材料，以麻辫形状塞进承口与插口间环向间隙。麻辫的直径约为缝隙宽的 1.5 倍，其长度较管口周长长 10～15cm 作为搭接长度，用錾子填打紧密。填麻的作用是防止散状接口填料漏入管内并将环向间隙整圆，以及在外侧填料失效时对管内低压水起挡水作用。

石棉绳作为麻的代用材料，具有良好的密水性与耐高温性。但是，对于长期和石棉接触而造成的水质污染尚待进一步研究。

（2）石棉水泥刚性接口

石棉水泥是纤维增强水泥，有较高抗压强度，石棉纤维对水泥颗粒有很强吸附能力，水泥中掺入石棉纤维可提高接口材料的抗拉强度。水泥在硬化过程中收缩，石棉纤维可阻止其收缩，提高接口材料与管壁的黏着力和接口的水密性。所用填料中，采用具有一定纤维长度的 Ⅳ 级石棉和 42.5R 以上硅酸盐水泥。使用之前应将石棉晒干弹松，不应出现结块现象，其施工配合比为石棉：水泥＝3：7，加水量为石棉水泥质量的 10% 左右，视气温与大气湿度酌情增减水量。随倒随拌，先将石棉与水泥干拌，拌至石棉水泥颜色一致，然后将定量的水徐徐倒进，拌匀为止。实践中，使拌料能捏成团，抛能散开为准。加水拌制的石棉水泥灰应当在 1h 之内用毕。

打口时，应将填料分层填打，每层实厚不大于 25mm，灰口深在 80mm 以上者采用四填十二打，即第一次填灰口深度的二分之一，打三遍；第二次填灰口深约为剩余的三分之二，打三遍；第三次填平打三遍；第四次找平打三遍。如灰口深为 60～80mm 者可采用三填九打。打好的灰口要比承口端部凹进 2～3mm，当听到金属回击声，水泥发青析出水分，若用力连击三次，灰口不再发生内凹或掉灰现象，接口作业即告结束。

为了提供水泥的水化条件，于接口完毕之后，应立即在接口处浇水养护。养护时间为 1～2 昼夜。养护方法是，春秋两季每日浇水两次；夏天在接口盖湿草袋，每天浇水四次；冬天在接口抹上湿泥，覆土保温。

石棉水泥接口的抗压强度甚高，接口材料成本较低，材料来源广泛。但其承受弯曲应力或冲击应力性能差，并且存在接口劳动强度大，养护时间较长的缺点。

（3）膨胀水泥砂浆刚性接口

膨胀水泥在水化过程中体积膨胀，增加其与管壁的黏着力，提高了水密性，而且产生封密性微气泡，提高接口抗渗性能。

膨胀水泥由作为强度组分的硅酸盐水泥和作为膨胀剂的矾土水泥及二水石膏组成，其施工配合比为 42.5R 硅酸盐水泥：40.0R 矾土水泥：二水石膏＝1：0.2：0.2。用作接口的膨胀水泥水化膨胀率不宜超过 150%，接口填料的线膨胀系数控制在 1%～2%，以免胀裂管口。

膨胀水泥砂浆，采用洁净中灰，最大粒径不大于1.2mm，含泥量不大于2%。膨胀水泥砂浆施工配合比通常采用膨胀水泥∶砂∶水＝1∶1∶0.3。当气温较高或风力较大时，用水量可酌量增加，但最大水灰比不宜超过0.35。膨胀水泥砂浆拌合应均匀，一次拌合量应在初凝期内用毕。接口操作时，不需打口，可将拌制的膨胀水泥砂浆分层填塞，用錾子将各层捣实，最外一层找平，比承口边缘凹进1～2mm。

膨胀水泥水化过程中硫酸铝钙的结晶需要大量的水，因此，其接口应采用湿养护，养护时间为12～24h。

实践证明，膨胀水泥砂浆除去用作一般条件下管道接口材料之外，还可用于引接分支管等抢修工程的管道接口作业。此时，接口填料配合比可采用膨胀水泥∶砂∶水＝1.25∶1∶0.3，另外再加水泥重量的4%的氯化钙。接口完毕，养护4～6h后即可通水。其中，应特别注意控制氯化钙的投加量，若其投加量＞4%，强度增加到一定值后，因继续膨胀而使管头破坏。加氯化钙之接口材料应在30～40min内用毕。

（4）青铅刚性接口

铅接口具有较好的抗震、抗弯性能，接口的地震破坏率远较石棉水泥接口低。铅接口操作完毕便可立即通水。由于铅具有柔性，接口渗漏可不必剔口，仅需灌铅堵漏。因此，尽管铅的成本高，含毒性，一般情况下不作管道接口填料，但是在管道过河、穿越铁路、地基不均匀沉陷等特殊地段以及新旧管子连接开三通等抢修工程时，仍采用铅接口。

铅的纯度应在90%以上。铅经加热熔化后灌入接口内，其熔化温度在320K左右，当熔铅呈紫红色时，即为灌铅适宜温度，灌铅的管口必须干燥，雨天禁止灌铅，否则易引起溅铅或爆炸。灌铅前应在管口安设石棉绳，绳与管壁之间接触处敷泥堵严，并留出灌铅口。每个铅口应一次浇完，灌铅凝固后，先用铅钻切去铅口的飞刺，再用薄口钻子贴紧管身，沿插口管壁敲打一遍，一钻压半钻，而后逐渐改用较厚口钻子重复上法各打一遍至打实为止，最后用厚口钻子找平。

（5）橡胶圈及其填塞刚性接口

由于麻易腐烂和填打油麻劳动强度大，可采用橡胶圈代替油麻。橡胶圈富有弹性，具有足够的密水性。因此，当接口产生一定量相对轴向位移和角位移时也不致渗水。橡胶圈外观应粗细均匀，椭圆度在允许范围内，质地柔软，无气泡，无裂缝，无重皮，接头平整牢固，胶圈内环径一般为外径的0.86～0.87倍，胶圈的压缩率以35%～40%为宜。打胶圈之前，应先清除管口杂物，并将胶圈套大插口上。打口时，将胶圈紧贴承口，胶圈模棱应在一个平面上，不能成麻花形，先用钻子沿管外皮着力将胶圈均匀地打入承口内。开始打时，须以二点、四点、八点……在慢慢扩大的对称部位上用力锤击，胶圈要打至插口小台，胶圈吃深要均匀，不可在快打完时出现多余一段形成像"鼻子"形状的"闷鼻"现象，也不能出现深浅不一致及裂口等现象。若有一处难以打进，表明该处环向间隙太窄，可用錾子将此处撑大后再打。

胶圈接口外层的填料一般为石棉水泥或膨胀水泥砂浆。

（6）楔形橡胶圈柔性接口

如图6-22所示，承口内壁为斜形槽，插口端部加工成坡形，安装时于承口斜槽内嵌入起密封作用的楔形橡胶圈。由于斜形槽的限制作用，胶圈在管内水压的作用下与管壁压紧，具有自密性，使接口对于承插口的椭圆度、尺寸公差、插口轴向相对位移及角位移具有一定的适应性。

工程实践表明，此种接口抗震性能良好，并且可以提高施工速度，减轻劳动强度。

(7) 其他形式橡胶圈柔性接口

为了改进施工工艺，铸铁管可采用角唇形、圆形、螺栓压盖形和中缺形状胶圈接口。如图 6-23 所示。

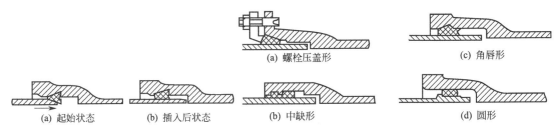

图 6-22　承插口楔形橡胶圈接口　　　　图 6-23　其他橡胶圈接口形式

比较以上四种胶圈接口，可以看出，螺栓压盖形的主要优点是抗震性能良好，安装与拆修方便，缺点是配件较多，造价较高；中缺形是插入式接口，接口仅需一个胶圈，操作简单，但承口制作尺寸要求较高；角唇形的承口可以固定安装胶圈，但胶圈耗胶量较大，造价较高；圆形则具有耗胶量小，造价较低的优点，但仅适用于离心铸铁管。

承插连接的一般操作顺序为：管子检查→管口清理→打填嵌缝填料→打填敛缝填料→养护→检验。

6.2.2.3　铜管连接

铜管连接常用的方法主要有焊接、承插式钎焊连接、法兰连接及螺纹连接等。焊接连接方法与钢管焊接相同，采用氧气-乙炔焊方法，但氧气与乙炔之比应大于1.2，且焊条应采用铜焊条，并在接口外涂抹硼砂、氯化钠或硼酸混合物等溶剂。承插式钎焊连接是指在承插接口外用熔化的填充金属把不熔化的基本金属连接在一起焊接方法，适用于小口径铜管。具体操作方法是将专用钎剂溶剂加水拌成糊状，之后均匀涂抹在管子的承口和插口处，并连接好，用氧气-乙炔气焊炬均匀加热焊件至650～750℃时，将粘有钎剂的钎料（焊料）均匀抹于缝隙处（可用火焰直接加热钎料），待钎料熔化填满缝隙后，停止加热，用湿布拭揩并冷却连接部分即成。

6.2.2.4　塑料管连接

塑料管连接的方法主要有焊接连接、法兰连接、粘接连接、套接连接、承插连接、管件丝连接等。其工序为画线→断管→预加工→连接→检验。塑料管材是属于软管或半硬管，故在连接时用硬管强制支撑以防管口变形。

① 塑料管焊接连接　按焊接方法分有热风焊接和热熔压焊接（又称对焊或接触焊接）；按焊口形式分有承插口焊接、套管焊接、对接焊接。塑料管焊接过程中，会分解出少量氯化氢气体，对人体有害，故在施工操作时应戴上口罩。且焊接地点要保持空气流通。

② 塑料管法兰连接　法兰连接有三种情况，一种是将塑料管法兰直接焊接在塑料管上，即将管端及法兰管孔处加工成坡口，将管端插入法兰内，与法兰密封面保持平齐，之后进行内外焊接。一种是焊环活（松）套法兰连接，即在管端先焊接挡环，管端与塑料板挡环均要加工成坡口，使内外焊接牢固，当管子连接时将法兰套上即可使用（图6-24）；另一种法兰连接称为扩口松套法兰连接，先将法兰套在塑料管端口并对该管端加热扩口为承口，再在承口内焊接加强环，加强环长度 h_1 为 15～20mm，焊接时承口端部及加强环端部应加工成坡口，使承口与加结环焊接牢固，然后用螺栓连接紧固（见图6-25）。

③ 塑料管粘接连接　是将管子一端加热扩口为承口，之后用砂纸打磨成粗糙面，均匀地将黏合剂涂到粘接面上，将插口插入承口内即可。这种承插式黏结其强度较高，承插接口处的缝隙不得大于 0.3mm。必要时在承插接口处再进行焊接以增加管子连接强度。

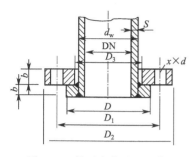

图 6-24　焊环法套法兰连接

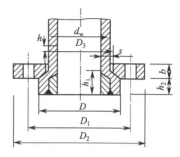

图 6-25　扩口松套法兰连接

④ 塑料管制套管连接　此方法适用于聚乙烯和聚丙烯管材的连接，最大承压不大于1.0MPa。套管连接是将管端加热变软后套入特制的管件上，并用 12 号铁丝扎紧。

⑤ 塑料管的承插式连接　根据承插口的填料不同有刚性连接（图 6-26）和柔性连接（图6-27）。塑料管的承插式刚性连接施工方法，是先将管子一端加热扩口成为承口，将管子插入承口内，填麻捣实，一次性灌满树脂玛琋脂，即成为刚性连接；而柔性连接的施工方法是先扩口，之后将塑料焊条烤热并围在管插口上部并用焊法焊牢作为上弦杆，在上弦杆与插口管端之间套上橡胶圈，在将下弦杆焊接在插口面上作连接的下弦杆。最后将焊有上、下弦杆及套有橡胶圈的插口，强力插入承口而成为柔性连接。塑料管的承插式连接适用于管径>50mm 的塑料管连接。

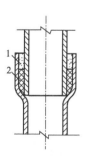

图 6-26　塑料管承
插式刚性连接
1—树脂玛琋脂；
2—麻油

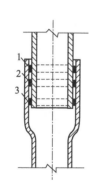

图 6-27　塑料管承
插式柔性连接
1—上弦杆；2—橡胶圈；
3—下弦杆

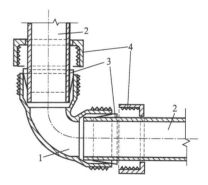

图 6-28　塑料管管件
丝接示意图
1—管件；2—管段；
3—止水塞环；4—锁母压盖

⑥ 塑料管的管件丝接　此类管道连接方法适用小口径塑料管道的连接，并要求有特殊的管件与之配合使用，管件丝接连接方式如图 6-28 所示。

6.2.2.5　铝塑复合管的连接

此管的连接先用整圆扩孔器将管口整圆扩孔，之后将螺母及密封环套在管端，再将管件本体内芯插进管口内，用扳手将螺母拧固在管件本体外螺纹上即完成连接。如图 6-29 所示。接头管件是由管件接头本身及螺母组成，其材质为黄铜或黄铜镀镍，其中管件接头带外螺纹，而螺母带内螺纹。

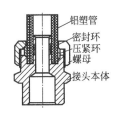

铝塑管
密封环
压紧环
螺母
接头本体

图 6-29　接头与管
配合剖示图

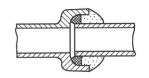

图 6-30　陶土管的
承插连接

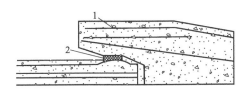

图 6-31　钢筋混凝土给水管的橡胶圈接口
1—钢筋混凝土承插管口；2—橡胶圈

6.2.2.6　陶土管类的管道连接

此类管道的连接均采用承插式连接，见图 6-30 所示，常用的接口填料有水泥砂浆。施工方法为先填麻股两圈并捣实，填砂浆捣实抹平，最后在接口处外围用水泥砂浆做成 45°坡角。当管道输送介质为特殊液体时（如强酸、强碱等），其管道承接口处的填料要用硫黄水泥、耐酸沥青胶砂或环氧聚酰胺材料。

6.2.2.7　钢筋混凝土管的管道连接

此类管道连接主要有承插式连接、套管连接和抹带连接等。

① 钢筋混凝土管的承插式连接　施工方法为先填麻股并捣实，之后填水泥砂浆捣实抹平，最后在接口处外圈做成 45°坡角。当填料采用石棉水泥接口时，施工方法为先填麻打实后，将石棉水泥材料分层填入接口，并分层用捻凿和手锤加力打实至锤打时有回弹为止，打实后，填料应与承口平齐。当填料采用橡胶圈时，可只打入橡胶圈即可，如图 6-31 所示。接口处的橡胶圈断面多为圆形，并要求能承受 1MPa 的内压力及一定量的沉陷。

② 钢筋混凝土管的套管连接　此类连接方法与接口处填料种类均类似于承插式连接施工方法。其套管材料一般采用钢、铸铁、现浇钢筋混凝土或预制钢筋混凝土等。套管内径一般不大于接管外径 50～80mm，套管长度一般取接管内径的 1.5 倍，且最大长度不超过 500mm。套管连接适用于接口为平口管，当管道地基条件很差时，管道套管材料通常采用现浇钢筋混凝土。

③ 混凝土管的抹带连接　抹带接口分刚性接口和柔性接口。如图 6-32、图 6-33 所示。

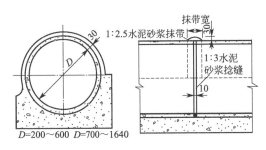

图 6-32　钢筋混凝土管刚性接口抹带连接

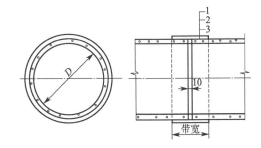

图 6-33　钢筋混凝土管柔性接口连接
1—沥青砂浆（厚 3mm）；2—石棉沥青卷材；
3—沥青玛琋脂（厚 3mm）

6.2.3　下管与稳管

按施工规范要求，沟槽土方施工完毕，管子加工好后，在下管之前应检查沟槽高程及宽度是否符合设计要求，检查沟槽是否安全，管段工作坑位置是否正确，对所要下的管子和管件要逐一进行质量检查，检查混凝土基础强度是否达到设计强度的 75% 以上。管子进到施工现场后，应沿沟槽边将管子排列好，铺管宜由低向高处进行，在平缓地面铺管时，一般承插式接口管子其承口应朝向来水方向，在斜坡地区，以承口朝向上坡为宜，这样可以减少水流对接口处填料的冲刷，避免出现渗漏现象。因此在排管时应尽可能把管子的承口朝向来水方向，这也为下一道工序下管提供了方便。排管的同时，也应将各节点处的阀门、管件放到准确的位置以便于安装。下管施工方法以安全方便、经济合理为原则，依据管材管径、沟槽有无支撑、施工现场环境、吊装机械设备等因素来选择具体方案。管道下管方法主要有机械下管和人工下管两种。

6.2.3.1 机械下管

机械下管主要用于大管径管子，机械下管施工方法是采用汽车式起重机、履带式起重机（在土质松软地段）将管道放入沟槽内，下管时要求起重机械距沟边的距离至少 1.5m 以上，沿沟槽开行，以保证沟壁不塌方，其往返路线应事先予以平整。机械设备应由熟悉机械吊装安全操作规程的专人来指挥。

6.2.3.2 人工下管

① 人工压绳下管法　主要用于直径≤400mm 的管子。管道施工时，首先按照管节长度减去 0.5～1.0m 的间距，在下管侧距沟边 2.5～3.0m 处的地面上打入两根直径不小于 50m 的钢管作为临时地锚，打入深度为 0.5～0.8m，之后取两根质地坚固、无断股的绳索，把绳子的一端分别拴在两个地锚上，绳子的另一端从管底穿过，在地锚上绕一圈后拉在手中，用撬杠把管子滚到沟沿边上，拉着绳子往下放，使管子沿着沟槽壁或斜方木缓慢滚到沟底，如图 6-34 所示。当管径＜300mm 时，也可以采用人工踩住固定绳方法下管。对于小管径的混凝土管、缸瓦管还可以采用如图 6-35 所示的立管溜管法下管。

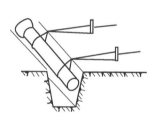 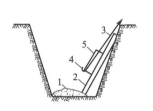 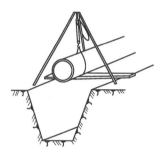

图 6-34　人工压绳下管法示意　　图 6-35　立管溜管法示意　　图 6-36　三脚架下管法示意
　　　　　　　　　　　　　　　1—草袋；2—杉木溜子；3—大绳；
　　　　　　　　　　　　　　　4—绳勾；5—管

② 三脚架下管法　这种下管法如图 6-36 所示，此施工方法适用于沟槽不太深且有支撑的沟槽，直径在 400mm 以上，900mm 以内的管子。

6.2.3.3 稳管接口

(1) 稳管

是将管子按设计高程与平面位置安放在地基或基础上。施工中通常采用中线法或边线法控制管道中心（图 6-37、图 6-38），用对高作业法控制管道的高程（图 6-39），寻找管道中心、控制管道高程必须同时进行。

从图 4-37 中可以看到，用中线法控制管中心，是借助于坡度板进行对中作业。首先在连接两块坡度板上中心钉的中心线上挂一垂球，当垂球线通过管道中心时（在管子内事先放一块刻有管子中心的木板），表示管子中心线与沟槽中心线在一个垂直面内，对中结束。之后，在两块坡度板的高程钉上连一直线，此线称为高程线。将高程线绷紧，则两高程钉之间连线的坡度即为管底坡度。该连线称作坡度线，坡度线上任意一点到管底的垂直距离都是一个常数，称为对高数，也称为下反数。将对高数值标记在高程尺杆上，再将高程尺垂直放在管底内皮。当高程尺上的标记与高程线重合时，则表明管道标高符合要求，对高结束。否则需要采取挖沟填土方法予以调正。

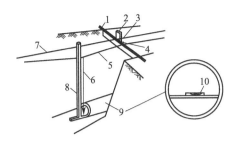
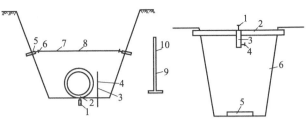

图 6-37　坡度板中线法安管　　　　图 6-38　边线法安管　　　图 6-39　坡度板
1—坡度板；2—高程板；3—高程钉；　　1—给定中线桩；2—中线钉；　　1—中心钉；2—坡度板；
4—中心钉；5—中线；6—垂球；　　　3—边线铁钉；4—边线；5—高程桩；　　3—高程板；4—高程钉；
7—高程线；8—高程尺杆；　　　　　6—高程钉；7—高程辅助线；　　5—管道基础；6—沟槽
9—管子；10—水平尺　　　　　　8—高程线；9—高程尺杆；10—记号

在无法埋坡度板的情况下找管道中心，可采用边线法（图 6-38）。首先，沟槽底的中心线用中线桩事先给出，之后在给定中线桩的一侧钉线铁钉，铁钉上拉一条垂直边线，使边线距中线钉的距离等于管子外径的二分之一再加上一个任意设定的常数。下管后，用尺子量管外皮距边线的距离。若此距离与设定的常数相等，表明管子中心符合设计要求，则对中结束。连接沟槽两侧的高程钉为高程辅助线，在两条高程辅助线之间连一条高程线，管子高程控制方法与中线法相同。

（2）接口

稳管作业结束后，应及时进行接口。稳管过程中，在管子对口时，应根据管径的大小来选定对口方法。当 DN≤150mm 时，可用人工对口；当 DN<400mm 时，用撬杠顶入对口；DN≥400mm，用吊装机械倒链对口。管子对口应留有间隙，其最大间隙不得超过表 6-12 的规定，但不小于 3mm。

表 6-12　承插口管道对口间隙与环向间隙

管径 DN/mm	对口间隙/mm	环向间隙/mm		管径 DN/mm	对口间隙/mm	环向间隙/mm	
75	4	10	+3，−2	600～700	7	11	+4，−2
100～200	5	10	+3，−2	800～900	8	12	+4，−2
300～500	6	11	+4，−2	1000～1200	9	13	+4，−2

稳管作业结束后，应及时进行接口作业，管子接口处的连接方式、填料的选择应依据设计要求完成，在遇有侵蚀性地下水时，除管子外表皮做防腐处理外，还应在管子接口处涂抹沥青防腐层。有关管子的连接口见 6.2.2 中的有关部分。管子接口作业完后，应立即在管顶上覆盖一层土，施工过程中对未完成的接口处应做临时性封堵，以防污物进入管道，直到整段管道施工试压验收合格后方可回填沟槽。管沟的回填方法见第 3 章有关部分。

6.2.4　管道质量检查与验收

管道质量检查的目的是保证管道工程安全运行，以满足质量第一的要求。通过检查对所暴露出来的管子及管件的强度、材质的缺陷，如砂眼、裂纹等毛病能够得到及时发现，及时补救，以达到设计要求，符合验收条例。

6.2.4.1　给水管道的试压检验

管道试压是检查管道工程质量的主要措施之一。首先依据管材的种类确定其压力值，见

表 6-13。做好管道试验前的准备工作，准备工作主要有分段、排气、泡管、加压设备，支设后背与回填土等几项，具体操作方法见表 6-14。准备工作就绪后，即开始水压试验，水压试验方法有两种，一种是落压试验，其原理是漏水量与压力下降速度成正比，试验设备布置如图 6-40；另一种是涌水量试验，其试验原量是在同一管内，压力降落相同，则其漏水总量也相同，试验设备布置如图 6-41 所示。

表 6-13 管道水压试验压力值的确定要求

管道种类	管道水压试验压力值要求
铸铁管	为工作压力的 2 倍(当工作压力不大于 0.49MPa 时) 为工作压力加上 0.49MPa(当工作压力大于 0.49MPa 时)
钢管	为工作压力加上 0.49MPa,且不小于 0.88MPa
预(自)应力钢筋混凝土管	为工作压力的 1.5 倍(当工作压力不大于 0.59MPa 时) 为工作压力加上 0.29MPa(当工作压力大于 0.59MPa 时)
硬聚氯乙烯塑料管	为工作压力的 1.5 倍,最低不得小于 0.5MPa
水下管道	当设计图上无规定时,应为工作压力的 2 倍,且不小于 1.18MPa

表 6-14 试验前的准备工作

项目名称	要　求
分段	一般条件下,管道分段长度为 500～1000m;管道转弯多时,分段长度为 300～500m;管道通过湿陷性黄土地区,分段长度为 200m;管道通过河流、铁路等障碍物时,应单独进行试压
排气	排气孔位置通常设在起伏的各顶点处,长距离水平管道上须进行多点开孔排气;灌水排气须保证排除水流中无气泡,水流速度不变
泡管	铸铁管、钢管浸泡时间 24h,预(自)应力钢筋混凝土管 DN＜1000mm 时浸泡 48h,DN＞1000mm 时浸泡 72h;硬聚氯乙烯管浸泡 48h
加压设备	压力表分别装设在试压管两端;采用手摇泵或电泵加压
支设后背	采用原有管沟土做后背墙时,其长度不小于 5m;后背墙支撑面积可视土质与试验压力值来定,一般土质按承受 0.15MPa
回填土	试验前除管口部位外,管身应先覆盖一部分土,以免管子移动,并将沿线管件的支墩加固牢靠

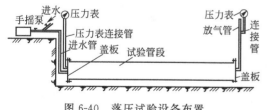

图 6-40 落压试验设备布置

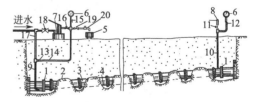

图 6-41 漏水量试验设备布置
1—封闭端;2—回填土;3—试验管段;4—工作坑;
5—水筒;6—压力表;7—手摇泵;8—放气口;
9—水管;13—压力表连接管;
10,11,12,14,15,16,17,18,19—闸门;20—龙头

6.2.4.2 排水管道的闭水试验检验

排水管道在实际管道只做闭水试验，检验其管道质量。表 6-15 给出了管道闭水试验检验管道质量的方工程中不同于给水管道，其管道内不承受压力，水的流动一般靠自重流，因

此对排水管道，闭水试验与水压试验也有相似的地方，也存在一个允许渗水量。

表 6-15　排水管道闭水试验检验频率

项　目		检验频率		检验方法
		范　围	点　数	
倒虹吸管		每个井段	1	灌水测定、计算渗水量
其他管道	DN＜700mm	每个井段	1	
	DN＝700～1500mm	每三个井段抽检一段	1	
	DN＞1500mm	每三个井段抽检一段	1	

6.2.5　管道特殊情况处理

在管道施工中，有时会遇到特殊情况，如管道要穿越铁路、公路、河流及重要建筑物，而又不能采取常用的开沟挖槽的施工方法，对这类特殊情况，一般采用顶进法、架空管、倒虹管、围堰法等进行施工，具体选择哪一种方法，应视具体条件与设计要求而定。

6.2.5.1　顶进法

管道在穿越铁路、公路时，可采用顶进法，也称顶入法或顶管法施工。按照施工形式可分为直接顶入法、套管人工顶进法、水平钻孔机械顶进法。

(1) 直接顶入法

如图 6-42 所示。具体操作程序：a. 挖工作坑（工人选坑的尺寸及工作坑的种类见表 6-16），处理基础，支设后背，安装导轨与顶进设备；b. 启动千斤顶将管子徐徐顶入；c. 如千斤顶行程终了，则将千斤顶复位，并在垫块空余部分再加垫块，之后再次启动千斤顶继续顶进，如此往复，直到将管子顶入到对面工作坑中。

此施工方法适宜穿越Ⅲ级铁路、公路，适用于黏土与含水性黏土，DN＝25～200mm。缺点是顶管阻力大，平面与工程位置不易控制，易出现较大误差，可采取套管人工顶进法弥补其缺点。

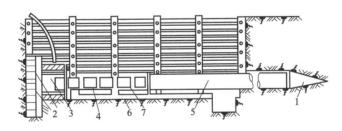

图 6-42　直接顶进法

1—顶尖；2—后背；3—顶管千斤顶；4—垫铁；5—待顶管；6—基础；7—导轨

表 6-16　顶管工作坑堤的平面尺寸

坑　底　长/m	坑　底　宽/m
L＋(3.3～4.5)	D＋(0.9～1.2)

注：L—管节长度；D—待顶管外径。

(2) 套管人工顶进法

这种顶进法的优点是易于控制平面与高程位置，不影响正常交通，设置套管，穿越安全可靠，而且穿越管发生故障可检修，不致造成路基下沉现象。此法适宜穿越Ⅰ、Ⅱ级铁路，套管直径不小于1m，且要比穿越管直径大出0.6m，施工时遇到流砂地段，需采取基础套管整体顶入。具体施工方法（见图6-43）及操作程序：a. 开挖工作坑，处理基础，支设后背，安装导轨与顶进设备；b. 将一节套管置于导轨并用仪器校准其平面位置与高程位置；c. 派二人进入管内，其中一人在工作面上挖土，另一人将土用小车运到管外工作坑，再用起重设备将土运到地面上；d. 启动千斤顶，顶进套管，千斤顶行程终了，复位，加塞垫块后复顶，当第一节套管顶入工作面之前，应预留0.3m左右的管子在导轨上为下一节套管顶进前稳管用，下一节套管在导轨就位后即可继续顶进；e. 顶进过程中应时常用水准仪监测检验管道中心位置，并及时纠偏后方可再继续顶进。

为防止套管在顶进中管节错位，须在接口处加设内撑圈，待套管全部顶进后拆掉内撑圈，换上内套管并打塞填料予以接口。此法劳动强度大，挖土、运土较困难，采用带基础套管整体顶入其费用较大。

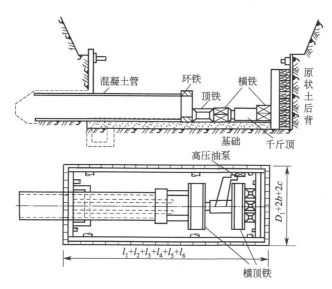

图 6-43　套管人工顶进法

（3）水平钻孔机械顶进法

此方法的优点是省去了挖运土操作，减轻了劳动强度，它不仅具有套管人工顶进法的优点，而且在用于黏性土与腐殖质淤泥土时，还可以不降低地下水位，便于施工。具体施工方法（见图6-44）与操作程序：a. 挖工作坑，利用顶进管道前端部安装上的机械挖土设备钻孔挖土，用电动机械将挖出的土运到地面上；b. 当管道前的土方即工作面被削减土洞时，利用顶力设备千斤顶将连接在钻孔机械后面的管子徐徐顶入土中。在管道顶进作业之前，亦应安置导轨，处理基础，支设后背。此施工方法的缺点是在挖运土作业中遇到地下障碍物无法排除，耗费专用机械，使动力费用增加。

6.2.5.2　倒虹管

管道在穿越河流时，可采用以倒虹管做河底穿越的施工方法。倒虹管过河方法主要有顶管法、围堰法和沉浮法。

（1）顶管法

倒虹管过河顶管法施工操作程序：a. 掌握准确的河床断面尺寸、河底工程地质与水文地质资料；b. 利用直接顶入法将管道自河底顶过去。

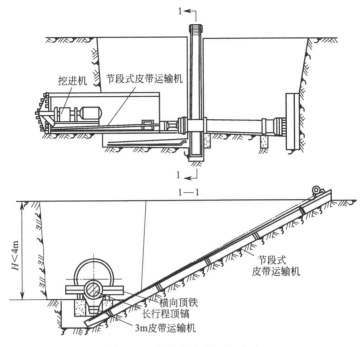

图 6-44　水平钻孔机械顶进法

此施工方法要求管道管顶距河底深度不得小于 0.5m，对通航河道其值不得小于 1.0m，管材使用钢管时需做防腐处理。河床两岸设置的顶管工作井，可作为倒虹管运行的检修井使用，如图 6-45 所示。

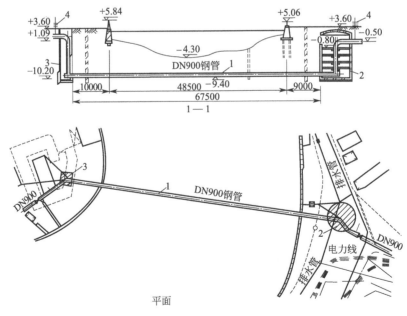

平面

图 6-45　给水钢管倒虹管顶进施工现场布置

1—DN900 钢管；2—顶管井；3—联结井；4—排气阀

（2）围堰法

围堰法操作程序：a. 用围堰将过河管一端一半以上的河面堵住，用水泵抽出围堰中的水；b. 在堰内开挖沟槽，铺筑管线，塞住管端口，回填沟槽；c. 继续建造堰内部分第二道围堰，为防止管沟串水，第二道围堰与它铺筑管段交叉处的管沟应以黏土回填做成止水带；d. 清除第一道围堰，建造第一道围堰中铺筑的第二节道围堰，再用水泵抽去第二道围堰中的水，开挖沟槽，接管，最后清除第二道围堰。

施工中应考虑到可能出现的最高水位不至于淹没堰顶，回填土高度不得高于河底（如图6-46所示），管道基础形式可依据河底土质条件而定，当河底为流砂时通常选择图6-47所示的做法。

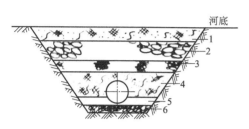

图 6-46 河床埋管时基础做法
1—回填土；2—大块石；3—小块石；
4—回填土；5—砂；6—块石

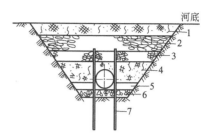

图 6-47 加设固定桩的管基础做法
1—回填土；2—大块石；3—小块石；4—回填土；
5—砂；6—块石；7—固定桩

（3）浮沉法

又称浮运沉管施工方法。具体操作程序：a. 用挖泥船、吸泥泵、抓斗等机械在水下开挖沟槽；b. 用碎石对水下的沟槽进行初步找平；c. 将河岸边准备好的管道倒虹管端头，用塞子密封，用拖船或浮筒浮运到河中，浮在对准沟槽的水面上，打开进水及排气阀，将管道沉于沟槽中；d. 检验合格后可水下回填。

此施工方法多采用钢管施工，以减少管道接口数量，因此要求对管子的内外壁均做防腐处理。沉管时，应使两端进水均匀，下沉速度相同，以免管子倾斜而改变位置。

6.2.5.3 架空管

管道在穿越河流时除采用倒虹管过河外，还可采用跨越河面的架空管。跨河架管道施工方法种类较多，主要有依附于河面桥梁上的架空管、支撑式架空管、架空管、斜拉管跨河、拱管过河等。

（1）架空管沿桥梁跨越河面

架空管依附桥梁铺设时，可通过吊环法、托架法等将管子跨越过河。其施工要点：a. 按设计规范要求制作吊环、支架、托架；b. 依据设计在桥上凿埋孔洞，之后埋设吊环、支架、托架；c. 将管道吊到桥上放入吊环、支架或托架上，管子与托架紧密接触后，做管口对接；d. 固定管道时，对个别管道与托架间空隙处理，可采用铁锲插入，用电焊焊于管架上。

（2）支撑式架空管

无桥梁借用时，可采取支撑式架空管过河。两端固定式的支撑结构适宜于河面较窄、河两岸地质较好的地段。当河面较宽时，则需采用连续支撑式架管结构，根据河面宽度和通航情况，在河床内设置桩墩，桩墩上设置立柱支架如图6-48所示。当河面较宽，且河床内不允许设桩墩、立柱支架时，可采取桁架结构支撑式架空管，施工时首先在河两岸设置桁架，再将管道固定在桁架上过河。图6-49、图6-50分别是双曲拱桁架和悬索桁架架空管道过河示意图。当过河跨度较大，施工作业面有困难时，还可采用斜拉索结构形式架空管，图6-51这种结构形式是利用高强度钢索或粗钢筋及钢管本身作为承重结构，利用两岸的塔架进行施工安装。

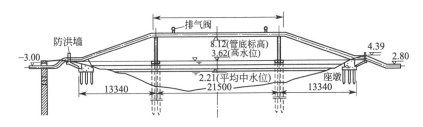

图 6-48 钢筋混凝土桩架式支柱

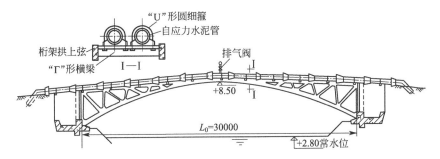

图 6-49 双曲拱桁架

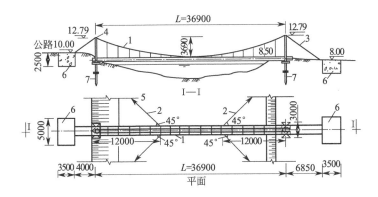

图 6-50 悬索桁架

1—主缆；2—抗风缆；3—抗缆；4—索鞍；5—花篮螺丝；6—锚墩；7—混凝土桩

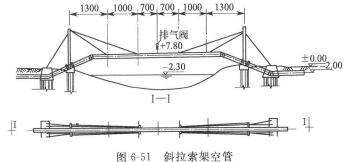

图 6-51 斜拉索架空管

(3) 拱管过河

过河架空管还可以采用拱的结构形式，如图 6-52 所示，将钢管加工成拱的形状，固定在两岸支座上即可。这种方案适宜于架设较粗的钢管。但要注意两岸的拱脚支架应提供较大的水平抗推力。

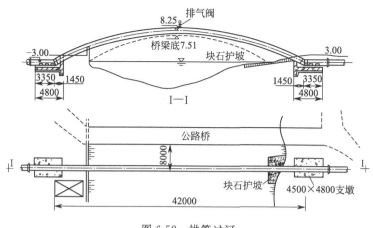

图 6-52 拱管过河

6.3 管道防腐、防震与保温处理

管道在使用过程中，所输送的介质以及管道所处的环境，均会对管道的使用质量产生影响。如：管道内输送的液体含有酸、碱、盐等物质，管道内壁就会受到液体的侵蚀；对直埋式管道，其管子的外皮会受到土壤中某些污染因子的腐蚀。当管道受到地震、风荷载等作用时，管道会因受力过大而产生变形、泄漏；当管道在寒冷地区还会因温度过低，管内液体出现冻结问题。因此为了保证管道正常工作，应对其作防腐、防震及保温处理，以延长其使用寿命。

6.3.1 管道的防腐

管道在使用过程中，管子的内壁、外皮均应作防腐处理，处理方法为内壁多采用水泥砂浆涂衬和聚合物改性水泥涂衬防腐措施，管子外皮多采用涂料防腐。

6.3.1.1 管道内壁防腐方法

施工操作程序：a. 选好内衬材料，并求出内衬材料的用量；b. 清除管内壁铁垢、油污、泥砂等杂物；c. 将管子放在离心装置上，把配制好的衬料均匀倒入管内，启动离心装置涂管，速度由慢渐快，涂层表面尽可能光滑；d. 养护，高温季节养护 2d 左右，一般季节养护 7～10d 左右，用草袋子覆盖，上面洒水养护，冬季冰冻期间，要采取防冻措施养护。

6.3.1.2 管道外皮防腐方法

外皮防腐方法很多，多采用涂料防腐和沥青防腐。

(1) 涂料防腐

涂料的作用首先是防止腐蚀，其次是装饰作用和作为标志。涂料由液体、固体和辅助材料三部分组成。液体材料有成膜物质、稀释剂（溶剂）；固体材料有颜料、体质料（填料）；辅助材料用固化剂、增韧剂、催干剂、防潮剂等。常用涂料名称、性能及主要用途参照表 6-17，在使用涂料时，除选择优质、低廉、低毒的涂料外，还应考虑涂层之间的配套性、被涂材料的性质，如钢材一般应用红丹防锈漆或铁红防锈漆，从底漆腻子到面漆之间应一致，即应选择同类型树脂制造的漆。涂料防腐施工程序（以钢管为例）：a. 表面处理可利用人工、机械或化学方法除锈，表面处理后应见到金属光泽；b. 喷涂施工，具体施工方法有涂刷法、空气喷涂法、静电喷涂法及粉末涂法等。需要注意的是管道外皮涂料施工一般应在管道设备试压合格后进行。

表 6-17　常用涂料

涂料名称	主要性能	耐温/℃	主要用途
红丹防锈漆	与钢铁表面附着力强,隔潮,放水、防锈力强	150	钢铁表面打底,不应暴露在大气中,必须用适当面漆覆盖
铁红防锈漆	覆盖性强,薄膜坚韧,涂漆方便,防锈力较红丹防锈漆稍强	150	钢铁表面打底或盖面
铁红醇酸底漆	附着力强,防锈性和耐气候性较好	200	高温条件下黑色金属打底
锌黄防锈漆	对海洋性气候及海水浸蚀有防锈性	—	适用于铝金属或其他金属面上的防锈
厚漆(铅油)	漆膜较软,干燥慢,在炎热而潮湿的天气有发黏现象	60	用清油稀释后,用于室内港、木表面打底或盖面
油性调和漆	附着力及耐气候性均好,在室外使用优于磁性调和漆	60	作室内外金属、木材、砖墙面漆
银粉漆(铝粉漆)	质地轻,遮盖力强,稳定性大	150	专供采暖管道及散热器做面漆
耐温铝粉漆	防锈不防腐	300以下	黑色金属表面漆
有机硅耐高温漆	耐高温,耐腐蚀	400~500	用于黑色金属表面
生漆(大漆)	漆层力学强度高,耐酸力强。有毒,施工困难	200	用于钢、木表面防腐
过氯乙烯漆	抗酸性强,对浓度不大的碱亦耐。不易燃烧,放水绝缘性好	60	用于钢、木表面,以喷涂为佳

（2）沥青防腐

施工操作要点和程序：a. 熬制沥青并加入粉状高岭土或石棉粉搅拌至均匀；b. 用牛皮纸或聚氯乙烯工业膜外包管子；c. 加强保护层可采用玻璃丝布,在丝布上涂一层冷底油作封闭层。需要注意的是外包层用牛皮纸时,应趁热包扎在沥青涂层上；当外包层用聚氯乙烯工业膜时应待沥青涂层冷却后包扎,包扎时按螺旋状缠于管上,且紧密适度,无折皱、脱壳现象等。要求压力均匀,一般压边宽度为 10~20mm,搭接长度为 100~150mm。

6.3.2　管道的防震措施

管道在地震区,必须考虑到地震波的破坏作用。地震波会使管子产生沿轴向及垂直于轴向的波动变形,若变形过大即可引起管道破坏,出现泄漏现象。管道施工中,除了对管道作必要的抗震验算外,还须对管道做必要的防震措施。主要方法如下：a. 地震区域内的直埋式管道,最好采用柔性接口,即采用承插式橡胶圈接口的球墨铸铁管或预（自）应力钢筋混凝土管及焊接钢管；b. 倒虹管、通过地震断裂带的管道、穿越主要交通干线及位于地基土为可液化地段的管道,最好应用风管或安装柔性管道系统设施,以适应管道变形；c. 倒虹管、架空管在两岸边的上端弯管处,应设置柔性接口,若沿河岸边铺设管道,应每隔一定距离设置一个柔性接口；d. 架空管不得在设防标准低于设计烈度的建筑物上,管道支架上应安装侧向挡板,其支架结构形式宜采用钢筋混凝土结构；e. 管子与管件的连接处、管子与贮水池连接处是应力明显集中地方,应设置柔性接口,管子与套管之间的环向间隙处应采用柔性填料。

6.3.3　管道的保温

在管道外皮上设置保温隔热层,利用导热系数很小的材料的热转移也必然很小的原理,使管内的温度基本上保持原有温度。

（1）保温材料

保温材是指对热流具有显著阻抗性的材料或复合体。材料的保温性能是以它的导热系数来衡量的,导热系数越小,则通过材料传送的热量越少,其保温性能就越好。管道的常用保温材料有岩棉、硅藻土石棉灰、聚苯乙烯泡沫制品、矿渣棉、玻璃棉、膨胀珍珠岩等。

（2）管道保温结构及施工方法

　　管道的保温结构一般由保温和保护层组成。保护层的作用是阻挡环境和外力对保温材料的影响，延长保温结构的寿命，并使外观整齐美观。管子保温施工方法主要有涂抹法、填充法、捆扎法及预制块法四种，如表6-18所列。

表 6-18　管子保温施工方法

项目名称	施　工　方　法	优　点	缺　点
涂抹法	①将保温材料(石棉灰、石棉水泥等)拌和成胶泥状 ②分层涂抹在管道上，每层涂抹厚度10～15mm ③压实抹平	施工简单,适用于任何管道上	操作效率低,质量不易保证
填充法	将松散的保温材料(膨胀珍珠岩、矿渣棉类)填充在管外的支撑或镀锌铁丝网中	保温效果佳,外包铁丝网不易开裂	施工较麻烦,消耗金属等
捆扎法	①将软质卷状保温材料(玻璃棉毡、矿渣棉毡等)剪成所需大小条块 ②在管道上捆扎一层或几层 ③用直径1～1.4mm的镀锌铁丝绑扎	适合于任何形状的管道。施工简单,维修拆卸方便	此方法不宜采用石棉水泥等做保护壳,因棉毡等弹性大,难以做成坚固性保护层,易产生裂缝,使棉毡受潮
预制块法	①水泥膨胀珍珠岩、水泥膨胀石等保温材料制成半圆管壳、扇形或梯形瓦块 ②用镀锌铅丝将预制块绑扎在管道上	施工方便,机械强度好	纵横接缝热损失较大,故应在膨胀缝处用柔性保温材料(如石棉等)

6.4　设备安装施工及注意事项

　　管道工程中，除了管子的加工与连接外，还有重要的一项，即管道中的设备安装，如各种类型的阀门安装、水泵安装、仪表安装等，必须依照设计图纸和设备安装技术说明来配合土建施工。每一个设备的安装均应按照相应的操作规程施工，以保证管道工程的正常运行。

6.4.1　阀门安装

　　管道工程中的阀门种类很多，其结构形式、制造材料、驱动方式及连接方式都不同。

6.4.1.1　阀门安装的一般规定

　　安装前的检查工作，应按下列项目进行：a. 对阀门型号、规格是否符合图纸要求；b. 检查阀门外观质量，不允许有裂纹、砂眼等缺陷，阀杆、阀瓣是否开启灵活，阀座与阀体的结合是否牢固，阀瓣与阀座、阀盖与阀体的结合是否良好；c. 检查阀门填料压入后的高度和紧密度是否适合于工作介质性质的要求；d. 对阀门要做强度试验和严密性试验，阀门试验应在如图6-53所示的专用试验台上进行。具体操作方法：把被试验的阀门放在试验台上用千斤或丝杠紧固后往阀体内注水排气，缓慢升压至试验压力后进行检查，如果在规定时间内压力保持不变且不发生渗漏即为合格。当公称压力不大于32MPa时，水压、强度试验所用的试验压力值一般为阀门公称压力值的1.5倍，当公称压力大于32MPa时，其试验压力见表6-19。严密性试验所用的试验压力值一般为阀门的公称压力值。

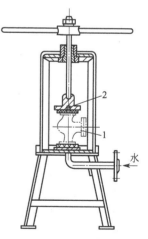

图 6-53　阀门专用试验台
1—阀门；2—放气孔

表 6-19　强度试验压力

公称压力/ MPa	试验压力/ MPa	公称压力/ MPa	试验压力/ MPa
40	56	80	110
50	70	100	130
64	90		

阀门的阀体上有箭头标志的，箭头指向即管道内介质的流向。安装时将箭头指向与管内介质流向相同，除了闸阀、蝶阀、旋塞阀、球阀等阀门在安装中不考虑流向外，其他阀门如截止阀、止回阀、吸水底阀、减压阀、疏水阀、节流阀、安全阀等均不得反装。

阀门连接方式一般分为法兰连接和螺纹连接，安装过程中尽量避免操作轮位于阀体下方。阀门安装的位置不应妨碍其他设备，安装较重的阀门时，应设阀门支架；对操作频繁且又安装在距操作面 1.8m 以上的阀门，应设固定的操作平台。

6.4.1.2　阀门安装的注意事项

阀门的阀体材料多用铸铁制作，性脆，安装时应防止受力不均匀和受力过猛而损坏。吊运阀门时，绳索应系在阀体上，严禁拴在手轮、阀杆及法兰螺栓孔上。阀门应安装在操作、维护和检修最方便的地方，严禁埋于地下，对地沟内管道上的阀门可设检查井室，以便于阀门的启闭和调节。安装螺纹阀门时，应注意在螺纹上缠麻、抹铅油或缠上聚四氟乙烯生料带时，不要把麻丝挤到阀门里去；安装法兰阀门时，应注意沿对角线方向用力均匀拧紧连接螺栓。

6.4.2　水泵安装

水泵种类很多，其安装方式也不都相同，在土建施工中，对泵的基础、预埋件等工序必须依照图纸，参照每一种类型泵的技术说明书去操作，泵的安装程序如下：基础定位、放线→基础施工→泵的安装→配管、安装附件→试运转。

6.4.2.1　水泵安装的一般规定

① 安装前的检查　首先检查泵基础的尺寸和预留地脚螺栓孔位置是否符合设计图纸要求。水泵基础大多采用混凝土块体基础，应检查混凝土质量，混凝土外观要平整，不得有缺陷，混凝土强度要符合设计要求；检查水泵的性能参数是否符合设计要求，如水泵规格、型号、电动机型号，功率、转速等，检查水泵的动力来源，电动机是否符合要求。水泵安装前，还要检查配管及安装的附件是否符合设计要求，如与水泵连接的管道应有独立牢固的支撑，以消减管道的振动力，水泵吸入口前应有长度不小于 3 倍吸入管直径的直管道，水泵的出水管上应设置闸阀，当水泵扬程＞20m 时应装设止回阀等。检查管内有无渣滓，位置尺寸是否正确，法兰盘是否对眼、螺栓是否齐全等。

② 试运转　在水泵运行前，还应检查所有与水泵运行有关的仪表、开关是否灵活、完好，检查电动机的转向，各紧固连接部位不应松动，各独立的附属系统试运转是否正常，水泵启动前，入口阀门全开，出口阀门关闭。启动水泵，当转速达到要求后再逐渐慢慢打开泵的出口阀门。水泵在设计负荷下连续运转不应少于 2h，并应符合设备技术文件的有关规定。

6.4.2.2　安装水泵的注意事项

水泵安装程序一般是先安装泵底座，之后安装水泵，最后安装电动机，具体操作程序和注意事项视水泵种类而定，安装泵底座时应注意底脚螺栓灌浆后必须经过一段时间养护方可进行后续操作。在吊运水泵时应注意起吊钢丝绳的绑扎位置，不能系在轴承及轴承座上，应系在泵体上。当水泵的位置在找平找正找标高达到要求，拧紧水泵与底座的螺栓后，应注意水平是否有变动，方可进行电动机安装；安装电动机时应注意由于传动方式的不同，对电动机安装的要求也不同。

7 环境工程土建施工组织和造价管理

7.1 概　　述

施工是把建设项目的蓝图建造成工程产品的关键步骤，而建设程序则是建设项目完成的重要手段，是按照建设项目的内在联系和发展过程，遵循先后顺序的法则，从设想、选择、评估、决策、设计到竣工验收、投产依次进行。工程建设离不开投资，它与工程造价密不可分，所谓工程造价就是工程建造价格，通过编制建设项目概预算来确定工程造价。图 7-1 为工程建设程序与造价示意。

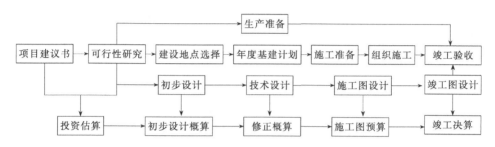

图 7-1　工程建设程序与造价示意

工程施工组织与管理的任务就是依据其产品特点、按照施工生产的客观规律，运用先进的生产管理理论和方法，合理地计划组织人力、物力、财力和技术等生产要素，最大限度利用空间和时间，合理拟定施工方案，科学安排施工程序，以使施工过程达到优质、低耗、高效、安全的目标。其内容包括落实施工任务，签订工程承包合同；做好施工准备；按计划组织施工，并对现场进行现代化管理；竣工验收并交付使用。

施工组织常用的方法有流水作业法和网络计划法，流水施工法是将拟建工程按其特点和结构划分为若干施工段，各施工队按一定顺序和时间，依次连续地在不同施工段上工作，保证各施工队伍的工作和物资资源消耗有其连续性和均衡性。流水施工作业法根据使用对象不同，可分为分项工程流水作业法、分部工程流水作业法、单位工程流水作业法和群体工程作业法。流水作业法是当前组织施工生产的一种理想方法。而网络计划法则是利用网络图解模型表达计划管理的一种方法，它是应用网络图表达任务构成、工作顺序，并加注时间参数的进度计划，网络图是表达网络计划的基本工具和手段。它由箭线、节点和线路组成，用以表示工作流程有向、有序网络图，网络计划法是当前先进的施工组织管理方法，不过它要在计划执行过程中不断进行调控和监督，以使施工过程中最合理地利用人力、物力和财力，保证优质、按时完成任务。施工单位在熟悉设计施工图及相关文件，并对施工原始资料进行调查和分析后，便开始编制施工组织设计，施工组织设计是指导拟建工程进行施工准备和组织施工的重要文件，是施工技术组织准备工作的重点，和加强管理工作的重要措施。施工组织设计一般有施工组织总设计、单位工程施工组织设计、分部（分项）工程施工组织设计之分。本书重点阐述工程施工组织与管理和工程概预算与造价管理。

7.2 工程施工组织与管理

如前所述，工程施工组织设计是指导工程投标、签订承包合同、施工准备和施工全过程的全局性的技术经济文件，它是根据工程承包组织的需要而编制的，其内容既包括技术的，也包括经济的，是技术和经济相结合的文件。也就是说它所研究的对象是整体的，内容是全面的，它的管理职能具有全面性。是指导承包全过程的，即从投标开始，到竣工结束。在市场经济条件下，应当充分发挥施工组织设计在投标和签订承包合同中的作用，不但在施工全过程管理中发挥作用，而且也在经营中发挥作用。

7.2.1 工程施工组织设计的作用

工程施工组织设计的作用是指导工程投标与签订工程承包合同，作为投标的内容和合同文件的一部分；指导施工前的一次准备和工程施工全局的全过程；作为项目管理的规划文件提出工程施工中的进度控制、质量控制、成本控制、安全控制、现场管理，提出各工种施工要素管理的目标及技术组织措施，以提高综合效益。

7.2.2 工程施工组织设计分类和内容

7.2.2.1 施工组织设计的分类

根据工程施工组织设计阶段的不同，工程施工组织设计可划分为两类：一类是投标前编制的，另一类是签订工程承包合同后编制的；按工程施工对象可分为施工组织总设计、单位工程施工组织设计和分项工程施工组织设计。施工组织总设计是以整个建设项目或群体工程为编制对象；单位（或单项）工程施工组织设计是施工组织总设计的具体化，以单位（或单项）工程为编制对象，用以指导单位（或单项）工程的施工准备和施工全过程。它还是施工单位编制月旬施工进度计划的基础。

7.2.2.2 施工组织设计的内容

(1) 投标前编制的施工组织的内容

由于它的作用是为编制投标书和进行签约谈判提供依据。所以它的内容直接关系到中标与否、签约谈判成功与否。它的内容应全面、具体、可行。

① 施工方案　包括施工程序、施工方法选择、施工机械选用、人工和主要原材料、成品、半成品投入量等；

② 施工进度计划　包括工程开工日期，竣工日期，分期分批施工工程的开工、竣工日期，施工进度控制图及说明等；

③ 主要技术组织措施　包括保证质量的技术组织措施、保证安全的技术组织措施、保证进度的技术组织措施、环境污染防治的技术组织措施等；

④ 施工平面布置　包括施工用水量计算、用电量计算、临时设施需用量及费用计算、施工平面布置图。

⑤ 针对招标书和签约谈判的要求　切实地做好其施工组织设计。

(2) 施工组织总设计的内容

① 工程概况　包括建设项目的特征、建筑地区的特征、施工现场条件、施工顺序等有关项目的情况；

② 施工部署和施工方案　包括施工任务的组织分工和安排、重要单位工程施工方案、主要工种工程的施工方法及"三通一平"规划、文明施工条例等；

③ 施工准备工作计划　包括现场测量、土地征用、居民拆迁、障碍物拆除，掌握设计意图和进度，编制施工组织设计和研究有关技术组织措施，新结构、新材料、新技术、新设备的应用，大型临时设施工程，如施工用水、用电及场地平整工作的安排及技术培训，物资和机具的申请和准备等；

④ 施工总进度计划　用来控制总工期及各单位工程的工期和搭接关系；

⑤ 各种需要计划　包括劳动力需要量计划、主要材料及加工品需用量、需用时间及运输计划；垂直运输采用的塔吊、卷扬机的型号、泵送混凝土的泵送站、大型搅拌站、大型临时设施等计划；

⑥ 施工平面图　对建设空间（平面）的合理利用进行设计和布置；

⑦ 技术经济指标分析　其目的是评价上述设计的技术、经济效果。

（3）单位（或分项）工程施工组织设计的内容

该内容可以在施工方法、人力、材料、机械、资金、时间、空间等方面进行科学合理地规划，使施工在一定的时间、空间和资源供应条件下，有组织、有计划、有秩序地进行，实现质量好、工期短、消耗少、资金省、成本低的良好效果。其主要内容如下。

① 工程概况　应包括工程特点、建设地点的特征、施工条件三个方面；

② 施工方案　其内容包括确定施工程序和施工流向，划分施工段，主要分部分项工程施工的选择和施工机械的确定、技术组织措施；

③ 施工进度计划　包括确定施工顺序，划分单位（分项）施工项目，计算工程量、劳动量和机械台班量，确定各施工过程的持续时间，并绘制进度计划图；

④ 施工准备工作计划　包括技术准备、现场准备，劳动力、机具、材料、构件加工、半成品的准备等；

⑤ 编制各项需要量计划　包括材料需用量计划、劳动力需用量计划、构件加工、半成品需用量计划、施工机具需用量计划；

⑥ 施工平面图　表明单位（或分项）工程施工所需施工机械、加工场地、材料、构件等的设置场地及临时设施在施工现场的配置。

7.2.3　工程施工组织设计的编制原则和程序

7.2.3.1　编制原则

（1）严格遵守工期定额和合同规定的工程竣工及交付使用期限

总工期较长的大型建设项目，应根据生产的需要安排分期、分批建设，配套投产或交付使用，从实质上缩短工期，尽早地发挥建设投资的经济效益。

（2）合理安排施工程序与顺序

建筑施工有其本身的客观规律，按照反映这种规律的程序组织施工，能够保证各种施工活动相互促进、紧密配合，避免不必要的重复工作，加快施工速度，缩短工期。在安排施工程序时通常应当考虑以下几点：

① 施工准备　及时完成施工准备工作，为正式施工创造良好条件，准备工作视施工要求可以一次完成，也可分期分批完成；

② 开始组织施工　正式施工开始时，应该先进行平整场地、铺设管理、修筑道路等全场性工程及可供施工使用的永久性建筑物，然后才能进行各工程项目的施工；

③ 构筑物的施工顺序　对于单个构筑物的施工顺序，既要考虑空间、时间顺序，也要考虑工种之间的顺序。

（3）工程施工组织编制方法

一般采用流水作业法和网络计划技术来安排施工进度计划。

（4）考虑季节安排施工

恰当地安排冬季、雨季施工项目。对于那些必须进入冬雨期施工的工程，应落实季节性施工措施，以增加全年的施工日数，提高施工的连续性和均衡性。

（5）组织均衡施工

从实际出发，作好人力、物力的综合平衡，组织均衡施工。

（6）优化资源配置减少消耗

尽量利用当地资源，合理安排运输、装卸与储存作业，减少物资运输量，避免二次搬运；精心进行场地规划布置，节约施工用地，不占或少占农田，防止施工事故，做到文明施工。

（7）工程施工与施工项目管理相结合

进行施工项目管理，必须事先进行规划，使管理工作按规划有序地进行。施工项目管理规划的内容应在施工组织设计的基础上进行，使施工组织设计不仅服务于施工和施工准备，而且还要服务于经营管理和施工管理。

7.2.3.2　编制程序

学习有关文件和业主的有关要求；进行调查研究，获得施工组织设计编制的信息和有关依据；确定施工部署，拟定施工方案；编制施工进度计划；编制各种资源需要量计划及运输计划，如编制供水、供电计划；编制施工准备工作计划；设计施工平面图，并计算技术经济指标。

7.2.4　单位（或分项）工程施工组织设计的编制依据

单位（或分项）工程施工组织设计的编制依据主要包括下述内容：a. 上级领导机关对该单位工程的要求，建设单位的意图和要求，工程承包合同、施工图对施工的要求等；b. 施工组织总设计和施工图；c. 年度施工计划对该工程的安排和规定的各项指标；d. 预算文件提供的有关数据；e. 劳动力配备情况，材料、构件、加工产品的来源和供应情况，主要施工机械的生产能力和配备情况；f. 设备安装进场时间和对土建的要求以及对所需场地的要求；g. 建设单位可提供的施工用地、临时房屋、水、暖、电等条件；h. 施工现场的具体情况：地形、地上、地下障碍物、水准点、气象、水文地质、道路、交通运输等情况。

7.2.5　单位工程施工组织设计的编制

7.2.5.1　单位工程概况的编制

① 工程特点　包括平面、高度、层数、结构特征、建筑面积、工作量、主要分项工程交付使用时间；

② 地点特征　包括位置、地形、工程地质（不同深度的土壤分析）、冻结期与冻土厚度、地下水位、水质、气温、冬季雨季时间、风力、地震烈度等；

③ 施工条件　包括"三通一平"情况、材料及预制加工产品的供应情况、施工单位的机械、运输、劳动力和企业管理情况等。

7.2.5.2　单位工程施工方案的编制

（1）施工流向的确定

施工流向的确定是指单位工程在平面上或竖向上施工开始的部位及展示方向。对环境工程中的构筑物要确定出分段在平面上的施工流向，确定施工流向应考虑的因素：生产使用的先后、适当的施工区段划分与材料、构件、土方的运输方向不发生矛盾，适应主导工程（工程量大、技术复杂、占用时间长的施工过程）的合理施工顺序。

（2）确定施工程序

施工程序指分部工程、专业工程或施工阶段的先后施工关系。不同专业工程有不同的施工程序，一般项目的施工程序要遵守"先地下、后地上"、"先主体、后围护"、"先结构、后装饰"的基本要求。例如，沥青混凝土路下的施工程序如下：施工准备，即机械准备、路面基层清理、其他小型工具准备、人员准备；浸油层、黏层的洒布；施工测量；沥青混凝土运输；沥青混凝土摊铺；沥青混凝土碾压。

（3）施工段的划分

其目的是适应流水施工的要求，将单一而庞大的工程实体划分成多个部分，以形成"假定产品批量"，划分施工段应考虑以下几个主要问题：a. 有利于结构的整体性，尽量利用伸缩缝或沉降缝，在平面上有变化处以及留茬而不影响质量；b. 分段应尽量使各段工程量大致相等，以便组织等节奏流水，使施工均衡、连续、有节奏；c. 段数的多少应与主要施工过程相协调，以主导施工过程为主，形成工艺组合，工艺组合数应等于或小于施工段数，因此，分段不宜过多，过多则可能延长工期或使工作面狭窄，过少无法流水而使劳动力或机械设备停歇窝工；d. 分段的大小应与劳动力分配相适应，有足够的工作日。以机械为主的施工对象还应考虑机械的台班能力，使其能力得以发挥。

（4）施工方法和施工机械的选择

施工方法和施工机械的选择应当统一协调，不同的施工机械适用于不同的施工方法。选择时，一般要根据工程性质、结构特征、抗震要求、工程量大小、工期长短、物质供应条件、场地四周环境等因素，拟订方案，进行优选后再确定。

（5）技术组织措施设计

首先保证质量的措施，保证质量的关键是对施工组织设计，对工程对象经常发生质量问题通病要制订防治措施，要从全面质量管理的角度，把措施订到实处，建立质量保证体系，保证计划→执行→检查→处理的正常运转。对采用的新工艺、新材料、新技术和新结构，需制订有效的技术措施，以保证质量。其次安全施工措施，应贯彻安全操作规程，对施工中可能发生安全问题的环节进行预测，提出预防措施，其主要措施如下：a. 对于采用的新工艺、新技术、新结构、新材料，制订有针对性的、行之有效的专门安全技术措施，以确保安全；b. 预防自然灾害（防风、防雷、防洪、防震、防冻、防寒）的措施；c. 制订高空及立体交叉作业的防护措施；d. 制订防火防爆措施。

（6）降低成本措施

降低成本措施的制订应以施工方的预算为尺度，以施工组织技术措施为依据，针对工程施工中降低成本潜力大的项目提出措施，并计算出经济效果和指标，加以评价、决策。这些措施必须不影响质量，能保证施工，而且保证安全。降低成本措施，应包括节约劳力、材料、机械，节约工具费，节约间接费，节约临时设施费等措施，且一定要正确处理降低成本、提高质量和缩短工期三者的关系，对其措施要计算经济效果。

7.2.5.3 单位工程施工进度计划的编制

（1）编制依据

单位工程施工进度计划的编制依据包括：施工总进度计划、施工方案、施工预算、预算定额、施工定额、资源供应状况、领导对工期的要求、建设单位对工期的要求等。

（2）编制程序

收集编制依据→划分项目→计算工程量→套用施工定额→计算劳动量和台班需用量→确定持续时间→确定各项目之间的关系及搭接→绘制进度计划图→判别进度计划并作必要调整→绘制正式进度计划。

（3）划分项目

包括一定工作内容的施工过程，是进度计划的基本组成单元。项目内容的多少，划分的粗细程度，应该根据计划的需要来决定，单位工程进度计划的项目应明确到分项工程或更具体，以满足指导施工作业的要求。通常划分项目应按顺序列成表格、编排序号，查对是否遗漏或重复。凡是与工程对象施工直接有关的内容均应列入，非直接施工辅助性项目和服务性项目则不必列入。划分项目应与施工方案一致。

（4）计算工程量和确定持续时间

计算工程量应针对划分的每一个项目，并分段计算，可套用施工预算的工程量，也可以由编制者按图纸和施工方案计算，或根据施工预算重新整理。定额算法如公式：

$$T = \frac{Q}{RS} = \frac{P}{S} \tag{7-1}$$

式中，T 为项目持续时间，按进度计划的粗细，可以采用小时日或周计；Q 为项目的工程量，可以用实物量单位表示；R 为拟配备的人力或机械的数量，以人数或台数表示；S 为产量定额，即单位工日或台班完成的工程量；P 为 劳动量（工日）或机械台班量（台班）。

（5）确定施工顺序

施工顺序是在施工方案中确定的施工流向和施工程序的基础上，按照所选施工方法和施工机械的要求确定的。施工组织设计可以放在施工方案中确定，有的施工组织设计可以在编制施工进度计划时具体而定。

由于施工顺序在施工进度计划中正式列入，所以最好在施工进度计划编制时具体研究确定。

确定施工顺序是为了按照施工的技术规律和合理的组织关系，解决各项目之间在时间上的先后和搭接问题，以期做到保证质量、安全施工、充分利用空间、争取空间，实现合理安排工期的目的。

（6）组织流水作业并绘制施工进度计划图

① 首先选择进度图的形式，可以是横道图，也可以是网络图。为了应用计算机计算、调整和优化，提倡使用网络计划。因为使用网络计划可以是无时标的，也可是有时标的；

② 安排计划时应先安排积发部工程计划，然后再组合成单位工程施工进度计划；

③ 安排各分部工程施工进度计划应首先确定主导施工过程，并以它为主导，尽量组织节奏或异节奏流水，从而组织单位工程的分别流水。

7.2.5.4 单位工程施工平面图设计

施工平面图是布置施工现场和施工准备工作的重要依据，是实现文明施工、节约土地、减少临时设施费用的先决条件，其绘制比例一般为(1：200) ～(1：500)。如果单位工程施工平面图是拟建建筑群的组成部分，它的施工平面图就是全工地总施工平面图的一部分，应受到全工地总施工平面图的约束，并应具体化。

（1）单位工程施工平面图的设计内容

施工平面图是按一定比例和图例，按照场地条件和需要的内容进行设计的。单位工程施工平面图的内容：a. 建筑平面图上已建和拟建的地上和地下的一切建筑物、构筑物和管线的位置或尺寸；b. 测量放线标桩、地形等高线和取舍土地点；c. 移动式起重机的开行路线及垂直运输设施的位置；d. 材料、加工半成品、构件和机具的堆放场；e. 生产、生活用临时设施，如搅拌站、高压泵站、钢筋棚、木工棚、仓库、办公室、供水室、供电线路、消防设施、安全设施、道路以及其他需搭建或建造的设施；f. 必要的图例、比例尺、方向及风向标记。

（2）单位工程施工平面图的设计要求

主要包括：a. 布置紧凑，占地要省，不占或少占农田；b. 运程短，少搬运，二次搬运要减到最少；c. 利于生产、生活、安全、消防、环保、市容、卫生、劳动保护等，符合国家有关规定和法规。

（3）单位工程施工平面图的设计步骤

单位工程施工平面图的一般设计步骤：确定起重机的位置→确定搅拌站、仓库、材料和构件堆场、加工厂的位置→布置运输道路→布置管理、文化生活、福利用临时设施→布置水电管线→计算技术经济指标。合理的设计步骤有利于节约时间、减少矛盾。

7.3　工程造价管理

7.3.1　工程造价管理的目标和任务

① 造价管理的目标　利用科学管理方法和先进管理手段，合理地确定造价和有效地控制造价，以提高投资效益和环境工程企业的经营效果。

② 造价管理的任务　加强工程造价的全过程动态管理，强化约束机制，维护相关各方面的经济利益，规范价格行为，合理地确立工程概预算。

7.3.2　环境工程造价管理的基本内容

环境工程造价管理的基本内容是合理确定和有效控制工程造价。

7.3.2.1　合理确定工程造价

工程造价的合理确定，就是在建设程序的各个阶段中，合理确定投资估算、概算造价、预算造价、承包合同价、结算价、竣工决算价等。

7.3.2.2　有效控制工程造价

工程造价的有效控制，就是在优化建设方案、设计方案的基础上，在建设程序的各个阶段，采用一定的方法和措施把造价控制在合理的范围和核定的造价限额内。具体的就是用投资估算价控制设计方案选择的初步设计概算造价；用概算造价控制技术设计和修正概算造价，用修正概算造价控制施工图设计和预算造价。从而合理使用人力、物力和财力，控制好环境工程项目的投资。

有效控制工程造价应体现以下原则：以设计阶段为重点的建设全过程造价控制，工程造价控制的关键在于施工前的投资决策和设计阶段的设计质量控制。据有关数据统计，一般情况下，设计费只占相当于建设工程全寿命费用的 1% 以下，但正是这少于 1% 的费用对工程造价的影响程度达 75% 以上，设计质量对整个工程建设的效益至关重要。然而施工阶段，对施工图预算的审核，建设工程的决算价款审核也很重要。实践证明，技术与经济相结合控制工程造价是最有效的手段。要有效地控制工程造价，应从组织、技术、经济等多方面采取措施。从组织上采取的措施，包括明确项目组织结构，明确造价控制者及其任务，明确管理职能分工；从技术上采取措施，包括重视设计多方案选择，严格审查初步设计、技术设计、施工图设计、施工组织设计，深入技术领域，研究节约投资的策略；从经济上采取措施，包括动态地比较造价的计划值和实际值，严格审核各项费用支出，最大可能地降低造价。其具体的工作要素归纳如下：a. 可行性研究阶段对环境工程建设方案认真优选，编好、定好投资估算，考虑风险，打足投资；b. 从优选择建设项目的承建单位、监理单位、设计单位，搞好相应的招投标；c. 贯彻国家的建设方针，合理选定和执行建设标准、设计标准；d. 按估算对初步设计、施工组织设计，推行量财设计，积极、合理地采用新技术、新工艺、新材料，优化设计方案，编好、定好概算；e. 对设备、主材进行择优采购，抓好相应的招标工作；f. 针对环境工程的特点，择优选定建筑安装施工单位，搞好招标工作；g. 认真控制施工图设计，推行"限额设计"，尽可能采用环境工程的定型图；h. 协调好与各有关方面的关系，合理处理好对环境工程和配套的工作（包括征地、拆迁、城建等）中的经济关系；i. 严格按概算对造价实行控制；j. 用好、管好建设资金，保证资金合理有效的使用；k. 严格、合理地管理，做好工程索赔价款结算；l. 各造价管理部门要强化服务意识，强化基础工作（定额、指标、价格指数、工程量计算规则、造价信息等资料）的建设，为合理确定工程造价提供可靠依据。

7.3.3 工程造价的依据

在研究工程造价依据时，必须首先对定额和工程建设定额的基本原理有一个基本的认识。

7.3.3.1 工程定额

定额是一种规定的额度，广义地说，也是一种标准。是指在一定生产条件下，生产质量合格的单位产品所需要消耗的人工、材料、机械台班和资金的数量标准。

定额是管理科学的基础，也是现代化管理科学中的重要内容和基本环节。它是节约社会劳动、提高劳动生产率的重要手段，是组织和协调社会化大生产的工具，也是宏观调控的依据，在社会主义市场经济条件下工程建设定额具有以下重要作用。

① 在工程建设中，定额具有节约社会劳动和提高生产效率的作用。一个企业以定额作为促进工人节约社会劳动（工作时间、原材料等）和提高劳动效率、加快工作进度的手段，以增加市场竞争力，获取更多的利润；此外，作为工程造价计算依据的各类定额又可促使企业加强管理，把社会劳动的消耗控制在合理的限度内。

② 定额有利于建筑市场公平竞争，定额所提供的准确的信息为市场需求主体和供给主体之间的公平竞争提供了有利条件。

③ 定额是对市场行为的规范，定额既是投资决算的依据，又是价格决策的依据。对于投资者来说，他可以利用定额权衡自己的财务状况和支付能力，预测资金投入的预期回报，还可以充分利用固有额定的大量信息，有效地提高环境工程项目决策的科学性，优化其投资行为。对于建筑来说，企业在投标报价时，只有充分考虑定额要求，才能确定正确的报价价格，才能占有市场竞争优势。可见定额在上述两个方面规范了市场主体经济行为。它是市场经济条件下，不可缺少的管理手段。

7.3.3.2 定额分类

(1) 按定额反映的物质消耗内容分类

可以把工程建设定额分为劳动消耗定额、机械消耗定额和材料消耗定额三种。

① 劳动消耗定额 简称劳动定额，它是完成一定的合格产品（工程实体或劳务）决定劳动消耗的数量标准。劳动定额大多采用工作时间消耗量来计算劳动消耗的数量。所以劳动定额主要表现形式是时间定额，但同时也表现为产量定额。

② 机械消耗定额 我国机械消耗定额是以一台机械一个工作班为计量单位，所以它称为台班定额，机械消耗定额是指为完成一定合格产品（工程实体或劳务）规定的施工机械消耗的数量标准。机械消耗定额的主要表现形式是机械时间定额，但同时也表现为产量定额。

③ 材料消耗定额 简称材料定额，是指完成一定合格产品所需消耗材料的数量标准。材料是工程建设中使用的原材料、成品、半成品、构配件、燃料及水、电等动力资源的统

称。材料作为劳动对象构成工程实体，需用数量很大，种类繁多。所以材料消耗多少，消耗是否合理，不仅关系到资源的有效利用，影响市场供求状况，而且对建设工程的项目投资、建设产品的成本控制都起着决定性影响。

（2）按照定额人员编制程序和用途来分类

可以把工程建设定额分为施工定额、预算定额、概算定额、概算指标、投资估算指标等五种。

① 施工定额　是施工企业（建筑安装企业）组织生产和加强管理在企业内部使用的一种定额。属于企业生产定额的性质，它由劳动定额、机械定额和材料定额三个相对独立的部分组成。为了适应组织生产和管理的需要，施工定额的项目划分很细，是工程建设定额中分项最细、定额子目最多的一种定额，也是建设定额中的基础性定额。在预算定额的编制过程中，施工定额的劳动、机械、材料消耗的数量标准，是计算预算定额中劳动、机械、材料消耗数量标准的重要依据。

② 预算定额　是在编制施工图预算时，计算工程造价和计算工程中劳动机械台班、材料需要量使用的一种定额。预算定额是一种计价性的定额，工程建设定额中占有很重要的地位。预算定额是编制概算定额的基础。

③ 概算定额　是编制扩大初步设计概算时，计算和确定工程概算造价，计算劳动、机械台班、材料需要量所使用的定额。它的项目划分粗细与扩大初步设计的深度相适应，一般是预算定额的综合扩大。

④ 概算指标　是在三阶段设计的初步设计阶段，编制工程概算，计算机确定工程的初步设计概算造价，计算劳动、机械台班、材料需要量时所采用的。这种定额的设定和初步设计的深度相适应。一般是在概算定额和预算定额的基础上编制的，此概算定额更加综合扩大。概算指标是控制项目投资的有效工具，它所提供的数据也是编制计划的依据和参考指标。

⑤ 投资估算指标　它是在项目建议书和可行性研究阶段编制投资估算、计算投资需要量时使用的一种定额。它非常概略，往往以独立的单项工程或完整的工程项目为计算对象，它的概略程度与可行性研究阶段相适应。投资估算指标往往根据历史的预、决算资料和价格变动资料等编制，但其编制基础仍然离不开预算定额、概算定额。

（3）与环境工程相适应的定额

也是建筑工程定额。具体包括一般土建工程、电气工程（动力、照明）、卫生技术工程（水处理，消防水池等）、工业管道工程、特殊构筑物等的定额。

（4）设备安装定额

是安装工程施工定额、预算定额、概算定额和概算指标的统称。

（5）建筑安装工程费用定额

一般包括以下三部分内容。

① 其他直接费用定额　指预算定额分项内容以外，与建筑安装施工生产直接有关的各项费用开支标准；

② 现场经费定额　指与现场施工直接有关，是施工准备、组织施工生产和管理所需的费用定额；

③ 间接费定额　指与建筑安装施工生产、个别产品无关，为企业生产全部产品所必需、为维持企业的经营管理活动所必需发生的各项费用开支的标准；

（6）工程建设其他费用定额

独立于建筑安装工程、设备和工器具购置之外的其他费用开支标准。工程建设的其他费用的发生和整个项目的建设密切相关，它一般要占项目总投资的 10% 左右。

(7) 工程建设定额的特点

① 科学性　工程建设定额的科学性包括两重含义。一重含义是指工程建设定额和生产力发展水平相适应，反映出工程建设中生产消费的客观规律；另一重含义是指工程建设定额在理论、方法和手段上适应现代科学技术和信息社会发展的需要。

② 系统性　是相对独立的系统，它是由多种定额结合而成的有机的整体，它的结构复杂，有鲜明的层次，有明确的目标。

③ 统一性　主要是由国家对经济发展有计划的宏观调控职能决定的。为了使国民经济按照既定的目标发展，就需要借助于某些标准、定额、参数等对工程建设进行规划、组织、调节、控制。

④ 权威性　因为它的基础是定额的科学性，只有科学的定额，才具有权威。这种权威性在一些情况下具有经济法规性质。

⑤ 稳定性和时效性　工程建设定额中的任何一种都是一定时期技术发展和管理水平的反映，因而在一段时间内都表现出稳定的状态。但稳定性是相对的，当生产力向前发展了，定额就会与已经发展了的生产力不相适应。这样，它原有的作用就会逐步减弱乃至消失。

7.3.3.3　预算定额和概算定额

(1) 预算定额的用途及其编制原则

① 预算定额的用途　预算定额是规定消耗在单位工程基本构造要素上的劳动力、材料和机械的数量标准。

② 预算定额的编制原则：a. 按社会平均水平确定预算定额；b. 简明适用；c. 坚持统一性和差别性相结合。

(2) 预算定额编制方法

① 确定预算定额的计量单位。

② 按典型设计用纸和资料计算工程数量。

③ 确定人工工日消耗量的计算方法　人工工日消耗量的测定方法有两种，一种是以施工定额的劳动定额为基础确定；另一种是采用计量观察法测定。

a. 以劳动定额为基础计算人工工日数的方法。以劳动定额为基础计算人工工日数的方法包括：基本工、其他工、辅助工、超运距用工、人工幅度差。人工幅度差计算公式：

人工幅度差＝（基本用工＋超运距用工）×人工幅度差系数

b. 以现场测定资料为基础计算人工工日数的方法。以现场测定资料为基础计算人工工日数的方法，可采用现场工作日写实等测时方法查定和计算定额的人工耗用量。

④ 材料消耗指标的计算方法

a. 有标准规格材料的按规范要求计算定额计量单位耗用量，如红砖、防水卷材、块料石层等；b. 设计图纸标准尺寸及下料要求的按设计用纸尺寸计算材料净用量；c. 换算法是指根据要求条件换算，得出材料用量；d. 测定法包括实验室试验法和现场观察法。

材料损耗量　＝　材料净用量×损耗率

材料消耗量＝材料净用量＋损耗量或材料消耗量＝材料净用量×（1＋损耗率）

⑤ 机械台班消耗指标的确定方法

a. 根据施工定额确定机械台班消耗量的计算

预算定额机械耗用台班＝施工定额机械耗用台班×（1＋机械幅度差率）

b. 以现场测定资料为基础确定机械台班消耗量，如遇施工定额缺项者，则需依单位时间完成的产量测定。

（3）预算定额的组成内容

不同时期、不同专业和不同地区的定额，在内容上虽不完全相同，但其基本内容变化不大，主要包括：总说明；分章（分部工程）说明；分项工程说明；定额项目表；分章附录和总附录。有些预算定额为方便使用，把工程量计算规则编入内容。但工程量计算规则并不是预算定额必备的内容。

为了详尽了解建筑工程预算定额组成内容，现节录《2000年黑龙江省建设工程预算定额（土建）》部分内容（总说明、第五章钢筋混凝土工程和工程量计算规则）放入附录中。但由于该定额距今时间较长，期间几经修订和补充，在计算定额时，应查阅工程当地的最新定额标准，本附录仅做参考。

7.4　工　程　概　算

7.4.1　设计概算的编制与审查

7.4.1.1　设计概算的含义

设计概算是设计文件的重要组成部分，是在投资估算的控制下由设计单位根据初步设计（或技术设计）图纸及说明、概算定额（概算指标）、各项费用定额或取费标准、设备、材料预算价格等资料，编制和确定的建设项目从筹建至施工交付使用所需全部费用的文件。采用两阶段设计的建设项目，初步设计阶段必须编制设计概算；采用三阶段设计的，技术设计阶段必须编制修正概算。

7.4.1.2　设计概算的作用

（1）设计概算是编制建设项目投资计划以及确定和控制建设项目投资的依据

编制年度固定资产投资计划，确定计划投资总额及其构成，要以批准初步设计概算为依据，没有批准的初步设计及其概算的建设工程不能列入年度固定资产投资计划。

经批准的建设项目设计总概算的投资额，是该工程建设投资的最高限额。在工程建设过程中，年度固定资产投资计划安排，银行拨款或贷款、施工图设计及其预算、竣工决算等，未经按规定的程序批准，都不能突破这一限额，以确保国家固定资产投资计划的严格执行和有效控制。

（2）设计概算是签订建设工程合同和贷款合同的依据

也是银行拨款或签订贷款合同的最高限额，建设项目的全部拨款或贷款以及各单项工程的拨款或贷款的累计总额，不能超过设计概算。如果项目的投资计划所列投资额或拨款与贷款突破设计概算时，必须查明原因后由建设单位报请上级主管部门调整或追加设计概算总投资额，凡未批准之前，银行对其超支部分拒不拨付。

（3）设计概算是控制施工图设计和施工图预算的依据

经批准的设计概算是建设项目投资的最高限额，设计单位必须按照批准的初步设计和总概算进行施工图设计，施工图预算不得突破设计概算。

（4）设计概算是衡量设计方案技术经济合理性和选择最佳设计方案依据

设计概算是设计方案技术经济合理性的综合反映，据此可以用来对不同的设计方案进行技术与经济合理性的比较，以便选择最后的设计方案。

（5）设计概算是考核建设项目投资效果的依据

通过设计概算与竣工决算对比，可以分析和考核投资效果的好坏，同时还可以验证设计概算的准确性，有利于加强设计概算管理和建设项目的造价管理工作。

7.4.2 设计概算的内容

7.4.2.1 设计概算的编制原则和依据

(1) 设计概算的编制原则

为提高建设项目设计概算编制质量，科学合理确定建设项目投资，设计概算编制应坚持以下原则。

① 严格执行国家建设方针和经济政策的原则　设计概算是一项重要的技术经济工作，坚持执行勤俭节约的方针，严格执行规定的设计标准。

② 要完整和准确地反映设计内容和原则　编制设计概算时，要认真了解设计意图，根据设计文件、图纸准确计算工程量，避免重算和漏算。设计修改后，要及时修正概算。

③ 要坚持结合拟建工程的实际并反映工程所在地当时价格水平的原则　为提高设计概算的准确性，要求实事求是地对工程所在地的建设条件，可能影响造价的各种因素进行认真地调查研究。在此基础上正确使用定额、指标、费率和价格等各项编制依据，按照现行的工程造价的构成，根据有关部门发布的价格信息及价格调整指数，考虑建设期的价格变化因素，使概算尽可能地反映设计内容、施工条件和实际价格。

(2) 设计概算的编制依据

主要编制依据：a. 国家发布的有关法律、法规、规程等；b. 批准的可行性研究报告、投资估算和设计图纸等有关资料；c. 有关部门颁发的现行概算定额、概算指标、费用定额等和建设项目概算编制办法；d. 有关部门发布的人工、设备材料价格、造价指数等；e. 有关合同、协议等。

7.4.2.2 设计概算的内容

设计概算可分单位工程概算、单项工程综合概算和建设项目总概算三级。各级之间概算的相互关系如图 7-2 所示。

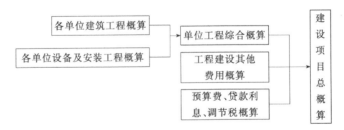

图 7-2　三级概算相互关系示意

7.4.3 设计概算的编制

7.4.3.1 单位工程概算的编制方法

单位工程是单项工程的组成部分，是指具有单独设计可以独立组织施工，但不能独立发挥生产能力或使用效益的工程。单位工程概算由建筑安装工程中的直接工程费、间接费、计划利润和税金组成。

单位工程概算分建筑工程概算和设备及安装工程概算两大类。建筑工程概算的编制方法有概算定额法、概算指标法、类似工程预算法等；设备及安装工程概算的编制方法有预算单价法、扩大单价法、设备价值百分比法和吨位指标法等。

(1) 建筑工程概算的编制方法

① 概算定额法　又叫扩大单价法或扩大结构定额法。它是采用概算定额编制建筑工程概算的方法，类似用预算定额编制建筑工程预算。它是根据初步设计图纸资料和概算定额的

项目划分计算出工程量，然后套用概算定额单位（基价），计算汇总后，再计取有关费用，便可得出单位工程概算造价。概算定额法要求初步设计达到一定深度、建筑结构上较明确时才可采用。

② 概算指标法　是拟建厂房、住宅的建筑面积或体积乘以技术条件相同或基本相同的概算指标编制概算的方法。当初步设计深度不够，不能准确地计算出工程量，但工程设计是采用技术比较成熟而又类似工程概算指标可以利用时，可采用此法。由于拟建工程（设计对象）往往与类似工程概算指标的技术条件不尽相同，而且概算指标编制年份的设备、材料、人工等价格与拟建工程当时当地的价格也不会一样。因此，必须对其进行调整。

③ 类似工程预算法　适用于拟建工程初步设计与已完工程或在建工程的设计相类似又没有可用的概算指标时，但必须对建筑结构差异和价差进行调整。建筑结构差异的调整方法与概算指标法的调整方法相同，类似工程造价的价差调整有两种方法。一是类似工程造价具体的人工、材料、机械台班的用量时，可按类似工程造价资料中的主要材料用量、工日数量、机械台班用量乘拟建工程所在地的相近日期的主要材料预算价格、人工单价、机械台班单价，计算其工程直接费，再乘以当地的综合费率。二是类比工程造价只有人工、材料、机械台班费用和其他直接费、现场经费、间接费时，可按下面公式调整

$$D = AM \tag{7-2a}$$
$$M = a\%M_1 + b\%M_2 + c\%M_3 + d\%M_4 + e\%M_5 + f\%M_6 \tag{7-2b}$$

式中，D 为拟建工程平方米概算造价；A 为类似工程平方米预算造价；M 为综合调整系数；$a\%$、$b\%$、$c\%$、$d\%$、$e\%$、$f\%$ 为类似工程预算的人工费、材料费，机械费、其他直接费、现场经费、间接费之间的差异系数；M_1、M_2、M_3、M_4、M_5、M_6 为类似工程预算的人工费与拟建工程概算人工费之比值。

（2）设备及安装工程概算的编制方法

① 设备购置费概算由设备原价和运杂费两项组成

标准设备原价可根据设备型号规格、性能、材质、数量及附带的配件，向制造厂家问价或向设备、材料信息部门查询或按主管部门规定的现行价格逐项计算。非主管标准设备和器具的原价可按主要标准设备原价的百分比计算。百分比指标按主管部门或地区有关规定执行。

② 设备安装工程概算的编制方法

a. 预算单价法。当初步设计较深，有详细的设备清单时，可直接按安装工程预算定额单位编制设备安装工程概算，概算程序基本同于安装工程施工图预算。

b. 扩大单位法。当初步设计深度不够，设备清单不完备，只有主体设备或仅有成套设备重量时，可采用主体设备、成套设备的综合扩大安装单价来编制概算。

c. 设备估价百分比法，又叫安装设备百分比法。当初步设计深度不够，只有设备出厂价而无具体规格、重量时，安装费可按占设备费的百分比计算。其百分比值由主管部门制订或设计单位根据与它类似工程确定。价格波动不大的定型产品和通用设备产品，可应用式（7-3）计算

$$设备安装费 = 设备原价 \times 安装费率（\%） \tag{7-3}$$

d. 综合吨位指标法。当初步设计提供的设备清单有规格和重量时，可采用综合吨位指标编制概算，其综合吨位指标由主管部门或由设计院根据已完成的类似工程资料确定。即

$$设备安装费 = 设备吨重 \times 每吨设备安装费指标（元/t） \tag{7-4}$$

7.4.3.2 建设项目总概算的编制方法

建筑项目总概算是设计文件的重要组成部分，是确定整个建设项目从筹建到竣工交付使用所预计花费的全部费用的文件。它是由各单项工程综合概算、工程建设其他费用、预备

费、固定资产投资方向调节税和经营性项目的铺底资金，按照主管部门规定的统一表格进行编制而成。

设计概算文件一般包括：封面、目录、编制说明、总概算表、工程建设其他费用概算表、单项工程综合概算表、单位工程概算表、工程量计算表、分年度投资汇总表与分年度资金流量汇总表以及主要材料汇总表与工日数量表等。

7.4.4 设计概算的审查

7.4.4.1 审查设计概算的意义

审查设计概算有利于合理利用投资资金，加强投资计划管理，有利于合理确定和有效控制工程造价，可促进概算编制单位严格执行国家有关概算的编制规定和费用标准，从而提高概算的编制质量，有助于促进设计的技术先进性与经济合理性。概算中的技术经济指标是概算的综合反映，可与同类工程对比，查看其合理程度。另外，有利于核定建设项目的投资规模，可使建设项目总投资做到准确、完整，防止任意扩大投资规模或出现漏项，从而减少投资误区，缩小概算与预算之间的差距，避免有意压低概算投资，搞钓钱项目，导致实际造价大幅地突破概算。

7.4.4.2 设计概算审查内容

(1) 审查设计概算的编制依据

① 查编制依据的合法性　采用的各种编制依据必须经过国家和授权机关的批准，符合国家的编制规定，未经批准的不能采用。不能以各种借口，擅自提高概算定额、指标或费用标准。

② 审查编制依据的时效性　各种依据，如定额、指标、价格取费标准等，都应根据国家有关部门的现行规定进行，注意有无调整和新的规定。

③ 审查编制依据的适用范围　各种编制依据都有规定的适用范围，如各主管部门规定的各种专业额定及其取费标准，只适用于该部门的专业工程。各地区规定的各种定额及其取费标准，只适用于该地区范围内，特别是地区的材料预算价格其区域性更强。

(2) 审查概算编制深度

① 审查编制说明　可以检查概算的编制方法、深度和编制依据等重大原则问题，其编制说明有差错，其概算必有差错。

② 审查概算编制深度　设计概算应有完整的编制说明和"三级概算"即总概算表、单项工程综合概算表、单位工程概算表，并按有关规定的深度进行编制。审查是否有符合规定的"三级概算"，各级概算的编制、校对、审核是否按规定签署，是否有意化简。

③ 审查概算的编制范围　具体内容及具体工程内容有无重复交叉，是否重复计算、漏项。

(3) 审查建设规模和标准

审查概算的投资规模、设计标准、建设用地、建筑面积、主要设备、配套工程、设计的环境工程是否符合原批准可行性研究报告或立项批文标准，如概算总投资超过原批准投资估算 10% 以上，应进一步审查超估算的原因。

(4) 审查设备规格以及数量和配置

环境工程项目设备投资比重大，一般占总投资 30%～50%，要认真审查，所选用的设备规格、台数是否与生产一致，材质、自动化程度有无提高标准，引进设备是否配套、合理，重点审查设备价格是否合理。

(5) 审查工程量

建筑安装工程投资是随工程量增加而增加，要认真审查。要根据初步设计图纸、概算定额及工程量计算规则，审查有无多算、重算、漏算。

（6）审查其他费用

工程建设其他费用投资约占项目总投资 25％以上，必须认真逐项审查，审查费用项目是否按国家统一规定计取，有无随意列项，有无多列、交叉和漏项。

7.5 施工图预算的编制与审查

7.5.1 施工图预算的作用

① 施工图预算是设计阶段控制工程造价的重要环节，是控制施工图设计不突破设计概算的重要措施。

② 施工图预算编制或调整固定资产投资计划的依据。

③ 对于实行施工招标的工程，施工图预算是编制标底的依据，也是承包企业投标报价的基础。

④ 对于不宜实行招标的工程，采用施工图预算加调整价结算的工程，施工图预算可作为确定合同价款的基础或作为审查施工企业提出的施工图预算的依据。

7.5.2 施工图预算的内容

施工图预算有单位工程预算、单项工程预算和建设项目总预算。单位工程预算是根据施工图设计文件、现行预算定额、费用标准以及人工、材料、设备、机械台班等预算价格资料，以一定方法编制单位工程的施工图预算。然后汇总所有各单位工程施工图预算，成为单项工程施工图预算。再汇总所有各单项工程施工图预算，便是一个建设项目建筑安装工程的总预算。

单位工程预算包括建筑工程预算和设备安装工程预算。建筑工程预算按其工程性质分为一般土建工程预算、卫生工程预算（包括室内外给排水工程、采暖通风工程、煤气工程等）、电气照明工程预算、特殊构筑物如各类贮水池、泵房、炉窑、烟囱、水塔等工程预算和工业管道工程预算等。

设备安装工程预算可分为机械设备安装工程预算、电气设备安装工程预算和化工设备、热力设备安装工程预算等。

7.5.3 施工图预算的编制依据

（1）施工图纸及说明书和标准图集

经审定的许多图纸、说明书和标准图集完整地反映了工程的具体内容和部分的具体做法、结构尺寸、技术特征以及施工方法，是编制施工图预算的重要依据。

（2）现行预算定额及单位估价表

国家和地区都颁发的现行建筑、安装工程预算定额及单位估价表和相应的工程量计划规则、建筑安装工程费用定额是编制施工图预算确定分项工程子目、计算工程量、选用单位估价表、计算直接工程费的主要依据。

（3）施工组织设计或施工方案

因为施工组织设计或施工方案中包括了与编制施工图预算必不可少的有关资料，如建设地点的土质、地质情况，土石方开挖的施工方法及余土外运方式与运距，施工机械使用情况，结构件预制加工方法及运距，重要的梁板柱的施工方案，重要或特殊机械设备的安装方案等。

（4）材料、人工、机械台班预算价格及调价规定

材料、人工、机械台班预算价格是预算定额的三要素，是构成直接工程费的主要因素。尤其是材料费在工程成本中占的比重大，而且在市场经济条件下，材料、人工、机械台班的价格是随市场而变化的。为使预算造价尽可能接近实际，各地区对比都有明确的调价规定、发造价信息等。因此，合理确定材料、人工、机械台班预算价格及其调价规定是编制施工图预算的重要依据。

（5）预算工作手册及有关计算各种结构构件面积和体积公式，钢材、木材等各种材料规格、型号及用量数据，各种换算比例，特殊断口、结构件、工程量计算方法，金属材料重量表等。以上这些公式、资料、数据是施工图预算必不可少的依据。

7.5.4 施工图预算的审查

7.5.4.1 审查施工图预算的意义

审查施工图预算，有利于控制工程造价，克服和防止预算超概算；有利于加强固定资产投资管理，节约建设资金；有利于施工承包合同的合理确定和控制。因为施工图预算书对招标工程而言，它是编制标底的依据，对于不招标工程，它又是合同价款结算的基础。审查施工图预算还有利于积累和分析各项技术经济指标，为积累和分析技术经济指标提供准确依据，进而通过有关指标的比较，找出设计中的薄弱环节。

7.5.4.2 审查施工图预算的内容

审查施工图预算的重点，应该放在工程量计算和预算单价套用是否正确，各项费用标准是否符合现行规定等方面。

（1）审查工程量

① 审查土方工程量　平整场地、挖地槽、挖地坑、挖土方工程量的计算是否符合现行定额计算规定和施工图纸标注尺寸，有无重算和漏算。回填土工程量和余土外运，计算是否正确。

② 砖石工程量　墙基和墙身划分是否符合规定，不同厚度的内、外墙是否分别计算，应扣除的门窗洞口及埋入墙体各种钢筋混凝土梁柱等是否已扣除，不同砂浆标号的墙体和定额规定是否相应，有无混淆、错算或漏算。

③ 审查混凝土及钢筋混凝土工程量　现浇与预制构件是否分别计算，有无混淆，现浇柱与梁，主梁与次梁及各种构件计算是否符合规定，有无重算或漏算。有筋与无筋构件是否按设计规定分别计算，有无混淆。混凝土的含钢量与预算定额的含钢量发生差异时，应按规定予以增减调整。

④ 审查楼地面工程量　楼梯抹面是否按踏步和休息平台部分的水平投影面积计算，细石混凝土地面找平层的设计厚度与定额厚度不同时，是否按其厚度进行换算。

⑤ 审查构筑物的工程量　当烟囱和水塔定额量以面编制时，地下部分已包括在定额内，按规定不能再另行计算。

⑥ 审查金属构件制作工程量　金属构件制作工程量多数以吨为单位。在计算时，型钢按图示尺寸求出长度，再乘每米的重量。钢板要求算出面积，再乘以每平方米的重量。

⑦ 审查水暖工程量　室内外排水管道、暖气管的划分是否符合规定，各种管道的长度、口径是否按设计规定和定额计算，室内给水管道不应扣除阀门、接头零件所占的长度，但应扣除卫生设备本身的附带的管道长度，审查是否符合要求，有无重算。室内排水工程采用承插铸铁管时，不应扣除异形管及检查口所占长度，室外排水管道是否已扣除了检查井与连接井所占的长度。

（2）审查预算单价的套用

① 预算中所列各分项工程预算单价是否与现行预算定额的预算单价相符，其名称、规格、计算单位和所包括的工程内容是否与单位估价表一致。

② 审查换算的单价，是否是定额允许换算的，换算是否正确。

③ 审查补充定额和单位估价表的编制是否符合编制原则，单位估价表计算是否正确。

（3）审查其他有关费用

其他直接费包括的内容各地不一，具体计算时，应按当地的现行规定执行。审查时要注意是否符合规定和定额要求。其他直接费和现场经费及间接费的计取基础是否符合现行规定，是否不能作为计费基础的费用列入计费的基础，预算外调增的材料差价是否计取了间接费。

7.5.4.3 审查施工图预算的方法

审查施工图预算方法较多，主要有全面审查法、标准预算审查法、分组计算审查法、筛选审查法、重点抽查法、对比审查法、分解对比审查法等几种。

① 全面审查法　又叫逐项审查法，就是按预算定额顺序或施工的先后顺序，逐一地进行全面审查。其优点是全面、细致，经审查的工程预算差错比较少，质量比较高。缺点是工作量大。

② 标准预算审查法　对于利用标准图纸或通用图纸施工的工程，先集中力量，编制标准预算，以此为标准审查预算的方法按标准图纸设计或通用图纸施工的工程一般上部结构和作法相同，可集中力量细审一份预算，作为这种标准图纸的标准预算，或用这种标准图纸的工程量为标准，对照审查，而对局部不同部分作单独审查即可。这种方法的优点是时间短、效果好，比较适应环境工程。如化粪池，贮水池、水塔等。

③ 分组计算审查法　是一种加快审查工程量速度的方法，把预算中的基础上划分为若干组，并把相邻且有一定相关项目编为一组，审查或计算同一组中某个分项工程量，利用工程量间的相同或相似计算基础关系，判断同组中其他几个分项工程量计算的准确程度。

④ 对比审查法　是用已建成工程的预算或虽未建成但已审查修正的工程预算对比审查拟建的类似工程预算的方法。

⑤ 筛选法　是根据建筑工程虽然有建筑面积和高度不同，但是它们的各个分部分项工程的工程量、造价、用工量在每个单位面积上的数值变化不大，把这些数据加以汇集、优选，归纳为工程量、造价、用工三个单方基本值，用来筛选各分部分项工程，定出哪些项目重点审查。

⑥ 重点抽查法　是抓住工程预算中的重点进行审查的方法。通常的重点是工程量大或造价比较高、工程结构复杂的工程，补充单位估价表，计取各项费用。

⑦ 分解对比审查法　按单位工程的直接费与间接费进行分解，然后再把直接费按工种和分部工程进行分解，分别与审定的标准预算进行对比分析 。

7.5.4.4 施工图预算审查步骤

（1）做好审查前准备工作

① 熟悉图纸　施工图是编审预算分项数量重要依据，必须全面熟悉了解，核对所有图纸，清点无误后依次识读。

② 了解预算包括的范围　根据预算编制说明，了解预算包括的工程内容，例如环境工程及配套设施以及会审图纸后的设计变更等。

③ 弄清预算采用的单位估价表　任何单位估价表或预算定额都有一定的适用范围，应根据工程性质，收集熟悉相应的单价、定额资料。

（2）选择合适的审查方法按相应内容审查

由于工程规模、繁简程度不同，施工方法和施工企业情况不一样，工程预算繁简和质量也不同，因此需选择适当的审查方法进行审查。

7.6　单价法编制施工图预算

7.6.1　概述

单价法是由事先编制好的分项工程的单位估价表来编制施工图预算的方法。按施工图计算的各分项工程的工程量，乘以相应单价并汇总相加，得到单位工程的人工费、材料费、机械使用费之和。再加上按规定程序计算出来的其他直接费、现场经费、间接费、计划利润和税金，便可得出单位工程的施工图预算造价。

单价法编制施工图预算，其中直接费用计划公式为：

单位工程施工图预算直接费＝Σ（工程量×预算定额单价）

7.6.2　编制施工图预算的步骤

单价法编制施工图预算的步骤如图7-3所示。

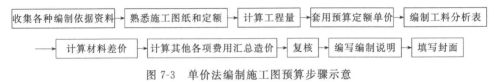

图7-3　单价法编制施工图预算步骤示意

（1）收集各种编制依据资料

各种编制依据资料包括施工图纸、施工组织设计或施工方案、现行建筑安装工程预算定额、取费标准统一的工程量计算规则、工程所在地区的材料、人工、机械台班预算价格规定等。

（2）熟悉施工图纸和定额

只有对施工图和预算定额有全面详细的了解，才能全面准确地计算工程量，进而合理地编制出施工图预算造价。

（3）计算工程量

工程量的计算在整个预算过程中是最重要的、最繁重的一个环节，直接影响预算造价的准确性。因此，必须在工程计算上狠下功夫，确保预算质量。

计算工程量一般可按下列具体步骤进行：a. 根据施工图示的工程内容和定额项目，列出计算工程量分部分项工程；b. 根据一定的计算顺序和计算规则，列出计算式；c. 根据施工图示尺寸及有关数据，代入计算式进行数学计算；d. 按照定额中的分部分项工程的计量单位对相应的计算结果的计量单位进行调整，使之一致。

（4）套用预算定额单位

工程量计算完毕并核对无误后，用所得到的分部分项工程量套用单位估价表中相应的定额基价，相乘后相加汇总，便可求出单位工程的直接费。套用单价时需注意如下几点：a. 分项工程量的名称、规格、计量单位必须与预算定额或单位估价表所列内容一致，否则重套、错套、漏套预算基价都会引起直接工程费的偏差，导致施工图预算造价偏高或偏低；b. 当施工图纸的某些设计要求与定额单位的特征不完全符合时，必须根据定额使用说明对定额基价进行调整或换算，如混凝土、砂浆标号不同，应予以换算；c. 当施工图纸的某些设计要求与定额单价特征相差甚远，既不能直接套用也不能换算、调整时，必须编制补充单位估价表或补充定额。

（5）编制工料分析表

根据各分部分项工程的实物工程量和相应定额中的基础上所列的用工工日及材料数量，计算出各部分项工程所需的人工及材料数量，相加汇总便得出该单位工程的所需要的各类人工和材料的数量。

（6）计算材料差价

由于定额中所含材料的材料单价为固定的，而市场中的材料价格波动较大，另外材料质量等级也有差别，故一般规定主要材料允许找差，这时按工料分析所得材料用量及即时材料价格信息，进行市场价与预算价找差。

（7）计算其他各项应取费用和汇总造价

按照建筑安装单位工程造价构成的规定费用项目、费率及计费基础，分别计算出其他直接费、现场经费、间接费，计算利润和税金，并汇总单位工程造价。

（8）复核

单位工程预算编制后，有关人员对单位工程预算进行复核，以便及时发现差错，提高预算质量，复核时应对工程量计算公式和结果、套用定额基价、各项费用的取费费率及计算基础和计算结果、材料和人工预算价格及价格调整等方面是否正确进行全面复核。

（9）编写编制说明及填写封面

编制者向审核者交代编制方法有关情况，包括编制依据、工程性质、内容范围、所用图纸及预算与定额编制年限、价格调整依据、有关部门的调价文件号、套用单价或补充单位估价表方面的情况，以及其他遗留问题和需要说明的问题。

（10）填写封面

应写明工程名称、工程编号、预算总造价及单方造价、编制单位名称及负责人和编制日期等。

单价法是目前国内编制施工图预算的主要方法，具有计算简单，工作量较小和编制速度较快。尤其当前采用计算机计算软件，操作更加简捷。

附　　录

附录1　国际单位制的基本单位

量的名称	单位名称	单位符号	量的名称	单位名称	单位符号
长度	米	M	热力学温度	开[尔文]	K
质量	千克(公斤)	kg	物质的量	摩[尔]	mol
时间	秒	s	发光强度	坎[德拉]	cd
电流	安[培]	A			

附录2　国际单位制的辅助单位

量的名称	单位名称	单位符号
平面角	弧度	rad
立体角	球面度	sr

附录3　国际单位制中具有专门名称的导出单位

量的名称	单位名称	单位符号	其他表示示例	量的名称	单位名称	单位符号	其他表示示例
频率	赫[兹]	Hz	s^{-1}	磁通量	韦[伯]	Wb	$V \cdot s$
力;重力	牛[顿]	N	$kg \cdot m/s^2$	磁通量密度,磁感应强度	特[斯拉]	T	Wb/m^2
压力,压强,应力	帕[斯卡]	Pa	N/m^2	电感	亨[利]	H	Wb/A
能量;功;热	焦[耳]	J	$N \cdot m$	摄氏温度	摄氏度	℃	
功率;辐射通量	瓦[特]	W	J/s	光通量	流[明]	lm	$cd \cdot sr$
电荷量	库[仑]	C	$A \cdot s$	光照度	勒[克斯]	lx	lm/m^2
电位;电压;电动势	伏[特]	V	W/A	放射性活度	贝可[勒尔]	Bq	s^{-1}
电容	法[拉]	F	C/V	吸收剂量	戈[瑞]	Gy	J/kg
电阻	欧[姆]	Ω	V/A	剂量当量	希[沃特]	Sv	J/kg
电导	西[门子]	S	A/V				

附录4　国家选定的非国际单位制单位

量的名称	单位名称	单位符号	换算关系和说明
时间	分	min	1min＝60s
	[小]时	h	1h＝60min＝3600s
	天(日)	d	1d＝24h＝86400s

量的名称	单位名称	单位符号	换算关系和说明
平面角	[角]秒	(″)	$1″=(\pi/648000)\,\mathrm{rad}$ （π 为圆周率）
	[角]分	(′)	$1′=60″=(\pi/10800)\,\mathrm{rad}$
	度	(°)	$1°=60′=(\pi/180)\,\mathrm{rad}$
旋转速度	转每分	r/min	$1\mathrm{r/min}=(1/60)\,\mathrm{s}^{-1}$
长度	海里	n mile	$1\mathrm{n\ mile}=1852\mathrm{m}$（只用于航程）
速度	节	kn	$1\mathrm{kn}=1\mathrm{n}$ $\mathrm{mile/h}=(1852/3600)\,\mathrm{m/s}$（只用于航行）
质量	吨	t	$1\mathrm{t}=10^3\,\mathrm{kg}$
	原子质量单位	u	$1\mathrm{u}\approx1.6605655\times10^{-27}\,\mathrm{kg}$
体积	升	L	$1\mathrm{L}=1\mathrm{dm}^3=10^{-3}\,\mathrm{m}^3$
能	电子伏	eV	$1\mathrm{eV}\approx1.6021892\times10^{-19}\,\mathrm{J}$
级差	分贝	dB	
线密度	特[克斯]	tex	$1\mathrm{tex}=1\mathrm{g/km}$

附录5 用于构成十进倍数和分数单位的词头

所表示的因数	词头名称	词头符号	所表示的因数	词头名称	词头符号
10^{18}	艾[可萨]	E	10^{-1}	分	d
10^{15}	拍[它]	P	10^{-2}	厘	c
10^{12}	太[拉]	T	10^{-3}	毫	m
10^9	吉[咖]	G	10^{-6}	微	μ
10^6	兆	M	10^{-9}	纳[诺]	n
10^3	千	k	10^{-12}	皮[可]	p
10^2	百	h	10^{-15}	飞[母托]	f
10^1	十	da	10^{-18}	阿[托]	a

注：① 周、月、年（年的符号为 a），为一般常用时间单位。

② [ ] 内的字，是在不致混淆的情况下，可以省略的字。

③ （ ）内的字为前者的同义语。

④ 角度单位度分秒的符号不处于数字后时，用括弧。

⑤ 升的符号中，小写字母 l 为备用符号。

⑥ r 为"转"的符号。

⑦ 人民生活和贸易中，质量习惯称为重量。

⑧ 公里为千米的俗称，符号为 km。

⑨ 10^4 称为万，10^8 称为亿，10^{12} 称为万亿，这类数词的使用不受词头名称的影响，但不应与词头混淆。

附录6 法定计量单位与非法定计量单位的换算

量的名称	非法定计量单位		法定计量单位		换算关系
	名称	符号	名称	符号	
力 力矩 力偶矩、 转矩	千克力	kgf	牛顿	N	$1\mathrm{kgf}=9.80665\mathrm{N}$
	千克力米	kgf·m	牛顿米	N·m	$1\mathrm{kgf·m}=9.80665\mathrm{N·m}$
	千克力二次方米	kgf·m²	牛顿二次方米	N·m²	$1\mathrm{kgf·m}^2=9.80665\mathrm{N·m}^2$

量的名称	非法定计量单位		法定计量单位		换算关系
	名称	符号	名称	符号	
重力密度	千克力每立方米	kgf/m³	牛顿每立方米	N/m³	1kgf/m³＝9.80665N/m³
压强	千克力每平方米	kgf/m²	帕斯卡	Pa	1kgf/m²＝9.80665Pa
	工程大气压	at	帕斯卡	Pa	1at＝9.80665×10⁴Pa
	巴	bar	帕斯卡	Pa	1bar＝10⁵Pa
	毫米水柱	mmH₂O	帕斯卡	Pa	1mmH₂O＝9.80665Pa
	毫米汞柱	mmHg	帕斯卡	Pa	1mmHg＝133.322Pa
应力、强度	千克力每平方厘米	kgf/cm²	帕斯卡	Pa	1kgf/cm²＝9.80665×10⁴Pa
	千克力每平方毫米	kgf/mm²	帕斯卡	Pa	1kgf/mm²＝9.80665×10⁶Pa
弹性模量、剪切模量	千克力每平方厘米	kgf/cm²	帕斯卡	Pa	1kgf/cm²＝9.80665×10⁴Pa
［动力］黏度	泊	P	帕斯卡秒	Pa·s	1P＝0.1Pa·s
能量、功率	千克力米	kgf·m	焦耳	J	1kgf·m＝9.80665J
	千克力米每秒	kgf·m/s	瓦特	W	1kgf·m/s＝9.80665W
	［米制］马力		瓦特	W	1［米制］马力＝735.499W
热、热量	国际蒸汽表卡	cal	焦耳	J	1cal＝4.1868J
导热率	国际蒸汽表卡每秒厘米开尔文	Cal/(s·cm·K)	瓦特每米开尔文	W/(m·K)	1cal/(s·cm·K)＝4.1868×10²W/(m·K)
传热系数	国际蒸汽表卡每秒平方厘米开尔文	cal/(s·cm²·K)	瓦特每平方米开尔文	W/(m²·K)	1cal/(s·cm²·K)＝4.1868×10⁴W/(m²·K)
比热容、比熵	国际蒸汽表卡每克开尔文	cal/(g·K)	焦耳每千克开尔文	J/(kg·K)	1cal/(g·K)＝4.1868×10³J/(kg·K)
比内能	国际蒸汽表卡每克	cal/g	焦耳每千克	J/kg	1cal/g＝4.1868×10³J/kg

注：附录6涉及的单位换算，可查相关手册。

附录7　《2000年黑龙江省建设工程预算定额（土建）》节录

总　说　明

一、我省《建设工程预算定额（土建上、下册）》（以下简称本定额），是依据1995年《全国统一建筑工程基础定额（土建）》编制的，同时结合我省的实际情况，对部分定额项目进行了修编和补充。

二、本定额适用于一般工业与民用建筑的新建、扩建和改建工程。

三、本定额是按一定计量单位以人工、材料、机械台班消耗量及价格表现的。它主要是编制施工图预算、进行工程拨款和竣工结算、招标工程编制标底和投标报价的依据，也是编制综合预算定额、概算定额和估算指标等的基础。

四、本定额是按正常的施工条件，目前多数施工企业的施工机械设备程度，合理的施工工期、施工工艺、劳动组织为基础编制的，反映了社会平均消耗水平。因此，除定额中规定允许调整或允许换算者外，不得因具体工程的施工组织、操作方法、人工、材料等与本定额规定不同改变定额。

五、本定额人工工日消耗量的确定不分工种、技术等级，一律以综合工日来表示，内容包括基本用工、超运距用工、人工幅度差、辅助用工等，人工单价为 22.88 元/工日。

六、本定额施工机械台班单价是依据 2000 年《黑龙江省施工机械台班费用定额》，结合实际情况，按照一定比例综合取定的。

七、本定额施工机械的类型、规格是按常用机械类型确定的，针对工作物对象，按照机械容量或性能，综合配备的。台班用量中已考虑了在各种施工条件下影响工效的机械幅度差。在实际施工中采用的机械种类、规格、型号与定额不同时（除定额项目中有注明者及特殊情况外），均不得换算。

八、定额中规定需要计取机械停滞台班费用的机械是：①挖土机械；②水平运输机械；③起重机械（包括履带吊、塔吊、汽车吊、轮胎吊）；④打桩机械；⑤动力机械；⑥地下工程机械。机械停滞 3 个小时以内者，不计算停滞台班，停滞超过 3 个小时按 0.5 个台班计算，停滞达到 6 小时按 1 个台班计算。

九、定额中已考虑了机械的下列停滞因素：①在施工组织设计中已考虑的停滞；②法定假日的停滞；③严寒期的停滞；④机械故障造成的停滞；⑤自然气候影响的停滞；⑥由于施工单位自身原因所造成的停滞；⑦机械幅度差已包括的内容。除上述七种情况所造成的机械停滞外，可以计取机械停滞台班费。

机械停滞台班费＝停滞台班量×（折旧费＋10％经常修理费＋人工费）

十、在施工中如同时使用塔吊和卷扬机时，可按塔吊定额项目执行；如使用人工或其他简易垂直运输工具时，按卷扬机定额项目执行。当使用其他类型垂直运输机械时，不许换算。

十一、本定额的建筑材料（包括成品、半成品）的使用量按合格品确定的，并考虑了场内运输损耗和操作损耗。材料单价是依据 2000 年《哈尔滨市建筑材料预算价格》，按照一定的综合比例取定的。

十二、定额中均已包括材料、成品、半成品从工地仓库、现场集中堆放地点和现场加工地点至操作安装地点的水平和垂直运输所需的人工和机械消耗量。如发生再次搬运的，应在建筑安装工程费用定额中二次搬运费项下列支。预制钢筋混凝土构件安装是按机械回转半径 15m 以内考虑的；如超过 15m 时，应按构件 1km 运输的相应定额项目执行（如：回转半径 15m 以外是指在自然地面范围内）。

十三、本定额高度均按建筑物檐口高度 20m 以下编制；檐口高度超过 20m 时，另按建筑物超高增加人工、机械台班定额项目计算超高费用。

十四、材料消耗量的确定

1. 本定额中材料消耗量包括主要材料、辅助材料、零星材料等。凡能计量的材料、成品、半成品均按品种、规格逐一列出数量，并计入了相应损耗，其中包括施工现场内运输损耗、施工操作损耗、施工现场堆放损耗等。凡未能计量的材料均列入其他材料费中，以"元"表示。

2. 本定额施工措施性消耗材料、周转性的模板、支撑、脚手架料、安全网、挡土板和临时固定用螺栓等的数量，均为周转摊销量，已考虑了材料的周转次数和周转材料在材料编制划区范围内的工地之间的场外运输费用。

3. 施工工具用具性消耗材料，已纳入建筑安装工程费用定额中工具使用费项下，不在定额消耗量之内。

十五、本定额的周转性材料，已包括同一城镇内工地之间的场外运输费用。

十六、在单位工程中设计钢筋、铁件总用量＝[图示用量×（1＋损耗率＋搭接用量率）]
与定额用量不同时，可按实际计算钢筋、铁件增减量，套用钢筋、铁件增减定额项目。定额
中所列的钢筋与设计图纸中的钢筋级别不同时，可以换算。

十七、木制门窗及其他细木作工程，按照《建筑安装工程施工及验收规范》要求，在定
额项目中均计算了木材料干燥费。

十八、定额中的木材是按工程材取定的，如承发包双方同意使用锯材时，其红白松锯材
量乘 1.15 系数，硬杂木锯材乘 1.21 系数计算。

十九、根据劳动定额的规定，木种分类如下：

第一类：红松、樟子松、水桐木。

第二类：白松、杉木、杨木、柳木、椴木 。

第三类：椿木 、楠木、黄花松、秋子木、马尾松、青松、东北榆木、柏木、樟木 、苦
楝木、梓木 、黄菠萝、柚木 。

第四类：槐木 、柞木、檀木、色木、荔木、麻栗木、桦木、荷木、水曲柳、华北榆木。

二十、定额中的木材

木结构部分以一、二类木种为准（木扶手以三、四类木种为准），如使用其他类木种时，
应按各章的规定调整。

木模板材：现浇构件以三、四类木种为准，预制构件以二、三类木种为准，如使用其他
类木种时，应按表 7-1 进行调整。

表 7-1　木种分类

调整项目	构件各类	木种			
		一类	二类	三类	四类
模板制作安装 人工系数	捣制	0.79	0.83	0.91	1.09
	预制	0.91	0.95	1.05	1.25
模板摊销量系数	捣制	0.70	0.80	0.95	1.05
	预制	0.80	0.91	1.09	1.20

二十一、定额中未包括预制钢筋混凝土构件的制作废品率，运输堆放损耗及安装（打
桩）损耗。在编制施工图预算时，应按表 7-2 计算损耗量，并入工程量内。其中：运输堆放
损耗有两部分组成，预制厂到现场堆放点占 75％，现场堆放点到回转半径 15 米以内占 25％
（注：预制钢筋混凝土屋架、桁架、托架及长度在 9m 以上的梁、板、柱不计算损耗量）。

表 7-2　构件制作废品率与损耗计算量表

名　称	制作废品率	运输堆放损耗	安装、打桩损耗
各类预制钢筋混凝土构件	0.2％	0.8％	0.5％
预制钢筋混凝土桩	0.1％	0.4％	1.5％

二十二、砂浆和混凝土用砂，是按干燥状态的净砂（中砂）计算的。在材料预算价格
中，考虑了砂子在自然温度条件下的膨胀因素。调制砂浆用的石灰膏，是按 60％袋白灰、
40％生石灰（块末比 3∶7）淋制的，各地实际用料与本定额出入较大时，可由当地工程造
价主管部门进行调整。

二十三、定额中施工用水、用电系按城镇自来水和供电局供电形式考虑的，如供水、供

电为其他形式者，可按实计算。在施工中由建设单位供水、供电时，施工单位应按水、电表的计量数向建设单位交纳费用。

二十四、在施工现场以外加工的成型钢筋和木门窗的运输，按相应定额项目计算。

二十五、本定额的工作内容已说明了主要的施工工序，次要的工序虽未说明，均已考虑在定额内。

二十六、本定额项目中凡带有"（）"的均未计算价格（各种配合比除外），发生时可按本地市的材料预算价格，列入定额基价。

二十七、本定额凡注有"以内""以下"者均包括本身在内，而"以外""以上"者，均不包括本身。

参 考 文 献

[1] 刘宗仁. 土木工程施工. 北京：高等教育出版社，2003.

[2] Bojie Fu. Blue skies for China. Science. 2008，321（5889）：611.

[3] 傅马利等. 中国地图集. 北京：中国地图出版社，1994.

[4] 闫波等. 工程美学导论. 哈尔滨：哈尔滨工业大学出版社，2007.

[5] 钢筋混凝土结构设计规范. GB 50010—2002.

[6] 钢筋混凝土结构施工质量验收规范. GB 50204—2002.

[7] 建筑地基基础设计规范. GB 50007—2002.

[8] 赵志缙，赵帆. 高层建筑施工. 第二版. 北京：中国建筑工业出版社，2005.

[9] 江正荣. 特种工程结构施工手册. 北京：中国建筑工业出版社，1998.

[10] 《烟囱施工手册》编写组. 烟囱施工手册. 北京：水利电力出版社，1989.

[11] 建筑施工手册编写组. 建筑施工手册. 北京：中国建筑工业出版社，2008.

[12] 江正荣. 建筑施工工程师手册. 第二版. 北京：中国建筑工业出版社，2005.

[13] 兰州有色金属建筑研究所. 特种结构工程施工操作规程（YSJ 405—89）. 北京：中国建筑工业出版社，1989.

[14] 闫波. 环境工程土建概论. 第三版. 哈尔滨：哈尔滨工业大学出版社，2007.

[15] 姜安玺. 环境工程学. 哈尔滨：黑龙江科学技术出版社，1996.

[16] 应惠清. 土木工程施工（上册）. 第二版. 上海：同济大学出版社，2007.

[17] 郑达谦. 给水排水施工. 第三版. 北京：中国建筑工业出版社，1998.

[18] 刘灿生. 给水排水工程施工手册. 北京：中国建筑工业出版社，1994.

[19] 中国建筑工业出版社编. 现行建筑结构规范大全（缩印本）. 北京：中国建筑工业出版社，1994.

[20] 姜乃昌. 水泵及水泵站. 第四版. 北京：中国建筑工业出版社，1998.

[21] 王秀逸等. 特种结构. 北京：地震出版社，1997.

[22] 华南理工大学等编. 地基及基础. 北京：中国建筑工业出版社，1995.

[23] 丛培经. 建设工程技术与计量. 北京：中国计划出版社，2001.

[24] 龚维丽. 工程造价的确定与控制. 北京：中国计划出版社，2001.

[25] 张宪吉. 管道施工技术. 北京：高等教育出版社，1995.

[26] 张闻民等. 暖卫与通风工程施工技术. 北京：中国建筑工业出版社，1996.

[27] 中国安装协会. 管道施工实用手册. 北京：中国建筑工业出版社，1998.

[28] 江见鲸. 混凝土结构工程学. 北京：中国建筑工业出版社，1998

[29] 李颖. 城市生活垃圾卫生填埋场设计指南. 北京：中国环境科学出版社，2005.

[30] 李国建等. 城市垃圾处理工程. 第二版. 北京：科学出版社，2007.

[31] 孙秀云等. 固体废物处置及资源化. 南京：南京大学出版社，2007.

[32] 赵由才等. 可持续生活垃圾处理与处置. 北京：化学工业出版社，2007.

[33] 方先和. 建筑施工. 武汉：武汉大学出版社，2004.

[34] 唐业清等. 基坑工程事故分析与处理. 北京：中国建筑工业出版社，1999.

[35] 《岩土工程师实务手册》编写组. 岩土工程师实务手册. 北京：中国建筑工业出版社，2006.

[36] 卓尚木等. 钢筋混凝土结构事故分析与加固. 北京：中国建筑工业出版社，2000.

[37] 胡中雄. 土力学与环境土工学. 上海：同济大学出版社，2004.

[38] 张长友. 土木工程施工. 北京：中国电力出版社，2007.

[39] 曲赜胜. 建筑施工组织与管理. 北京：科学出版社，2007.

[40] 王维纲. 土建工程概预算. 北京：中国建筑工业出版社，2006.

[41] 许焕兴. 土建工程造价. 北京：中国建筑工业出版社，2005.

[42] 高廷林. 黑龙江省建设工程预算定额有关问题解释. 哈尔滨：东北林业大学出版社，2003.

[43] 黑龙江省建设厅. 黑龙江省建设工程预算定额土建问题解释及补充定额. 哈尔滨：东北林业大学出版社，2007.